普通高等教育“十二五”规划教材

线性代数与几何学习辅导

刘吉佑　莫　骄　李亚杰　编

北京邮电大学出版社
www.buptpress.com

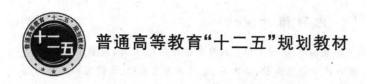

内容简介

本书是《线性代数与几何》教材的相关配套教辅书，共分九章。内容包括行列式、矩阵、矢量代数、平面与直线、向量组的线性相关性、线性方程组、特征值与特征向量、二次型、空间曲面与曲线、线性空间与线性变换。每章内容分四个部分：内容提要、典型例题、练习题、练习题答案与提示。典型例题主要是该章常见题型的解题思路和方法，练习题答案与提示部分给了练习题的答案或提示或较为详细的分析。

本书可作为高等工科院校非数学专业线性代数与几何课程的学习辅导书，也可供自学读者及有关科技工作者参考。

图书在版编目(CIP)数据

线性代数与几何学习辅导 / 刘吉佑，莫骄，李亚杰编. --北京：北京邮电大学出版社，2014.10(2018.7 重印)
ISBN 978-7-5635-4155-3

Ⅰ. ①线… Ⅱ. ①刘…②莫…③李… Ⅲ. ①线性代数—高等学校—教学参考资料②解析几何—高等学校—教学参考资料 Ⅳ. ①O151.2②O182

中国版本图书馆 CIP 数据核字(2014)第 235375 号

书　　名：线性代数与几何学习辅导
责任著作者：刘吉佑　莫　骄　李亚杰　编
责 任 编 辑：马晓仟
出 版 发 行：北京邮电大学出版社
社　　址：北京市海淀区西土城路 10 号(邮编：100876)
发 行 部：电话：010-62282185　传真：010-62283578
E-mail：publish@bupt.edu.cn
经　　销：各地新华书店
印　　刷：保定市中画美凯印刷有限公司
开　　本：787 mm×1 092 mm　1/16
印　　张：12
字　　数：309 千字
版　　次：2014 年 10 月第 1 版　2018 年 7 月第 5 次印刷

ISBN 978-7-5635-4155-3　　定　价：25.00 元

·如有印装质量问题，请与北京邮电大学出版社发行部联系·

前　言

本书是专为北京邮电大学出版社2012年出版的教材《线性代数与几何》(以下简称教材)配套编写的辅导用书。参照教材,全书共分为九章,各章名称均与教材相同。每章分"内容提要"与"典型例题"两部分对本章知识作系统、全面的介绍。每章的"内容提要"对本章教材中的主要概念、结论与方法进行了归纳总结;"典型例题"以填空题、单项选择题、解答题、证明题的形式例举了与本章知识有关的主要问题及处理方法。每章在典型例题之后还提供了练习题及练习题答案与提示。

对初入大学的学生来说,线性代数课程内容抽象、逻辑严密,它的研究工具——矩阵陌生而又难以驾驭,同时其特有的跳跃、离散的思维推理方式也较难适应。再加上这门课程学时甚少,课堂上教师的引领有限,更是增加了学习这门课程的难度。本书的编写,旨在为学生学习线性代数课程提供帮助。为此,本书在典型例题的选取上,力求类型丰富、覆盖知识全面、代表性强而且有难易层次。其中既有简单直接的基本问题,又有融合了诸多知识点的综合问题。这些例题是对课堂教学的有效补充。希望读者既能通过基本问题熟悉一般的概念和方法,又能通过综合问题注意到各种概念和方法的相互渗透,学好这门课程。

在本书的编写和出版过程中,北京邮电大学教务处、理学院和数学系给予了大力支持,编者在此表示诚挚的谢意。由于编者水平有限,加之时间仓促,书中不当和错误之处在所难免,在此先向读者致歉并恳请读者批评指正。

编　者

目　　录

第一章　行列式

一、内容提要

（一）全排列及其逆序数

自然数 $1,2,\cdots,n$ 按一定次序排成一行，称为一个 n 元排列，n 元排列的个数为 $n!$.

在一个 n 元排列中，若一个大的数排在一个小的数的前面，则称这两个数之间构成一个逆序. 一个排列中所有的逆序的总数称为这个排列的逆序数.

n 元排列 $p_1p_2\cdots p_n$ 的逆序数记为 $\tau(p_1p_2\cdots p_n)$.

逆序数为奇数的排列称为奇排列，逆序数为偶数的排列称为偶排列. 将一个排列中任意两个数位置互换，其余的数位置不动，就称对此排列作一次对换.

对换改变排列的奇偶性.

（二）n 阶行列式的定义

由 n^2 个数 $a_{ij}(i=1,2,\cdots,n;j=1,2,\cdots,n)$ 组成的 n 阶行列式为

$$D_n=\begin{vmatrix} a_{11} & a_{12} & \cdots & a_{1n} \\ a_{21} & a_{22} & \cdots & a_{2n} \\ \vdots & \vdots & & \vdots \\ a_{n1} & a_{n2} & \cdots & a_{nn} \end{vmatrix}=\sum(-1)^{\tau(p_1p_2\cdots p_n)}a_{1p_1}a_{2p_2}\cdots a_{np_n},$$

简记作 $D=\det(a_{ij})$，其中 $\sum$ 表示对所有 n 元排列求和，上式右端称为 n 阶行列式的展开式. 其中每一项 $(-1)^{\tau(p_1p_2\cdots p_n)}a_{1p_1}a_{1p_2}\cdots a_{np_n}$ 中的每一个元素取自 D_n 中不同的行和列，行标排成自然排列，相应的列标是 $1,2,3,\cdots,n$ 的一个 n 元排列 $p_1p_2\cdots p_n$. 若 $p_1p_2\cdots p_n$ 是偶排列，则该排列对应的项取正号；若是奇排列，则取负号，每一项的符号用 $(-1)^{\tau(p_1p_2\cdots p_n)}$ 表示. 行列式 D_n 是 $n!$ 个乘积项的和.

（三）行列式的性质

性质 1　行列式与它的转置行列式相等，即 $D^{T}=D$.

性质 2　交换行列式的任意两行(列)，行列式的值改变符号.

性质 3　行列式的某一行(列)中所有元素都乘以同一个数 k，等于用数 k 乘此行列式，即

$$\begin{vmatrix} a_{11} & a_{12} & \cdots & a_{1n} \\ \vdots & \vdots & & \vdots \\ ka_{i1} & ka_{i2} & \cdots & ka_{in} \\ \vdots & \vdots & & \vdots \\ a_{n1} & a_{n2} & \cdots & a_{nn} \end{vmatrix} = k \begin{vmatrix} a_{11} & a_{12} & \cdots & a_{1n} \\ \vdots & \vdots & & \vdots \\ a_{i1} & a_{i2} & \cdots & a_{in} \\ \vdots & \vdots & & \vdots \\ a_{n1} & a_{n2} & \cdots & a_{nn} \end{vmatrix}.$$

性质 4 如果行列式中某两行(列)的元素成比例，则此行列式的值等于零.

性质 5 如果行列式的某一行元素都是两个数之和，则此行列式可以表示为两个行列式之和，即

$$D=\begin{vmatrix} a_{11} & a_{12} & \cdots & a_{1n} \\ \vdots & \vdots & & \vdots \\ a_{i1}+b_{i1} & a_{i2}+b_{i2} & \cdots & a_{in}+b_{in} \\ \vdots & \vdots & & \vdots \\ a_{n1} & a_{n2} & \cdots & a_{nn} \end{vmatrix} = \begin{vmatrix} a_{11} & a_{12} & \cdots & a_{1n} \\ \vdots & \vdots & & \vdots \\ a_{i1} & a_{i2} & \cdots & a_{in} \\ \vdots & \vdots & & \vdots \\ a_{n1} & a_{n2} & \cdots & a_{nn} \end{vmatrix} + \begin{vmatrix} a_{11} & a_{12} & \cdots & a_{1n} \\ \vdots & \vdots & & \vdots \\ b_{i1} & b_{i2} & \cdots & b_{in} \\ \vdots & \vdots & & \vdots \\ a_{n1} & a_{n2} & \cdots & a_{nn} \end{vmatrix}.$$

性质 6 将行列式的某一行(列)的所有数乘以同一个数后加到另一行(列)对应元素上，行列式的值不变.

(四) 行列式的展开定理

(1) 余子式：在行列式 D_n 中，去掉元素 a_{ij} 所在的第 i 行和第 j 列，由剩下元素按原来的位置顺序组成的 $n-1$ 阶行列式称为元素 a_{ij} 的余子式，记作 M_{ij}.

(2) 代数余子式：元素 a_{ij} 的余子式 M_{ij} 带上正负号 $(-1)^{i+j}$ 后的式子称为 a_{ij} 的代数余子式，记为 A_{ij}，即 $A_{ij}=(-1)^{i+j}M_{ij}$.

(3) 行列式按一行(列)的展开定理：行列式等于它的任一行(列)的各元素与其对应的代数余子式的乘积之和，即

$$D_n=a_{i1}A_{i1}+a_{i2}A_{i2}+\cdots+a_{in}A_{in}\quad(i=1,2,\cdots,n)$$

或

$$D_n=a_{1j}A_{1j}+a_{2j}A_{2j}+\cdots+a_{nj}A_{nj}\quad(j=1,2,\cdots,n).$$

(4) 行列式某一行(列)的元素与另一行(列)的对应元素的代数余子式的乘积之和等于零，即

$$a_{i1}A_{j1}+a_{i2}A_{j2}+\cdots+a_{in}A_{jn}=0\quad(i\neq j)$$

或

$$a_{1i}A_{1j}+a_{2i}A_{2j}+\cdots+a_{ni}A_{nj}=0\quad(i\neq j).$$

(五) 克拉默法则

定理 若 n 个方程 n 个未知量的非齐次线性方程组

$$\begin{cases} a_{11}x_1+a_{12}x_2+\cdots+a_{1n}x_n=b_1, \\ a_{21}x_1+a_{22}x_2+\cdots+a_{2n}x_n=b_2, \\ \qquad\vdots \\ a_{n1}x_1+a_{n2}x_2+\cdots+a_{nn}x_n=b_n \end{cases}$$

的系数行列式 $D=\det(a_{ij})\neq 0$，则方程组必有唯一解

$$x_j=\frac{D_j}{D},\ j=1,2,\cdots,n.$$

其中，D_j 是将系数行列式 D 中第 j 列元素 $a_{1j},a_{2j},\cdots,a_{nj}$ 对应地换为方程组的常数项 $b_1,b_2,\cdots,b_n$ 得到的行列式.

推论：若 n 元齐次线性方程组

$$\begin{cases}a_{11}x_1+a_{12}x_2+\cdots+a_{1n}x_n=0,\\ a_{21}x_1+a_{22}x_2+\cdots+a_{2n}x_n=0,\\ \qquad\vdots\\ a_{n1}x_1+a_{n2}x_2+\cdots+a_{nn}x_n=0\end{cases}$$

的系数行列式 $D\neq0$，则方程组有唯一的零解.

反之，若齐次线性方程组有非零解，则其系数行列式 $D=0$.

二、典型例题

【例 1】 求排列 $135\cdots(2n-1)(2n)(2n-2)\cdots42$ 的逆序数，并确定它的奇偶性.

【解】 在这个排列中，前 $n+1$ 个数 $1,3,5,\cdots,2n-1,2n$ 中的每一个数与它前面的数都没有逆序. 第 $n+2$ 个数 $2n-2$ 的前面有 2 个数 $2n-1,2n$ 比它大，组成 2 个逆序，第 $n+3$ 个数 $2n-4$ 的前面有 4 个数 $2n-3,2n-1,2n$ 和 $2n-2$ 比它大，组成 4 个逆序，依次类推，得

$$\begin{aligned}&\tau[135\cdots(2n-1)(2n)(2n-2)\cdots42]\\&=0+\cdots+0+2+4+\cdots+(2n-4)+(2n-2)\\&=2[1+2+\cdots+(n-2)+(n-1)]\\&=n(n-1).\end{aligned}$$

由于 n 和 $(n-1)$ 中一定有一个数为偶数，从而 $n(n-1)$ 为偶数，这个排列为偶排列.

【例 2】 选择 k 与 l，使 $a_{26}a_{5k}a_{33}a_{4l}a_{64}a_{12}$ 在 6 阶行列式中带有负号.

【解】 将行标排成自然排列，由于 $a_{26}a_{5k}a_{33}a_{4l}a_{64}a_{12}=a_{12}a_{26}a_{33}a_{4l}a_{5k}a_{64}$，要使其带有负号，则列标排列 $263lk4$ 为奇排列. 由于 k 与 l 选择只能是 $k=1,l=5$ 或 $k=5,l=1$. 当 $k=1$，$l=5$ 时，$\tau(263lk4)=\tau(263514)=1+1+4+2=8$，所以排列 263154 为奇排列，应取 $k=5,l=1$.

【例 3】 用行列式定义计算行列式

$$\begin{vmatrix}x-1&4&3&1\\2&x-2&3&1\\7&9&x&0\\5&3&1&x-1\end{vmatrix}$$

展开式中 x^4 与 x^3 项的系数.

【解】 若先将行列式展开再求系数，则很烦琐，所以不妨按定义直接考虑，由于行列式中每一项都是由不同行不同列元素乘积组成，因而所给行列式的展开式中 x^4 与 x^3 项只能在对角线上的 4 个元素相乘这一项的展开式中出现. 由于 $(x-1)(x-2)x(x-1)=x^4-4x^3+\cdots$，故 x^4 项的系数为 1，x^3 项的系数为 -4.

【例 4】 已知 $\begin{vmatrix}a_1&b_1&c_1\\a_2&b_2&c_2\\a_3&b_3&c_3\end{vmatrix}=m$，则 $\begin{vmatrix}a_1+2b_1&b_1+2c_1&c_1+2a_1\\a_2+2b_2&b_2+2c_2&c_2+2a_2\\a_3+2b_3&b_3+2c_3&c_3+2a_3\end{vmatrix}$ 等于(　).

(A) m　　(B) $3m$　　(C) $6m$　　(D) $9m$

答　应选(D).

【解】 由于

$$\begin{vmatrix} a_1+2b_1 & b_1+2c_1 & c_1+2a_1 \\ a_2+2b_2 & b_2+2c_2 & c_2+2a_2 \\ a_3+2b_3 & b_3+2c_3 & c_3+2a_3 \end{vmatrix} = \begin{vmatrix} a_1 & b_1+2c_1 & c_1+2a_1 \\ a_2 & b_2+2c_2 & c_2+2a_2 \\ a_3 & b_3+2c_3 & c_3+2a_3 \end{vmatrix} + 2\begin{vmatrix} b_1 & b_1+2c_1 & c_1+2a_1 \\ b_2 & b_2+2c_2 & c_2+2a_2 \\ b_3 & b_3+2c_3 & c_3+2a_3 \end{vmatrix}$$

$$= \begin{vmatrix} a_1 & b_1+2c_1 & c_1 \\ a_2 & b_2+2c_2 & c_2 \\ a_3 & b_3+2c_3 & c_3 \end{vmatrix} + 2\begin{vmatrix} b_1 & 2c_1 & c_1+2a_1 \\ b_2 & 2c_2 & c_2+2a_2 \\ b_3 & 2c_3 & c_3+2a_3 \end{vmatrix} = \begin{vmatrix} a_1 & b_1 & c_1 \\ a_2 & b_2 & c_2 \\ a_3 & b_3 & c_3 \end{vmatrix} + 2\begin{vmatrix} b_1 & 2c_1 & 2a_1 \\ b_2 & 2c_2 & 2a_2 \\ b_3 & 2c_3 & 2a_3 \end{vmatrix}$$

$$= \begin{vmatrix} a_1 & b_1 & c_1 \\ a_2 & b_2 & c_2 \\ a_3 & b_3 & c_3 \end{vmatrix} + 8\begin{vmatrix} b_1 & c_1 & a_1 \\ b_2 & c_2 & a_2 \\ b_3 & c_3 & a_3 \end{vmatrix} = 9\begin{vmatrix} a_1 & b_1 & c_1 \\ a_2 & b_2 & c_2 \\ a_3 & b_3 & c_3 \end{vmatrix} = 9m.$$

【例 5】 计算 n 阶行列式

$$D_n = \begin{vmatrix} 1+a_1 & 1 & \cdots & 1 \\ 1 & 1+a_2 & \cdots & 1 \\ \vdots & \vdots & & \vdots \\ 1 & 1 & \cdots & 1+a_n \end{vmatrix}，其中\ a_1a_2\cdots a_n \neq 0.$$

【解】 从第 1 行到第 n 行，依次提出公因子 $a_1, a_2, \cdots, a_n$，得

$$D_n = a_1a_2\cdots a_n \begin{vmatrix} 1+\frac{1}{a_1} & \frac{1}{a_1} & \cdots & \frac{1}{a_1} \\ \frac{1}{a_2} & 1+\frac{1}{a_2} & \cdots & \frac{1}{a_2} \\ \vdots & \vdots & & \vdots \\ \frac{1}{a_n} & \frac{1}{a_n} & \cdots & 1+\frac{1}{a_n} \end{vmatrix}.$$

由于上述行列式的每列元素之和均为 $1+\sum\limits_{i=1}^{n}\frac{1}{a_i}$，所以从第 2 行起各行都加到第 1 行并提出公因子 $1+\sum\limits_{i=1}^{n}\frac{1}{a_i}$，得

$$D_n = a_1a_2\cdots a_n\left(1+\sum_{i=1}^{n}\frac{1}{a_i}\right)\begin{vmatrix} 1 & 1 & \cdots & 1 \\ \frac{1}{a_2} & 1+\frac{1}{a_2} & \cdots & \frac{1}{a_2} \\ \vdots & \vdots & & \vdots \\ \frac{1}{a_n} & \frac{1}{a_n} & \cdots & 1+\frac{1}{a_n} \end{vmatrix},$$

第 1 行分别乘 $-\frac{1}{a_i}$ 后加到第 i 行，$i=2,3,\cdots,n$，得

$$D_n = a_1a_2\cdots a_n\left(1+\sum_{i=1}^{n}\frac{1}{a_i}\right)\begin{vmatrix} 1 & 1 & \cdots & 1 \\ 0 & 1 & \cdots & 0 \\ \vdots & \vdots & & \vdots \\ 0 & 0 & \cdots & 1 \end{vmatrix} = a_1a_2\cdots a_n\left(1+\sum_{i=1}^{n}\frac{1}{a_i}\right).$$

【例 6】 计算 n 阶行列式 $D_n=\begin{vmatrix}1&1&1&\cdots&1\\1&2&0&\cdots&0\\1&0&3&\cdots&0\\\vdots&\vdots&\vdots&&\vdots\\1&0&0&\cdots&n\end{vmatrix}$.

【解】 注意到该行列式的特点，将第 j 列($j=2,3,\cdots,n$)的 $-\frac{1}{j}$ 倍加到第 1 列上，可化成上三角行列式.

$$D_n=\begin{vmatrix}1-\sum_{j=2}^{n}\frac{1}{j}&1&1&\cdots&1\\0&2&0&\cdots&0\\0&0&3&\cdots&0\\\vdots&\vdots&\vdots&&\vdots\\0&0&0&\cdots&n\end{vmatrix}=\left(1-\sum_{j=2}^{n}\frac{1}{j}\right)\cdot n!.$$

【例 7】 计算 n 阶行列式 $D_n=\begin{vmatrix}x_1&a_2&a_3&\cdots&a_n\\a_1&x_2&a_3&\cdots&a_n\\a_1&a_2&x_3&\cdots&a_n\\\vdots&\vdots&\vdots&&\vdots\\a_1&a_2&a_3&\cdots&x_n\end{vmatrix}$, $x_i\neq a_i$, $i=1,2,\cdots,n$.

【解法 1】 利用行列式的性质化成类似于例 6 中形式的行列式. 将第 1 行的 -1 倍加到其他各行上去，得到

$$D_n=\begin{vmatrix}x_1&a_2&a_3&\cdots&a_n\\a_1-x_1&x_2-a_2&0&\cdots&0\\a_1-x_1&0&x_3-a_3&\cdots&0\\\vdots&\vdots&\vdots&&\vdots\\a_1-x_1&0&0&\cdots&x_n-a_n\end{vmatrix},$$

在第 j($j=1,2,\cdots,n$)列中提出 x_j-a_j，得

$$D_n=(x_1-a_1)\cdots(x_n-a_n)\begin{vmatrix}\frac{x_1}{x_1-a_1}&\frac{a_2}{x_2-a_2}&\frac{a_3}{x_3-a_3}&\cdots&\frac{a_n}{x_n-a_n}\\-1&1&0&\cdots&0\\-1&0&1&\cdots&0\\\vdots&\vdots&\vdots&&\vdots\\-1&0&0&\cdots&1\end{vmatrix},$$

$$D_n=\prod_{j=1}^{n}(x_j-a_j)\begin{vmatrix}1+\sum_{k=1}^{n}\frac{a_k}{x_k-a_k}&\frac{a_2}{x_2-a_2}&\frac{a_3}{x_3-a_3}&\cdots&\frac{a_n}{x_n-a_n}\\0&1&0&\cdots&0\\0&0&1&\cdots&0\\\vdots&\vdots&\vdots&&\vdots\\0&0&0&\cdots&1\end{vmatrix}$$

$$=\left(1+\sum_{k=1}^{n}\frac{a_k}{x_k-a_k}\right)\cdot\prod_{j=1}^{n}(x_j-a_j).$$

【解法 2】 （利用加边法）. D_n 除了对角线上的元素外，任一列的其余元素都是相同的. 可以在原行列式的基础上增加一行一列，并在保持原行列式的值不变的情况下计算行列式的值.

$$D_n=\begin{vmatrix}1 & a_1 & a_2 & a_3 & \cdots & a_n\\ 0 & x_1 & a_2 & a_3 & \cdots & a_n\\ 0 & a_1 & x_2 & a_3 & \cdots & a_n\\ 0 & a_1 & a_2 & x_3 & \cdots & a_n\\ \vdots & \vdots & \vdots & \vdots & & \vdots\\ 0 & a_1 & a_2 & a_3 & \cdots & x_n\end{vmatrix}=\begin{vmatrix}1 & a_1 & a_2 & a_3 & \cdots & a_n\\ -1 & x_1-a_1 & 0 & 0 & \cdots & 0\\ -1 & 0 & x_2-a_2 & 0 & \cdots & 0\\ -1 & 0 & 0 & x_3-a_3 & \cdots & 0\\ \vdots & \vdots & \vdots & \vdots & & \vdots\\ -1 & 0 & 0 & 0 & \cdots & x_n-a_n\end{vmatrix}$$

$$=\begin{vmatrix}1+\sum\limits_{k=1}^{n}\dfrac{a_k}{x_k-a_k} & a_1 & a_2 & a_3 & \cdots & a_n\\ 0 & x_1-a_1 & 0 & 0 & \cdots & 0\\ 0 & 0 & x_2-a_2 & 0 & \cdots & 0\\ 0 & 0 & 0 & x_3-a_3 & \cdots & 0\\ \vdots & \vdots & \vdots & \vdots & & \vdots\\ 0 & 0 & 0 & 0 & \cdots & x_n-a_n\end{vmatrix}$$

$$=\left(1+\sum_{k=1}^{n}\frac{a_k}{x_k-a_k}\right)\cdot\prod_{j=1}^{n}(x_j-a_j).$$

【例 8】 计算行列式 $\begin{vmatrix}1 & 1 & 1 & 1\\ a & b & c & d\\ a^2 & b^2 & c^2 & d^2\\ a^4 & b^4 & c^4 & d^4\end{vmatrix}$.

【解法 1】

$$\begin{vmatrix}1 & 1 & 1 & 1\\ a & b & c & d\\ a^2 & b^2 & c^2 & d^2\\ a^4 & b^4 & c^4 & d^4\end{vmatrix}=\begin{vmatrix}1 & 1 & 1 & 1\\ 0 & b-a & c-a & d-a\\ 0 & b(b-a) & c(c-a) & d(d-a)\\ 0 & b^2(b^2-a^2) & c^2(c^2-a^2) & d^2(d^2-a^2)\end{vmatrix}$$

$$=(b-a)(c-a)(d-a)\begin{vmatrix}1 & 1 & 1\\ b & c & d\\ b^2(b+a) & c^2(c+a) & d^2(d+a)\end{vmatrix}$$

$$=(b-a)(c-a)(d-a)\begin{vmatrix}1 & 1 & 1\\ 0 & c-b & d-b\\ 0 & c(c-b)(c+b+a) & d(d-b)(d+b+a)\end{vmatrix}$$

$$=(b-a)(c-a)(d-a)(c-b)(d-b)\begin{vmatrix}1 & 1\\ c(c+b+a) & d(d+b+a)\end{vmatrix}$$

$$=(b-a)(c-a)(d-a)(c-b)(d-b)(d-c)(a+b+c+d).$$

【解法 2】 此行列式与范德蒙(Vandermonde)行列式比较接近，构造下面的范德蒙行列式：

$$f(x)=\begin{vmatrix}1&1&1&1&1\\a&b&c&d&x\\a^2&b^2&c^2&d^2&x^2\\a^3&b^3&c^3&d^3&x^3\\a^4&b^4&c^4&d^4&x^4\end{vmatrix},$$

所求行列式即上述行列式中元素 x^3 的余子式. 因此，由 $A_{45}=(-1)^{4+5}M_{45}=-M_{45}$ 知，所求行列式为此范德蒙行列式按最后一列展开所得 x 的多项式 $f(x)$ 中 x^3 的系数的 -1 倍. 由于

$$\begin{aligned}f(x)&=\begin{vmatrix}1&1&1&1&1\\a&b&c&d&x\\a^2&b^2&c^2&d^2&x^2\\a^3&b^3&c^3&d^3&x^3\\a^4&b^4&c^4&d^4&x^4\end{vmatrix}\\&=(x-a)(x-b)(x-c)(x-d)(d-a)(d-b)(d-c)(c-a)(c-b)(b-a)\\&=[x^4-(a+b+c+d)x^3+\cdots+abcd](d-a)(d-b)(d-c)(c-a)(c-b)(b-a),\end{aligned}$$

所以所求行列式为 $(b-a)(c-a)(d-a)(c-b)(d-b)(d-c)(a+b+c+d)$.

【例 9】 计算 n 阶行列式 $D_n=\begin{vmatrix}a+b&b&&&\\a&a+b&b&&\\&\ddots&\ddots&\ddots&\\&&a&a+b&b\\&&&a&a+b\end{vmatrix}$.

【解】 按第 1 列展开得

$$D_n=(a+b)D_{n-1}-a\begin{vmatrix}b&0&&&\\a&a+b&b&&\\&\ddots&\ddots&\ddots&\\&&a&a+b&b\\&&&a&a+b\end{vmatrix}=(a+b)D_{n-1}-abD_{n-2},$$

从而得到递推公式 $D_n-aD_{n-1}=b(D_{n-1}-aD_{n-2})$.

由于 $D_1=a+b,D_2=(a+b)^2-ab=a^2+ab+b^2$，所以 $D_n-aD_{n-1}=b(D_{n-1}-aD_{n-2})=\cdots=b^{n-2}(D_2-aD_1)=b^n$.

于是

$$\begin{aligned}D_n&=aD_{n-1}+b^n=a^2D_{n-2}+ab^{n-1}+b^n\\&=a^{n-1}D_1+a^{n-2}b^2+\cdots+ab^{n-1}+b^n\\&=a^n+a^{n-1}b+a^{n-2}b^2+\cdots+ab^{n-1}+b^n\\&=\begin{cases}(n+1)a^n,a=b\\\dfrac{a^{n+1}-b^{n+1}}{a-b},a\neq b.\end{cases}\end{aligned}$$

【例 10】 计算 n 阶行列式

$$D_n=\begin{vmatrix}1&2&3&4&\cdots&n\\x&1&2&3&\cdots&n-1\\x&x&1&2&\cdots&n-2\\\vdots&\vdots&\vdots&\vdots&&\vdots\\x&x&x&x&\cdots&1\end{vmatrix}.$$

【解】 从第 2 行开始，每行乘 -1 后加到上一行，得

$$D_n=\begin{vmatrix}1-x&1&1&1&\cdots&1&1\\0&1-x&1&1&\cdots&1&1\\0&0&1-x&1&\cdots&1&1\\\vdots&\vdots&\vdots&\vdots&&\vdots&\vdots\\0&0&0&0&\cdots&1-x&1\\x&x&x&x&\cdots&x&1\end{vmatrix}.$$

从第 $n-1$ 列开始，依次用前一列乘 -1 后加到后一列，得

$$D_n=\begin{vmatrix}1-x&x&0&0&\cdots&0&0\\0&1-x&x&0&\cdots&0&0\\0&0&1-x&x&\cdots&0&0\\\vdots&\vdots&\vdots&\vdots&&\vdots&\vdots\\0&0&0&0&\cdots&1-x&x\\x&0&0&0&\cdots&0&1-x\end{vmatrix}.$$

按第一列展开，得

$$\begin{aligned}D_n&=(1-x)\begin{vmatrix}1-x&x&0&\cdots&0\\0&1-x&x&\cdots&0\\\vdots&\vdots&\vdots&&\vdots\\0&0&0&\cdots&1-x\end{vmatrix}+x(-1)^{n+1}\begin{vmatrix}x&0&0&\cdots&0\\1-x&x&0&\cdots&0\\\vdots&\vdots&\vdots&&\vdots\\0&0&0&\cdots&x\end{vmatrix}\\&=(1-x)^n+(-1)^{n+1}x^n\\&=(-1)^n[(x-1)^n-x^n].\end{aligned}$$

【例 11】 计算 $n+1$ 阶行列式

$$D_{n+1}=\begin{vmatrix}a&-1&0&\cdots&0\\ax&a&-1&\cdots&0\\ax^2&ax&a&\cdots&0\\\vdots&\vdots&\vdots&&\vdots\\ax^n&ax^{n-1}&ax^{n-2}&\cdots&a\end{vmatrix}.$$

【解】 将所给行列式按第 1 行展开，得

$$\begin{aligned}D_{n+1}&=aD_n+(-1)^{1+2}(-1)\begin{vmatrix}ax&-1&\cdots&0\\ax^2&a&\cdots&0\\\vdots&\vdots&&\vdots\\ax^n&ax^{n-2}&\cdots&a\end{vmatrix}\\&=aD_n+xD_n\qquad\text{(上式右端行列式第一列提出公因子 }x\text{)}\\&=(a+x)D_n\\&=(a+x)(a+x)D_{n-1}\end{aligned}$$

$$\cdots$$

$$=(a+x)^{n-1}D_2$$

$$=(a+x)^{n-1}\begin{vmatrix} a & -1 \\ ax & a \end{vmatrix}$$

$$=a(a+x)^n.$$

【例 12】 计算 $2n$ 阶行列式

$$D_{2n}=\begin{vmatrix} a_n & & & & & & b_n \\ & a_{n-1} & & & & b_{n-1} & \\ & & \ddots & & \iddots & & \\ & & & a_1 \quad b_1 & & & \\ & & & c_1 \quad d_1 & & & \\ & & \iddots & & \ddots & & \\ & c_{n-1} & & & & d_{n-1} & \\ c_n & & & & & & d_n \end{vmatrix}.$$

【解】 按第 1 行展开

$$D_{2n}=a_n\begin{vmatrix} a_{n-1} & & & & & b_{n-1} & 0 \\ & \ddots & & & \iddots & & \\ & & a_1 & b_1 & & & \\ & & c_1 & d_1 & & & \\ & \iddots & & & \ddots & & \\ c_{n-1} & & & & & d_{n-1} & 0 \\ 0 & & & & & 0 & d_n \end{vmatrix}+b_n(-1)^{1+2n}\begin{vmatrix} 0 & a_{n-1} & & & & & b_{n-1} \\ & & \ddots & & & \iddots & \\ & & & a_1 & b_1 & & \\ & & & c_1 & d_1 & & \\ & & \iddots & & & \ddots & \\ 0 & c_{n-1} & & & & & d_{n-1} \\ c_n & 0 & & & & & 0 \end{vmatrix}.$$

把这两个 $2n-1$ 阶行列式再按最后一行展开，得

$$D_{2n}=a_nd_nD_{2n-2}-b_nc_nD_{2n-2}=(a_nd_n-b_nc_n)D_{2(n-1)}.$$

由此递推公式，得

$$\begin{aligned} D_{2n} &= (a_nd_n-b_nc_n)D_{2(n-1)} \\ &= (a_nd_n-b_nc_n)(a_{n-1}d_{n-1}-b_{n-1}c_{n-1})D_{2(n-2)} \\ &= \cdots = (a_nd_n-b_nc_n)\cdots(a_2d_2-b_2c_2)D_2 \\ &= (a_nd_n-b_nc_n)\cdots(a_2d_2-b_2c_2)\begin{vmatrix} a_1 & b_1 \\ c_1 & d_1 \end{vmatrix} \\ &= \prod_{i=1}^{n}(a_id_i-b_ic_i). \end{aligned}$$

【例 13】 计算行列式

$$D_n=\begin{vmatrix} 1 & 1 & 1 & \cdots & 1 \\ 2 & 2^2 & 2^3 & \cdots & 2^n \\ 3 & 3^2 & 3^3 & \cdots & 3^n \\ \vdots & \vdots & \vdots & & \vdots \\ n & n^2 & n^3 & \cdots & n^n \end{vmatrix}.$$

【解】 从第 $2,3,\cdots,n$ 行提出公因子，得

$$D_n=n!\begin{vmatrix}1&1&1&\cdots&1\\1&2&2^2&\cdots&2^{n-1}\\1&3&3^2&\cdots&3^{n-1}\\\vdots&\vdots&\vdots&&\vdots\\1&n&n^2&\cdots&n^{n-1}\end{vmatrix}=n!\begin{vmatrix}1&1&1&\cdots&1\\1&2&3&\cdots&n\\1&2^2&3^2&\cdots&n^2\\\vdots&\vdots&\vdots&&\vdots\\1&2^{n-1}&3^{n-1}&\cdots&n^{n-1}\end{vmatrix}.$$

由范德蒙行列式，得

$$\begin{aligned}D_n&=n!\,(n-1)(n-2)\cdots[n-(n-1)][(n-1)-1]\cdots\\&\quad[(n-1)-(n-2)]\cdots(3-2)(3-1)(2-1)\\&=n!\,(n-1)!\,(n-2)!\cdots2!\,1!.\end{aligned}$$

【例 14】 计算 $n+1$ 阶行列式

$$D_{n+1}=\begin{vmatrix}a_1^n&a_1^{n-1}b_1&a_1^{n-2}b_1^2&\cdots&a_1b_1^{n-1}&b_1^n\\a_2^n&a_2^{n-1}b_2&a_2^{n-2}b_2^2&\cdots&a_2b_2^{n-1}&b_2^n\\\vdots&\vdots&\vdots&&\vdots&\vdots\\a_{n+1}^n&a_{n+1}^{n-1}b_{n+1}&a_{n+1}^{n-2}b_{n+1}^2&\cdots&a_{n+1}b_{n+1}^{n-1}&b_{n+1}^n\end{vmatrix},$$

其中 $a_i\neq0,i=1,2,\cdots,n+1$.

【解】 此行列式中从左到右各列 a_i 按降次幂排列，b_i 按升次幂排列，从第 1 行提出 a_1^n，第 2 行提出 a_2^n，…，第 $n+1$ 行提出 a_{n+1}^n，再将所得的行列式转置便化成标准形式的范德蒙行列式，即

$$\begin{aligned}D_{n+1}&=\prod_{i=1}^{n+1}a_i^n\begin{vmatrix}1&1&\cdots&1\\\frac{b_1}{a_1}&\frac{b_2}{a_2}&\cdots&\frac{b_{n+1}}{a_{n+1}}\\\left(\frac{b_1}{a_1}\right)^2&\left(\frac{b_2}{a_2}\right)^2&\cdots&\left(\frac{b_{n+1}}{a_{n+1}}\right)^2\\\vdots&\vdots&&\vdots\\\left(\frac{b_1}{a_1}\right)^n&\left(\frac{b_2}{a_2}\right)^n&\cdots&\left(\frac{b_{n+1}}{a_{n+1}}\right)^n\end{vmatrix}\\&=\prod_{i=1}^{n+1}a_i^n\cdot\prod_{1\leqslant j<i\leqslant n+1}\left(\frac{b_i}{a_i}-\frac{b_j}{a_j}\right)\\&=\prod_{1\leqslant j<i\leqslant n+1}(b_ia_j-a_ib_j).\end{aligned}$$

【例 15】 设

$$D=\begin{vmatrix}2&1&-3&5\\1&1&1&2\\4&2&3&1\\2&5&1&3\end{vmatrix},$$

计算 $A_{41}+A_{42}+A_{43}+A_{44}$，其中 $A_{4j}(j=1,2,3,4)$是元素 a_{4j}的代数余子式.

分析：$A_{4j}(j=1,2,3,4)$是第 4 行元素的代数余子式，其值只与第 1,2,3 行元素有关，与第 4 行元素无关，适于构造一个新的行列式计算 $A_{41}+A_{42}+A_{43}+A_{44}$的值.

【解】 将 D 的第 4 行元素全改为 1，第 1,2,3 行元素不变，得到新的行列式$\overline{D}$，应用行列式按行展开定理，将$\overline{D}$按第 4 行展开，其值即为 $A_{41}+A_{42}+A_{43}+A_{44}$. 即

$$A_{41}+A_{42}+A_{43}+A_{44}=\overline{D}=\begin{vmatrix}2&1&-3&5\\1&1&1&2\\4&2&3&1\\1&1&1&1\end{vmatrix}=\begin{vmatrix}2&1&-3&5\\0&0&0&1\\4&2&3&1\\1&1&1&1\end{vmatrix}$$

$$=(-1)^{2+4}\begin{vmatrix}2&1&-3\\4&2&3\\1&1&1\end{vmatrix}=\begin{vmatrix}2&-1&-5\\4&-2&-1\\1&0&0\end{vmatrix}=\begin{vmatrix}-1&-5\\-2&-1\end{vmatrix}=-9.$$

【例 16】 若 n 阶行列式的元素满足条件 $a_{ji}=-a_{ij}(i,j=1,2,\cdots,n)$，则称此行列式为 n 阶反对称行列式. 证明奇数阶反对称行列式的值为零.

【证明】 设 $D_n=|a_{ij}|$ 为 n 阶反对称行列式，则由各行提出 -1，得

$$D_n=(-1)^n|-a_{ij}|=(-1)^n|a_{ji}|=-D_n^{\mathrm{T}},$$

其中 D_n^{T} 是 D_n 的转置行列式，由于 $D_n^{\mathrm{T}}=D_n$，故有 $D_n=-D_n$，所以 $D_n=0$.

【例 17*】 证明 $D_4=\begin{vmatrix}a&b&c&d\\-b&a&-d&c\\-c&d&a&-b\\-d&-c&b&a\end{vmatrix}=(a^2+b^2+c^2+d^2)^2$.

分析：观察此行列式可以看到，行列式中每行每列元素的平方和均为 $a^2+b^2+c^2+d^2$，而且任意两行(列)都是正交的，故可用矩阵乘积的行列式的性质化简计算.

【证明】 由于

$$D_4^2=D_4D_4^{\mathrm{T}}=\begin{vmatrix}a&b&c&d\\-b&a&-d&c\\-c&d&a&-b\\-d&-c&b&a\end{vmatrix}\cdot\begin{vmatrix}a&-b&-c&-d\\b&a&d&-c\\c&-d&a&b\\d&c&-b&a\end{vmatrix}$$

$$=\begin{vmatrix}f&0&0&0\\0&f&0&0\\0&0&f&0\\0&0&0&f\end{vmatrix},$$

其中 $f=a^2+b^2+c^2+d^2$，所以 $D_4^2=(a^2+b^2+c^2+d^2)^4$，故有 $D_4=\pm(a^2+b^2+c^2+d^2)^2$，但行列式 D_4 中 a^4 的系数为 1，从而 $D_4=(a^2+b^2+c^2+d^2)^2$.

【例 18】 设 $a_{ij}=|i-j|(i,j=1,2,\cdots,n)$，证明 n 阶行列式 $D_n=|a_{ij}|=(-1)^{n-1}2^{n-2}(n-1)$.

【证明】 由 $a_{ij}=|i-j|(i,j=1,2,\cdots,n)$，得

$$D_n=\begin{vmatrix}0&1&2&\cdots&n-1\\1&0&1&\cdots&n-2\\2&1&0&\cdots&n-3\\\vdots&\vdots&\vdots&&\vdots\\n-1&n-2&n-3&\cdots&0\end{vmatrix},$$

将第 $i+1$ 行的 -1 倍加到第 i 行上去($i=1,2,\cdots,n-1$)，得到

$$D_n=\begin{vmatrix}-1 & 1 & 1 & \cdots & 1\\ -1 & -1 & 1 & \cdots & 1\\ -1 & -1 & -1 & \cdots & 1\\ \vdots & \vdots & \vdots & & \vdots\\ n-1 & n-2 & n-3 & \cdots & 0\end{vmatrix},$$

再将第 1 列分别加到其余各列上去，得

$$D_n=\begin{vmatrix}-1 & 0 & 0 & \cdots & 0\\ -1 & -2 & 0 & \cdots & 0\\ -1 & -2 & -2 & \cdots & 0\\ \vdots & \vdots & \vdots & & \vdots\\ n-1 & 2n-3 & 2n-4 & \cdots & n-1\end{vmatrix}=(-1)^{n-1}2^{n-2}(n-1).$$

【例 19】 计算 n 阶行列式

$$D_n=\begin{vmatrix}\alpha+\beta & \beta & 0 & \cdots & 0 & 0\\ \alpha & \alpha+\beta & \beta & \cdots & 0 & 0\\ 0 & \alpha & \alpha+\beta & \cdots & 0 & 0\\ \vdots & \vdots & \vdots & & \vdots & \vdots\\ 0 & 0 & 0 & \cdots & \alpha+\beta & \beta\\ 0 & 0 & 0 & \cdots & \alpha & \alpha+\beta\end{vmatrix}.$$

【解】 先计算低阶行列式，再利用数学归纳法推出一般的 n 阶行列式的值.

$$D_1=\alpha+\beta,$$

$$D_2=\begin{vmatrix}\alpha+\beta & \beta\\ \alpha & \alpha+\beta\end{vmatrix}=\alpha^2+\alpha\beta+\beta^2,$$

$$D_3=\begin{vmatrix}\alpha+\beta & \beta & 0\\ \alpha & \alpha+\beta & \beta\\ 0 & \alpha & \alpha+\beta\end{vmatrix}=\alpha^3+\alpha^2\beta+\alpha\beta^2+\beta^3.$$

由此推测 $D_n=\alpha^n+\alpha^{n-1}\beta+\alpha^{n-2}\beta^2+\cdots+\alpha\beta^{n-1}+\beta^n$. 下面用数学归纳法进行证明.

当 $n=1$ 时，$D_1=\alpha+\beta$, 结论成立.

假设结论对小于等于 $n-1$ 的自然数都成立，下证 n 的情形. 将 D_n 按第 1 列展开.

$$D_n=(\alpha+\beta)\begin{vmatrix}\alpha+\beta & \beta & \cdots & 0 & 0\\ \alpha & \alpha+\beta & \cdots & 0 & 0\\ \vdots & \vdots & & \vdots & \vdots\\ 0 & 0 & \cdots & \alpha+\beta & \beta\\ 0 & 0 & \cdots & \alpha & \alpha+\beta\end{vmatrix}+\alpha(-1)^{2+1}\begin{vmatrix}\beta & 0 & \cdots & 0 & 0\\ \alpha & \alpha+\beta & \cdots & 0 & 0\\ \vdots & \vdots & & \vdots & \vdots\\ 0 & 0 & \cdots & \alpha+\beta & \beta\\ 0 & 0 & \cdots & \alpha & \alpha+\beta\end{vmatrix},$$

再将上式右端的第 2 个行列式按第 1 行展开，得

$$\begin{aligned}D_n&=(\alpha+\beta)D_{n-1}-\alpha\beta D_{n-2}\\ &=(\alpha+\beta)(\alpha^{n-1}+\alpha^{n-2}\beta+\cdots+\alpha\beta^{n-2}+\beta^{n-1})-\alpha\beta(\alpha^{n-2}+\alpha^{n-3}\beta+\cdots+\alpha\beta^{n-3}+\beta^{n-2})\\ &=\alpha^n+\alpha^{n-1}\beta+\alpha^{n-2}\beta^2+\cdots+\alpha\beta^{n-1}+\beta^n.\end{aligned}$$

由数学归纳法知结论成立.

【例 20】 设 n 阶行列式

$$D=\begin{vmatrix} 1 & -1 & -1 & \cdots & -1 & -1 \\ 1 & 1 & -1 & \cdots & -1 & -1 \\ 1 & 1 & 1 & \cdots & -1 & -1 \\ \vdots & \vdots & \vdots & & \vdots & \vdots \\ 1 & 1 & 1 & \cdots & 1 & -1 \\ 1 & 1 & 1 & \cdots & 1 & 1 \end{vmatrix},$$

求 D 的展开式中的正项总数.

【解】 由于 D 中的元素都是 ± 1，因此 D 的展开式的 $n!$ 项中，每一项不是 1 就是 -1，设展开式中正项总数为 p，负项总数为 q，那么有

$$\begin{cases} D=p-q \\ n!=p+q \end{cases} \Rightarrow p=\frac{1}{2}(D+n!).$$

下面计算 D，用第 n 行分别加到其他各行得

$$D=\begin{vmatrix} 2 & 0 & 0 & \cdots & 0 & 0 \\ 2 & 2 & 0 & \cdots & 0 & 0 \\ 2 & 2 & 2 & \cdots & 0 & 0 \\ \vdots & \vdots & \vdots & & \vdots & \vdots \\ 2 & 2 & 2 & \cdots & 2 & 0 \\ 1 & 1 & 1 & \cdots & 1 & 1 \end{vmatrix}=2^{n-1},$$

所以 $p=\frac{1}{2}(2^{n-1}+n!)$.

【例 21】 若齐次线性方程组

$$\begin{cases} x_1-x_2-x_3+kx_4=0, \\ -x_1+x_2+kx_3-x_4=0, \\ -x_1+kx_2+x_3-x_4=0, \\ kx_1-x_2-x_3+x_4=0 \end{cases}$$

有非零解，求 k 的值。

【解】 $D=\begin{vmatrix} 1 & -1 & -1 & k \\ -1 & 1 & k & -1 \\ -1 & k & 1 & -1 \\ k & -1 & -1 & 1 \end{vmatrix}=\begin{vmatrix} 1 & -1 & -1 & k \\ 0 & 0 & k-1 & k-1 \\ 0 & k-1 & 0 & k-1 \\ 0 & k-1 & k-1 & 1-k^2 \end{vmatrix}$

$$=\begin{vmatrix} 0 & k-1 & k-1 \\ k-1 & 0 & k-1 \\ k-1 & k-1 & 1-k^2 \end{vmatrix}=(k-1)^3\begin{vmatrix} 0 & 1 & 1 \\ 1 & 0 & 1 \\ 1 & 1 & -k-1 \end{vmatrix}$$

$$=(k-1)^3(k+3)$$

若该齐次线性方程组有非零解，则系数行列式必为零，即 $D=0$，从而 $k=1$ 或 $k=-3$.

【例 22】 设 $f(x)=c_0+c_1x+c_2x^2+\cdots+c_nx^n$. 若 $f(x)$ 有 $n+1$ 个不同的零点，证明 $f(x)$ 是零多项式.

分析：$f(x)$ 由 $n+1$ 个系数 $c_0, c_1, \cdots, c_n$ 完全确定，$f(x)$ 是零多项式当且仅当 $c_0=c_1=\cdots=c_n=0$. 若 $f(x)$ 有 $n+1$ 个不同的零点 $a_i(i=1,2,\cdots,n+1)$，则由 $f(a_i)=0\ (i=1,2,\cdots,n)$，可得 $n+1$ 个未知数 $c_0, c_1, \cdots, c_n$ 和 $n+1$ 个方程的齐次线性方程组，再利用 Cramer 法则

求解.

【证明】 设 $a_i(i=1,2,\cdots,n+1)$ 是 $f(x)$ 的 $n+1$ 个不同的根，即 $f(a_i)=0\ (i=1,2,\cdots,n)$ 且 $a_i\neq a_j(i\neq j)$，由此得齐次线性方程组

$$\begin{cases}c_0+c_1a_1+c_2a_1^2+\cdots+c_na_1^n=0,\\ c_0+c_1a_2+c_2a_2^2+\cdots+c_na_2^n=0,\\ \qquad\vdots\\ c_0+c_1a_{n+1}+c_2a_{n+1}^2+\cdots+c_na_{n+1}^n=0,\end{cases}$$

该方程组的系数行列式是范德蒙行列式的转置，即

$$D=\begin{vmatrix}1 & a_1 & a_1^2 & \cdots & a_1^n\\ 1 & a_2 & a_2^2 & \cdots & a_2^n\\ \vdots & \vdots & \vdots & & \vdots\\ 1 & a_{n+1} & a_{n+1}^2 & \cdots & a_{n+1}^n\end{vmatrix}=\prod_{1\leqslant i<j\leqslant n+1}(a_j-a_i)\neq 0.$$

由 Cramer 法则可知，上述方程组只有唯一的零解，即 $c_0=c_1=\cdots=c_n=0$. 故 $f(x)\equiv 0$.

三、练习题

（一）填空题

1. $\begin{vmatrix}1 & 1 & 1 & 0\\ 1 & 1 & 0 & 1\\ 1 & 0 & 1 & 1\\ 0 & 1 & 1 & 1\end{vmatrix}=$____________.

2. $\begin{vmatrix}0 & 0 & 0 & 1\\ 0 & 0 & 1 & 0\\ 0 & 1 & 0 & 0\\ 1 & 0 & 0 & 0\end{vmatrix}=$____________.

3. $\begin{vmatrix}1 & 2 & 3\\ 99 & 201 & 298\\ 4 & 5 & 6\end{vmatrix}=$____________.

4. 设 $\begin{vmatrix}a_{11} & a_{12} & a_{13}\\ a_{21} & a_{22} & a_{23}\\ a_{31} & a_{32} & a_{33}\end{vmatrix}=\delta\neq 0$，则 $\begin{vmatrix}3a_{11} & 4a_{11}-a_{12} & -a_{13}\\ 3a_{21} & 4a_{21}-a_{22} & -a_{23}\\ 3a_{31} & 4a_{31}-a_{32} & -a_{33}\end{vmatrix}=$____________.

5. 设 $F(x)=x(x-1)(x-2)\cdots(x-n+1)$，则

$$D=\begin{vmatrix}F(0) & F(1) & F(2) & \cdots & F(n-1) & F(n)\\ F(1) & F(2) & F(3) & \cdots & F(n) & F(n+1)\\ F(2) & F(3) & F(4) & \cdots & F(n+1) & F(n+2)\\ \vdots & \vdots & \vdots & & & \vdots\\ F(n) & F(n+1) & F(n+2) & \cdots & F(2n-1) & F(2n)\end{vmatrix}=\_\_\_\_\_\_\_\_\_\_\_\_.$$

6. 如果 5 阶行列式 D_5 中每一列上的 5 个元素之和等于零，则 $D_5=$____________.

7. 若 $a_i \neq 0(i=1,2,3,4)$，则 $\begin{vmatrix} a_1 & 0 & 0 & 1 \\ 0 & a_2 & 0 & 0 \\ 0 & 0 & a_3 & 0 \\ 1 & 0 & 0 & a_4 \end{vmatrix} =$ ________.

8. $\begin{vmatrix} a_1 & 0 & 0 & b_1 \\ 0 & a_2 & b_2 & 0 \\ 0 & b_3 & a_3 & 0 \\ b_4 & 0 & 0 & a_4 \end{vmatrix} =$ ________.

9. 若 $\begin{vmatrix} 1 & 0 & 2 \\ x & 3 & 1 \\ 4 & x & 5 \end{vmatrix}$ 的代数余子式 $A_{12}=-1$，则代数余子式 $A_{21}=$ ________.

10. 已知 4 阶行列式 D 的第 2 列元素为 $-2,3,1,2$，且对应的余子式为 $4,-1,2,-2$，则行列式 $D=$ ________.

11. 已知 4 阶行列式 D 中第 2 行上的元素分别为 $-1,0,2,4$，第 4 行上的元素的余子式分别为 $5,10,a,4$，则 a 的值为________.

12. 设 4 阶行列式 $D=\begin{vmatrix} a & b & c & d \\ c & b & d & a \\ d & b & c & a \\ a & b & d & c \end{vmatrix}$，则 $A_{14}+A_{24}+A_{34}+A_{44}=$ ______.

13. 4 阶行列式 $D_4=\begin{vmatrix} 1-a & a & 0 & 0 \\ -1 & 1-a & a & 0 \\ 0 & -1 & 1-a & a \\ 0 & 0 & -1 & 1-a \end{vmatrix} =$ ________.

14. 已知 $D_n=\begin{vmatrix} a_1 & 1 & 0 & \cdots & 0 & 0 \\ -1 & a_2 & 1 & \cdots & 0 & 0 \\ 0 & -1 & a_3 & \cdots & 0 & 0 \\ \vdots & \vdots & \vdots & & \vdots & \vdots \\ 0 & 0 & 0 & \cdots & a_{n-1} & 1 \\ 0 & 0 & 0 & \cdots & -1 & a_n \end{vmatrix} = a_nD_{n-1}+kD_{n-2}$，则 $k=$ ____.

15. 齐次线性方程组 $\begin{cases} kx_1+x_2-x_3=0, \\ x_1+kx_2-x_3=0, \\ 2x_1-x_2+x_3=0 \end{cases}$ 有非零解，则 $k=$ ________.

(二) 选择题

1. 若 $\begin{vmatrix} a_1 & a_2 & a_3 \\ b_1 & b_2 & b_3 \\ c_1 & c_2 & c_3 \end{vmatrix} = m$，则 $\begin{vmatrix} a_1 & 2c_1-5b_1 & 3b_1 \\ a_2 & 2c_2-5b_2 & 3b_2 \\ a_3 & 2c_3-5b_3 & 3b_3 \end{vmatrix} =$ (　　).

(A) $30m$　　(B) $-15m$　　(C) $6m$　　(D) $-6m$

2. 多项式 $p(x)=\begin{vmatrix} a_{11}+x & a_{12}+x & a_{13}+x & a_{14}+x \\ a_{21}+x & a_{22}+x & a_{23}+x & a_{24}+x \\ a_{31}+x & a_{32}+x & a_{33}+x & a_{34}+x \\ a_{41}+x & a_{42}+x & a_{43}+x & a_{44}+x \end{vmatrix}$ 的实根的个数为(　　).

(A) 1　　(B) 2　　(C) 3　　(D) 4

3. 方程 $f(x)=\begin{vmatrix} x-2 & x-1 & x-2 & x-3 \\ 2x-2 & 2x-1 & 2x-2 & 2x-3 \\ 3x-3 & 3x-2 & 4x-5 & 3x-5 \\ 4x & 4x-3 & 5x-7 & 4x-3 \end{vmatrix}=0$ 的根的个数为(　　).

(A) 1　　(B) 2　　(C) 3　　(D) 4

4. 行列式 $\begin{vmatrix} a & b & a+b \\ b & a+b & a \\ a+b & a & b \end{vmatrix}$ 等于(　　).

(A) $(a+b)^3-3a^2b$　　(B) $2(a^3+b^3)$

(C) $-2(a^3+b^3)$　　(D) $3a^2b-(a+b)^3$

5. 已知 $\begin{vmatrix} a_{11} & a_{12} & a_{13} \\ a_{21} & a_{22} & a_{23} \\ a_{31} & a_{32} & a_{33} \end{vmatrix}=m$，则 $\begin{vmatrix} a_{21} & a_{22} & a_{23} \\ 2a_{31}-a_{11} & 2a_{32}-a_{12} & 2a_{33}-a_{13} \\ 2a_{11}+a_{21} & 2a_{12}+a_{22} & 2a_{13}+a_{23} \end{vmatrix}$ 等于(　　).

(A) $-4m$　　(B) $-2m$　　(C) $2m$　　(D) $4m$

6. 设 $D_4=\begin{vmatrix} a_{11} & a_{12} & a_{13} & a_{14} \\ a_{21} & a_{22} & a_{23} & a_{24} \\ a_{31} & a_{32} & a_{33} & a_{34} \\ a_{41} & a_{42} & a_{43} & a_{44} \end{vmatrix}=m, c\neq 0$，则 $\begin{vmatrix} a_{11} & a_{12}c & a_{13}c^2 & a_{14}c^3 \\ a_{21}c^{-1} & a_{22} & a_{23}c & a_{24}c^2 \\ a_{31}c^{-2} & a_{32}c^{-1} & a_{33} & a_{34}c \\ a_{41}c^{-3} & a_{42}c^{-2} & a_{43}c^{-1} & a_{44} \end{vmatrix}=$(　　).

(A) $c^{-2}m$　　(B) m　　(C) cm　　(D) c^3m

7. 下列 n 阶行列式的值必为零的是(　　).

(A) 行列式主对角线上元素全为零

(B) 行列式零元素的个数多于 n 个

(C) 行列式非零元素的个数小于 n 个

(D) 行列式零元素的个数多于 $2n$ 个($n\geqslant 4$)

8. 设 $f(x)=\begin{vmatrix} x & x & 1 & 0 \\ 1 & x & 2 & 3 \\ 2 & 3 & x & 2 \\ 1 & 1 & 2 & x \end{vmatrix}$，则 $f(x)$ 中的常数项为(　　).

(A) 0　　(B) 6　　(C) -5　　(D) 2

9. 设行列式 $D=\begin{vmatrix} 3 & 0 & 4 & 0 \\ 2 & 2 & 2 & 2 \\ 0 & -7 & 0 & 0 \\ 5 & 3 & -2 & 2 \end{vmatrix}$，则第 4 行元素的余子式之和的值为(　　).

(A) -28　　(B) 28　　(C) 0　　(D) 336

10. 若行列式 $\begin{vmatrix} a & b & c \\ 2 & 3 & 4 \\ 1 & 0 & 1 \end{vmatrix}=1$，则 $\begin{vmatrix} a+3 & 1 & 1 \\ b+3 & 0 & 3 \\ c+5 & 1 & 3 \end{vmatrix}$ 的值为(　　).

(A) 0　　(B) 1　　(C) -1　　(D) 2

11. n 阶行列式 D_n 为零的充分条件是(　　).

(A) 零元素的个数大于 n　　(B) D_n 中各行元素之和为零

(C) 主对角线上元素全为零　　(D) 次对角线上元素全为零

12. n 阶行列式 $D_n \neq 0$ 的充分条件是(　　).

(A) D_n 中至少有 n 个元素非零

(B) D_n 中所有元素非零

(C) D_n 中任意两行元素之间不成比例

(D) D_n 中非零行的各元素的代数余子式与对应的元素相等

13. 已知 $\begin{vmatrix} 1 & 0 & 1 \\ 0 & 1 & 1 \\ x & y & z \end{vmatrix}=2$，则 $\begin{vmatrix} z-y & y & -1 \\ x & z-x & -1 \\ -x & -y & 1 \end{vmatrix}$ 的值为(　　).

(A) 2　　(B) -2　　(C) 0　　(D) 4

14. 已知 5 阶行列式 $D_5=\begin{vmatrix} 1 & 2 & 3 & 4 & 5 \\ 2 & 2 & 2 & 1 & 1 \\ 3 & 1 & 2 & 4 & 5 \\ 1 & 1 & 1 & 2 & 2 \\ 4 & 3 & 1 & 5 & 0 \end{vmatrix}=27$，$A_{2j}$ 是 a_{2j} 的代数余子式，则 $A_{21}+A_{22}+A_{23}$ 和 $A_{24}+A_{25}$ 的值分别为(　　).

(A) 18 和 9　　(B) 9 和 18　　(C) 18 和 -9　　(D) -9 和 18

15. n 阶行列式

$$D_n=\begin{vmatrix} 1 & 1 & 1 & \cdots & 1 \\ x_1+1 & x_2+1 & x_3+1 & \cdots & x_n+1 \\ x_1^2+x_1 & x_2^2+x_2 & x_3^2+x_3 & \cdots & x_n^2+x_n \\ \vdots & \vdots & \vdots & & \vdots \\ x_1^{n-1}+x_1^{n-2} & x_2^{n-1}+x_2^{n-2} & x_3^{n-1}+x_3^{n-2} & \cdots & x_n^{n-1}+x_n^{n-2} \end{vmatrix}$$ 的值为(　　).

(A) $x_1x_2\cdots x_n$　　(B) $(x_1x_2\cdots x_n)^{\frac{n(n-1)}{2}}$

(C) $\prod\limits_{1\leqslant i<j\leqslant n}(x_j-x_i)$　　(D) $\prod\limits_{i=1}^{n}x_i \cdot \prod\limits_{1\leqslant i<j\leqslant n}(x_j-x_i)$

（三）解答与证明题

1. 计算行列式 $\begin{vmatrix} 1 & 2 & 3 \\ 4 & 5 & 6 \\ 7 & 8 & 9 \end{vmatrix}$.

2. 已知 $D=\begin{vmatrix} 1 & 0 & 1 & 2 \\ -1 & 1 & 0 & 3 \\ 1 & 1 & 1 & 0 \\ -1 & 2 & 5 & 4 \end{vmatrix}$，试求：

(1) $A_{12}-A_{22}+A_{32}-A_{42}$；　(2) $A_{41}+A_{42}+A_{43}+A_{44}$.

3. 设 x_1,x_2,x_3 是方程 $x^3+px+q=0$ 的 3 个根，计算行列式

$$D_3=\begin{vmatrix} x_1 & x_2 & x_3 \\ x_3 & x_1 & x_2 \\ x_2 & x_3 & x_1 \end{vmatrix}.$$

4. 计算 n 阶行列式

$$D_n=\begin{vmatrix} x_1-m & x_2 & \cdots & x_n \\ x_1 & x_2-m & \cdots & x_n \\ \vdots & \vdots & & \vdots \\ x_1 & x_2 & \cdots & x_n-m \end{vmatrix}.$$

5. 计算 n 阶行列式

$$D_n=\begin{vmatrix} a_1+b_1 & a_2 & \cdots & a_n \\ a_1 & a_2+b_2 & \cdots & a_n \\ \vdots & \vdots & & \vdots \\ a_1 & a_2 & \cdots & a_n+b_n \end{vmatrix},\ (b_1b_2\cdots b_n\neq 0).$$

6. 计算

$$D_n=\begin{vmatrix} 1+a_1 & 1 & \cdots & 1 \\ 2 & 2+a_2 & \cdots & 2 \\ \vdots & \vdots & & \vdots \\ n & n & \cdots & n+a_n \end{vmatrix}，其中\ a_1a_2\cdots a_n\neq 0.$$

7. 计算

$$D=\begin{vmatrix} 1 & 1 & 1 & 1 \\ 1+\sin\varphi_1 & 1+\sin\varphi_2 & 1+\sin\varphi_3 & 1+\sin\varphi_4 \\ \sin\varphi_1+\sin^2\varphi_1 & \sin\varphi_2+\sin^2\varphi_2 & \sin\varphi_3+\sin^2\varphi_3 & \sin\varphi_4+\sin^2\varphi_4 \\ \sin^2\varphi_1+\sin^3\varphi_1 & \sin^2\varphi_2+\sin^3\varphi_2 & \sin^2\varphi_3+\sin^3\varphi_3 & \sin^2\varphi_4+\sin^3\varphi_4 \end{vmatrix}$$

8*. 设 $\boldsymbol{A}=(a_{ij})$ 是 n 阶方阵，$a_{ij}=a^{i-j}$，$a\neq 0$，$i,j=1,2,\cdots,n$. 求 $\det(\boldsymbol{A})$.

9. 计算 $n(n\geqslant 2)$ 阶行列式

$$D=\begin{vmatrix} 1 & \omega^{-1} & \omega^{-2} & \cdots & \omega^{-n+1} \\ \omega^{-n+1} & 1 & \omega^{-1} & \cdots & \omega^{-n+2} \\ \omega^{-n+2} & \omega^{-n+1} & 1 & \cdots & \omega^{-n+3} \\ \vdots & \vdots & \vdots & & \vdots \\ \omega^{-1} & \omega^{-2} & \omega^{-3} & \cdots & 1 \end{vmatrix}$$

的值，其中 ω 是 $x^n=1$ 的任一根.

10. 求下列方程的解.

$$\begin{vmatrix} 1 & x & x^2 & \cdots & x^n \\ 1 & a_1 & a_1^2 & \cdots & a_1^n \\ \vdots & \vdots & \vdots & & \vdots \\ 1 & a_n & a_n^2 & \cdots & a_n^n \end{vmatrix}=0$$，其中 $a_1,a_2,\cdots,a_n$ 是 n 个互不相同的实数.

11*. 计算 n 阶行列式

$$D_n=\begin{vmatrix} x & a & a & \cdots & a & a \\ -a & x & a & \cdots & a & a \\ -a & -a & x & \cdots & a & a \\ \vdots & \vdots & \vdots & & \vdots & \vdots \\ -a & -a & -a & \cdots & x & a \\ -a & -a & -a & \cdots & -a & x \end{vmatrix}.$$

12. 计算行列式

$$D=\begin{vmatrix} a_1 & a_2 & \cdots & a_n & 0 \\ 1 & 0 & \cdots & 0 & b_1 \\ 0 & 1 & \cdots & 0 & b_2 \\ \vdots & \vdots & & \vdots & \vdots \\ 0 & 0 & \cdots & 1 & b_n \end{vmatrix}.$$

13. 计算行列式

$$D_n=\begin{vmatrix} n & n-1 & n-2 & \cdots & 2 & 1 \\ -1 & x & 0 & \cdots & 0 & 0 \\ 0 & -1 & x & \cdots & 0 & 0 \\ \vdots & \vdots & \vdots & & \vdots & \vdots \\ 0 & 0 & 0 & \cdots & x & 0 \\ 0 & 0 & 0 & \cdots & -1 & x \end{vmatrix}.$$

14. 试用数学归纳法证明

(1) $$D_n=\begin{vmatrix} 1+a_1^2 & a_1a_2 & \cdots & a_1a_n \\ a_2a_1 & 1+a_2^2 & \cdots & a_2a_n \\ \vdots & \vdots & & \vdots \\ a_na_1 & a_na_2 & \cdots & 1+a_n^2 \end{vmatrix}=1+a_1^2+a_2^2+\cdots+a_n^2;$$

(2) $$D_n=\begin{vmatrix} 1 & 1 & \cdots & 1 \\ x_1 & x_2 & \cdots & x_n \\ \vdots & \vdots & & \vdots \\ x_1^{n-2} & x_2^{n-2} & \cdots & x_n^{n-2} \\ x_1^n & x_2^n & \cdots & x_n^n \end{vmatrix}=\sum_{k=1}^{n}x_k\prod_{1\leqslant j<i\leqslant n}(x_i-x_j).$$

15. 解方程

$$\begin{vmatrix} a_1 & a_2 & a_3 & \cdots & a_n \\ a_1 & a_1+a_2-x & a_3 & \cdots & a_n \\ a_1 & a_2 & a_2+a_3-x & \cdots & a_n \\ \vdots & \vdots & \vdots & & \vdots \\ a_1 & a_2 & a_3 & \cdots & a_{n-1}+a_n-x \end{vmatrix}=0,$$

其中 $a_1,a_2,\cdots,a_n$ 是 n 个互不相同的数，且 $a_1\neq0$.

16. 计算 $n+1$ 阶行列式

$$D_{n+1}=\begin{vmatrix} (2n-1)^n & (2n-2)^n & \cdots & n^n & (2n)^n \\ (2n-1)^{n-1} & (2n-2)^{n-1} & \cdots & n^{n-1} & (2n)^{n-1} \\ \vdots & \vdots & & \vdots & \vdots \\ 2n-1 & 2n-2 & \cdots & n & 2n \\ 1 & 1 & \cdots & 1 & 1 \end{vmatrix}.$$

17. 试证在一个 n 阶行列式中，如果等于零的元素个数大于 n^2-n，那么该行列式的值必为零.

18. 设 a,b,c,d 是不全为 0 的实数，证明线性方程组

$$\begin{cases} ax_1+bx_2+cx_3+dx_4=0, \\ bx_1-ax_2+dx_3-cx_4=0, \\ cx_1-dx_2-ax_3+bx_4=0, \\ dx_1+cx_2-bx_3-ax_4=0 \end{cases}$$

只有零解.

四、练习题答案与提示

（一）填空题

1. -3.
2. 1.
3. -15.
4. 3δ
5. $(-1)^{\frac{n(n+1)}{2}}(n!)^{n+1}$.
6. 0.
7. $a_1a_2a_3a_4-a_2a_3$.
8. $(a_1a_4-b_1b_4)(a_2a_3-b_2b_3)$.
9. 2.
10. -1.
11. $a=\frac{21}{2}$.
12. 0.

13. $1-a+a^2-a^3+a^4$.

14. 1.

15. $k=-2$ 或 $k=1$.

(二) 选择题

1. (D).

2. (A).

提示：将行列式的第 1 行的 -1 倍加到第 2,3,4 行上，易知 $p(x)$ 是 1 次多项式，因此只有一个实根.

3. (B).

4. (C).

分析：第 2,3 行加到第 1 行上去，提出公因子 $2(a+b)$ 后，再将第 1 列的 -1 倍加到第 2,3 列上，得到

$$\begin{vmatrix} a & b & a+b \\ b & a+b & a \\ a+b & a & b \end{vmatrix} = 2(a+b)\begin{vmatrix} 1 & 1 & 1 \\ b & a+b & a \\ a+b & a & b \end{vmatrix} = 2(a+b)\begin{vmatrix} 1 & 0 & 0 \\ b & a & a-b \\ a+b & -b & -a \end{vmatrix}$$

$$=2(a+b)(-a^2+ab-b^2)=-2(a^3+b^3).$$

5. (D).

6. (B).

分析：

$$\begin{vmatrix} a_{11} & a_{12}c & a_{13}c^2 & a_{14}c^3 \\ a_{21}c^{-1} & a_{22} & a_{23}c & a_{24}c^2 \\ a_{31}c^{-2} & a_{32}c^{-1} & a_{33} & a_{34}c \\ a_{41}c^{-3} & a_{42}c^{-2} & a_{43}c^{-1} & a_{44} \end{vmatrix} = c^{-1}c^{-2}c^{-3}\begin{vmatrix} a_{11} & a_{12}c & a_{13}c^2 & a_{14}c^3 \\ a_{21} & a_{22}c & a_{23}c^2 & a_{24}c^3 \\ a_{31} & a_{32}c & a_{33}c^2 & a_{34}c^3 \\ a_{41} & a_{42}c & a_{43}c^2 & a_{44}c^3 \end{vmatrix} = m,$$

最后的等式是由第 2,3,4 列分别提出公因子 c, c^2, c^3 后得到.

7. (C).

提示：行列式中至少有一个全零行或全零列.

8. (D).

提示：设 $f(x)=ax^4+bx^3+cx^2+dx+e$，则常数项为

$$e=f(0)=\begin{vmatrix} 0 & 0 & 1 & 0 \\ 1 & 0 & 2 & 3 \\ 2 & 3 & 0 & 2 \\ 1 & 1 & 2 & 0 \end{vmatrix} = \begin{vmatrix} 1 & 0 & 3 \\ 2 & 3 & 2 \\ 1 & 1 & 0 \end{vmatrix} = -5.$$

9. (A).

分析：构造一个新的行列式，使其值恰为第 4 行元素余子式之和，而余子式之和又可以看成是各元素的代数余子式分别与 $+1$ 或 -1 的乘积之和，因此，把行列式 D 的第 4 行换成 $-1, 1, -1, 1$，新的行列式按第 4 行展开就是 D 的第 4 行元素的余子式之和.

记 M_{4j} 和 A_{4j} $(j=1,2,3,4)$ 分别是第 4 行元素的余子式和代数余子式，则

$$M_{41}+M_{42}+M_{43}+M_{44}=-A_{41}+A_{42}-A_{43}+A_{44}=\begin{vmatrix}3&0&4&0\\2&2&2&2\\0&-7&0&0\\-1&1&-1&1\end{vmatrix}=-28.$$

10.(C).

11.(B).

分析:对于选项(A)、(C)、(D),可以分别举出反例.

由 $T_1=\begin{vmatrix}1&0&0\\0&1&0\\0&0&1\end{vmatrix}=1\neq0$,知(A)不是充分条件.

由 $T_2=\begin{vmatrix}0&1&0\\0&0&1\\1&0&0\end{vmatrix}=1\neq0$,知(C)不是充分条件.

由 $T_3=\begin{vmatrix}0&1&0\\1&0&0\\0&0&1\end{vmatrix}=-1\neq0$,知(D)不是充分条件.

而 D_n 中各列元素全加到第 1 列后,第 1 列成为全零列,故 $D_n=0$,因此选(B).

12.(D).

分析:举反例,对于选项(A),取行列式

$$A_n=\begin{vmatrix}1&1&1&\cdots&1\\1&1&1&\cdots&1\\a_{31}&a_{32}&a_{33}&\cdots&a_{3n}\\\vdots&\vdots&\vdots&&\vdots\\a_{n1}&a_{n2}&a_{n3}&\cdots&a_{nn}\end{vmatrix}=0,$$

说明(A)不是充分条件;

对于选项(B),取行列式

$$B_n=\begin{vmatrix}1&1&\cdots&1\\1&1&\cdots&1\\\vdots&\vdots&&\vdots\\1&1&\cdots&1\end{vmatrix}=0,$$

说明(B)不是充分条件;

对于选项(C),取

$$C_3=\begin{vmatrix}1&2&3\\4&5&6\\5&7&9\end{vmatrix}=0,$$

说明 (C)不是充分条件.

易验证,(D)是充分条件.

13.(D).

注:直接计算得

$$\begin{vmatrix}1&0&1\\0&1&1\\x&y&z\end{vmatrix}=z-x-y=2,\quad \begin{vmatrix}z-y&y&-1\\x&z-x&-1\\-x&-y&1\end{vmatrix}=(z-x-y)^2.$$

14. (C).

分析:将行列式按第 2 行展开得

$$2(A_{21}+A_{22}+A_{23})+(A_{24}+A_{25})=27, \tag{1}$$

又根据行列式的性质，将第 4 行加到第 2 行，其值不变，即得

$$D_5=\begin{vmatrix}1&2&3&4&5\\2&2&2&1&1\\3&1&2&4&5\\1&1&1&2&2\\4&3&1&5&0\end{vmatrix}=\begin{vmatrix}1&2&3&4&5\\3&3&3&3&3\\3&1&2&4&5\\1&1&1&2&2\\4&3&1&5&0\end{vmatrix}=27,$$

后一个行列式按第 2 行展开，得

$$3(A_{21}+A_{22}+A_{23})+3(A_{24}+A_{25})=27, \tag{2}$$

由式(1)和式(2)可得 $A_{21}+A_{22}+A_{23}=18$，$A_{24}+A_{25}=-9$.

15. (C).

提示:利用行列式的性质，将行列式化成一个范德蒙行列式.

(三) 解答与证明题

1.**【解法 1】** 把第 1 行的-4倍，-7倍分别加到第 2 行及第 3 行，得

$$\begin{vmatrix}1&2&3\\4&5&6\\7&8&9\end{vmatrix}=\begin{vmatrix}1&2&3\\0&-3&-6\\0&-6&-12\end{vmatrix}=\begin{vmatrix}-3&-6\\-6&-12\end{vmatrix}=0.$$

【解法 2】 把第 2 行的-1倍加到第 3 行，再把第 1 行的-1倍加到第 2 行，得

$$\begin{vmatrix}1&2&3\\4&5&6\\7&8&9\end{vmatrix}=\begin{vmatrix}1&2&3\\3&3&3\\3&3&3\end{vmatrix}=0.$$

【解法 3】 把 7,8,9 分别写成 8$-$1,10$-$2,12$-$3,然后拆开成两个行列式，即

$$\begin{vmatrix}1&2&3\\4&5&6\\7&8&9\end{vmatrix}=\begin{vmatrix}1&2&3\\4&5&6\\8-1&10-2&12-3\end{vmatrix}=\begin{vmatrix}1&2&3\\4&5&6\\8&10&12\end{vmatrix}-\begin{vmatrix}1&2&3\\4&5&6\\1&2&3\end{vmatrix}=0.$$

评注：本例中行列式非常简单，但求解的方法灵活多样,所以应多记多练,达到熟练计算的效果.

2. 分析:(1) 在计算第 2 列元素的代数余子式的代数和时，只要保持第 1,3,4 列元素不变，而不管第 2 列元素本身如何变化，其对应的代数余子式不变. 若令 $a_{12}=1$,$a_{22}=-1$, $a_{32}=1$, $a_{42}=-1$，那么就有

$$A_{12}-A_{22}+A_{32}-A_{42}=a_{21}A_{12}+a_{22}A_{22}+a_{32}A_{32}+a_{43}A_{42}$$

$$=\begin{vmatrix}1 & a_{21} & 1 & 2\\ -1 & a_{22} & 0 & 3\\ 1 & a_{32} & 1 & 0\\ -1 & a_{42} & 5 & 4\end{vmatrix}=\begin{vmatrix}1 & 1 & 1 & 2\\ -1 & -1 & 0 & 3\\ 1 & 1 & 1 & 0\\ -1 & -1 & 5 & 4\end{vmatrix}=0.$$

(2) 类似于(1)的解法，令 $a_{41}=a_{42}=a_{43}=a_{44}=1$，则

$$A_{41}+A_{42}+A_{43}+A_{44}=a_{41}A_{41}+a_{42}A_{42}+a_{43}A_{43}+a_{44}A_{44}$$

$$=\begin{vmatrix}1 & 0 & 1 & 2\\ -1 & 1 & 0 & 3\\ 1 & 1 & 1 & 0\\ a_{41} & a_{42} & a_{43} & a_{44}\end{vmatrix}=\begin{vmatrix}1 & 0 & 1 & 2\\ -1 & 1 & 0 & 3\\ 1 & 1 & 1 & 0\\ 1 & 1 & 1 & 1\end{vmatrix}=\begin{vmatrix}1 & 0 & 1 & 2\\ -1 & 1 & 0 & 3\\ 1 & 1 & 1 & 0\\ 0 & 0 & 0 & 1\end{vmatrix}=$$

$-1.$

3. 分析：由于 x_1,x_2,x_3 是方程 $x^3+px+q=0$ 的 3 个根，从而

$$\begin{aligned}x^3+px+q&=(x-x_1)(x-x_2)(x-x_3)\\&=x^3-(x_1+x_2+x_3)x^2+(x_1x_2+x_1x_3+x_2x_3)x-x_1x_2x_3\\&\Rightarrow x_1+x_2+x_3=0,\end{aligned}$$

故 $D_3=\begin{vmatrix}x_1 & x_2 & x_3\\ x_3 & x_1 & x_2\\ x_2 & x_3 & x_1\end{vmatrix}=\begin{vmatrix}x_1+x_2+x_3 & x_2 & x_3\\ x_1+x_2+x_3 & x_1 & x_2\\ x_1+x_2+x_3 & x_3 & x_1\end{vmatrix}=\begin{vmatrix}0 & x_2 & x_3\\ 0 & x_1 & x_2\\ 0 & x_3 & x_1\end{vmatrix}=0.$

4. 分析：该行列式具有各行元素之和相等的特点，可将第 2,3,…,n 列都加到第 1 列，则第 1 列的元素相等，再进一步化简，对于各列元素之和相等的行列式，也可以作类似处理.

5. 分析：该行列式含有共同的元素 $a_1,a_2,\cdots,a_n$，可在保持原行列式值不变的情况下，增加一行一列，称为**加边法**，适当选择所增行(或列)，使得下一步化简后出现大量的零元素.

$$D_n\overset{\text{加边}}{=\!=\!=}\begin{vmatrix}1 & a_1 & a_2 & \cdots & a_n\\ 0 & a_1+b_1 & a_2 & \cdots & a_n\\ 0 & a_1 & a_2+b_2 & \cdots & a_n\\ \vdots & \vdots & \vdots & & \vdots\\ 0 & a_1 & a_2 & \cdots & a_n+b_n\end{vmatrix}$$

$$\xlongequal[r_n-r_1]{r_2-r_1,\ \cdots}\begin{vmatrix}1 & a_1 & a_2 & \cdots & a_n\\ -1 & b_1 & 0 & \cdots & 0\\ -1 & 0 & b_2 & \cdots & 0\\ \vdots & \vdots & \vdots & & \vdots\\ -1 & 0 & 0 & \cdots & b_n\end{vmatrix}\xlongequal[\frac{c_1+c_2}{b_1},\ \cdots,\ \frac{c_1+c_{n+1}}{b_n}]{}$$

$$\begin{vmatrix}1+\frac{a_1}{b_1}+\cdots+\frac{a_n}{b_n} & a_1 & a_2 & \cdots & a_n\\ 0 & b_1 & 0 & \cdots & 0\\ 0 & 0 & b_2 & \cdots & 0\\ \vdots & \vdots & \vdots & & \vdots\\ 0 & 0 & 0 & \cdots & b_n\end{vmatrix}=b_1b_2\cdots b_n\left(1+\frac{a_1}{b_1}+\cdots+\frac{a_n}{b_n}\right).$$

6. 提示:加边得

$$D_n=\begin{vmatrix}1&1&1&\cdots&1\\0&1+a_1&1&\cdots&1\\0&2&2+a_2&\cdots&2\\\vdots&\vdots&\vdots&&\vdots\\0&n&n&\cdots&n+a_n\end{vmatrix}=\begin{vmatrix}1&1&1&\cdots&1\\-1&a_1&0&\cdots&0\\-2&0&a_2&\cdots&0\\\vdots&\vdots&\vdots&&\vdots\\-n&0&0&\cdots&a_n\end{vmatrix}$$

$$=\begin{vmatrix}1+\frac{1}{a_1}+\frac{2}{a_2}+\cdots+\frac{n}{a_n}&1&1&\cdots&1\\0&a_1&0&\cdots&0\\0&0&a_2&\cdots&0\\\vdots&\vdots&\vdots&&\vdots\\0&0&0&\cdots&a_n\end{vmatrix}$$

$$=\left(1+\frac{1}{a_1}+\frac{2}{a_2}+\cdots+\frac{n}{a_n}\right)a_1a_2\cdots a_n.$$

7. 分析:从第 1 行开始,依次用上一行的 -1 倍加到下一行,进行逐行相加可得

$$D=\begin{vmatrix}1&1&1&1\\\sin\varphi_1&\sin\varphi_2&\sin\varphi_3&\sin\varphi_4\\\sin^2\varphi_1&\sin^2\varphi_2&\sin^2\varphi_3&\sin^2\varphi_4\\\sin^3\varphi_1&\sin^3\varphi_2&\sin^3\varphi_3&\sin^3\varphi_4\end{vmatrix}=\prod_{1\leqslant i<j\leqslant 4}(\sin\varphi_j-\sin\varphi_i).$$

8*. 提示:$\det(\boldsymbol{A})=\begin{vmatrix}1&a^{-1}&a^{-2}&\cdots&a^{-(n-1)}\\a&1&a^{-1}&\cdots&a^{-(n-2)}\\a^2&a&1&\cdots&a^{-(n-3)}\\\vdots&\vdots&\vdots&&\vdots\\a^{n-1}&a^{n-2}&a^{n-3}&\cdots&1\end{vmatrix}$

用第 1 列的$(-a^{-1})$倍加到第 2 列,使第 2 列的元素全变为 0,故 $\det(\boldsymbol{A})=0$.

9. 分析:因为 $\omega^n=1$,所以有 $\omega=1$ 或 $1+\omega+\omega^2+\cdots+\omega^{n-1}=0$.

若 $\omega=1$,则行列式的所有元素全为 1,于是行列式的值为 0.

若 $\omega\neq1$,则有 $1+\omega+\omega^2+\cdots+\omega^{n-1}=0$.

先将 D 改写为

$$D=\begin{vmatrix}1&\omega^{n-1}&\omega^{n-2}&\cdots&\omega\\\omega&1&\omega^{n-1}&\cdots&\omega^2\\\omega^2&\omega&1&\cdots&\omega^3\\\vdots&\vdots&\vdots&&\vdots\\\omega^{n-1}&\omega^{n-2}&\omega^{n-3}&\cdots&1\end{vmatrix},$$

将行列式的各行都加到第 1 行,由于 $1+\omega+\omega^2+\cdots+\omega^{n-1}=0$,这时 D 的第 1 行全为 0,所以 $D=0$.

10. $x_1=a_1,x_2=a_2,\cdots,x_n=a_n$.

11*. 分析:将第 n 行拆成两项和:$-a=0+(-a)$,$x=(x-a)+a$,所以 D_n 可以写成两个行列式的和,即

$$D_n=\begin{vmatrix} x & a & a & \cdots & a & a \\ -a & x & a & \cdots & a & a \\ -a & -a & x & \cdots & a & a \\ \vdots & \vdots & \vdots & & \vdots & \vdots \\ -a & -a & -a & \cdots & x & a \\ 0 & 0 & 0 & \cdots & 0 & x-a \end{vmatrix}+\begin{vmatrix} x & a & a & \cdots & a & a \\ -a & x & a & \cdots & a & a \\ -a & -a & x & \cdots & a & a \\ \vdots & \vdots & \vdots & & \vdots & \vdots \\ -a & -a & -a & \cdots & x & a \\ -a & -a & -a & \cdots & -a & a \end{vmatrix}$$

$$=(x-a)D_{n-1}+\begin{vmatrix} x+a & a & a & \cdots & a & a \\ 0 & x+a & a & \cdots & a & a \\ 0 & 0 & x+a & \cdots & a & a \\ \vdots & \vdots & \vdots & & \vdots & \vdots \\ 0 & 0 & 0 & \cdots & x+a & a \\ 0 & 0 & 0 & \cdots & 0 & a \end{vmatrix}$$

$$=(x-a)D_{n-1}+a(x+a)^{n-1}. \tag{1}$$

类似地，将 D_n 转置后，把第 n 行拆成两项和：$a=0+a, x=(x+a)-a$，仿上可得

$$D_n=(x+a)D_{n-1}-a(x-a)^{n-1}. \tag{2}$$

由式(1)和式(2)可得

$$D_n=\frac{1}{2}[(x+a)^n+(x-a)^n].$$

12. 分析：将第 i 列乘以 $(-b_i)(i=1,2,\cdots,n)$ 统统加到最后一列得

$$D=\begin{vmatrix} a_1 & a_2 & \cdots & a_n & -\sum_{i=1}^{n}a_ib_i \\ 1 & 0 & \cdots & 0 & 0 \\ 0 & 1 & \cdots & 0 & 0 \\ \vdots & \vdots & & \vdots & \vdots \\ 0 & 0 & \cdots & 1 & 0 \end{vmatrix}=(-1)^{n+2}(-\sum_{i=1}^{n}a_ib_i)$$

$$=(-1)^{n+1}\sum_{i=1}^{n}a_ib_i.$$

13. 按第 1 行展开得：$D=nx^{n-1}+(n-1)x^{n-2}+\cdots+2x+1$.

14. (1) 提示：当 $n=1$ 时，结论成立，设 $n-1$ 时成立，对 n 阶的情形，按第 1 列拆成两个行列式.

(2) 提示：在 D_n 中将第 $n-1$ 行的 $-x_n^2$ 倍加到第 n 行，然后从第 $n-1$ 行开始，依次减去上一行的 x_n 倍，再按第 n 列展开.

15. 提示：

方法 1　先化简左边的行列式 D，提出第 1 列的 a_1，然后将第 i 列 $(i=2,3,\cdots,n)$ 减去第 1 列的 a_i 倍，则有

$$D=a_1\begin{vmatrix} 1 & 0 & 0 & \cdots & 0 \\ 1 & a_1-x & 0 & \cdots & 0 \\ 1 & 0 & a_2-x & \cdots & 0 \\ \vdots & \vdots & \vdots & & \vdots \\ 1 & 0 & 0 & \cdots & a_{n-1}-x \end{vmatrix}=a_1\prod_{i=1}^{n-1}(a_i-x),$$

由此可得方程的根为：$x=a_1,x=a_2,\cdots,x=a_{n-1}$.

方法 2 因为此方程左端为 $n-1$ 次多项式，所以此方程只有 $n-1$ 个根，由于当 $x=a_i$ $(i=1,2,\cdots,n-1)$时左边的行列式有两列成比例，从而可断定方程的根就是 $x=a_i(i=1,2,\cdots,n-1)$.

16. $D_{n+1}=(-1)^{1+2+\cdots+n}\cdot(-1)^{1+2+\cdots+(n-1)}\cdot$

$$\begin{vmatrix} 1 & 1 & \cdots & 1 & 1 \\ n & n+1 & \cdots & 2n-1 & 2n \\ \vdots & \vdots & & \vdots & \vdots \\ n^{n-1} & (n+1)^{n-1} & \cdots & (2n-1)^{n-1} & (2n)^{n-1} \\ n^n & (n+1)^n & \cdots & (2n-1)^n & (2n)^n \end{vmatrix}$$

$$=(-1)^{\frac{n(n+1)}{2}+\frac{n(n-1)}{2}}\prod_{0\leqslant j<i\leqslant n}[(2n-j)-(2n-i)]$$

$$=(-1)^{n^2}\prod_{0\leqslant j<i\leqslant n}(i-j)=(-1)^{n^2}n!(n-1)!\cdots 2!1!.$$

17. 提示：试证明该行列式有一个全零行或全零列.

18. 提示：证明系数行列式不等于零.

第二章 矩 阵

一、内容提要

（一）矩阵的定义与运算

1. 矩阵的定义

由 $m\times n$ 个数 $a_{ij}(i=1,2,\cdots,m;j=1,2,\cdots,n)$ 排成的 m 行 n 列数表

$$\boldsymbol{A}=\begin{pmatrix} a_{11} & a_{12} & \cdots & a_{1n} \\ a_{21} & a_{22} & \cdots & a_{2n} \\ \vdots & \vdots & \vdots & \vdots \\ a_{m1} & a_{m2} & \cdots & a_{mn} \end{pmatrix}$$

称为一个 m **行** n **列矩阵**，简称 $\boldsymbol{m\times n}$ **矩阵**，其中 a_{ij} 称为该矩阵的第 i 行第 j 列元素($i=1,2,\cdots,m$; $j=1,2,\cdots n$).

通常用大写字母 $\boldsymbol{A},\boldsymbol{B},\boldsymbol{C}$ 等表示矩阵. 有时为了标明矩阵的行数 m 和列数 n，也可记为 $\boldsymbol{A}=(a_{ij})_{m\times n}$ 或 $\boldsymbol{A}_{m\times n}$，有时简记作 $\boldsymbol{A}=(a_{ij})$ 或 $\boldsymbol{A}$.

当 $m=n$ 时，称 $\boldsymbol{A}=(a_{ij})_{n\times n}$ 为 n **阶矩阵**，或者称为 n **阶方阵**.

只有一行的矩阵称为行矩阵，行矩阵又称为行向量. 只有一列的矩阵称为列矩阵，列矩阵也称为列向量.

2. 矩阵的基本运算及方阵的行列式

(1) 矩阵相等

设 $\boldsymbol{A}=(a_{ij})_{m\times n}$，$\boldsymbol{B}=(b_{ij})_{s\times r}$，则

$$\boldsymbol{A}=\boldsymbol{B}\Leftrightarrow m=s,n=r,a_{ij}=b_{ij}(i=1,2,\cdots,m;j=1,2,\cdots,n).$$

(2) 矩阵的加法

设 $\boldsymbol{A}=(a_{ij})_{m\times n}$，$\boldsymbol{B}=(b_{ij})_{m\times n}$，则 $\boldsymbol{A}+\boldsymbol{B}=(a_{ij}+b_{ij})_{m\times n}$.

(3) 数与矩阵的乘法

设 k 是一个数，$\boldsymbol{A}=(a_{ij})_{m\times n}$ 是一个 $m\times n$ 矩阵，则 k 与 $\boldsymbol{A}$ 相乘为

$$k\boldsymbol{A}=(ka_{ij})_{m\times n}.$$

注：$-\boldsymbol{A}=(-1)\boldsymbol{A}=(-a_{ij})_{m\times n}$，称 $-\boldsymbol{A}$ 为 $\boldsymbol{A}$ 的负矩阵. 矩阵 $\boldsymbol{A}$ 与 $\boldsymbol{B}$ 的减法为

$$\boldsymbol{A}-\boldsymbol{B}=\boldsymbol{A}+(-\boldsymbol{B})=(a_{ij}-b_{ij})_{m\times n}.$$

矩阵的加法运算和数乘运算统称为矩阵的线性运算，满足下列运算规律：

设 $\boldsymbol{A},\boldsymbol{B},\boldsymbol{C}$ 是同型矩阵，k,l 是数，则

① 交换律 $\boldsymbol{A}+\boldsymbol{B}=\boldsymbol{B}+\boldsymbol{A}$；

② 结合律 $(\boldsymbol{A}+\boldsymbol{B})+\boldsymbol{C}=\boldsymbol{A}+(\boldsymbol{B}+\boldsymbol{C})$；

③ 分配律 $k(\boldsymbol{A}+\boldsymbol{B})=k\boldsymbol{A}+k\boldsymbol{B}$，$(k+l)\boldsymbol{A}=k\boldsymbol{A}+l\boldsymbol{A}$；

④ 数与矩阵相乘的结合律 $k(l\boldsymbol{A})=(kl)\boldsymbol{A}=l(k\boldsymbol{A})$.

(4) 矩阵的乘法

设矩阵 $\boldsymbol{A}=(a_{ij})_{m\times s}$，$\boldsymbol{B}=(b_{ij})_{s\times n}$. 令 $\boldsymbol{C}=(c_{ij})_{m\times n}$是由下面的 $m\times n$ 个元素

$$c_{ij}=a_{i1}b_{1j}+a_{i2}b_{2j}+\cdots+a_{is}b_{sj}\quad(i=1,2,\cdots,m;j=1,2,\cdots,n)$$

构成的 m 行 n 列矩阵. 称矩阵 $\boldsymbol{C}$ 为矩阵 $\boldsymbol{A}$ 与矩阵 $\boldsymbol{B}$ 的乘积，记为 $\boldsymbol{C}=\boldsymbol{AB}$.

矩阵的乘法满足下列运算律：

① 结合律 $(\boldsymbol{AB})\boldsymbol{C}=\boldsymbol{A}(\boldsymbol{BC})$；

② 左分配律 $\boldsymbol{A}(\boldsymbol{B}+\boldsymbol{C})=\boldsymbol{AB}+\boldsymbol{AC}$；

右分配律 $(\boldsymbol{B}+\boldsymbol{C})\boldsymbol{A}=\boldsymbol{BA}+\boldsymbol{CA}$；

③ $k(\boldsymbol{AB})=(k\boldsymbol{A})\boldsymbol{B}=\boldsymbol{A}(k\boldsymbol{B})$，其中 k 是一个数.

注意：矩阵的乘法一般不满足交换律，即一般地未必有 $\boldsymbol{AB}=\boldsymbol{BA}$，且 $\boldsymbol{AB}=\boldsymbol{O}$ 一般地推不出 $\boldsymbol{A}=\boldsymbol{O}$ 或 $\boldsymbol{B}=\boldsymbol{O}$.

矩阵的幂：设 $\boldsymbol{A}=(a_{ij})_{n\times n}$是一个方阵，$m$ 是一个正整数，称 $\boldsymbol{A}^m=\overbrace{\boldsymbol{A}\cdot\boldsymbol{A}\cdot\cdots\cdot\boldsymbol{A}}^{m个}$为 $\boldsymbol{A}$ 的 m 次幂.

$$(\boldsymbol{AB})^m=\overbrace{(\boldsymbol{AB})\cdot(\boldsymbol{AB})\cdot\cdots\cdot(\boldsymbol{AB})}^{m个}\neq\boldsymbol{A}^m\boldsymbol{B}^m.$$

若 $f(x)=a_0+a_1x+\cdots+a_kx^k$，则 $f(\boldsymbol{A})=a_0\boldsymbol{E}+a_1\boldsymbol{A}+\cdots+a_k\boldsymbol{A}^k$.

(5) 矩阵的转置

设矩阵

$$\boldsymbol{A}=\begin{pmatrix} a_{11} & a_{12} & \cdots & a_{1n} \\ a_{21} & a_{22} & \cdots & a_{2n} \\ \vdots & \vdots & & \vdots \\ a_{m1} & a_{m2} & \cdots & a_{mn} \end{pmatrix},$$

把矩阵 $\boldsymbol{A}$ 的所有行换成相应的列所得到的矩阵，称为矩阵 $\boldsymbol{A}$ 的转置矩阵，记为 $\boldsymbol{A}^{\mathrm{T}}$，即

$$\boldsymbol{A}^{\mathrm{T}}=\begin{pmatrix} a_{11} & a_{21} & \cdots & a_{m1} \\ a_{12} & a_{22} & \cdots & a_{m2} \\ \vdots & \vdots & & \vdots \\ a_{1n} & a_{2n} & \cdots & a_{mn} \end{pmatrix}.$$

矩阵的转置运算满足规律：

① $(\boldsymbol{A}^{\mathrm{T}})^{\mathrm{T}}=\boldsymbol{A}$；

② $(\boldsymbol{A}+\boldsymbol{B})^{\mathrm{T}}=\boldsymbol{A}^{\mathrm{T}}+\boldsymbol{B}^{\mathrm{T}}$；

③ $(k\boldsymbol{A})^{\mathrm{T}}=k\boldsymbol{A}^{\mathrm{T}}$，$k$ 为数；

④ $(\boldsymbol{AB})^{\mathrm{T}}=\boldsymbol{B}^{\mathrm{T}}\boldsymbol{A}^{\mathrm{T}}$.

(6) 方阵的行列式

n 阶方阵 $\boldsymbol{A}=(a_{ij})_{n\times n}$的元素按原来的位置顺序构成的行列式称为方阵 $\boldsymbol{A}$ 的行列式，记为

$|\boldsymbol{A}|$或 $\det(\boldsymbol{A})$，即

$$\det(\boldsymbol{A})=\begin{vmatrix} a_{11} & a_{12} & \cdots & a_{1n} \\ a_{21} & a_{22} & \cdots & a_{2n} \\ \vdots & \vdots & & \vdots \\ a_{n1} & a_{n2} & \cdots & a_{nn} \end{vmatrix}.$$

方阵的行列式的运算规律：

设 $\boldsymbol{A},\boldsymbol{B}$ 为 n 阶方阵，k 为数，则有

① $|\boldsymbol{A}^{\mathrm{T}}|=|\boldsymbol{A}|$；

② $|k\boldsymbol{A}|=k^n|\boldsymbol{A}|$；

③ $|\boldsymbol{AB}|=|\boldsymbol{A}|\cdot|\boldsymbol{B}|$.

3. 矩阵的求逆运算

(1) 矩阵可逆的概念

设 $\boldsymbol{A}$ 是 n 阶方阵，若存在 n 阶方阵 $\boldsymbol{B}$，使得

$$\boldsymbol{AB}=\boldsymbol{BA}=\boldsymbol{E}\quad(\text{其中 }\boldsymbol{E}\text{ 是 }n\text{ 阶单位阵}),$$

则称 $\boldsymbol{A}$ 为**可逆矩阵(或非奇异矩阵)**,并称 $\boldsymbol{B}$ 为 $\boldsymbol{A}$ 的**逆矩阵**.

若矩阵 $\boldsymbol{A}$ 可逆，则 $\boldsymbol{A}$ 的逆矩阵是唯一的，记为 $\boldsymbol{A}^{-1}$，于是

$$\boldsymbol{AA}^{-1}=\boldsymbol{A}^{-1}\boldsymbol{A}=\boldsymbol{E}.$$

设 $\boldsymbol{A},\boldsymbol{B}$ 为同阶方阵，只要满足 $\boldsymbol{AB}=\boldsymbol{E}$ 或 $\boldsymbol{BA}=\boldsymbol{E}$，则 $\boldsymbol{A}$ 与 $\boldsymbol{B}$ 互为逆矩阵.

n 阶方阵 $\boldsymbol{A}$ 可逆的充分必要条件是 $|\boldsymbol{A}|\neq 0$.

(2) 用伴随矩阵法求逆矩阵

若 $\boldsymbol{A}$ 可逆，则有

$$\boldsymbol{A}^{-1}=\frac{1}{|\boldsymbol{A}|}\boldsymbol{A}^{*},$$

其中

$$\boldsymbol{A}^{*}=\begin{pmatrix} A_{11} & A_{21} & \cdots & A_{n1} \\ A_{12} & A_{22} & \cdots & A_{n2} \\ \vdots & \vdots & & \vdots \\ A_{1n} & A_{2n} & \cdots & A_{nn} \end{pmatrix}$$

称为矩阵 $\boldsymbol{A}$ 的伴随矩阵，A_{ij} 为行列式 $|\boldsymbol{A}|$ 中元素 a_{ij} 的**代数余子式**.

方阵的逆矩阵满足下列运算规律：

设 $\boldsymbol{A},\boldsymbol{B}$ 为同阶的可逆方阵，常数 $k\neq 0$，则

① $\boldsymbol{A}^{-1}$ 为可逆矩阵，且 $(\boldsymbol{A}^{-1})^{-1}=\boldsymbol{A}$；

② $k\boldsymbol{A}$ 为可逆矩阵，且 $(k\boldsymbol{A})^{-1}=\dfrac{1}{k}\boldsymbol{A}^{-1}$；

③ $|\boldsymbol{A}^{-1}|=\dfrac{1}{|\boldsymbol{A}|}=|\boldsymbol{A}|^{-1}$；

④ $\boldsymbol{A}^{\mathrm{T}}$ 为可逆矩阵，且 $(\boldsymbol{A}^{\mathrm{T}})^{-1}=(\boldsymbol{A}^{-1})^{\mathrm{T}}$；

⑤ $\boldsymbol{AB}$ 为可逆矩阵，且 $(\boldsymbol{AB})^{-1}=\boldsymbol{B}^{-1}\boldsymbol{A}^{-1}$.

4. 特殊矩阵

(1) 零矩阵：每个元素均为零的矩阵，记为 $\boldsymbol{O}$.

(2) 单位矩阵：对角线上元素均为1，其余元素全为零的 n 阶方阵，叫作 n 阶单位矩阵，记为 $\boldsymbol{E}$ 或 $\boldsymbol{I}$.

(3) 数量矩阵：数 k 乘以单位矩阵的积称为数量矩阵.

(4) 对角矩阵：非对角线上元素全为零的矩阵称为对角矩阵.

(5) 上(下)三角矩阵：当 $i>(<)j$ 时，$a_{ij}=0$ 的矩阵称为上(下)三角矩阵.

(6) 对称矩阵：满足条件 $\boldsymbol{A}^{\mathrm{T}}=\boldsymbol{A}$ 的方阵称为对称矩阵，$\boldsymbol{A}^{\mathrm{T}}=\boldsymbol{A}\Leftrightarrow a_{ij}=a_{ji}$.

(7) 反对称矩阵：满足条件 $\boldsymbol{A}^{\mathrm{T}}=-\boldsymbol{A}$ 的方阵称为反对称矩阵，$\boldsymbol{A}^{\mathrm{T}}=-\boldsymbol{A}\Leftrightarrow$ $a_{ij}=-a_{ji},a_{ii}=0$.

(8) 正交矩阵：满足 $\boldsymbol{A}^{\mathrm{T}}=\boldsymbol{A}^{-1}$ 或 $\boldsymbol{A}\boldsymbol{A}^{\mathrm{T}}=\boldsymbol{A}^{\mathrm{T}}\boldsymbol{A}=\boldsymbol{E}$ 的矩阵称为正交矩阵.

(二) 矩阵的秩与初等变换

1. 矩阵秩的定义

设在矩阵 $\boldsymbol{A}$ 中有一个 r 阶子式不等于零，且所有的 $r+1$ 阶子式(如果有的话)全等于零，则称矩阵 $\boldsymbol{A}$ 的秩为 r.

矩阵 $\boldsymbol{A}$ 的秩是 $\boldsymbol{A}$ 中一切非零子式的最高阶数，矩阵 $\boldsymbol{A}$ 的秩记为 $r(\boldsymbol{A})$，或秩($\boldsymbol{A}$). 零矩阵的秩规定为0.

设 $\boldsymbol{A}$ 是一个 n 阶方阵，若 $r(\boldsymbol{A})=n$，则称 $\boldsymbol{A}$ 为满秩矩阵；若 $r(\boldsymbol{A})<n$，则称 $\boldsymbol{A}$ 为降秩矩阵.

2. 矩阵秩的性质

设矩阵 $\boldsymbol{A}=(a_{ij})_{m\times n}$，则

① $0\leqslant r(\boldsymbol{A})\leqslant\min\{m,n\}$，$r(\boldsymbol{A})=0\Leftrightarrow\boldsymbol{A}=0$；

② $r(\boldsymbol{A})=r(\boldsymbol{A}^{\mathrm{T}})$；

③ 设 $\boldsymbol{P}$ 是 m 阶可逆矩阵，$\boldsymbol{Q}$ 是 n 阶可逆矩阵，则

$$r(\boldsymbol{PAQ})=r(\boldsymbol{PA})=r(\boldsymbol{AQ})=r(\boldsymbol{A});$$

④ $r(\boldsymbol{AB})\leqslant\min\{r(\boldsymbol{A}),r(\boldsymbol{B})\}$；

⑤ $r(\boldsymbol{A}+\boldsymbol{B})\leqslant r(\boldsymbol{A})+r(\boldsymbol{B})$；

⑥ 设 $\boldsymbol{A}=(a_{ij})_{m\times n}$，$\boldsymbol{B}=(b_{ij})_{n\times p}$，且 $\boldsymbol{AB}=\boldsymbol{O}$，则 $r(\boldsymbol{A})+r(\boldsymbol{B})\leqslant n$.

3. 矩阵的初等变换和初等方阵

对于一个矩阵 $\boldsymbol{A}=(a_{ij})_{m\times n}$ 施行以下3种变换，称为矩阵的**初等行变换**.

① 对换变换：对调 $\boldsymbol{A}$ 的某两行(对调 i,j 两行，记作 $r_i\leftrightarrow r_j$)；

② 数乘变换：用一个数 $k(k\neq 0)$ 乘 $\boldsymbol{A}$ 的某一行中的所有元素(第 i 行乘 k，记作 kr_i)；

③ 倍加变换：把某一行的所有元素的 k 倍加到另一行对应的元素上去(第 j 行的 k 倍加到第 i 行上，记作 r_i+kr_j).

若对矩阵的列施行类似于上述的3种变换，即为矩阵的**初等列变换**(所用记号是把 r 换成 c).

矩阵的初等行变换和初等列变换统称为矩阵的初等变换.

矩阵的3种初等变换都是可逆的，且其逆是同一类型的初等变换.

初等变换不改变矩阵的秩.

若矩阵 $\boldsymbol{A}$ 经过有限次初等变换变为 $\boldsymbol{B}$，则称 $\boldsymbol{A}$ 与 $\boldsymbol{B}$ **等价**. 记为 $\boldsymbol{A}\cong\boldsymbol{B}$.

矩阵之间的等价关系有以下 3 条性质：

① 反身性：$\boldsymbol{A}\cong\boldsymbol{A}$；

② 对称性：若 $\boldsymbol{A}\cong\boldsymbol{B}$，则 $\boldsymbol{B}\cong\boldsymbol{A}$；

③ 传递性：若 $\boldsymbol{A}\cong\boldsymbol{B}$，$\boldsymbol{B}\cong\boldsymbol{C}$，则 $\boldsymbol{A}\cong\boldsymbol{C}$.

若 $\boldsymbol{A}\cong\boldsymbol{B}$，则 $r(\boldsymbol{A})=r(\boldsymbol{B})$，反之不然.

由单位矩阵 $\boldsymbol{E}$ 经过一次初等变换得到的矩阵称为初等方阵. 它们分别是：

(1) 交换 $\boldsymbol{E}$ 的第 i，j 两行(列)($i\neq j$)，得到的初等方阵记为

$$P_{ij}=\begin{pmatrix}1&&&&&&&&\\&\ddots&&&&&&&\\&&0&\cdots&\cdots&\cdots&1&&\\&&\vdots&1&&&\vdots&&\\&&\vdots&&\ddots&&\vdots&&\\&&\vdots&&&1&\vdots&&\\&&1&\cdots&\cdots&\cdots&0&&\\&&&&&&&\ddots&\\&&&&&&&&1\end{pmatrix}\begin{matrix}\\ \\ i\text{行}\\ \\ \\ \\ j\text{行}\\ \\ \\ \end{matrix}.$$

(2) 用非零常数 k 乘 $\boldsymbol{E}$ 的第 i 行(列)，得到的初等方阵记为

$$\boldsymbol{D}_i(k)=\begin{pmatrix}1&&&&&&\\&\ddots&&&&&\\&&1&&&&\\&&&k&&&\\&&&&1&&\\&&&&&\ddots&\\&&&&&&1\end{pmatrix}\begin{matrix}\\ \\ \\ i\text{行}，k\neq 0.\\ \\ \\ \\ \end{matrix}$$

$$i\text{列}$$

(3) 将 $\boldsymbol{E}$ 的第 j 行的 k 倍加到第 i 行上去(或第 i 列的 k 倍加到第 j 列上去)，得到的初等方阵记为

$$\boldsymbol{T}_{ij}(k)=\begin{pmatrix}1&&&&&&\\&\ddots&&&&&\\&&1&\cdots&k&&\\&&&\ddots&\ddots&&\\&&&&1&&\\&&&&&\ddots&\\&&&&&&1\end{pmatrix}\begin{matrix}\\ \\ i\text{行}\\ \\ j\text{行}\\ \\ \\ \end{matrix}\ i<j.$$

$$i\text{列}\qquad j\text{列}$$

初等方阵是可逆的，且其逆矩阵也是初等方阵. 由初等方阵的定义易得，

$$\boldsymbol{P}_{ij}^{-1}=\boldsymbol{P}_{ij}，\boldsymbol{D}_i(k)^{-1}=\boldsymbol{D}_i\left(\frac{1}{k}\right)，\boldsymbol{T}_{ij}(k)^{-1}=\boldsymbol{T}_{ij}(-k).$$

可逆矩阵可以写成有限个初等方阵的乘积.

设 $\boldsymbol{A},\boldsymbol{B}$ 均为 $m\times n$ 矩阵，则 $\boldsymbol{A}\cong\boldsymbol{B}\Leftrightarrow$存在可逆矩阵 $\boldsymbol{P}$ 和 $\boldsymbol{Q}$，使得 $\boldsymbol{PAQ}=\boldsymbol{B}$.

进一步，$m\times n$ 矩阵 $\boldsymbol{A}$ 的秩为 r 当且仅当存在 m 阶可逆矩阵 $\boldsymbol{P}$ 和 n 阶可逆矩阵 $\boldsymbol{Q}$，使得

$$\boldsymbol{PAQ}=\begin{pmatrix}\boldsymbol{E}_r & \boldsymbol{O}\\ \boldsymbol{O} & \boldsymbol{O}\end{pmatrix}.$$

4. 初等变换的应用

(1) 求矩阵的秩

由于初等变换不改变矩阵的秩，用初等变换把矩阵 $\boldsymbol{A}$ 化为行阶梯形矩阵，则阶梯形矩阵中非零行的个数 r 即为 $\boldsymbol{A}$ 的秩，即 $r(\boldsymbol{A})=r$.

(2) 求逆矩阵

由于伴随矩阵求逆法的计算量较大，一般用初等变换求矩阵的逆矩阵.

将 n 阶矩阵 $\boldsymbol{A}$ 与 n 阶单位矩阵 $\boldsymbol{E}$ 组成一个 $n\times 2n$ 矩阵 $(\boldsymbol{A}\,\vdots\,\boldsymbol{E})$，作初等行变换，将 $\boldsymbol{A}$ 化为单位矩阵 $\boldsymbol{E}$ 的同时，$\boldsymbol{E}$ 就化为 $\boldsymbol{A}$ 的逆矩阵 $\boldsymbol{A}^{-1}$，即

$$(\boldsymbol{A}\,\vdots\,\boldsymbol{E})\xrightarrow{\text{初等行变换}}(\boldsymbol{E}\,\vdots\,\boldsymbol{A}^{-1}).$$

(三) 矩阵的分块

1. 分块矩阵的概念

用一些贯穿于矩阵的横线和纵线把矩阵分割成若干小块，每个小块称作矩阵的子块(子矩阵)，以子块为元素的形式上的矩阵称作分块矩阵.

2. 分块矩阵的运算

(1) 分块矩阵的加法

把 $m\times n$ 矩阵 $\boldsymbol{A}$ 和 $\boldsymbol{B}$ 作同样的分块：

$$\boldsymbol{A}=\begin{pmatrix}\boldsymbol{A}_{11} & \boldsymbol{A}_{12} & \cdots & \boldsymbol{A}_{1s}\\ \boldsymbol{A}_{21} & \boldsymbol{A}_{22} & \cdots & \boldsymbol{A}_{2s}\\ \vdots & \vdots & & \vdots\\ \boldsymbol{A}_{r1} & \boldsymbol{A}_{r2} & \cdots & \boldsymbol{A}_{rs}\end{pmatrix},\quad \boldsymbol{B}=\begin{pmatrix}\boldsymbol{B}_{11} & \boldsymbol{B}_{12} & \cdots & \boldsymbol{B}_{1s}\\ \boldsymbol{B}_{21} & \boldsymbol{B}_{22} & \cdots & \boldsymbol{B}_{2s}\\ \vdots & \vdots & & \vdots\\ \boldsymbol{B}_{r1} & \boldsymbol{B}_{r2} & \cdots & \boldsymbol{B}_{rs}\end{pmatrix}.$$

其中，$\boldsymbol{A}_{ij}$ 的行数$=\boldsymbol{B}_{ij}$ 的行数；$\boldsymbol{A}_{ij}$ 的列数$=\boldsymbol{B}_{ij}$ 的列数，$1\leqslant i\leqslant r,1\leqslant j\leqslant s$，则

$$\boldsymbol{A}+\boldsymbol{B}=\begin{pmatrix}\boldsymbol{A}_{11}+\boldsymbol{B}_{11} & \boldsymbol{A}_{12}+\boldsymbol{B}_{12} & \cdots & \boldsymbol{A}_{1s}+\boldsymbol{B}_{1s}\\ \boldsymbol{A}_{21}+\boldsymbol{B}_{21} & \boldsymbol{A}_{22}+\boldsymbol{B}_{22} & \cdots & \boldsymbol{A}_{2s}+\boldsymbol{B}_{2s}\\ \vdots & \vdots & & \vdots\\ \boldsymbol{A}_{r1}+\boldsymbol{B}_{r1} & \boldsymbol{A}_{r2}+\boldsymbol{B}_{r2} & \cdots & \boldsymbol{A}_{rs}+\boldsymbol{B}_{rs}\end{pmatrix}.$$

(2) 数乘分矩阵

数 k 与分块矩阵 $\boldsymbol{A}=(\boldsymbol{A}_{ij})_{r\times s}$ 的乘积为

$$k\boldsymbol{A}=\begin{pmatrix}k\boldsymbol{A}_{11} & k\boldsymbol{A}_{12} & \cdots & k\boldsymbol{A}_{1s}\\ k\boldsymbol{A}_{21} & k\boldsymbol{A}_{22} & \cdots & k\boldsymbol{A}_{2s}\\ \vdots & \vdots & & \vdots\\ k\boldsymbol{A}_{r1} & k\boldsymbol{A}_{r2} & \cdots & k\boldsymbol{A}_{rs}\end{pmatrix}.$$

(3) 分块矩阵转置

设 $A=\begin{pmatrix} A_{11} & A_{12} & \cdots & A_{1s} \\ A_{21} & A_{22} & \cdots & A_{2s} \\ \vdots & \vdots & & \vdots \\ A_{r1} & A_{r2} & \cdots & A_{rs} \end{pmatrix}=(A_{ij})_{r\times s}$,则其转置矩阵为

$$A^{\mathrm{T}}=\begin{pmatrix} A_{11}^{\mathrm{T}} & A_{21}^{\mathrm{T}} & \cdots & A_{r1}^{\mathrm{T}} \\ A_{12}^{\mathrm{T}} & A_{22}^{\mathrm{T}} & \cdots & A_{r2}^{\mathrm{T}} \\ \vdots & \vdots & & \vdots \\ A_{1s}^{\mathrm{T}} & A_{2s}^{\mathrm{T}} & \cdots & A_{rs}^{\mathrm{T}} \end{pmatrix}=(B_{ij})_{s\times r}.$$

(4) 分块矩阵的乘法

设 A 的分块方式为

$$A=\begin{pmatrix} A_{11} & A_{12} & \cdots & A_{1s} \\ A_{21} & A_{22} & \cdots & A_{2s} \\ \vdots & \vdots & & \vdots \\ A_{r1} & A_{r2} & \cdots & A_{rs} \end{pmatrix}\begin{matrix} m_1\text{行} \\ m_2\text{行} \\ \vdots \\ m_r\text{行} \end{matrix},\quad B=\begin{pmatrix} B_{11} & B_{12} & \cdots & B_{1t} \\ B_{21} & B_{22} & \cdots & B_{2t} \\ \vdots & \vdots & & \vdots \\ B_{s1} & B_{s2} & \cdots & B_{st} \end{pmatrix}\begin{matrix} l_1\text{行} \\ l_2\text{行} \\ \vdots \\ l_t\text{行} \end{matrix}.$$

$$\begin{matrix} l_1\text{列} & l_2\text{列} & \cdots & l_s\text{列} \end{matrix}\qquad\qquad \begin{matrix} n_1\text{列} & n_2\text{列} & \cdots & n_s\text{列} \end{matrix}$$

其中 A_{ik} 为 $m_i\times l_k$ 矩阵($i=1,2,\cdots r$; $k=1,2,\cdots,s$);B_{kj} 为 $l_k\times n_j$ 矩阵($k=1,2,\cdots,s$; $j=1,2,\cdots,t$). 且 $A_{i1},A_{i2},\cdots,A_{is}$ 的列数分别等于 $B_{1j},B_{2j},\cdots,B_{sj}$ 的行数,则

$$AB=C=\begin{pmatrix} C_{11} & C_{12} & \cdots & C_{1t} \\ C_{21} & C_{22} & \cdots & C_{2t} \\ \vdots & \vdots & & \vdots \\ C_{r1} & C_{r2} & \cdots & C_{rt} \end{pmatrix}.$$

其中 $C_{ij}=A_{i1}B_{1j}+A_{i2}B_{2j}+\cdots+A_{is}B_{sj}\quad(i=1,2,\cdots,r;\ j=1,2,\cdots,t)$.

(5) 对角分块矩阵

设 A 为 n 阶方阵,若 A 的分块矩阵具有下面的形状:

$$A=\begin{pmatrix} A_1 & & & \\ & A_2 & & \\ & & \ddots & \\ & & & A_r \end{pmatrix},$$

其中主对角线上的每一个子块 $A_1,A_2,\cdots,A_r$ 均为方阵,对角线外的子块都是零子块,称 A 为**分块对角阵(或称为准对角阵)**.

分块对角阵 A 的行列式为 $|A|=\prod\limits_{i=1}^{r}|A_i|$.

两个准对角矩阵的乘积为

$$\begin{pmatrix} A_1 & & & \\ & A_2 & & \\ & & \ddots & \\ & & & A_r \end{pmatrix}\begin{pmatrix} B_1 & & & \\ & B_2 & & \\ & & \ddots & \\ & & & B_r \end{pmatrix}=\begin{pmatrix} A_1B_1 & & & \\ & A_2B_2 & & \\ & & \ddots & \\ & & & A_rB_r \end{pmatrix}.$$

其中,对于每一个 $1\leqslant i\leqslant r$,A_i 与 B_i 是同阶方阵(否则,它们不能相乘).

准对角阵的逆矩阵为

$$\begin{pmatrix} \boldsymbol{A}_1 & & & \\ & \boldsymbol{A}_2 & & \\ & & \ddots & \\ & & & \boldsymbol{A}_r \end{pmatrix}^{-1}=\begin{pmatrix} \boldsymbol{A}_1^{-1} & & & \\ & \boldsymbol{A}_2^{-1} & & \\ & & \ddots & \\ & & & \boldsymbol{A}_r^{-1} \end{pmatrix}.$$

这里，每个 $\boldsymbol{A}_i(i=1,2,\cdots,r)$都是可逆方阵.

(6) 矩阵按行(列)分块

设 $\boldsymbol{A}=(a_{ij})_{m\times n}$，把矩阵按列分块：

$$\boldsymbol{A}=\begin{pmatrix} a_{11} & a_{12} & \cdots & a_{1n} \\ a_{21} & a_{22} & \cdots & a_{2n} \\ \vdots & \vdots & & \vdots \\ a_{m1} & a_{m2} & \cdots & a_{mn} \end{pmatrix}=(\boldsymbol{\alpha}_1,\boldsymbol{\alpha}_2,\cdots,\boldsymbol{\alpha}_n),$$

其中 $\boldsymbol{\alpha}_i=(a_{1i},a_{2i},\cdots,a_{mi})^{\mathrm{T}}$ 是一列的矩阵，称为 $\boldsymbol{A}$ 的列向量.

若把 $\boldsymbol{A}$ 按行分块，则

$$\boldsymbol{A}=\begin{pmatrix} \boldsymbol{\beta}_1 \\ \boldsymbol{\beta}_2 \\ \vdots \\ \boldsymbol{\beta}_m \end{pmatrix},$$

其中 $\boldsymbol{\beta}_i=(a_{i1},a_{i2},\cdots,a_{in})$是一行的矩阵，称为 $\boldsymbol{A}$ 的行向量.

二、典型例题

【例 1】 设 3 阶矩阵 $\boldsymbol{A}=\begin{pmatrix} 1 & 1 & 0 \\ 0 & 1 & 1 \\ 0 & 0 & 1 \end{pmatrix}$，若存在矩阵 $\boldsymbol{X}$，满足 $\boldsymbol{AX}=\boldsymbol{XA}$，则称 $\boldsymbol{X}$ 与 $\boldsymbol{A}$ 可交换. 试求出所有与 $\boldsymbol{A}$ 可交换的矩阵.

分析：由矩阵乘法可知，与 3 阶矩阵 $\boldsymbol{A}$ 可交换的矩阵必为 3 阶矩阵. 求与 $\boldsymbol{A}$ 可交换的矩阵的一般方法是：设 $\boldsymbol{X}=\begin{pmatrix} x_{11} & x_{12} & x_{13} \\ x_{21} & x_{22} & x_{23} \\ x_{31} & x_{32} & x_{33} \end{pmatrix}$，先求出 $\boldsymbol{AX}$ 和 $\boldsymbol{XA}$，然后由 $\boldsymbol{AX}=\boldsymbol{XA}$ 推出 $\boldsymbol{X}$ 的元素所具有的结构. 而我们注意到

$$\boldsymbol{A}=\begin{pmatrix} 1 & 1 & 0 \\ 0 & 1 & 1 \\ 0 & 0 & 1 \end{pmatrix}=\begin{pmatrix} 1 & 0 & 0 \\ 0 & 1 & 0 \\ 0 & 0 & 1 \end{pmatrix}+\begin{pmatrix} 0 & 1 & 0 \\ 0 & 0 & 1 \\ 0 & 0 & 0 \end{pmatrix}\xlongequal{\text{记为}}\boldsymbol{E}+\boldsymbol{B},$$

于是 $\boldsymbol{AX}=\boldsymbol{XA}\Leftrightarrow(\boldsymbol{E}+\boldsymbol{B})\boldsymbol{X}=\boldsymbol{X}(\boldsymbol{B}+\boldsymbol{E})\Leftrightarrow\boldsymbol{BX}=\boldsymbol{XB}$. 由于 $\boldsymbol{B}$ 中的 0 比 $\boldsymbol{A}$ 中的 0 多，计算 $\boldsymbol{BX}$ 和 $\boldsymbol{XB}$ 比计算 $\boldsymbol{AX}$ 和 $\boldsymbol{XA}$ 简单，更便于我们讨论.

【解】 由于 $\boldsymbol{A}=\begin{pmatrix} 1 & 1 & 0 \\ 0 & 1 & 1 \\ 0 & 0 & 1 \end{pmatrix}=\begin{pmatrix} 1 & 0 & 0 \\ 0 & 1 & 0 \\ 0 & 0 & 1 \end{pmatrix}+\begin{pmatrix} 0 & 1 & 0 \\ 0 & 0 & 1 \\ 0 & 0 & 0 \end{pmatrix}\xlongequal{\text{记为}}\boldsymbol{E}+\boldsymbol{B}.$

设 $X=\begin{pmatrix}x_{11}&x_{12}&x_{13}\\x_{21}&x_{22}&x_{23}\\x_{31}&x_{32}&x_{33}\end{pmatrix}$ 与 A 可交换，则 $AX=XA\Leftrightarrow BX=XB$，其中

$$BX=\begin{pmatrix}0&1&0\\0&0&1\\0&0&0\end{pmatrix}\begin{pmatrix}x_{11}&x_{12}&x_{13}\\x_{21}&x_{22}&x_{23}\\x_{31}&x_{32}&x_{33}\end{pmatrix}=\begin{pmatrix}x_{21}&x_{22}&x_{23}\\x_{31}&x_{32}&x_{33}\\0&0&0\end{pmatrix},$$

$$XB=\begin{pmatrix}x_{11}&x_{12}&x_{13}\\x_{21}&x_{22}&x_{23}\\x_{31}&x_{32}&x_{33}\end{pmatrix}\begin{pmatrix}0&1&0\\0&0&1\\0&0&0\end{pmatrix}=\begin{pmatrix}0&x_{11}&x_{12}\\0&x_{21}&x_{22}\\0&x_{31}&x_{32}\end{pmatrix}.$$

由 $BX=XB$ 可推出，$x_{21}=0,x_{31}=0,x_{32}=0;x_{11}=x_{22}=x_{33};x_{12}=x_{23};x_{13}$ 可取任意的值. 从而，所有与 A 可交换的矩阵形如 $X=\begin{pmatrix}x_{11}&x_{12}&x_{13}\\0&x_{11}&x_{12}\\0&0&x_{11}\end{pmatrix}$，或记作 $\begin{pmatrix}a&b&c\\0&a&b\\0&0&a\end{pmatrix}$，其中 a,b,c 为任意常数.

【例 2】 已知 $\boldsymbol{\alpha}=(1,0,\cdots,0,1)$ 是 $1\times n$ 矩阵，$A=E+\boldsymbol{\alpha}^{\mathrm{T}}\boldsymbol{\alpha}$，$B=E-\frac{1}{3}\boldsymbol{\alpha}^{\mathrm{T}}\boldsymbol{\alpha}$，求 AB 和 BA.

【解】 由于

$$\boldsymbol{\alpha}\boldsymbol{\alpha}^{\mathrm{T}}=(1,0,\cdots,0,1)\begin{pmatrix}1\\0\\\vdots\\0\\1\end{pmatrix}=2,$$

所以

$$\begin{aligned}AB&=(E+\boldsymbol{\alpha}^{\mathrm{T}}\boldsymbol{\alpha})(E-\tfrac{1}{3}\boldsymbol{\alpha}^{\mathrm{T}}\boldsymbol{\alpha})\\&=E+\boldsymbol{\alpha}^{\mathrm{T}}\boldsymbol{\alpha}-\frac{1}{3}\boldsymbol{\alpha}^{\mathrm{T}}\boldsymbol{\alpha}-\frac{1}{3}\boldsymbol{\alpha}^{\mathrm{T}}\boldsymbol{\alpha}\boldsymbol{\alpha}^{\mathrm{T}}\boldsymbol{\alpha}\\&=E+\frac{2}{3}\boldsymbol{\alpha}^{\mathrm{T}}\boldsymbol{\alpha}-\frac{1}{3}\boldsymbol{\alpha}^{\mathrm{T}}(\boldsymbol{\alpha}\boldsymbol{\alpha}^{\mathrm{T}})\boldsymbol{\alpha}\\&=E+\frac{2}{3}\boldsymbol{\alpha}^{\mathrm{T}}\boldsymbol{\alpha}-\frac{1}{3}\boldsymbol{\alpha}^{\mathrm{T}}(2\boldsymbol{\alpha})\\&=E\end{aligned}$$

因为 A,B 为同阶方阵，由 $AB=E$ 可得 $BA=E$.

【例 3】 设矩阵 $A=\begin{pmatrix}a&b&0\\0&a&b\\0&0&a\end{pmatrix}$，$n$ 为正整数. 求 A^n.

【解】 由于 $A=\begin{pmatrix}a&b&0\\0&a&b\\0&0&a\end{pmatrix}=\begin{pmatrix}a&0&0\\0&a&0\\0&0&a\end{pmatrix}+\begin{pmatrix}0&b&0\\0&0&b\\0&0&0\end{pmatrix}\overset{\text{记为}}{=\!=\!=}aE+B$，

其中 aE 与 B 可交换，从而可由二项式定理展开. 对于 B 有

$$B^2=\begin{pmatrix}0&b&0\\0&0&b\\0&0&0\end{pmatrix}\begin{pmatrix}0&b&0\\0&0&b\\0&0&0\end{pmatrix}=\begin{pmatrix}0&0&b^2\\0&0&0\\0&0&0\end{pmatrix},$$

$$B^3=BB^2\begin{pmatrix}0&b&0\\0&0&b\\0&0&0\end{pmatrix}\begin{pmatrix}0&0&b^2\\0&0&0\\0&0&0\end{pmatrix}=\begin{pmatrix}0&0&0\\0&0&0\\0&0&0\end{pmatrix}.$$

因此，当 $n\geqslant 3$ 时，有 $B^n=O$，由此得到

$$\begin{aligned}A^n&=(aE+B)^n=(aE)^n+C_n^1(aE)^{n-1}B+C_n^2(aE)^{n-2}B^2\\&=a^nE+na^{n-1}EB+\frac{n(n-1)}{2}a^{n-2}EB^2\\&=a^n\begin{pmatrix}1&0&0\\0&1&0\\0&0&1\end{pmatrix}+na^{n-1}\begin{pmatrix}0&b&0\\0&0&b\\0&0&0\end{pmatrix}+\frac{n(n-1)}{2}a^{n-2}\begin{pmatrix}0&0&b^2\\0&0&0\\0&0&0\end{pmatrix}\\&=\begin{pmatrix}a^n&na^{n-1}b&\frac{n(n-1)}{2}a^{n-2}b^2\\0&a^n&na^{n-1}b\\0&0&a^n\end{pmatrix}.\end{aligned}$$

【例 4】 设 3 阶方阵 $A=\begin{pmatrix}1&0&1\\0&2&0\\1&0&1\end{pmatrix}$，对于正整数 $n\geqslant 2$，求 A^n-2A^{n-1}.

【解】 由于 $A^n-2A^{n-1}=(A-2E)A^{n-1}$，而

$$A-2E=\begin{pmatrix}-1&0&1\\0&0&0\\1&0&-1\end{pmatrix},$$

$$(A-2E)A=\begin{pmatrix}-1&0&1\\0&0&0\\1&0&-1\end{pmatrix}\begin{pmatrix}1&0&1\\0&2&0\\1&0&1\end{pmatrix}=\begin{pmatrix}0&0&0\\0&0&0\\0&0&0\end{pmatrix},$$

因此

$$A^n-2A^{n-1}=(A-2E)A^{n-1}=(A-2E)AA^{n-2}=O(\text{规定 }A^0=E).$$

【例 5】 设 $A=\frac{1}{2}(B+E)$，证明：$A^2=A\Leftrightarrow B^2=E$.

【证明】 必要性：设 $A^2=A$，因为

$$A^2=\left[\frac{1}{2}(B+E)\right]^2=\frac{1}{4}(B^2+2B+E)=A=\frac{1}{2}(B+E),$$

即

$$B^2+2B+E=2(B+E)=2B+2E\Rightarrow B^2=E.$$

充分性：设 $B^2=E$，则有

$$A^2=\frac{1}{4}(B^2+2B+E)=\frac{1}{4}(E+2B+E)=\frac{1}{2}(B+E)=A.$$

【例 6】 设 A 是 n 阶方阵，且 $A^2=A$，证明：$(A+E)^k=E+(2^k-1)A$，其中：k 是正整数，E 是 n 阶单位矩阵.

【证明】 因 $\boldsymbol{E}$ 和任意 n 阶矩阵可交换，且 $\boldsymbol{E}^m=\boldsymbol{E}$，又 $\boldsymbol{A}^2=\boldsymbol{A}$，可得 $\boldsymbol{A}^m=\boldsymbol{A}$，由二项式展开可得

$$\begin{aligned}(\boldsymbol{A}+\boldsymbol{E})^k &=\boldsymbol{E}^k+C_k^1\boldsymbol{E}^{k-1}\boldsymbol{A}+C_k^2\boldsymbol{E}^{k-2}\boldsymbol{A}^2+\cdots+C_k^{k-1}\boldsymbol{E}\boldsymbol{A}^{k-1}+C_k^k\boldsymbol{A}^k\\ &=\boldsymbol{E}+C_k^1\boldsymbol{A}+C_k^2\boldsymbol{A}^2+\cdots+C_k^{k-1}\boldsymbol{A}^{k-1}+C_k^k\boldsymbol{A}^k\\ &=\boldsymbol{E}+C_k^1\boldsymbol{A}+C_k^2\boldsymbol{A}+\cdots+C_k^{k-1}\boldsymbol{A}+C_k^k\boldsymbol{A}\\ &=\boldsymbol{E}-\boldsymbol{A}+C_k^0\boldsymbol{A}+C_k^1\boldsymbol{A}+C_k^2\boldsymbol{A}+\cdots+C_k^{k-1}\boldsymbol{A}+C_k^k\boldsymbol{A}\\ &=\boldsymbol{E}-\boldsymbol{A}+(C_k^0+C_k^1+C_k^2+\cdots+C_k^{k-1}+C_k^k)\boldsymbol{A}\\ &=\boldsymbol{E}-\boldsymbol{A}+2^k\boldsymbol{A}=\boldsymbol{E}+(2^k-1)\boldsymbol{A}.\end{aligned}$$

【例 7】 设 $\boldsymbol{A}$ 是对称阵，$f(x)=a_0+a_1x+a_2x^2+\cdots+a_nx^n$.

证明：(1) $k\boldsymbol{A}$(k 是常数)是对称阵；

(2) $\boldsymbol{A}^k$(k 是正整数)是对称阵；

(3) $f(\boldsymbol{A})$是对称阵.

【证明】 因 $\boldsymbol{A}^{\mathrm{T}}=\boldsymbol{A}$，故

(1) $(k\boldsymbol{A})^{\mathrm{T}}=k\boldsymbol{A}^{\mathrm{T}}=k\boldsymbol{A}$，故 $k\boldsymbol{A}$ 是对称阵；

(2) $(\boldsymbol{A}^k)^{\mathrm{T}}=(\boldsymbol{A}\boldsymbol{A}\cdots\boldsymbol{A})^{\mathrm{T}}=\boldsymbol{A}^{\mathrm{T}}\boldsymbol{A}^{\mathrm{T}}\cdots\boldsymbol{A}^{\mathrm{T}}=(\boldsymbol{A}^{\mathrm{T}})^k=\boldsymbol{A}^k$，故 $\boldsymbol{A}^k$ 是对称阵；

(3) $f(\boldsymbol{A})=a_0\boldsymbol{E}+a_1\boldsymbol{A}+a_2\boldsymbol{A}^2+\cdots+a_n\boldsymbol{A}^n$，由(1)，(2)及矩阵转置的运算规则，得

$$\begin{aligned}f(\boldsymbol{A})^{\mathrm{T}} &=(a_0\boldsymbol{E}+a_1\boldsymbol{A}+a_2\boldsymbol{A}^2+\cdots+a_n\boldsymbol{A}^n)^{\mathrm{T}}\\ &=(a_0\boldsymbol{E})^{\mathrm{T}}+(a_1\boldsymbol{A})^{\mathrm{T}}+(a_2\boldsymbol{A}^2)^{\mathrm{T}}+\cdots+(a_n\boldsymbol{A}^n)^{\mathrm{T}}\\ &=a_0\boldsymbol{E}^{\mathrm{T}}+a_1\boldsymbol{A}^{\mathrm{T}}+a_2(\boldsymbol{A}^2)^{\mathrm{T}}+\cdots+a_n(\boldsymbol{A}^n)^{\mathrm{T}}\\ &=a_0\boldsymbol{E}+a_1\boldsymbol{A}+a_2\boldsymbol{A}^2+\cdots+a_n\boldsymbol{A}^n=f(\boldsymbol{A}),\end{aligned}$$

故 $f(\boldsymbol{A})$是对称阵.

【例 8】 证明：任何一个 n 阶方阵都可表为一个对称矩阵与一个反对称矩阵之和.

【证明】 任一个 n 阶方阵 $\boldsymbol{A}$ 都可表为

$$\boldsymbol{A}=\frac{1}{2}(\boldsymbol{A}+\boldsymbol{A}^{\mathrm{T}})+\frac{1}{2}(\boldsymbol{A}-\boldsymbol{A}^{\mathrm{T}}).$$

由于

$$\left[\frac{1}{2}(\boldsymbol{A}+\boldsymbol{A}^{\mathrm{T}})\right]^{\mathrm{T}}=\frac{1}{2}(\boldsymbol{A}^{\mathrm{T}}+\boldsymbol{A})=\frac{1}{2}(\boldsymbol{A}+\boldsymbol{A}^{\mathrm{T}}),$$

所以$\frac{1}{2}(\boldsymbol{A}+\boldsymbol{A}^{\mathrm{T}})$为对称矩阵，又由于

$$\left[\frac{1}{2}(\boldsymbol{A}-\boldsymbol{A}^{\mathrm{T}})\right]^{\mathrm{T}}=\frac{1}{2}(\boldsymbol{A}^{\mathrm{T}}-\boldsymbol{A})=-\frac{1}{2}(\boldsymbol{A}-\boldsymbol{A}^{\mathrm{T}}),$$

所以$-\frac{1}{2}(\boldsymbol{A}-\boldsymbol{A}^{\mathrm{T}})$是反对称矩阵，命题得证.

【例 9】 证明：若实对称矩阵 $\boldsymbol{A}$ 满足 $\boldsymbol{A}^2=\boldsymbol{O}$，则 $\boldsymbol{A}=\boldsymbol{O}$.

【证明】 设

$$\boldsymbol{A}=\begin{pmatrix}a_{11}&a_{12}&\cdots&a_{1n}\\a_{21}&a_{22}&\cdots&a_{2n}\\\vdots&\vdots&&\vdots\\a_{n1}&a_{n2}&\cdots&a_{nn}\end{pmatrix},$$

因为 A 是实对称矩阵，所以 $A^T=A$，于是有

$$A^2=AA=AA^T=\begin{pmatrix} a_{11}^2+\cdots+a_{1n}^2 & * & \cdots & * \\ * & a_{21}^2+\cdots+a_{2n}^2 & \cdots & * \\ \vdots & \vdots & & \vdots \\ * & * & \cdots & a_{n1}^2+\cdots+a_{nn}^2 \end{pmatrix}.$$

又因为 $A^2=O$，所以

$$a_{i1}^2+a_{i2}^2+\cdots+a_{in}^2=0, i=1,2,\cdots,n.$$

由于 $a_{ij}(i=1,2,\cdots,n;j=1,2,\cdots,n)$ 均为实数，故有

$$a_{i1}=a_{i2}=\cdots=a_{in}=0, i=1,2,\cdots,n.$$

故 $A=O$.

【例 10】 设 A 为 n 阶可逆矩阵，试证 A 的伴随矩阵 A^* 也可逆，并求 $(A^*)^{-1}$.

【证明】 由于 $A^{-1}=\frac{1}{|A|}A^*$，因此 $A^*=|A|A^{-1}$，两边取行列式，得

$$|A^*|=||A|A^{-1}|=|A^n||A^{-1}|=|A^n|\frac{1}{|A|}=|A|^{n-1}\neq 0,$$

所以 A^* 可逆. 将 $A^*=|A|A^{-1}$ 两边取逆，得

$$(A^*)^{-1}=(|A|A^{-1})^{-1}=\frac{1}{|A|}A.$$

评注:关于方阵 A 及其伴随矩阵 A^* 有：$AA^*=A^*A=|A|E$，此式不论 $|A|$ 是否为零均成立，因此可以作为公式牢记. 当 $|A|\neq 0$ 时，可得 $A^{-1}=\frac{1}{|A|}A^*$.

【例 11】 设 n 阶方阵 A 的伴随矩阵为 A^*，证明：

(1) 若 $|A|=0$，则 $|A^*|=0$；

(2) $|A^*|=|A|^{n-1}$.

【证明】 由于 $AA^*=|A|E\Rightarrow |A||A^*|=|A|^n$.

(1) 若 $|A|=O$，分两种情形来讨论.

① 若 $A=O$，则 $A^*=O$，从而 $|A^*|=0$.

② 若 $A\neq O$，则同样有 $|A^*|=0$，否则若 $|A^*|\neq 0$，则 A^* 可逆，由于 $|A|=0$，则有 $AA^*=O$，等式两边右乘 $(A^*)^{-1}$，得 $AA^*(A^*)^{-1}=O$，于是推出 $A=O$，与 $A\neq O$ 矛盾，故 $|A^*|=0$.

综合①，②可知，当 $|A|=0$ 时，$|A^*|=|A|^{n-1}$.

(2) 若 $|A|\neq 0$，由式 $|A||A^*|=|A|^n$，即得 $|A^*|=|A|^{n-1}$.

【例 12】 设 $A=(a_{ij})_{3\times 3}$，A_{ij} 为行列式 $|A|$ 中元素 a_{ij} 的代数余子式，且 $A_{ij}=a_{ij}$，又 $a_{11}\neq 0$，求 $|A|$.

【解】 因为 $A_{ij}=a_{ij}$，所以

$$A^*=\begin{pmatrix} A_{11} & A_{21} & A_{31} \\ A_{12} & A_{22} & A_{32} \\ A_{13} & A_{23} & A_{33} \end{pmatrix}=\begin{pmatrix} a_{11} & a_{21} & a_{31} \\ a_{12} & a_{22} & a_{32} \\ a_{13} & a_{23} & a_{33} \end{pmatrix}=A^T.$$

从而有

$$|A^*|=|A^T|=|A|.$$

又由于 $|A^*|=|A|^{3-1}=|A|^2$，故有 $|A|^2=|A|$，从而有 $|A|=0$ 或 $|A|=1$.

将$|A|$按第1行展开，并注意到$A_{ij}=a_{ij}$，有$|A|=a_{11}A_{11}+a_{12}A_{12}+a_{13}A_{13}=a_{11}^2+a_{12}^2+a_{13}^2\neq0$，故$|A|=1$.

【例 13】 设$A=\begin{pmatrix}1&0&0\\1&2&0\\1&2&3\end{pmatrix}$，$A^*$是$A$的伴随矩阵，求$(A^*)^{-1}$与$(A^{-1})^*$.

【解】 由于$|A|=6\neq0$，故A可逆，从而A^*也可逆，且

$$(A^*)^{-1}=\frac{1}{|A|}A=\frac{1}{6}\begin{pmatrix}1&0&0\\1&2&0\\1&2&3\end{pmatrix}=\begin{pmatrix}\frac{1}{6}&0&0\\\frac{1}{6}&\frac{1}{3}&0\\\frac{1}{6}&\frac{1}{3}&\frac{1}{2}\end{pmatrix}.$$

又由$A^*=|A|A^{-1}$，有$(A^{-1})^*=|A^{-1}|(A^{-1})^{-1}=\frac{1}{|A|}A$，即得$(A^*)^{-1}=(A^{-1})^*$，从而

$$(A^{-1})^*=\begin{pmatrix}\frac{1}{6}&0&0\\\frac{1}{6}&\frac{1}{3}&0\\\frac{1}{6}&\frac{1}{3}&\frac{1}{2}\end{pmatrix}.$$

【例 14】 设矩阵A的伴随矩阵

$$A^*=\begin{pmatrix}1&0&0&0\\0&1&0&0\\1&0&1&0\\0&-3&0&8\end{pmatrix},$$

且$ABA^{-1}=BA^{-1}+3E$，其中E是4阶单位矩阵，求矩阵B.

【解】 由$|A^*|=|A|^{n-1}$，得$|A|^3=8$，$|A|=2$.

将$A^{-1}=\frac{1}{|A|}A^*=\frac{1}{2}A^*$代入$ABA^{-1}=BA^{-1}+3E$，则有

$$\begin{aligned}\frac{1}{2}ABA^*&=\frac{1}{2}BA^*+3E,\\ABA^*&=BA^*+6E,\\ABA^*-BA^*&=6E,\\(A-E)BA^*&=6E,\\B=6(A-E)^{-1}(A^*)^{-1}&=6[A^*(A-E)]^{-1}\\&=6(A^*A-A^*)^{-1}=6(2E-A^*)^{-1}.\end{aligned}$$

由于$2E-A^*=\begin{pmatrix}1&0&0&0\\0&1&0&0\\-1&0&1&0\\0&3&0&-6\end{pmatrix}\Rightarrow(2E-A^*)^{-1}=\begin{pmatrix}1&0&0&0\\0&1&0&0\\1&0&1&0\\0&\frac{1}{2}&0&-\frac{1}{6}\end{pmatrix}$.

因此

$$B=\begin{pmatrix}6&0&0&0\\0&6&0&0\\6&0&6&0\\0&3&0&-1\end{pmatrix}.$$

【例 15】 设 A 是 3 阶矩阵，A^* 是 A 的伴随矩阵，A 的行列式 $|A|=\frac{1}{2}$. 求行列式 $|(3A)^{-1}-2A^*|$的值.

【解】 因为 $(3A)^{-1}=\frac{1}{3}A^{-1}, A^*=|A|A^{-1}=\frac{1}{2}A^{-1}$，所以

$$|(3A)^{-1}-2A^*|=\left|\frac{1}{3}A^{-1}-A^{-1}\right|=\left|-\frac{2}{3}A^{-1}\right|=\left(-\frac{2}{3}\right)^3|A^{-1}|=-\frac{8}{27}\frac{1}{|A|}=-\frac{16}{27}.$$

【例 16】 设 $A=E-XX^{\mathrm{T}}, X=(x_1,x_2,\cdots,x_n)^{\mathrm{T}}$ 为非零列矩阵，证明：

(1) $A^2=A$ 的充分必要条件是 $X^{\mathrm{T}}X=1$；

(2) 若 $X^{\mathrm{T}}X=1$，则 A 不可逆.

【证明】 (1) 由于 X 是 $n\times1$ 的列矩阵，所以 XX^{T} 是一个 n 阶方阵，而 $X^{\mathrm{T}}X$ 是一个数.

必要性：由于

$$\begin{aligned}A^2&=(E-XX^{\mathrm{T}})(E-XX^{\mathrm{T}})\\&=E-2XX^{\mathrm{T}}+XX^{\mathrm{T}}XX^{\mathrm{T}}\\&=E-2XX^{\mathrm{T}}+X(X^{\mathrm{T}}X)X^{\mathrm{T}}\\&=E-2XX^{\mathrm{T}}+(X^{\mathrm{T}}X)XX^{\mathrm{T}}.\end{aligned}$$

由 $A^2=A$，得

$$E-2XX^{\mathrm{T}}+(X^{\mathrm{T}}X)XX^{\mathrm{T}}=E-XX^{\mathrm{T}}$$
$$(X^{\mathrm{T}}X-1)XX^{\mathrm{T}}=O.$$

由于 X 是非零列矩阵，从而 $XX^{\mathrm{T}}\neq O$，因此必有 $X^{\mathrm{T}}X-1=0$，即 $X^{\mathrm{T}}X=1$.

充分性：若 $X^{\mathrm{T}}X=1$，则

$$\begin{aligned}A^2&=(E-XX^{\mathrm{T}})(E-XX^{\mathrm{T}})\\&=E-2XX^{\mathrm{T}}+XX^{\mathrm{T}}XX^{\mathrm{T}}\\&=E-2XX^{\mathrm{T}}+X(X^{\mathrm{T}}X)X^{\mathrm{T}}\\&=E-XX^{\mathrm{T}}=A.\end{aligned}$$

(2) 用反证法证明 A 不可逆. 当 $X^{\mathrm{T}}X=1$ 时，$A^2=A$，若 A 可逆，则

$$A^{-1}A^2=A^{-1}A\Rightarrow A=E,$$

这与 $A=E-XX^{\mathrm{T}}\neq E$ 矛盾，故 A 不可逆.

【例 17】 设矩阵 A 满足 $A^2+A-4E=O$，其中 E 是单位矩阵. 求$(A-E)^{-1}$.

【解】 由于矩阵 A 的元素没有给出，因此只能利用逆矩阵的定义法来求出$(A-E)^{-1}$.

由于

$$\begin{aligned}A^2+A-4E=O&\Leftrightarrow A^2+A-2E-2E=O\\&\Leftrightarrow(A-E)(A+2E)=2E,\end{aligned}$$

得到

$$(A-E)\left[\frac{1}{2}(A+2E)\right]=E\Rightarrow(A-E)^{-1}=\frac{1}{2}(A+2E).$$

【例 18】 设 n 阶矩阵 A 满足 $A^2+2A-3E=O$.

(1) 证明：$\boldsymbol{A},\boldsymbol{A}+2\boldsymbol{E},\boldsymbol{A}+4\boldsymbol{E}$ 均可逆，并求它们的逆；

(2) 当 $\boldsymbol{A}\neq\boldsymbol{E}$ 时，判断 $\boldsymbol{A}+3\boldsymbol{E}$ 是否可逆，并说明理由.

【证明】 因 $\boldsymbol{A}^2+2\boldsymbol{A}-3\boldsymbol{E}=\boldsymbol{O}$，故有

(1) $\boldsymbol{A}(\boldsymbol{A}+2\boldsymbol{E})=3\boldsymbol{E}$，$\boldsymbol{A}\left[\frac{1}{3}(\boldsymbol{A}+2\boldsymbol{E})\right]=\boldsymbol{E}\Rightarrow\boldsymbol{A}$ 可逆，且 $\boldsymbol{A}^{-1}=\frac{1}{3}(\boldsymbol{A}+2\boldsymbol{E})$；$\frac{1}{3}\boldsymbol{A}(\boldsymbol{A}+2\boldsymbol{E})=\boldsymbol{E}\Rightarrow\boldsymbol{A}+2\boldsymbol{E}$ 可逆，且 $(\boldsymbol{A}+2\boldsymbol{E})^{-1}=\frac{1}{3}\boldsymbol{A}$；$(\boldsymbol{A}+4\boldsymbol{E})(\boldsymbol{A}-2\boldsymbol{E})=-5\boldsymbol{E}\Rightarrow\boldsymbol{A}+4\boldsymbol{E}$ 可逆，且 $(\boldsymbol{A}+4\boldsymbol{E})^{-1}=-\frac{1}{5}(\boldsymbol{A}-2\boldsymbol{E})$.

(2) 当 $\boldsymbol{A}\neq\boldsymbol{E}$ 时，$\boldsymbol{A}-\boldsymbol{E}\neq\boldsymbol{O}$，因 $\boldsymbol{A}^2+2\boldsymbol{A}-3\boldsymbol{E}=(\boldsymbol{A}+3\boldsymbol{E})(\boldsymbol{A}-\boldsymbol{E})=\boldsymbol{O}$，即方程组 $(\boldsymbol{A}+3\boldsymbol{E})\boldsymbol{X}=\boldsymbol{O}$ 有非零解，故有 $|\boldsymbol{A}+3\boldsymbol{E}|=0$，故 $\boldsymbol{A}+3\boldsymbol{E}$ 不可逆.

【例 19】 设 $\boldsymbol{A},\boldsymbol{B}$ 均为 n 阶方阵，且满足 $\boldsymbol{A}\boldsymbol{A}^{\mathrm{T}}=\boldsymbol{E},\boldsymbol{B}\boldsymbol{B}^{\mathrm{T}}=\boldsymbol{E}$，若 $|\boldsymbol{A}|+|\boldsymbol{B}|=0$，试证：$\boldsymbol{A}+\boldsymbol{B}$ 为奇异矩阵.

【证明】 因为 $\boldsymbol{A}\boldsymbol{A}^{\mathrm{T}}=\boldsymbol{E},\boldsymbol{B}\boldsymbol{B}^{\mathrm{T}}=\boldsymbol{E}$，所以

$$\boldsymbol{A}+\boldsymbol{B}=(\boldsymbol{A}\boldsymbol{A}^{\mathrm{T}})\boldsymbol{B}+\boldsymbol{A}(\boldsymbol{B}^{\mathrm{T}}\boldsymbol{B})=\boldsymbol{A}(\boldsymbol{A}^{\mathrm{T}}+\boldsymbol{B}^{\mathrm{T}})\boldsymbol{B},$$

上式两边取行列式得

$$\begin{aligned}|\boldsymbol{A}+\boldsymbol{B}|&=|\boldsymbol{A}(\boldsymbol{A}^{\mathrm{T}}+\boldsymbol{B}^{\mathrm{T}})\boldsymbol{B}|=|\boldsymbol{A}|\,|(\boldsymbol{A}^{\mathrm{T}}+\boldsymbol{B}^{\mathrm{T}})|\,|\boldsymbol{B}|\\&=|\boldsymbol{A}|\,|(\boldsymbol{A}+\boldsymbol{B})^{\mathrm{T}}|\,|\boldsymbol{B}|=|\boldsymbol{A}|\,|\boldsymbol{A}+\boldsymbol{B}|\,|\boldsymbol{B}|.\end{aligned}$$

由 $|\boldsymbol{A}|+|\boldsymbol{B}|=0$，得 $|\boldsymbol{B}|=-|\boldsymbol{A}|$，又由 $\boldsymbol{A}\boldsymbol{A}^{\mathrm{T}}=\boldsymbol{E}$，得 $|\boldsymbol{A}|^2=1$，从而上式变为

$$|\boldsymbol{A}+\boldsymbol{B}|=-|\boldsymbol{A}|^2\,|\boldsymbol{A}+\boldsymbol{B}|=-|\boldsymbol{A}+\boldsymbol{B}|\Rightarrow|\boldsymbol{A}+\boldsymbol{B}|=0,$$

故 $\boldsymbol{A}+\boldsymbol{B}$ 为奇异矩阵.

【例 20】 设矩阵 $\boldsymbol{A}=\begin{pmatrix}1&2&3&-1&1\\1&1&2&3&1\\3&-1&-1&-2&a\\2&3&-1&-52&-6\end{pmatrix}$，求 $r(\boldsymbol{A})$.

【解】

$$\boldsymbol{A}\rightarrow\begin{pmatrix}1&2&3&-1&1\\0&-1&-1&4&0\\0&-7&-10&1&a-3\\0&-1&-7&-50&-8\end{pmatrix}$$

$$\rightarrow\begin{pmatrix}1&2&3&-1&1\\0&-1&-1&4&0\\0&0&-3&-27&a-3\\0&0&-6&-54&-8\end{pmatrix}$$

$$\rightarrow\begin{pmatrix}1&2&3&-1&1\\0&-1&-1&4&0\\0&0&-3&-27&a-3\\0&0&0&0&-2a-2\end{pmatrix}.$$

(1) 当 $a=-1$ 时，$r(\boldsymbol{A})=3$；

(2) 当 $a\neq-1$ 时，$r(\boldsymbol{A})=4$.

【例 21】 设 $\boldsymbol{A}$ 是 n 阶可逆方阵，将 $\boldsymbol{A}$ 的第 i 行与第 j 行对换后得到的矩阵记为 $\boldsymbol{B}$.

(1) 证明 $\boldsymbol{B}$ 可逆；

(2) 求 AB^{-1}.

【证明】 (1) 设 P_{ij} 为 n 阶单位矩阵 E 对调 i,j 两行得到的初等矩阵，因为用 P_{ij} 左乘 A 相当于将 A 的 i,j 两行互换，因此有 $P_{ij}A=B$，从而

$$|B|=|P_{ij}||A|=-|A|\neq 0,$$

所以矩阵 B 可逆.

(2) $AB^{-1}=A(P_{ij}A)^{-1}=AA^{-1}P_{ij}^{-1}=P_{ij}^{-1}=P_{ij}$.

【例 22】 设 A 是 3×5 矩阵，且 A 的秩 $r(A)=2$，$B=\begin{pmatrix}4&1&2\\-1&0&3\\0&5&6\end{pmatrix}$，求 $r(BA)$.

【解】 因为

$$|B|=\begin{vmatrix}4&1&2\\-1&0&3\\0&5&6\end{vmatrix}=\begin{vmatrix}0&1&14\\-1&0&3\\0&5&6\end{vmatrix}=-(-1)\begin{vmatrix}1&14\\5&6\end{vmatrix}=-64\neq 0,$$

所以矩阵 B 可逆，由矩阵秩的性质可知，$r(BA)=r(A)=2$.

【例 23】 设 A 为 n 阶矩阵，且 $|A|=a$. 若 A 经过一次初等行(列)变换化为矩阵 B，求 $|B|$.

【解】 对 A 作一次初等行变换，相当于用一个相应的初等方阵左乘 A. 对应于 3 种初等变换，相应的初等方阵为：交换 E 的第 i,j 两行，对应的初等方阵为 P_{ij}；用非零常数 k 乘 E 的第 i 行，对应的初等方阵为 $D_i(k)$；将 E 的第 j 行的 k 倍加到第 i 行上去，对应的初等方阵为 $T_{ij}(k)$.

设 A 经过 3 种初等变换得到的矩阵分别为 B_1,B_2,B_3，则

$$B_1=P_{ij}A\Rightarrow|B_1|=|P_{ij}A|=|P_{ij}|\cdot|A|=-a;$$

$$B_2=D_i(k)A\Rightarrow|B_2|=|D_i(k)A|=|D_i(k)|\cdot|A|=ka;$$

$$B_3=T_{ij}(k)A\Rightarrow|B_3|=|T_{ij}(k)A|=|T_{ij}(k)|\cdot|A|=a.$$

对于列初等变换得到的矩阵的行列式类似可求.

【例 24】 设 A 为 n 阶方阵，且 $A^2=A$(称 A 为幂等矩阵)，试证明 $r(A)+r(A-E)=n$.

分析：注意到 $r(A-E)=r(E-A)$，要证 $r(A)+r(A-E)=r(A)+r(E-A)=n$，只要证明不等式 $r(A)+r(A-E)\leqslant n$ 和 $r(A)+r(A-E)\geqslant n$ 同时成立即可，这是证明等式时常用的思路.

【证明】 由 $A^2=A$ 得 $A^2-A=O$，即 $A(A-E)=O$，由矩阵秩的性质 6，得

$$r(A)+r(A-E)\leqslant n;$$

另一方面，$E=A+(E-A)$，由两个矩阵和的秩的性质，得

$$r(A)+r(A-E)=r(A)+r(E-A)\geqslant r[A+r(E-A)]=r(E)=n,$$

于是，得 $r(A)+r(A-E)=n$.

【例 25】 设 $f(x)=a_0+a_1x+a_2x^2+\cdots+a_mx^m$，$A=(a_{ij})_{n\times n}$，若 $f(0)=0$，则 $r[f(A)]\leqslant r(A)$.

分析：由于 $r(AB)\leqslant\min\{r(A),r(B)\}\Rightarrow r(AB)\leqslant r(A)$，要证 $r[f(A)]\leqslant r(A)$，只需由题设推导出 $f(A)=A\cdot(\quad)$ 的形式.

【证明】 由 $f(0)=0$，得 $a_0=0$，即 $f(x)=a_1x+a_2x^2+\cdots+a_mx^m$，从而

$$f(A)=a_1A+a_2A^2+\cdots+a_mA^m=A(a_1E+a_2A+\cdots+a_mA^{m-1}),$$

由 $r(AB)\leqslant\min\{r(A),r(B)\}\Rightarrow r[f(A)]\leqslant r(A)$.

【例 26】 试证任何一个秩为 r 的矩阵 $A=(a_{ij})_{m\times n}$ 总可以表示为 r 个秩为 1 的矩阵之和.

【证明】 设 $r(A)=r$，则存在 m 阶可逆方阵 P 和 n 阶可逆方阵 Q，使

$$A=P\begin{bmatrix}E_r & O\\ O & O\end{bmatrix}Q,$$

由于

$$\begin{bmatrix}E_r & O\\ O & O\end{bmatrix}=\begin{bmatrix}1 & 0 & \cdots & 0\\ 0 & 0 & \cdots & 0\\ \vdots & \vdots & & \vdots\\ 0 & 0 & \cdots & 0\end{bmatrix}+\begin{bmatrix}0 & 0 & \cdots & 0\\ 0 & 1 & \cdots & 0\\ \vdots & \vdots & & \vdots\\ 0 & 0 & \cdots & 0\end{bmatrix}+\cdots+\begin{bmatrix}0 & \cdots & 0 & \cdots & 0\\ \vdots & & \vdots & & \vdots\\ 0 & \cdots & 1 & \cdots & 0\\ \vdots & & \vdots & & \vdots\\ 0 & \cdots & 0 & \cdots & 0\end{bmatrix}r\text{行}$$

$$=E_{11}+E_{22}+\cdots+E_{rr},$$

显然 $r(E_{11})=r(E_{22})=\cdots=r(E_{rr})=1$，而

$$\begin{aligned}A&=P(E_{11}+E_{22}+\cdots+E_{rr})Q\\ &=PE_{11}Q+PE_{22}Q+\cdots+PE_{rr}Q\\ &=B_1+B_2+\cdots+B_r,\end{aligned}$$

其中 $B_t=PE_{tt}Q,t=1,2,\cdots,r$；且有 $r(B_t)=r(PE_{tt}Q)=1$，因此 A 可写成 r 个秩为 1 的矩阵之和.

【例 27】 设

$$A=\begin{bmatrix}0 & 1 & 0 & 0\\ 0 & 0 & 1 & 0\\ 0 & 0 & 0 & 1\\ 1 & 0 & 0 & 0\end{bmatrix},$$

用分块矩阵计算：

(1) A^2；

(2) A^4.

【解】 (1) $A^2=A\cdot A=\begin{bmatrix}0 & 1 & 0 & 0\\ 0 & 0 & 1 & 0\\ 0 & 0 & 0 & 1\\ 1 & 0 & 0 & 0\end{bmatrix}\begin{bmatrix}0 & 1 & 0 & 0\\ 0 & 0 & 1 & 0\\ 0 & 0 & 0 & 1\\ 1 & 0 & 0 & 0\end{bmatrix}$,

左边的 A 分块如下：

$$A=\left[\begin{array}{c:ccc}0 & 1 & 0 & 0\\ 0 & 0 & 1 & 0\\ 0 & 0 & 0 & 1\\ \hdashline 1 & 0 & 0 & 0\end{array}\right]=\begin{bmatrix}O & E_3\\ 1 & O^{\mathrm{T}}\end{bmatrix},$$

按分块矩阵乘法，为了可乘，右边的矩阵不能用与左边矩阵相同的分块法. 右边矩阵分块如下：

$$A=\left[\begin{array}{c:ccc}0 & 1 & 0 & 0\\ \hdashline 0 & 0 & 1 & 0\\ 0 & 0 & 0 & 1\\ 1 & 0 & 0 & 0\end{array}\right]\xlongequal{\text{记为}}\begin{bmatrix}0 & \alpha\\ \beta & B\end{bmatrix},$$

其中 $\boldsymbol{\alpha}=(1,0,0)$，$\boldsymbol{\beta}=\begin{pmatrix}0\\0\\1\end{pmatrix}$，$\boldsymbol{B}=\begin{pmatrix}0&1&0\\0&0&1\\0&0&0\end{pmatrix}$，从而有

$$\boldsymbol{A}^2=\begin{pmatrix}\boldsymbol{0}&\boldsymbol{E}_3\\1&\boldsymbol{0}^{\mathrm{T}}\end{pmatrix}\begin{pmatrix}0&\boldsymbol{\alpha}\\\boldsymbol{\beta}&\boldsymbol{B}\end{pmatrix}=\begin{pmatrix}\boldsymbol{E}_3\boldsymbol{\beta}&\boldsymbol{E}_3\boldsymbol{B}\\0&\boldsymbol{\alpha}\end{pmatrix}=\begin{pmatrix}\beta&\boldsymbol{B}\\0&\boldsymbol{\alpha}\end{pmatrix}$$

$$=\left(\begin{array}{c:ccc}0&0&1&0\\0&0&0&1\\1&0&0&0\\\hdashline 0&1&0&0\end{array}\right).$$

(2) $\boldsymbol{A}^4=\boldsymbol{A}^2\cdot\boldsymbol{A}^2$，将 $\boldsymbol{A}^2$ 作如下分块

$$\boldsymbol{A}^2=\left(\begin{array}{cc:cc}0&0&1&0\\0&0&0&1\\\hdashline 1&0&0&0\\0&1&0&0\end{array}\right)=\begin{pmatrix}\boldsymbol{O}&\boldsymbol{E}_2\\\boldsymbol{E}_2&\boldsymbol{O}\end{pmatrix},$$

则

$$\boldsymbol{A}^4=\boldsymbol{A}^2\cdot\boldsymbol{A}^2=\begin{pmatrix}\boldsymbol{O}&\boldsymbol{E}_2\\\boldsymbol{E}_2&\boldsymbol{O}\end{pmatrix}\begin{pmatrix}\boldsymbol{O}&\boldsymbol{E}_2\\\boldsymbol{E}_2&\boldsymbol{O}\end{pmatrix}=\begin{pmatrix}\boldsymbol{E}_2^2&\boldsymbol{O}\\\boldsymbol{O}&\boldsymbol{E}_2^2\end{pmatrix}$$

$$=\begin{pmatrix}\boldsymbol{E}_2&\boldsymbol{O}\\\boldsymbol{O}&\boldsymbol{E}_2\end{pmatrix}=\begin{pmatrix}1&0&0&0\\0&1&0&0\\0&0&1&0\\0&0&0&1\end{pmatrix}=\boldsymbol{E}_4.$$

评注：分块矩阵 $\boldsymbol{A},\boldsymbol{B}$ 相乘时，必须要求：①左边矩阵 $\boldsymbol{A}$ 的列数＝右边矩阵 $\boldsymbol{B}$ 的行数；②左边矩阵 $\boldsymbol{A}$ 的列分块法＝右边矩阵 $\boldsymbol{B}$ 的行分块法，否则不能相乘.

【例 28】 设分块矩阵

$$\boldsymbol{X}=\begin{pmatrix}\boldsymbol{O}&\boldsymbol{A}\\\boldsymbol{B}&\boldsymbol{O}\end{pmatrix},$$

其中 $\boldsymbol{A}$ 为 r 阶可逆矩阵，$\boldsymbol{B}$ 为 s 阶可逆矩阵，求 $\boldsymbol{X}^{-1}$.

【解】 设 $\boldsymbol{X}^{-1}=\begin{pmatrix}\boldsymbol{X}_1&\boldsymbol{X}_2\\\boldsymbol{X}_3&\boldsymbol{X}_4\end{pmatrix}$，则有

$$\boldsymbol{X}^{-1}\boldsymbol{X}=\begin{pmatrix}\boldsymbol{X}_1&\boldsymbol{X}_2\\\boldsymbol{X}_3&\boldsymbol{X}_4\end{pmatrix}\begin{pmatrix}\boldsymbol{O}&\boldsymbol{A}\\\boldsymbol{B}&\boldsymbol{O}\end{pmatrix}=\begin{pmatrix}\boldsymbol{X}_2\boldsymbol{B}&\boldsymbol{X}_1\boldsymbol{A}\\\boldsymbol{X}_4\boldsymbol{B}&\boldsymbol{X}_3\boldsymbol{A}\end{pmatrix}=\begin{pmatrix}\boldsymbol{E}_r&\boldsymbol{O}\\\boldsymbol{O}&\boldsymbol{E}_s\end{pmatrix},$$

由此得

$$\boldsymbol{X}_2\boldsymbol{B}=\boldsymbol{E}_r,\boldsymbol{X}_1\boldsymbol{A}=\boldsymbol{O},\boldsymbol{X}_4\boldsymbol{B}=\boldsymbol{O},\boldsymbol{X}_3\boldsymbol{A}=\boldsymbol{E}_s,$$

所以

$$\boldsymbol{X}_1=\boldsymbol{O},\boldsymbol{X}_2=\boldsymbol{B}^{-1},\boldsymbol{X}_3=\boldsymbol{A}^{-1},\boldsymbol{X}_4=\boldsymbol{O},$$

因此

$$\boldsymbol{X}^{-1}=\begin{pmatrix}\boldsymbol{O}&\boldsymbol{B}^{-1}\\\boldsymbol{A}^{-1}&\boldsymbol{O}\end{pmatrix}.$$

评注：上述结论可推广到一般情形，即分块矩阵

$$A=\begin{pmatrix} & & & A_1 \\ & & A_2 & \\ & \iddots & & \\ A_s & & & \end{pmatrix},$$

若子块 $A_i(i=1,2,\cdots,s)$都可逆，则

$$A^{-1}=\begin{pmatrix} & & & A_s^{-1} \\ & & A_{s-1}^{-1} & \\ & \iddots & & \\ A_1^{-1} & & & \end{pmatrix}.$$

【例 29】 设 $A=\begin{pmatrix} 0 & 0 & 0 & 2 & 5 \\ 0 & 0 & 0 & 1 & 3 \\ 1 & 1 & 1 & 0 & 0 \\ 0 & 1 & 1 & 0 & 0 \\ 0 & 0 & 1 & 0 & 0 \end{pmatrix}$，求 A^{-1}.

【解】 将矩阵 A 分块如下：

$$A=\left(\begin{array}{ccc:cc} 0 & 0 & 0 & 2 & 5 \\ 0 & 0 & 0 & 1 & 3 \\ \hdashline 1 & 1 & 1 & 0 & 0 \\ 0 & 1 & 1 & 0 & 0 \\ 0 & 0 & 1 & 0 & 0 \end{array}\right)=\begin{pmatrix} O & A_1 \\ A_2 & O \end{pmatrix},$$

其中 $A_1=\begin{pmatrix} 2 & 5 \\ 1 & 3 \end{pmatrix}$，$A_2=\begin{pmatrix} 1 & 1 & 1 \\ 0 & 1 & 1 \\ 0 & 0 & 1 \end{pmatrix}$.

因为

$$A_1^{-1}=\begin{pmatrix} 3 & -5 \\ -1 & 2 \end{pmatrix},\ A_2^{-1}=\begin{pmatrix} 1 & -1 & 0 \\ 0 & 1 & -1 \\ 0 & 0 & 1 \end{pmatrix},$$

故 $A^{-1}=\begin{pmatrix} O & A_1 \\ A_2 & O \end{pmatrix}^{-1}=\begin{pmatrix} O & A_2^{-1} \\ A_1^{-1} & O \end{pmatrix}=\begin{pmatrix} 0 & 0 & 1 & -1 & 0 \\ 0 & 0 & 0 & 1 & -1 \\ 0 & 0 & 0 & 0 & 1 \\ 3 & -5 & 0 & 0 & 0 \\ -1 & 2 & 0 & 0 & 0 \end{pmatrix}$.

【例 30】 设矩阵

$$A=\begin{pmatrix} 0 & a_1 & 0 & \cdots & 0 & 0 \\ 0 & 0 & a_2 & \cdots & 0 & 0 \\ \vdots & \vdots & \vdots & & \vdots & \vdots \\ 0 & 0 & 0 & \cdots & 0 & a_{n-1} \\ a_n & 0 & 0 & \cdots & 0 & 0 \end{pmatrix},$$

其中 $a_1,a_2,\cdots,a_n$ 均不为 0，求 A^{-1}.

【解】 利用分块矩阵求逆，

$$A^{-1}=\begin{pmatrix}0 & a_1 & 0 & \cdots & 0 & 0\\ 0 & 0 & a_2 & \cdots & 0 & 0\\ \vdots & \vdots & \vdots & & \vdots & \vdots\\ 0 & 0 & 0 & \cdots & 0 & a_{n-1}\\ a_n & 0 & 0 & \cdots & 0 & 0\end{pmatrix}^{-1}=\begin{pmatrix}\boldsymbol{O} & \boldsymbol{A}_1\\ a_n & \boldsymbol{O}\end{pmatrix}^{-1}=\begin{pmatrix}\boldsymbol{O} & a_n^{-1}\\ \boldsymbol{A}_1^{-1} & \boldsymbol{O}\end{pmatrix}.$$

由于

$$\boldsymbol{A}_1^{-1}=\begin{pmatrix}a_1 & & & \\ & a_2 & & \\ & & \ddots & \\ & & & a_{n-1}\end{pmatrix}^{-1}=\begin{pmatrix}a_1^{-1} & & & \\ & a_2^{-1} & & \\ & & \ddots & \\ & & & a_{n-1}^{-1}\end{pmatrix},$$

所以

$$\boldsymbol{A}^{-1}=\begin{pmatrix}\boldsymbol{O} & a_n^{-1}\\ \boldsymbol{A}_1^{-1} & \boldsymbol{O}\end{pmatrix}=\begin{pmatrix}0 & 0 & \cdots & 0 & 0 & a_n^{-1}\\ a_1^{-1} & 0 & \cdots & 0 & 0 & 0\\ \vdots & \vdots & & \vdots & \vdots & \vdots\\ 0 & 0 & \cdots & a_{n-2}^{-1} & 0 & 0\\ 0 & 0 & \cdots & 0 & a_{n-1}^{-1} & 0\end{pmatrix}.$$

【例 31】 设 $\boldsymbol{A}=(a_{ij})_{m\times n}$，试证明：若 $r(\boldsymbol{A})=r$，则必存在秩为 r 的矩阵 $\boldsymbol{B}_{m\times r}$ 和 $\boldsymbol{C}_{m\times r}$，使得 $\boldsymbol{A}=\boldsymbol{BC}$.

【证明】 因为 $r(\boldsymbol{A})=r$，所以存在 m 阶可逆矩阵 $\boldsymbol{P}$ 和 n 阶可逆矩阵 $\boldsymbol{Q}$，使

$$\boldsymbol{A}=\boldsymbol{P}\begin{pmatrix}\boldsymbol{E}_r & \boldsymbol{O}\\ \boldsymbol{O} & \boldsymbol{O}\end{pmatrix}\boldsymbol{Q},$$

由分块矩阵乘法，可得

$$\begin{pmatrix}\boldsymbol{E}_r & \boldsymbol{O}\\ \boldsymbol{O} & \boldsymbol{O}\end{pmatrix}=\begin{pmatrix}\boldsymbol{E}_r\\ \boldsymbol{O}\end{pmatrix}(\boldsymbol{E}_r,\boldsymbol{O}),$$

其中 $\begin{pmatrix}\boldsymbol{E}_r\\ \boldsymbol{O}\end{pmatrix}$ 是一个 $m\times r$ 阶矩阵，$(\boldsymbol{E}_r,\boldsymbol{O})$ 是一个 $r\times n$ 阶矩阵，因此

$$\boldsymbol{A}=\boldsymbol{P}\begin{pmatrix}\boldsymbol{E}_r & \boldsymbol{O}\\ \boldsymbol{O} & \boldsymbol{O}\end{pmatrix}\boldsymbol{Q}=\boldsymbol{P}\begin{pmatrix}\boldsymbol{E}_r\\ \boldsymbol{O}\end{pmatrix}(\boldsymbol{E}_r,\boldsymbol{O})\boldsymbol{Q}=\boldsymbol{BC},$$

其中 $\boldsymbol{B}=\boldsymbol{P}\begin{pmatrix}\boldsymbol{E}_r\\ \boldsymbol{O}\end{pmatrix}$，$\boldsymbol{C}=(\boldsymbol{E}_r,\boldsymbol{O})\boldsymbol{Q}$，则 $\boldsymbol{B}$ 是一个 $m\times r$ 阶矩阵，$\boldsymbol{C}$ 是一个 $r\times n$ 阶矩阵，且 $r(\boldsymbol{B})=r\left[\begin{pmatrix}\boldsymbol{E}_r\\ \boldsymbol{O}\end{pmatrix}\right]=r$，$r(\boldsymbol{C})=r[(\boldsymbol{E}_r,\boldsymbol{O})]=r$.

【例 32】 设 $\boldsymbol{A}$ 为 n 阶非奇异矩阵，$\boldsymbol{\alpha}$ 为 $n\times 1$ 的列矩阵，b 为常数，记分块矩阵

$$\boldsymbol{P}=\begin{pmatrix}\boldsymbol{E} & \boldsymbol{O}\\ -\boldsymbol{\alpha}^{\mathrm{T}}\boldsymbol{A}^* & |\boldsymbol{A}|\end{pmatrix},\ \boldsymbol{Q}=\begin{pmatrix}\boldsymbol{A} & \boldsymbol{\alpha}\\ \boldsymbol{\alpha}^{\mathrm{T}} & b\end{pmatrix},$$

其中：$\boldsymbol{A}^*$ 是矩阵 $\boldsymbol{A}$ 的伴随矩阵，$\boldsymbol{E}$ 是 n 阶单位矩阵，$\boldsymbol{\alpha}^{\mathrm{T}}$ 为列矩阵 $\boldsymbol{\alpha}$ 的转置.

(1) 计算并化简 $\boldsymbol{PQ}$；

(2) 证明：矩阵 $\boldsymbol{Q}$ 可逆的充分必要条件是 $\boldsymbol{\alpha}^{\mathrm{T}}\boldsymbol{A}^{-1}\boldsymbol{\alpha}\neq b$.

分析：利用公式

$$A^*A=AA^*=|A|E.$$

由于 A 是 n 阶非奇异矩阵，则进一步有 $A^*=|A|A^{-1}$，又由于 $|PQ|=|P|\cdot|Q|$，$|P|=|A|\neq 0$，所以 $|Q|\neq 0$ 等价于 $|PQ|\neq 0$.

【解】 (1) 由 $A^*A=AA^*=|A|E$ 和 $A^*=|A|A^{-1}$ 得

$$\begin{aligned}PQ&=\begin{pmatrix}E & O\\ -\alpha^{T}A^* & |A|\end{pmatrix}\begin{pmatrix}A & \alpha\\ \alpha^{T} & b\end{pmatrix}\\&=\begin{pmatrix}A & \alpha\\ -\alpha^{T}A^*A+|A|\alpha^{T} & -\alpha^{T}A^*\alpha+b|A|\end{pmatrix}\\&=\begin{pmatrix}A & \alpha\\ -\alpha^{T}|A|E+|A|\alpha^{T} & b|A|-\alpha^{T}|A|A^{-1}\alpha\end{pmatrix}\\&=\begin{pmatrix}A & \alpha\\ O & |A|(b-\alpha^{T}A^{-1}\alpha)\end{pmatrix}.\end{aligned}$$

(2) 由(1)知

$$|PQ|=|A|^2(b-\alpha^{T}A^{-1}\alpha),$$

又由 $|P|=|A|\neq 0$，所以 $|PQ|=|P|\cdot|Q|=|A|\cdot|Q|$，从而有

$$|Q|=|A|(b-\alpha^{T}A^{-1}\alpha).$$

由此得，Q 可逆的充分必要条件是 $|Q|\neq 0$，而 $|Q|\neq 0$ 当且仅当 $b-\alpha^{T}A^{-1}\alpha\neq 0$，即 $\alpha^{T}A^{-1}\alpha\neq b$.

【例 33】 (1) 已知 $A=\begin{pmatrix}B & O\\ D & C\end{pmatrix}$，其中，$B$ 是 $r\times r$ 可逆矩阵，C 是 $s\times s$ 可逆矩阵，证明 A 可逆，并求 A^{-1}.

(2) 设 $A=\begin{pmatrix}2 & 5 & 0 & 0\\ 1 & 3 & 0 & 0\\ 1 & 1 & 1 & 3\\ 1 & 2 & 2 & 7\end{pmatrix}$，求 A^{-1}.

【解】 (1) 因 $|A|=\begin{vmatrix}B & O\\ D & C\end{vmatrix}=|B|\cdot|C|\neq 0$，故 A 可逆. 设 $A=\begin{pmatrix}X & Y\\ Z & W\end{pmatrix}$，由定义

$$AA^{-1}=\begin{pmatrix}B & O\\ D & C\end{pmatrix}\begin{pmatrix}X & Y\\ Z & W\end{pmatrix}=\begin{pmatrix}E & O\\ O & E\end{pmatrix},$$

得

$$\begin{aligned}&BX=E\Rightarrow X=B^{-1},\\&BY=O\Rightarrow Y=O,\\&DX+CZ=O\Rightarrow Z=-C^{-1}DB^{-1}\quad (X=B^{-1}),\\&DY+CW=E\Rightarrow W=-C^{-1}\quad (Y=O),\end{aligned}$$

故

$$A^{-1}=\begin{pmatrix}B^{-1} & O\\ -C^{-1}DB^{-1} & C^{-1}\end{pmatrix}.$$

(2) 将 A 分块如下：

$$A=\left(\begin{array}{cc:cc}2&5&0&0\\1&3&0&0\\ \hdashline 1&1&1&3\\1&2&2&7\end{array}\right)\xlongequal{\text{记为}}\begin{pmatrix}B&O\\D&C\end{pmatrix},$$

其中：$B=\begin{pmatrix}2&5\\1&3\end{pmatrix}$，$C=\begin{pmatrix}1&3\\2&7\end{pmatrix}$，$D=\begin{pmatrix}1&1\\1&2\end{pmatrix}$.

因为

$$B^{-1}=\begin{pmatrix}3&-5\\-1&2\end{pmatrix},\ C^{-1}=\begin{pmatrix}7&-3\\-2&1\end{pmatrix},\ D^{-1}=\begin{pmatrix}2&-1\\-1&1\end{pmatrix},$$

$$C^{-1}DB^{-1}=\begin{pmatrix}7&-3\\-2&1\end{pmatrix}\begin{pmatrix}1&1\\1&2\end{pmatrix}\begin{pmatrix}3&-5\\-1&2\end{pmatrix}=\begin{pmatrix}11&18\\-3&5\end{pmatrix},$$

故

$$A^{-1}=\begin{pmatrix}B&O\\D&C\end{pmatrix}^{-1}=\begin{pmatrix}B^{-1}&O\\-C^{-1}DB^{-1}&C^{-1}\end{pmatrix}$$

$$=\begin{pmatrix}3&-5&0&0\\-1&2&0&0\\11&-18&7&-3\\-3&5&-2&1\end{pmatrix}.$$

评注：若 $A_1=\begin{pmatrix}B&D\\O&C\end{pmatrix}$，$A_2=\begin{pmatrix}O&B\\C&D\end{pmatrix}$，$A_3=\begin{pmatrix}D&B\\C&O\end{pmatrix}$，

其中 B,C 均可逆，则有

$$A_1^{-1}=\begin{pmatrix}B^{-1}&-B^{-1}DC^{-1}\\O&C^{-1}\end{pmatrix},\ A_2^{-1}=\begin{pmatrix}-C^{-1}DB^{-1}&C^{-1}\\B^{-1}&O\end{pmatrix},\ A_3^{-1}=\begin{pmatrix}O&C^{-1}\\B^{-1}&-B^{-1}DC^{-1}\end{pmatrix}.$$

用本题(1)中的方法可推得此类求逆公式，不必记忆，掌握推导方法即可.

三、练习题

(一) 填空题

1. 已知 $\boldsymbol{\alpha}=(1,2,3)$，$\boldsymbol{\beta}=\left(1,\frac{1}{2},\frac{1}{3}\right)$，且 $A=\boldsymbol{\alpha}^{\mathrm{T}}\boldsymbol{\beta}$，则 $A^n=$ ________.

2. 设 A 是 n 阶方阵，且 A 的行列式 $|A|=a\neq0$，而 A^* 是 A 的伴随矩阵，则 $|A^*|=$ ________.

3. 设 $A=\begin{pmatrix}3&0&0\\1&4&0\\0&0&3\end{pmatrix}$，$E=\begin{pmatrix}1&0&0\\0&1&0\\0&0&1\end{pmatrix}$，则逆矩阵 $(A-2E)^{-1}=$ ________.

4. 设 A 是 4×3 矩阵，且 A 的秩为 $r(A)=2$，而 $B=\begin{pmatrix}1&0&2\\0&2&0\\-1&0&3\end{pmatrix}$，则 $r(AB)=$

________.

5. 设$\boldsymbol{A}=\begin{pmatrix}1&2&-2\\4&t&3\\3&-1&1\end{pmatrix}$，$\boldsymbol{B}$是3阶非零方阵，且$\boldsymbol{AB}=\boldsymbol{O}$，则$t=$________.

6. 设$\boldsymbol{\alpha}=(1,0,-1)^{\mathrm{T}}$，矩阵$\boldsymbol{A}=\boldsymbol{\alpha\alpha}^{\mathrm{T}}$，$n$为正整数，则$|a\boldsymbol{E}-\boldsymbol{A}^n|=$________.

7. 若$\boldsymbol{A}=\begin{pmatrix}-2&0&0\\0&-1&0\\7&0&3\end{pmatrix}$，则$(\boldsymbol{A}-2\boldsymbol{E})^{-1}(\boldsymbol{A}^2-4\boldsymbol{E})=$________.

8. 设3阶矩阵$\boldsymbol{A}$和$\boldsymbol{B}$满足关系式$\boldsymbol{BA}=\boldsymbol{A}^{-1}\boldsymbol{BA}-6\boldsymbol{A}$，已知$\boldsymbol{A}^{-1}=\begin{pmatrix}3&0&0\\0&4&0\\0&0&7\end{pmatrix}$，则$\boldsymbol{B}=$________.

9. 若对任意的$n\times 1$矩阵$\boldsymbol{x}$，均有$\boldsymbol{A}_{m\times n}\boldsymbol{x}=\boldsymbol{O}$，则矩阵$\boldsymbol{A}=$________.

（二）选择题

1. 设$\boldsymbol{A}$与$\boldsymbol{B}$是n阶方阵，下列结论正确的是（　　）.

(A) $\boldsymbol{A}^2=\boldsymbol{O}\Leftrightarrow\boldsymbol{A}=\boldsymbol{O}$　　(B) $\boldsymbol{A}^2=\boldsymbol{A}\Leftrightarrow\boldsymbol{A}=\boldsymbol{O}$或$\boldsymbol{A}=\boldsymbol{E}$

(C) $(\boldsymbol{A}-\boldsymbol{B})(\boldsymbol{A}+\boldsymbol{B})=\boldsymbol{A}^2-\boldsymbol{B}^2$　　(D) $(\boldsymbol{A}-\boldsymbol{B})^2=\boldsymbol{A}^2-\boldsymbol{AB}-\boldsymbol{BA}+\boldsymbol{B}^2$

2. 设n阶矩阵$\boldsymbol{A},\boldsymbol{B},\boldsymbol{C}$满足$\boldsymbol{ABC}=\boldsymbol{E}$，则必有（　　）.

(A) $\boldsymbol{ACB}=\boldsymbol{E}$　　(B) $\boldsymbol{BCA}=\boldsymbol{E}$

(C) $\boldsymbol{BAC}=\boldsymbol{E}$　　(D) $\boldsymbol{CBA}=\boldsymbol{E}$

3. 若$\boldsymbol{A}$与$\boldsymbol{B}$是可交换的可逆矩阵，则下列结论中错误的是（　　）.

(A) $\boldsymbol{AB}^{-1}=\boldsymbol{B}^{-1}\boldsymbol{A}$　　(B) $\boldsymbol{A}^{-1}\boldsymbol{B}^{-1}=\boldsymbol{B}^{-1}\boldsymbol{A}^{-1}$

(C) $\boldsymbol{BA}^{-1}=\boldsymbol{AB}^{-1}$　　(D) $\boldsymbol{A}^{-1}\boldsymbol{B}=\boldsymbol{BA}^{-1}$

4. 设$\boldsymbol{A}$是n阶矩阵，$\boldsymbol{A}^*$是$\boldsymbol{A}$的伴随矩阵，$k\neq 0,k\neq\pm 1$，则$(k\boldsymbol{A})^*$等于（　　）.

(A) $k\boldsymbol{A}^*$　　(B) $\dfrac{1}{k}\boldsymbol{A}^*$　　(C) $k^{n-1}\boldsymbol{A}^*$　　(D) $k^n\boldsymbol{A}^*$

5. 设$\boldsymbol{A}$是$n(n\geqslant 2)$阶可逆矩阵，$\boldsymbol{A}^*$是$\boldsymbol{A}$的伴随矩阵，则$(\boldsymbol{A}^*)^*$等于（　　）.

(A) $|\boldsymbol{A}|^{n-1}\boldsymbol{A}$　　(B) $|\boldsymbol{A}|^{n+1}\boldsymbol{A}$　　(C) $|\boldsymbol{A}|^{n-2}\boldsymbol{A}$　　(D) $|\boldsymbol{A}|^{n+2}\boldsymbol{A}$

6. 设$\boldsymbol{A}=\begin{pmatrix}a_{11}&a_{12}&a_{13}\\a_{21}&a_{22}&a_{23}\\a_{31}&a_{32}&a_{33}\end{pmatrix}$，$\boldsymbol{B}=\begin{pmatrix}a_{31}&a_{32}&a_{33}+a_{31}\\a_{21}&a_{22}&a_{23}+a_{21}\\a_{11}&a_{12}&a_{13}+a_{11}\end{pmatrix}$，$\boldsymbol{P}_1=\begin{pmatrix}0&0&1\\0&1&0\\1&0&0\end{pmatrix}$，$\boldsymbol{P}_2=\begin{pmatrix}1&0&1\\0&1&0\\0&0&1\end{pmatrix}$，则$\boldsymbol{B}=$（　　）.

(A) $\boldsymbol{P}_1\boldsymbol{AP}_2$　　(B) $\boldsymbol{P}_2\boldsymbol{AP}_1$　　(C) $\boldsymbol{P}_1\boldsymbol{P}_2\boldsymbol{A}$　　(D) $\boldsymbol{AP}_1\boldsymbol{P}_2$

7. 设$\boldsymbol{A}$是3阶矩阵，将$\boldsymbol{A}$的第1列与第2列互换得到$\boldsymbol{B}$，再把$\boldsymbol{B}$的第1行的-1倍加到第3行得到$\boldsymbol{C}$，其中$\boldsymbol{C}=\begin{pmatrix}1&1&1\\0&1&1\\0&0&1\end{pmatrix}$，则$\boldsymbol{A}^{-1}=$（　　）.

(A) $\begin{pmatrix}-1&1&-1\\1&-1&1\\1&0&0\end{pmatrix}$　　(B) $\begin{pmatrix}1&1&-1\\1&-1&0\\-1&0&1\end{pmatrix}$

(C) $\begin{pmatrix} 0 & 1 & -1 \\ 1 & -1 & 1 \\ 0 & 0 & 1 \end{pmatrix}$　　(D) $\begin{pmatrix} 0 & 1 & -1 \\ 1 & -1 & -1 \\ 0 & 0 & 1 \end{pmatrix}$

8. 设 $\boldsymbol{A},\boldsymbol{B}$ 均为 n 阶方阵，且 $\boldsymbol{A}$ 与 $\boldsymbol{B}$ 等价，则下列命题中不正确的是(　　).

(A) 存在可逆矩阵 $\boldsymbol{P}$ 和 $\boldsymbol{Q}$,使得 $\boldsymbol{PAQ}=\boldsymbol{B}$

(B) 若 $|\boldsymbol{A}|\neq 0$,则存在可逆矩阵 $\boldsymbol{P}$,使得 $\boldsymbol{PB}=\boldsymbol{E}$

(C) 若 $\boldsymbol{A}$ 与 $\boldsymbol{E}$ 等价,则 $\boldsymbol{B}$ 可逆

(D) 若 $|\boldsymbol{A}|>0$, 则 $|\boldsymbol{B}|>0$

9. 设 $\boldsymbol{A},\boldsymbol{B},\boldsymbol{A}+\boldsymbol{B},\boldsymbol{A}^{-1}+\boldsymbol{B}^{-1}$ 均为 n 阶可逆矩阵，则 $(\boldsymbol{A}^{-1}+\boldsymbol{B}^{-1})^{-1}$ 等于(　　).

(A) $\boldsymbol{A}^{-1}+\boldsymbol{B}^{-1}$　　(B) $\boldsymbol{A}+\boldsymbol{B}$

(C) $\boldsymbol{A}(\boldsymbol{A}+\boldsymbol{B})^{-1}\boldsymbol{B}$　　(D) $(\boldsymbol{A}+\boldsymbol{B})^{-1}$

10. 设 $\boldsymbol{A}=\begin{pmatrix} a_1b_1 & a_1b_2 & \cdots & a_1b_n \\ a_2b_1 & a_2b_2 & \cdots & a_2b_n \\ \vdots & \vdots & & \vdots \\ a_nb_1 & a_nb_2 & \cdots & a_nb_n \end{pmatrix}$，其中 $a_i\neq 0,b_i\neq 0(i=1,2,\cdots,n)$,则矩阵 $\boldsymbol{A}$ 的秩 $r(\boldsymbol{A})=$(　　).

(A) n　　(B) $n-1$　　(C) 1　　(D) 0

11. 设 $M_i(x_i,y_i)(i=1,2,\cdots,n)$是 xoy 平面上 n 个不同的点，令 $\boldsymbol{A}=\begin{pmatrix} x_1 & y_1 & 1 \\ x_2 & y_2 & 1 \\ \vdots & \vdots & \vdots \\ x_n & y_n & 1 \end{pmatrix}$，则点 $M_1,M_2,\cdots,M_n(n\geqslant 3)$共线的充分必要条件是(　　).

(A) $r(\boldsymbol{A})=1$　　(B) $r(\boldsymbol{A})=2$　　(C) $r(\boldsymbol{A})=3$　　(D) $r(\boldsymbol{A})<3$

12. 设 $\boldsymbol{A},\boldsymbol{B}$ 都是 n 阶非零矩阵，且满足 $\boldsymbol{AB}=\boldsymbol{O}$, 则下列结论中不正确的是(　　).

(A) $2\leqslant r(\boldsymbol{A})+r(\boldsymbol{B})<n^2$　　(B) $1\leqslant r(\boldsymbol{A})+r(\boldsymbol{B})<2n$

(C) $2\leqslant r(\boldsymbol{A})\cdot r(\boldsymbol{B})<2n$　　(D) $1\leqslant r(\boldsymbol{A})\cdot r(\boldsymbol{B})<n^2$

13*. 设矩阵 $\boldsymbol{A}=\begin{pmatrix} a_1 & b_1 & c_1 \\ a_2 & b_2 & c_2 \\ a_3 & b_3 & c_3 \end{pmatrix}$是满秩的，则直线 $\dfrac{x-a_3}{a_1-a_2}=\dfrac{y-b_3}{b_1-b_2}=\dfrac{z-c_3}{c_1-c_2}$ 与直线 $\dfrac{x-a_1}{a_2-a_3}=\dfrac{y-b_1}{b_2-b_3}=\dfrac{z-c_1}{c_2-c_3}$(　　).

(A) 相交于一点　　(B) 重合

(C) 平行但不重合　　(D) 异面

14. 设 $\boldsymbol{A}$ 是 $m\times n$ 矩阵，$\boldsymbol{C}$ 是 n 阶可逆矩阵，矩阵 $\boldsymbol{A}$ 的秩为 r, 矩阵 $\boldsymbol{B}=\boldsymbol{AC}$ 的秩为 r_1, 则(　　).

(A) $r>r_1$　　(B) $r<r_1$

(C) $r=r_1$　　(D) r 与 r_1 的关系由 $\boldsymbol{C}$ 而定

15. 设 3 阶矩阵 $\boldsymbol{A}=\begin{pmatrix} a & b & b \\ b & a & b \\ b & b & a \end{pmatrix}$，若 $\boldsymbol{A}$ 的伴随矩阵的秩为 1, 则必有(　　).

(A) $a=b$ 或 $a+2b=0$　　(B) $a=b$ 或 $a+2b\neq 0$

(C) $a\neq b$ 且 $a+2b=0$　　(D) $a\neq b$ 且 $a+2b\neq 0$

16. 设 n 阶($n\geqslant 3$)实矩阵 $\boldsymbol{A}=(a_{ij})_{n\times n}\neq\boldsymbol{O}$，且 $a_{ij}=A_{ij}\ (i,j=1,2,\cdots,n)$，其中 A_{ij} 是元素 a_{ij} 的代数余子式，则下列结论中不正确的是(　　).

(A) $\boldsymbol{A}$ 必为可逆矩阵　　(B) $\boldsymbol{A}$ 必为反对称矩阵

(C) $\boldsymbol{A}$ 必为正交矩阵　　(D) $|\boldsymbol{A}|=1$

17. 设 $\boldsymbol{A}$ 为 n 阶非奇异矩阵，$\boldsymbol{\alpha}$ 是 n 维列向量，b 为常数，记分块矩阵

$$\boldsymbol{P}=\begin{bmatrix}\boldsymbol{E} & \boldsymbol{0}\\ -\boldsymbol{\alpha}^{\mathrm{T}}\boldsymbol{A}^{*} & |\boldsymbol{A}|\end{bmatrix},\ \boldsymbol{Q}=\begin{bmatrix}\boldsymbol{E} & \boldsymbol{\alpha}\\ \boldsymbol{\alpha}^{\mathrm{T}} & b\end{bmatrix},$$

其中 $\boldsymbol{A}^{*}$ 是矩阵 $\boldsymbol{A}$ 的伴随矩阵，$\boldsymbol{E}$ 是 n 阶单位矩阵，则有(　　).

(A) $b\neq\boldsymbol{\alpha}^{\mathrm{T}}\boldsymbol{\alpha}$ 是 $\boldsymbol{PQ}$ 可逆的充要条件

(B) $b\neq\boldsymbol{\alpha}^{\mathrm{T}}\boldsymbol{A}^{-1}\boldsymbol{\alpha}$ 是 $\boldsymbol{PQ}$ 可逆的充要条件

(C) $b\neq\boldsymbol{\alpha}^{\mathrm{T}}\boldsymbol{A}^{\mathrm{T}}\boldsymbol{\alpha}$ 是 $\boldsymbol{PQ}$ 可逆的充要条件

(D) $b\neq\boldsymbol{\alpha}^{\mathrm{T}}\boldsymbol{A}^{*}\boldsymbol{\alpha}$ 是 $\boldsymbol{PQ}$ 可逆的充要条件

18. 设矩阵 $\boldsymbol{A}=(a_{ij})_{3\times 3}$ 满足 $\boldsymbol{A}^{*}=\boldsymbol{A}^{\mathrm{T}}$，其中 $\boldsymbol{A}^{*}$ 为 $\boldsymbol{A}$ 的伴随矩阵，$\boldsymbol{A}^{\mathrm{T}}$ 为 $\boldsymbol{A}$ 的转置矩阵，若 a_{11},a_{12},a_{13} 为 3 个相等的正数，则 a_{11} 为(　　).

(A) $\dfrac{\sqrt{3}}{3}$　　(B) 3　　(C) $\dfrac{1}{3}$　　(D) $\sqrt{3}$

(三) 解答与证明题

1. 设 $\boldsymbol{A}=\begin{bmatrix}1 & 0\\ \lambda & 1\end{bmatrix}$，求 $\boldsymbol{A}^{2},\boldsymbol{A}^{3},\cdots,\boldsymbol{A}^{k}$，$k\geqslant 3$ 为正整数.

2. 设 $\boldsymbol{A}=\begin{bmatrix}\lambda & 1 & 0\\ 0 & \lambda & 1\\ 0 & 0 & \lambda\end{bmatrix}$，求 $\boldsymbol{A}^{k}$.

3. 设 $\boldsymbol{A}=\begin{bmatrix}1 & 0 & 0\\ 2 & -1 & 0\\ 1 & 2 & 1\end{bmatrix}$，求 $\boldsymbol{A}^{100}$.

4. 设 $\boldsymbol{A}=\begin{bmatrix}-1 & 1 & 1 & -1\\ 1 & -1 & -1 & 1\\ 1 & -1 & -1 & 1\\ -1 & 1 & 1 & -1\end{bmatrix}$，计算 $\boldsymbol{A}^{6}$.

5. 设 4 阶矩阵 $\boldsymbol{B}=\begin{bmatrix}1 & -1 & 0 & 0\\ 0 & 1 & -1 & 0\\ 0 & 0 & 1 & -1\\ 0 & 0 & 0 & 1\end{bmatrix}$，$\boldsymbol{C}=\begin{bmatrix}2 & 1 & 3 & 4\\ 0 & 2 & 1 & 3\\ 0 & 0 & 2 & 1\\ 0 & 0 & 0 & 2\end{bmatrix}$ 满足关系式 $\boldsymbol{A}(\boldsymbol{E}-\boldsymbol{C}^{-1}\boldsymbol{B})^{\mathrm{T}}\boldsymbol{C}^{\mathrm{T}}=\boldsymbol{E}$. 求 $\boldsymbol{A}$.

6. 已知 n 阶行列式 $|A|=\begin{vmatrix}0&1&0&\cdots&0\\0&0&2&\cdots&0\\\vdots&\vdots&\vdots&&\vdots\\0&0&0&\cdots&n-1\\n&0&0&\cdots&0\end{vmatrix}$，求 $|A|$ 的第 k 行元素的代数余子式的和.

7. 设 $\boldsymbol{A}=\begin{pmatrix}3&3&\cdots&3\\3&3&\cdots&3\\\vdots&\vdots&&\vdots\\3&3&\cdots&3\end{pmatrix}$ 是 n 阶方阵，证明：$\boldsymbol{A}+3n\boldsymbol{E}$ 是可逆矩阵，其中 $\boldsymbol{E}$ 是 n 阶单位矩阵.

8. 已知 3 阶矩阵 $\boldsymbol{A}$ 的逆矩阵为 $\boldsymbol{A}^{-1}=\begin{pmatrix}1&1&1\\1&2&1\\1&1&3\end{pmatrix}$，试求 $\boldsymbol{A}$ 的伴随矩阵的逆矩阵 $(\boldsymbol{A}^*)^{-1}$.

9. 已知 $\boldsymbol{A}=\begin{pmatrix}1&-1&-1\\-1&1&1\\1&-1&1\end{pmatrix}$，若 $\boldsymbol{A}^*\boldsymbol{B}\left(\frac{1}{2}\boldsymbol{A}^*\right)^*=8\boldsymbol{A}^{-1}\boldsymbol{B}+12\boldsymbol{E}$，求 $\boldsymbol{B}$.

10. 设 $\boldsymbol{A}$ 是 n 阶矩阵，若 $\boldsymbol{A}^2=\boldsymbol{A}$，证明 $\boldsymbol{A}+\boldsymbol{E}$ 可逆.

11. 设 $\boldsymbol{P}^{-1}\boldsymbol{A}\boldsymbol{P}=\boldsymbol{\Lambda}$，$\boldsymbol{P}=\begin{pmatrix}-1&-4\\1&1\end{pmatrix}$，$\boldsymbol{\Lambda}=\begin{pmatrix}-1&0\\0&2\end{pmatrix}$，求 $\boldsymbol{A}^{11}$.

12. 设矩阵 $\boldsymbol{A}=\begin{pmatrix}-2&2k&-2&4k\\1&-1&k&-2\\k&-1&1&-2\end{pmatrix}$，问 k 为何值时，可使(1) $r(\boldsymbol{A})=1$；(2) $r(\boldsymbol{A})=2$；(3) $r(\boldsymbol{A})=3$.

13. 设矩阵 $\boldsymbol{A}=\begin{pmatrix}a_1b_1&a_1b_2&\cdots&a_1b_n\\a_2b_1&a_2b_2&\cdots&a_2b_n\\\vdots&\vdots&&\vdots\\a_nb_1&a_nb_2&\cdots&a_nb_n\end{pmatrix}$，求 $r(\boldsymbol{A})$，$r(\boldsymbol{A}^2)$.

14. 设 $\boldsymbol{A}$ 是秩为 r 的 $m\times r$ 矩阵 $(m>r)$，$\boldsymbol{B}$ 是 $r\times s$ 矩阵，证明：

(1) 存在非奇异矩阵 $\boldsymbol{P}$，使 $\boldsymbol{PA}$ 的后 $m-r$ 行全为 0；

(2) $r(\boldsymbol{AB})=r(\boldsymbol{B})$.

15. 设 $\boldsymbol{A},\boldsymbol{B}$ 分别为 $s\times n,n\times m$ 矩阵，则 $r(\boldsymbol{A})+r(\boldsymbol{B})-n\leqslant r(\boldsymbol{AB})$.

16. 设矩阵 $\boldsymbol{A}$ 的元素均为整数，证明：$\boldsymbol{A}^{-1}$ 的元素均为整数 $\Leftrightarrow|\boldsymbol{A}|=\pm1$.

17. (1)设 n 阶矩阵 $\boldsymbol{A}\neq\boldsymbol{O}$，且存在正整数 $k\geqslant2$，使 $\boldsymbol{A}^k=\boldsymbol{O}$. 证明 $\boldsymbol{E}-\boldsymbol{A}$ 可逆，并且 $(\boldsymbol{E}-\boldsymbol{A})^{-1}=\boldsymbol{E}+\boldsymbol{A}+\boldsymbol{A}^2+\cdots+\boldsymbol{A}^{k-1}$.

(2) 设矩阵 $\boldsymbol{B}=\begin{pmatrix}1&1&0&0\\0&1&1&0\\0&0&1&1\\0&0&0&1\end{pmatrix}$，试利用(1)的结果求 $\boldsymbol{B}^{-1}$.

18*. 设 $\boldsymbol{A},\boldsymbol{B},\boldsymbol{C},\boldsymbol{D}$ 均为 n 阶矩阵，且 $\det\boldsymbol{A}\neq 0,\boldsymbol{AC}=\boldsymbol{CA}$，求证：$\begin{vmatrix}\boldsymbol{A} & \boldsymbol{B}\\ \boldsymbol{C} & \boldsymbol{D}\end{vmatrix}=|\boldsymbol{AD}-\boldsymbol{CB}|$.

19. (1) 如果 $\boldsymbol{A}$ 是一个实对称矩阵，且 $\boldsymbol{A}^2=\boldsymbol{O}$，则 $\boldsymbol{A}=\boldsymbol{O}$;

(2) 举例说明在一般情况下，由 $\boldsymbol{A}^2=\boldsymbol{O}$ 推不出 $\boldsymbol{A}=\boldsymbol{O}$.

20. 设 $\boldsymbol{A},\boldsymbol{B},\boldsymbol{x}_n(n=0,1,2,\cdots)$都是 3 阶方阵，且 $\boldsymbol{x}_{n+1}=\boldsymbol{A}\boldsymbol{x}_n+\boldsymbol{B}$，当 $\boldsymbol{A}=\begin{pmatrix}0&1&0\\0&0&1\\1&0&0\end{pmatrix}$，$\boldsymbol{B}=\begin{pmatrix}1&0&0\\0&1&0\\0&0&1\end{pmatrix}$，$\boldsymbol{x}_0=\begin{pmatrix}0&0&0\\0&0&0\\0&0&0\end{pmatrix}$时，求 $\boldsymbol{x}_n$.

四、练习题答案与提示

(一) 填空题

1. $3^{n-1}\begin{pmatrix}1&\frac{1}{2}&\frac{1}{3}\\2&1&\frac{2}{3}\\3&\frac{3}{2}&1\end{pmatrix}$.

2. a^{n-1}.

3. $\begin{pmatrix}1&0&0\\-\frac{1}{2}&\frac{1}{2}&0\\0&0&1\end{pmatrix}$.

4. 2.

注：当 $\boldsymbol{B}$ 可逆时，$r(\boldsymbol{AB})=r(\boldsymbol{A})\Rightarrow r(\boldsymbol{AB})=2$.

5. -3.

6. $a^2(a-2^n)$.

$$\boldsymbol{A}^n=2^{n-1}\begin{pmatrix}1&0&-1\\0&0&0\\-1&0&1\end{pmatrix}\Rightarrow a\boldsymbol{E}-\boldsymbol{A}^n=\begin{pmatrix}a-2^{n-1}&0&2^{n-1}\\0&a&0\\2^{n-1}&0&a-2^{n-1}\end{pmatrix}.$$

7. $\begin{pmatrix}0&0&0\\0&1&0\\7&0&5\end{pmatrix}$.

8. $\begin{pmatrix}3&&\\&2&\\&&1\end{pmatrix}$.

9. $\boldsymbol{A}=\boldsymbol{O}$.

提示：可构造 n 阶可逆矩阵 $\boldsymbol{B}$，使 $\boldsymbol{AB}=\boldsymbol{O}$.

(二) 选择题

1. (D).

2. (B)

提示：在 $\boldsymbol{ABC}=\boldsymbol{E}$ 中将 $\boldsymbol{BC}$ 当作一个整体即得.

3. (C).

4. (C).

分析：由 $\boldsymbol{AA}^*=|\boldsymbol{A}|\boldsymbol{E}$，$\boldsymbol{A}$ 可逆时，有 $\boldsymbol{A}^*=|\boldsymbol{A}|\boldsymbol{A}^{-1}$. 于是

$$(k\boldsymbol{A})^*=|k\boldsymbol{A}|(k\boldsymbol{A})^{-1}=k^n|\boldsymbol{A}|\frac{1}{k}\boldsymbol{A}^{-1}=k^{n-1}|\boldsymbol{A}|\boldsymbol{A}^{-1}=k^{n-1}\boldsymbol{A}^*.$$

5. (C).

提示：利用公式 $\boldsymbol{A}^*=|\boldsymbol{A}|\boldsymbol{A}^{-1}$ 和 $(k\boldsymbol{A})^*=k^{n-1}\boldsymbol{A}^*$.

$$(\boldsymbol{A}^*)^*=(|\boldsymbol{A}|\boldsymbol{A}^{-1})^*=|\boldsymbol{A}|^{n-1}(\boldsymbol{A}^{-1})^*\text{，且}(\boldsymbol{A}^{-1})^*=|\boldsymbol{A}^{-1}|(\boldsymbol{A}^{-1})^{-1}=\frac{1}{|\boldsymbol{A}|}\boldsymbol{A}.$$

于是 $(\boldsymbol{A}^*)^*=(|\boldsymbol{A}|\boldsymbol{A}^{-1})^*=|\boldsymbol{A}|^{n-1}\dfrac{1}{|\boldsymbol{A}|}\boldsymbol{A}=|\boldsymbol{A}|^{n-2}\boldsymbol{A}$.

6. (A).

7. (B).

分析：将 $\boldsymbol{A}$ 的第 1 列与第 2 列互换得到 $\boldsymbol{B}$，即 $\boldsymbol{AE}_{12}=\boldsymbol{B}$. 再把 $\boldsymbol{B}$ 的第 1 行的 -1 倍加到第 3 行得到 $\boldsymbol{C}$，即 $\boldsymbol{E}_{13}(-1)\boldsymbol{B}=\boldsymbol{C}$. 从而有 $\boldsymbol{E}_{13}(-1)\boldsymbol{AE}_{12}=\boldsymbol{C}\Rightarrow\boldsymbol{A}=[\boldsymbol{E}_{13}(-1)]^{-1}\boldsymbol{CE}_{12}^{-1}$，于是

$$\boldsymbol{A}^{-1}=\boldsymbol{E}_{12}\boldsymbol{C}^{-1}\boldsymbol{E}_{13}(-1)$$

其中 $\boldsymbol{C}=\begin{pmatrix}1&1&1\\0&1&1\\0&0&1\end{pmatrix}\Rightarrow\boldsymbol{C}^{-1}=\begin{pmatrix}1&-1&0\\0&1&-1\\0&0&1\end{pmatrix}$，故

$$\boldsymbol{A}^{-1}=\begin{pmatrix}0&1&0\\1&0&0\\0&0&1\end{pmatrix}\begin{pmatrix}1&-1&0\\0&1&-1\\0&0&1\end{pmatrix}\begin{pmatrix}1&0&0\\0&1&0\\-1&0&1\end{pmatrix}=\begin{pmatrix}1&1&-1\\1&-1&0\\-1&0&1\end{pmatrix}.$$

8. (D).

9. (C).

10. (C).

11. (B).

分析：点 $M_1,M_2,\cdots,M_n(n\geqslant 3)$ 共线等价于式(1)成立

$$\frac{x_2-x_1}{y_2-y_1}=\frac{x_3-x_1}{y_3-y_1}=\cdots=\frac{x_n-x_1}{y_n-y_1}=t \tag{1}$$

将 $\boldsymbol{A}$ 的第 3 列乘以 $(-x_1)$ 加到第 1 列，第 3 列乘以 $(-y_1)$ 加到第 2 列，有

$$\boldsymbol{A}\to\begin{pmatrix}0&0&1\\x_2-x_1&y_2-y_1&1\\\vdots&\vdots&\vdots\\x_n-x_1&y_n-y_1&1\end{pmatrix}=\boldsymbol{B}.$$

因为 $M_1,M_2,\cdots,M_n(n\geqslant 3)$ 是不同的点，因此在所有 x_j-x_1 和 $y_j-y_1(j=2,3,\cdots,n)$ 中，至少有一个不为 0，不妨设 $y_2-y_1\neq 0$. 于是，若 $M_1,M_2,\cdots,M_n$ 共线，$\boldsymbol{B}$ 的第 2 列乘以 $(-t)$ 加到第 1 列，$\boldsymbol{A}$ 可化为

$$\boldsymbol{A}\to\begin{pmatrix}0 & 0 & 1\\ 0 & y_2-y_1 & 1\\ \vdots & \vdots & \vdots\\ 0 & y_n-y_1 & 1\end{pmatrix}\Rightarrow r(\boldsymbol{A})=2.$$

反之，若 $r(\boldsymbol{A})=2\Rightarrow r(\boldsymbol{B})=2\Rightarrow(1)$ 式成立. $\Rightarrow M_1,M_2,\cdots,M_n$ 共线.

12. (C).

13*. (A).

分析：第一条直线的方向向量和其上一点分别是 $\boldsymbol{s}_1=(a_1-a_2,b_1-b_2,c_1-c_2)$，$P_1(a_3,b_3,c_3)$. 第 2 条直线的方向向量和其上一点分别是 $\boldsymbol{s}_2=(a_2-a_3,b_2-b_3,c_2-c_3)$，$P_2(a_1,b_1,c_1)$. 要考虑两条直线的位置关系，首先考虑 3 个向量 $\boldsymbol{s}_1,\boldsymbol{s}_2,\overrightarrow{P_1P_2}$ 的混合积

$$(\boldsymbol{s}_1,\boldsymbol{s}_2,\overrightarrow{P_1P_2})=\begin{vmatrix}a_1-a_2 & b_1-b_2 & c_1-c_2\\ a_2-a_3 & b_2-b_3 & c_2-c_3\\ a_1-a_3 & b_1-b_3 & c_1-c_3\end{vmatrix}\xlongequal{r_1+r_2}\begin{vmatrix}a_1-a_3 & b_1-b_3 & c_1-c_3\\ a_2-a_3 & b_2-b_3 & c_2-c_3\\ a_1-a_3 & b_1-b_3 & c_1-c_3\end{vmatrix}=0,$$

由此可知两条直线共面.

再考虑两条直线是否平行，即 $\boldsymbol{s}_1,\boldsymbol{s}_2$ 是否成比例，由于矩阵 $\boldsymbol{A}$ 是满秩的，所以行列式不为零，即

$$\begin{vmatrix}a_1 & b_1 & c_1\\ a_2 & b_2 & c_2\\ a_3 & b_3 & c_3\end{vmatrix}\xlongequal{r_1-r_2,r_2-r_3}\begin{vmatrix}a_1-a_2 & b_1-b_2 & c_1-c_2\\ a_2-a_3 & b_2-b_3 & c_2-c_3\\ a_3 & b_3 & c_3\end{vmatrix}\neq 0,$$

后一行列式的第 1,2 两行元素不成比例，即 $\boldsymbol{s}_1$ 与 $\boldsymbol{s}_2$ 不平行，由此可知两直线相交于一点.

14. (C).

15. (C).

分析：根据 $\boldsymbol{A}$ 与 $\boldsymbol{A}^*$ 的秩的关系

$$r(\boldsymbol{A}^*)=\begin{cases}n, r(\boldsymbol{A})=n,\\ 1, r(\boldsymbol{A})=n-1,\\ 0, r(\boldsymbol{A})<n-1.\end{cases}$$

对于 n 阶矩阵，只有当 $r(\boldsymbol{A})=n-1$ 时，才有 $r(\boldsymbol{A}^*)=1$，所以，依题意必有 $r(\boldsymbol{A})=2$.

于是

$$\begin{vmatrix}a & b & b\\ b & a & b\\ b & b & a\end{vmatrix}=(a+2b)(a-b)^2=0,$$

由此可知 $a\neq b$(否则 $r(\boldsymbol{A})=0$ 或 $r(\boldsymbol{A})=1$)且 $a+2b=0$，故应选(C).

16. (B). 分析：由 $a_{ij}=A_{ij}(i,j=1,2,\cdots,n)$ 可知 $\boldsymbol{A}^*=\boldsymbol{A}^{\mathrm{T}}$. 又由 $\boldsymbol{A}\boldsymbol{A}^*=|\boldsymbol{A}|\boldsymbol{E}\Rightarrow\boldsymbol{A}\boldsymbol{A}^{\mathrm{T}}=|\boldsymbol{A}|\boldsymbol{E}$. 由等式两边矩阵的主对角元素相等，有

$$\sum_{j=1}^{n}a_{ij}^2=|\boldsymbol{A}|\quad(i=1,2,\cdots,n),$$

由 $\boldsymbol{A}=(a_{ij})_{n\times n}\neq\boldsymbol{O}$，可得 $|\boldsymbol{A}|>0$.

在等式 $\boldsymbol{A}\boldsymbol{A}^{\mathrm{T}}=|\boldsymbol{A}|\boldsymbol{E}$ 两边取行列式得 $|\boldsymbol{A}|^2=|\boldsymbol{A}|^n\Rightarrow|\boldsymbol{A}|=1\Rightarrow\boldsymbol{A}\boldsymbol{A}^{\mathrm{T}}=\boldsymbol{E}$. 因此结论(A),(C),(D)都正确. 排除(A),(C),(D),只能选(B).

事实上,若(B)成立,当 n 为奇数时,$\boldsymbol{A}$ 为奇数阶反对称矩阵,则 $|\boldsymbol{A}|=0$,与 $|\boldsymbol{A}|>0$ 矛盾,故(B)的结论是错误的.

17. (B).

分析:$\boldsymbol{PQ}$ 可逆的充要条件为 $|\boldsymbol{PQ}|\neq 0$. 观察 4 个备选项,可以考虑将行列式 $|\boldsymbol{PQ}|$ 用 b 表示出来.

$$\boldsymbol{PQ}=\begin{pmatrix}\boldsymbol{E} & \boldsymbol{0}\\ -\boldsymbol{\alpha}^{\mathrm{T}}\boldsymbol{A}^* & |\boldsymbol{A}|\end{pmatrix}\begin{pmatrix}\boldsymbol{E} & \boldsymbol{\alpha}\\ \boldsymbol{\alpha}^{\mathrm{T}} & b\end{pmatrix}$$
$$=\begin{pmatrix}\boldsymbol{A} & \boldsymbol{\alpha}\\ -\boldsymbol{\alpha}^{\mathrm{T}}\boldsymbol{A}^*\boldsymbol{A}+|\boldsymbol{A}|\boldsymbol{\alpha}^{\mathrm{T}} & -\boldsymbol{\alpha}^{\mathrm{T}}\boldsymbol{A}^*\boldsymbol{\alpha}+b|\boldsymbol{A}|\end{pmatrix}$$
$$=\begin{pmatrix}\boldsymbol{A} & \boldsymbol{\alpha}\\ \boldsymbol{0} & |\boldsymbol{A}|(b-\boldsymbol{\alpha}^{\mathrm{T}}\boldsymbol{A}^{-1}\boldsymbol{\alpha})\end{pmatrix},$$

由此推得 $|\boldsymbol{PQ}|=|\boldsymbol{A}|^2(b-\boldsymbol{\alpha}^{\mathrm{T}}\boldsymbol{A}^{-1}\boldsymbol{\alpha})$. 而 $|\boldsymbol{A}|\neq 0$,所以 $|\boldsymbol{PQ}|\neq 0\Leftrightarrow b\neq\boldsymbol{\alpha}^{\mathrm{T}}\boldsymbol{A}^{-1}\boldsymbol{\alpha}$.

18. (A).

分析:由 $\boldsymbol{A}\boldsymbol{A}^*=|\boldsymbol{A}|\boldsymbol{E}$ 和条件 $\boldsymbol{A}^*=\boldsymbol{A}^{\mathrm{T}}$,有 $\boldsymbol{A}\boldsymbol{A}^{\mathrm{T}}=|\boldsymbol{A}|\boldsymbol{E}$. 两边取行列式得 $|\boldsymbol{A}|^2=|\boldsymbol{A}|^3$. 又由上式两边第 1 行第 1 列的元素应相等,有

$$|\boldsymbol{A}|=a_{11}^2+a_{12}^2+a_{13}^2,$$

因为 a_{11},a_{12},a_{13} 为 3 个相等的正数,所以 $|\boldsymbol{A}|>0$ 并且 $|\boldsymbol{A}|=1$,于是推得 $3a_{11}^2=1\Rightarrow a_{11}=\frac{\sqrt{3}}{3}$. 故应选(A).

(三) 解答与证明题

1. $\boldsymbol{A}^2=\begin{pmatrix}1 & 0\\ 2\lambda & 1\end{pmatrix},\boldsymbol{A}^3=\begin{pmatrix}1 & 0\\ 3\lambda & 1\end{pmatrix},\boldsymbol{A}^k=\begin{pmatrix}1 & 0\\ k\lambda & 1\end{pmatrix}$.

2. $\begin{pmatrix}\lambda^k & k\lambda^{k-1} & \frac{k(k-1)}{2}\lambda^{k-2}\\ 0 & \lambda^k & k\lambda^{k-1}\\ 0 & 0 & \lambda^k\end{pmatrix}$.

3. $\begin{pmatrix}1 & 0 & 0\\ 0 & 1 & 0\\ 300 & 0 & 1\end{pmatrix}$.

4. 因为 $\boldsymbol{A}^2=-4\boldsymbol{A},\boldsymbol{A}^6=(-4)^5\boldsymbol{A}=-1\,024\boldsymbol{A}$.

评注:这类题先找低次幂的规律,进而推广到一般,用数学归纳法证明结论是否正确.

5. 分析:由于 $\boldsymbol{A}(\boldsymbol{E}-\boldsymbol{C}^{-1}\boldsymbol{B})^{\mathrm{T}}\boldsymbol{C}^{\mathrm{T}}=\boldsymbol{A}[\boldsymbol{C}(\boldsymbol{E}-\boldsymbol{C}^{-1}\boldsymbol{B})]^{\mathrm{T}}=\boldsymbol{A}(\boldsymbol{C}-\boldsymbol{B})^{\mathrm{T}}$,于是

$$\boldsymbol{A}=[(\boldsymbol{C}-\boldsymbol{B})^{\mathrm{T}}]^{-1}=\begin{pmatrix}1 & 0 & 0 & 0\\ 2 & 1 & 0 & 0\\ 3 & 2 & 1 & 0\\ 4 & 3 & 2 & 1\end{pmatrix}^{-1}=\begin{pmatrix}1 & 0 & 0 & 0\\ -2 & 1 & 0 & 0\\ 1 & -2 & 1 & 0\\ 0 & 1 & -2 & 1\end{pmatrix}.$$

6. 分析：令 $A=\begin{pmatrix}0 & B\\ C & 0^{\mathrm{T}}\end{pmatrix}$，$B=\begin{pmatrix}1 & & & \\ & 2 & & \\ & & \ddots & \\ & & & n-1\end{pmatrix}$，$C=(n)$. 于是

$$A^{-1}=\begin{pmatrix}0 & C^{-1}\\ B^{-1} & 0^{\mathrm{T}}\end{pmatrix}=\begin{pmatrix}0 & 0 & \cdots & 0 & \frac{1}{n}\\ 1 & 0 & \cdots & 0 & 0\\ 0 & \frac{1}{2} & \cdots & 0 & 0\\ \vdots & \vdots & & \vdots & \vdots\\ 0 & 0 & \cdots & \frac{1}{(n-1)} & 0\end{pmatrix},|A|=(-1)^{n-1}n!.$$

因为 $A^{*}=|A|A^{-1}$，那么

$$A^{*}=\begin{pmatrix}A_{11} & A_{21} & \cdots & A_{n1}\\ A_{12} & A_{22} & \cdots & A_{n2}\\ \vdots & \vdots & & \vdots\\ A_{1n} & A_{2n} & \cdots & A_{nn}\end{pmatrix}=(-1)^{n-1}n!\begin{pmatrix}0 & 0 & \cdots & 0 & \frac{1}{n}\\ 1 & 0 & \cdots & 0 & 0\\ 0 & \frac{1}{2} & \cdots & 0 & 0\\ \vdots & \vdots & & \vdots & \vdots\\ 0 & 0 & \cdots & \frac{1}{(n-1)} & 0\end{pmatrix}.$$

由此易推得

$$A_{k1}+A_{k2}+\cdots+A_{kn}=\frac{(-1)^{n-1}n!}{k},(k=1,2,\cdots,n).$$

7. 分析：$|A+3nE|=\begin{vmatrix}3(n+1) & 3 & \cdots & 3\\ 3 & 3(n+1) & \cdots & 3\\ \vdots & \vdots & & \vdots\\ 3 & 3 & \cdots & 3(n+1)\end{vmatrix}=6n(3n)^{n-1}\neq 0.$

所以 $A+3nE$ 是可逆矩阵.

8. 分析：因为 $AA^{*}=|A|E$，两边取逆得 $(A^{*})^{-1}A^{-1}=\frac{1}{|A|}E$，所以 $(A^{*})^{-1}=\frac{1}{|A|}A=|A^{-1}|A$. 由已知，得

$$|A^{-1}|=\begin{vmatrix}1 & 1 & 1\\ 1 & 2 & 1\\ 1 & 1 & 3\end{vmatrix}=2,A=(A^{-1})^{-1}=\frac{1}{2}\begin{pmatrix}5 & -2 & -1\\ -2 & 2 & 0\\ -1 & 0 & 1\end{pmatrix}.$$

所以，得 $(A^{*})^{-1}=\begin{pmatrix}5 & -2 & -1\\ -2 & 2 & 0\\ -1 & 0 & 1\end{pmatrix}$.

9. 分析：由于 $|A|=4$，等式两边乘以 A，有 $AA^{*}B(\frac{1}{2}A^{*})^{*}=8B+12A$.

因为 $AA^{*}=4E$，$\left(\frac{1}{2}A^{*}\right)^{*}=\frac{1}{4}(A^{*})^{*}=\frac{1}{4}|A|A=A$，故

$$4BA=8B+12A\Rightarrow B(A-2E)=3A\Rightarrow B=3A(A-2E)^{-1}.$$

由于

$$(\boldsymbol{A}-2\boldsymbol{E})^{-1}=\begin{pmatrix}-1 & 1 & -1\\ -1 & -1 & 1\\ 1 & -1 & -1\end{pmatrix}^{-1}=-\frac{1}{2}\begin{pmatrix}1 & 1 & 0\\ 0 & 1 & 1\\ 1 & 0 & 1\end{pmatrix},$$

故

$$\boldsymbol{B}=-\frac{3}{2}\begin{pmatrix}1 & 1 & -1\\ -1 & 1 & 1\\ 1 & -1 & 1\end{pmatrix}\begin{pmatrix}1 & 1 & 0\\ 0 & 1 & 1\\ 1 & 0 & 1\end{pmatrix}=\begin{pmatrix}0 & -3 & 0\\ 0 & 0 & -3\\ -3 & 0 & 0\end{pmatrix}.$$

10. 分析：由于 $\boldsymbol{A}^2=\boldsymbol{A}$，故 $\boldsymbol{A}^2-\boldsymbol{A}-2\boldsymbol{E}=-2\boldsymbol{E}\Rightarrow(\boldsymbol{A}+\boldsymbol{E})(\boldsymbol{A}-2\boldsymbol{E})=-2\boldsymbol{E}$，即 $(\boldsymbol{A}+\boldsymbol{E})\dfrac{-(\boldsymbol{A}-2\boldsymbol{E})}{2}=\boldsymbol{E}$，按定义可知 $\boldsymbol{A}+\boldsymbol{E}$ 可逆.

11. $\boldsymbol{A}^{11}=\begin{pmatrix}2\,731 & 2\,732\\ -683 & -684\end{pmatrix}$.

12. 当 $k=1$ 时，$r(\boldsymbol{A})=1$；当 $k=-2$ 时，$r(\boldsymbol{A})=2$；当 $k\neq1$ 且 $k\neq-2$ 时，$r(\boldsymbol{A})=3$.

13. 分析：因 $\boldsymbol{A}=\begin{pmatrix}a_1\\ a_2\\ \vdots\\ a_n\end{pmatrix}(b_1,b_2,\cdots,b_n)$，知 $\boldsymbol{A}$ 的任意两行对应成比例，由此知，$r(\boldsymbol{A})\leqslant1$.

当 $a_1,a_2,\cdots,a_n$ 全为零或 $b_1,b_2,\cdots,b_n$ 全为零时，$r(\boldsymbol{A})=0$，否则 $r(\boldsymbol{A})=1$.

又

$$\boldsymbol{A}^2=\begin{pmatrix}a_1\\ a_2\\ \vdots\\ a_n\end{pmatrix}(b_1,b_2,\cdots,b_n)\begin{pmatrix}a_1\\ a_2\\ \vdots\\ a_n\end{pmatrix}(b_1,b_2,\cdots,b_n)=\left(\sum_{i=1}^{n}a_ib_i\right)\boldsymbol{A},$$

故

$$r(\boldsymbol{A}^2)=\begin{cases}0, & \sum\limits_{i=1}^{n}a_ib_i=0,\\ 1, & \sum\limits_{i=1}^{n}a_ib_i\neq0.\end{cases}$$

14. 分析：(1) 因为 $r(\boldsymbol{A})=r$，所以存在 m 阶可逆矩阵 $\boldsymbol{P}$ 和 r 阶可逆矩阵 $\boldsymbol{Q}$，使

$$\boldsymbol{PAQ}=\begin{pmatrix}\boldsymbol{E}_r\\ \boldsymbol{O}\end{pmatrix}\Rightarrow\boldsymbol{PA}=\begin{pmatrix}\boldsymbol{E}_r\\ \boldsymbol{O}\end{pmatrix}\boldsymbol{Q}^{-1}=\begin{pmatrix}\boldsymbol{Q}^{-1}\\ \boldsymbol{O}\end{pmatrix},$$

其中 $\boldsymbol{Q}^{-1}$ 为 r 阶可逆矩阵，即证得结论.

(2) $r(\boldsymbol{AB})=r(\boldsymbol{PAB})=r\begin{pmatrix}\boldsymbol{Q}^{-1}\\ \boldsymbol{O}\end{pmatrix}\boldsymbol{B}=r(\boldsymbol{Q}^{-1}\boldsymbol{B})=r(\boldsymbol{B})$.

15. 分析：$\begin{pmatrix}\boldsymbol{E}_n & \boldsymbol{O}\\ -\boldsymbol{A} & \boldsymbol{E}_s\end{pmatrix}\begin{pmatrix}\boldsymbol{E}_n & \boldsymbol{B}\\ \boldsymbol{A} & \boldsymbol{O}\end{pmatrix}\begin{pmatrix}\boldsymbol{E}_n & -\boldsymbol{B}\\ \boldsymbol{O} & \boldsymbol{E}_m\end{pmatrix}=\begin{pmatrix}\boldsymbol{E}_n & \boldsymbol{O}\\ \boldsymbol{O} & -\boldsymbol{AB}\end{pmatrix}$

$\Rightarrow r\left(\begin{pmatrix}\boldsymbol{E}_n & \boldsymbol{B}\\ \boldsymbol{A} & \boldsymbol{O}\end{pmatrix}\right)=r\left(\begin{pmatrix}\boldsymbol{E}_n & \boldsymbol{O}\\ \boldsymbol{O} & -\boldsymbol{AB}\end{pmatrix}\right)=r(\boldsymbol{E}_n)+r(-\boldsymbol{AB})=n+r(\boldsymbol{AB})$.

又因为

$$r\left(\begin{pmatrix}\boldsymbol{E}_n & \boldsymbol{B}\\ \boldsymbol{A} & \boldsymbol{O}\end{pmatrix}\right)\geqslant r(\boldsymbol{A})+r(\boldsymbol{B}),$$

所以

$$n+r(\boldsymbol{AB})\geqslant r(\boldsymbol{A})+r(\boldsymbol{B})\Rightarrow r(\boldsymbol{AB})\geqslant r(\boldsymbol{A})+r(\boldsymbol{B})-n.$$

16. 略.

17. 提示：(1) 考虑 $\boldsymbol{E}-\boldsymbol{A}$ 与 $\boldsymbol{E}+\boldsymbol{A}+\boldsymbol{A}^2+\cdots+\boldsymbol{A}^{k-1}$ 的乘积.

(2) $\boldsymbol{B}^{-1}=\begin{pmatrix}1&-1&1&-1\\0&1&-1&1\\0&0&1&-1\\0&0&0&1\end{pmatrix}$.

18*. 分析：对于分块矩阵 $\begin{pmatrix}\boldsymbol{A}&\boldsymbol{B}\\\boldsymbol{C}&\boldsymbol{D}\end{pmatrix}$，由于 $\det\boldsymbol{A}\neq 0$，即 $\boldsymbol{A}$ 可逆，考虑用分块初等矩阵 $\boldsymbol{P}=\begin{pmatrix}\boldsymbol{E}&\boldsymbol{O}\\-\boldsymbol{C}\boldsymbol{A}^{-1}&\boldsymbol{E}\end{pmatrix}$ 左乘该分块矩阵：$\begin{pmatrix}\boldsymbol{E}&\boldsymbol{O}\\-\boldsymbol{C}\boldsymbol{A}^{-1}&\boldsymbol{E}\end{pmatrix}\begin{pmatrix}\boldsymbol{A}&\boldsymbol{B}\\\boldsymbol{C}&\boldsymbol{D}\end{pmatrix}=\begin{pmatrix}\boldsymbol{A}&\boldsymbol{B}\\\boldsymbol{O}&-\boldsymbol{C}\boldsymbol{A}^{-1}\boldsymbol{B}+\boldsymbol{D}\end{pmatrix}$，再求两边分块矩阵的行列式.

19. 分析：(1)设 $\boldsymbol{A}$ 是一个实对称矩阵

$$\boldsymbol{A}=\begin{pmatrix}a_{11}&a_{12}&\cdots&a_{1n}\\a_{12}&a_{22}&\cdots&a_{2n}\\\vdots&\vdots&&\vdots\\a_{1n}&a_{2n}&\cdots&a_{nn}\end{pmatrix},$$

$\boldsymbol{A}^2$ 的对角线上的元素依次为：

$$a_{11}^2+a_{12}^2+\cdots+a_{1n}^2,a_{21}^2+a_{22}^2+\cdots+a_{2n}^2,\cdots,a_{n1}^2+a_{n2}^2+\cdots+a_{nn}^2.$$

如果 $\boldsymbol{A}^2=\boldsymbol{O}$，则这些元素都必须为 0，又因 a_{ij} 为实数，$a_{ij}^2\geqslant 0(i,j=1,2,\cdots,n)$，故必须当 $a_{ij}(i,j=1,2,\cdots,n)$全等于 0 时才能成立，所以 $\boldsymbol{A}=\boldsymbol{O}$.

(2) 令 $\boldsymbol{A}=\begin{pmatrix}0&1\\0&0\end{pmatrix}$，则 $\boldsymbol{A}\neq\boldsymbol{O}$，但 $\boldsymbol{A}^2=\boldsymbol{O}$.

20. 分析：由 $\begin{cases}\boldsymbol{x}_k=\boldsymbol{A}\boldsymbol{x}_{k-1}+\boldsymbol{B},\\\boldsymbol{x}_{k-1}=\boldsymbol{A}\boldsymbol{x}_{k-2}+\boldsymbol{B}\end{cases}$ 得

$$\begin{aligned}\boldsymbol{x}_k-\boldsymbol{x}_{k-1}&=\boldsymbol{A}(\boldsymbol{x}_{k-1}-\boldsymbol{x}_{k-2})=\boldsymbol{A}^2(\boldsymbol{x}_{k-2}-\boldsymbol{x}_{k-3})\\&=\cdots=\boldsymbol{A}^{k-1}(\boldsymbol{x}_1-\boldsymbol{x}_0)=\boldsymbol{A}^{k-1}\boldsymbol{x}_1.\end{aligned}$$

而 $\boldsymbol{x}_1=\boldsymbol{A}\boldsymbol{x}_0+\boldsymbol{B}=\boldsymbol{B}=\boldsymbol{E}\Rightarrow\boldsymbol{x}_k-\boldsymbol{x}_{k-1}=\boldsymbol{A}^{k-1}$，所以

$$\begin{aligned}\boldsymbol{x}_k&=\boldsymbol{x}_{k-1}+\boldsymbol{A}^{k-1}=(\boldsymbol{x}_{k-1}+\boldsymbol{A}^{k-2})+\boldsymbol{A}^{k-1}\\&=(\boldsymbol{x}_1+\boldsymbol{A})+\boldsymbol{A}^2+\cdots+\boldsymbol{A}^{k-1}=\boldsymbol{E}+\boldsymbol{A}+\boldsymbol{A}^2+\cdots+\boldsymbol{A}^{k-1}.\end{aligned}$$

由此得

$$\boldsymbol{x}_n=\boldsymbol{E}+\boldsymbol{A}+\boldsymbol{A}^2+\cdots+\boldsymbol{A}^{n-1}.$$

得 $\boldsymbol{A}^3=\boldsymbol{E}$，所以有

$$\boldsymbol{x}_n=\begin{cases}m\boldsymbol{J}, & n=3m,\\m\boldsymbol{J}+\boldsymbol{E}, & n=3m+1,\\m\boldsymbol{J}+\boldsymbol{E}+\boldsymbol{A}, & n=3m+2,\end{cases}$$

其中 $\boldsymbol{J}=\begin{pmatrix}1&1&1\\1&1&1\\1&1&1\end{pmatrix}$.

第三章　向量代数、平面与直线

一、内容提要

（一）向量代数

1. 基本概念

既有大小，又有方向的量称为向量，常记为 $\boldsymbol{a},\boldsymbol{b},\boldsymbol{c},\cdots$. 以 A 为起点，B 为终点的向量记为 $\overrightarrow{AB}$. 与起点无关的向量称为自由向量. 向量的长度又称为向量的模，向量 $\boldsymbol{a}$ 的模记为 $|\boldsymbol{a}|$. 长度为 1 的向量称为单位向量. 长度为零的向量称为零向量. 与 $\boldsymbol{a}$ 长度相等，方向相反的向量称为 $\boldsymbol{a}$ 的负向量，记为 $-\boldsymbol{a}$.

向量相等：若 $\boldsymbol{a}$ 与 $\boldsymbol{b}$ 长度相等，方向相同，则称 $\boldsymbol{a}$ 与 $\boldsymbol{b}$ 相等，记为 $\boldsymbol{a}=\boldsymbol{b}$. 若将向量 $\boldsymbol{a}$ 与 $\boldsymbol{b}$ 的起点重合后，$\boldsymbol{a}$ 与 $\boldsymbol{b}$ 在同一直线上，则称 $\boldsymbol{a}$ 与 $\boldsymbol{b}$ 平行或共线，记为 $\boldsymbol{a}\parallel\boldsymbol{b}$.

2. 向量的线性运算

(1) 向量的加法

向量 $\boldsymbol{a}$ 与 $\boldsymbol{b}$ 的加法服从平行四边形法则，或三角形法则. 即若 $\boldsymbol{a}=\overrightarrow{AB},\boldsymbol{b}=\overrightarrow{BC}$，则 $\boldsymbol{a}+\boldsymbol{b}=\overrightarrow{AC}$. 向量 $\boldsymbol{a}$ 与 $\boldsymbol{b}$ 的差定义为 $\boldsymbol{a}-\boldsymbol{b}=\boldsymbol{a}+(-\boldsymbol{b})$.

(2) 向量的数乘

设 λ 是实数，$\boldsymbol{a}$ 为向量，则 λ 与 $\boldsymbol{a}$ 的数乘是一个向量，记为 $\lambda\boldsymbol{a}$. 其中 $|\lambda\boldsymbol{a}|=|\lambda|\cdot|\boldsymbol{a}|$，且当 $\lambda>0$ 时，$\lambda\boldsymbol{a}$ 与 $\boldsymbol{a}$ 同方向，当 $\lambda<0$ 时，$\lambda\boldsymbol{a}$ 与 $\boldsymbol{a}$ 反方向.

3. 向量的坐标

过点 A 作平面 π 垂直于数轴 u，则 π 与数轴 u 的交点 A' 称为 A 在 u 轴上的投影.

设 A,B 在 u 轴上的投影点分别是 A',B'，则称 $\overrightarrow{A'B'}$ 的值 $A'B'$ 为 $\overrightarrow{AB}$ 在 u 轴上的投影，记为 $\mathrm{Prj}_u\,\overrightarrow{AB}$.

向量 $\boldsymbol{a}$ 与 $\boldsymbol{b}$ 所夹的不超过 π 的角，称为 $\boldsymbol{a}$ 与 $\boldsymbol{b}$ 的夹角，记为 $(\widehat{\boldsymbol{a},\boldsymbol{b}})$ 或 $\langle\widehat{ab}\rangle$.

向量 $\boldsymbol{a}$ 与 x,y,z 轴的夹角 α,β,γ 称为 $\boldsymbol{a}$ 的三个方向角.

设 $\overrightarrow{AB}$ 与 u 轴的夹角为 φ，则有 $\overline{\mathrm{Prj}_u\overrightarrow{AB}}=|\overrightarrow{AB}|\cos\varphi$.

投影满足：$\mathrm{Prj}_u(\boldsymbol{a}+\boldsymbol{b})=\mathrm{Prj}_u\boldsymbol{a}+\mathrm{Prj}_u\boldsymbol{b}$.

设向量 $\boldsymbol{a}$ 的起点为 $A(x_1,y_1,z_1)$，终点为 $B(x_2,y_2,z_2)$，则 $\boldsymbol{a}$ 的坐标表达式为

$$\boldsymbol{a}=(x_2-x_1,y_2-y_1,z_2-z_1)=(a_x,a_y,a_z),$$

其中 a_x,a_y,a_z 称为 $\boldsymbol{a}$ 的坐标.

4. 向量的数量积、向量积与混合积

(1) 数量积(内积)

设 $\boldsymbol{a},\boldsymbol{b}$ 是两个向量，则 $\boldsymbol{a},\boldsymbol{b}$ 的数量积为 $\boldsymbol{a}\cdot\boldsymbol{b}=|\boldsymbol{a}|\cdot|\boldsymbol{b}|\cos(\widehat{\boldsymbol{a},\boldsymbol{b}})$.

运算律：$\boldsymbol{a}\cdot\boldsymbol{b}=\boldsymbol{b}\cdot\boldsymbol{a}$, $\boldsymbol{a}\cdot(\boldsymbol{b}+\boldsymbol{c})=\boldsymbol{a}\cdot\boldsymbol{b}+\boldsymbol{a}\cdot\boldsymbol{c}$, $(\lambda\boldsymbol{a})\cdot\boldsymbol{b}=\lambda(\boldsymbol{a}\cdot\boldsymbol{b})=\boldsymbol{a}\cdot(\lambda\boldsymbol{b})$.

坐标表达式 设 $\boldsymbol{a}=(a_x,a_y,a_z)$, $\boldsymbol{b}=(b_x,b_y,b_z)$，则 $\boldsymbol{a}\cdot\boldsymbol{b}=a_xb_x+a_yb_y+a_zb_z$.

(2) 向量积(外积)

设 $\boldsymbol{a},\boldsymbol{b}$ 是两个向量，将向量 $\boldsymbol{c}$ 称为 $\boldsymbol{a}$ 与 $\boldsymbol{b}$ 的向量积，记为 $\boldsymbol{a}\times\boldsymbol{b}$. 其中 $|\boldsymbol{c}|=|\boldsymbol{a}||\boldsymbol{b}|\sin(\widehat{\boldsymbol{a},\boldsymbol{b}})$，$\boldsymbol{c}\perp\boldsymbol{a}$, $\boldsymbol{c}\perp\boldsymbol{b}$, $\boldsymbol{a},\boldsymbol{b},\boldsymbol{c}$ 符合右手系.

向量积的几何意义：模 $|\boldsymbol{a}\times\boldsymbol{b}|$ 等于以向量 $\boldsymbol{a},\boldsymbol{b}$ 为相邻边的平行四边形的面积.

运算律：$\boldsymbol{a}\times\boldsymbol{b}=-\boldsymbol{b}\times\boldsymbol{a}$, $\boldsymbol{a}\times(\boldsymbol{b}+\boldsymbol{c})=\boldsymbol{a}\times\boldsymbol{b}+\boldsymbol{a}\times\boldsymbol{c}$, $(\lambda\boldsymbol{a})\times\boldsymbol{b}=\lambda(\boldsymbol{a}\times\boldsymbol{b})=\boldsymbol{a}\times(\lambda\boldsymbol{b})$.

坐标表达式

$$\boldsymbol{a}\times\boldsymbol{b}=\begin{vmatrix}\boldsymbol{i}&\boldsymbol{j}&\boldsymbol{k}\\a_x&a_y&a_z\\b_x&b_y&b_z\end{vmatrix}=\begin{vmatrix}a_y&a_z\\b_y&b_z\end{vmatrix}\boldsymbol{i}-\begin{vmatrix}a_x&a_z\\b_x&b_z\end{vmatrix}\boldsymbol{j}+\begin{vmatrix}a_x&a_y\\b_x&b_y\end{vmatrix}\boldsymbol{k}.$$

(3) 混合积

设 $\boldsymbol{a},\boldsymbol{b},\boldsymbol{c}$ 为三个向量，称 $(\boldsymbol{a}\times\boldsymbol{b})\cdot\boldsymbol{c}$ 为 $\boldsymbol{a},\boldsymbol{b},\boldsymbol{c}$ 的混合积，记为 $(\boldsymbol{a},\boldsymbol{b},\boldsymbol{c})$.

几何意义：$|(\boldsymbol{a},\boldsymbol{b},\boldsymbol{c})|$ 等于以 $\boldsymbol{a},\boldsymbol{b},\boldsymbol{c}$ 为棱的平行六面体的体积.

性质：$(\boldsymbol{a},\boldsymbol{b},\boldsymbol{c})=(\boldsymbol{b},\boldsymbol{c},\boldsymbol{a})=(\boldsymbol{c},\boldsymbol{a},\boldsymbol{b})$ (混合积的轮换对称性).

坐标表达式

$$(\boldsymbol{a},\boldsymbol{b},\boldsymbol{c})=\begin{vmatrix}a_x&a_y&a_z\\b_x&b_y&b_z\\c_x&c_y&c_z\end{vmatrix}.$$

5. 向量的关系

(1) 向量的平行

$\boldsymbol{a}/\!/\boldsymbol{b}$ 的几个充要条件：

① 存在不同时为零的数 λ,μ，使得 $\lambda\boldsymbol{a}+\mu\boldsymbol{b}=\boldsymbol{0}$；

② $\dfrac{a_x}{b_x}=\dfrac{a_y}{b_y}=\dfrac{a_z}{b_z}$；

③ $\boldsymbol{a}\times\boldsymbol{b}=\boldsymbol{0}$.

(2) 向量的垂直

$$\boldsymbol{a}\perp\boldsymbol{b}\Leftrightarrow\boldsymbol{a}\cdot\boldsymbol{b}=0.$$

(3) 三个向量共面

三个向量 $\boldsymbol{a},\boldsymbol{b},\boldsymbol{c}$ 共面的两个充要条件：

① 存在不全为零的 λ,μ,γ，使得 $\lambda\boldsymbol{a}+\mu\boldsymbol{b}+\gamma\boldsymbol{c}=\boldsymbol{0}$；

② 混合积 $(\boldsymbol{a},\boldsymbol{b},\boldsymbol{c})=0$.

(二) 空间平面与直线

1. 平面及其方程

(1) 点法式方程

设平面 π 过点 $M(x_0,y_0,z_0)$，其法向量为 $\boldsymbol{n}=(A,B,C)$，则平面 π 的点法式方程为

$$A(x-x_0)+B(y-y_0)+C(z-z_0)=0.$$

(2) 一般方程

$$Ax+By+Cz+D=0.$$

(3) 截距式方程

$$\frac{x}{a}+\frac{y}{b}+\frac{z}{c}=1,$$

其中 a,b,c 是平面在三个坐标轴上的截距.

(4) 点到平面的距离

空间点 $P(x_0,y_0,z_0)$ 到平面 $Ax+By+Cz+D=0$ 的距离为

$$d=\frac{|Ax_0+By_0+Cz_0+D|}{\sqrt{A^2+B^2+C^2}}.$$

2. 直线及其方程

(1) 参数方程

若直线过点 $M(x_0,y_0,z_0)$，且方向向量为 $\boldsymbol{s}=(l,m,n)$，则直线的参数方程为

$$\begin{cases}x=x_0+lt,\\y=y_0+mt,\\z=z_0+nt.\end{cases}$$

(2) 对称式方程(或标准方程)

$$\frac{x-x_0}{l}=\frac{y-y_0}{m}=\frac{z-z_0}{n}.$$

(3) 一般方程

$$\begin{cases}A_1x+B_1y+C_1z+D_1=0,\\A_2x+B_2y+C_2z+D_2=0.\end{cases}$$

3. 直线与平面的位置关系

(1) 平面与平面的夹角

设平面 π_1,π_2 的法向量分别为 $\boldsymbol{n}_1,\boldsymbol{n}_2$，那么 $\boldsymbol{n}_1$ 与 $\boldsymbol{n}_2$ 所夹的不超过$\frac{\pi}{2}$的角 θ 称为 π_1 与 π_2 的夹角，$0\leqslant\theta\leqslant\frac{\pi}{2}$.

$$\pi_1/\!/\pi_2\Leftrightarrow\boldsymbol{n}_1/\!/\boldsymbol{n}_2;\quad \pi_1\perp\pi_2\Leftrightarrow\boldsymbol{n}_1\perp\boldsymbol{n}_2.$$

(2) 直线与直线的夹角

设直线 L_1 与 L_2 的方向向量分别为 $\boldsymbol{s}_1,\boldsymbol{s}_2$，则 $\boldsymbol{s}_1$ 与 $\boldsymbol{s}_2$ 所夹的不超过$\frac{\pi}{2}$的角 θ 称为 L_1 与 L_2 的夹角，$0\leqslant\theta\leqslant\frac{\pi}{2}$.

$$L_1/\!/L_2\Leftrightarrow\boldsymbol{s}_1/\!/\boldsymbol{s}_2;\quad L_1\perp L_2\Leftrightarrow\boldsymbol{s}_1\perp\boldsymbol{s}_2.$$

(3) 直线与平面的夹角

设直线 L 在平面 π 上的投影直线为 L'，则 L 与 L' 的夹角 φ 称为直线 L 与平面 π 的夹角.

设 L 的方向向量为 $\boldsymbol{s}$，平面的法向量为 $\boldsymbol{n}$，则 $\sin\varphi=\frac{|\boldsymbol{s}\cdot\boldsymbol{n}|}{|\boldsymbol{s}||\boldsymbol{n}|}$.

$$L/\!/\pi\Leftrightarrow\boldsymbol{s}\perp\boldsymbol{n};\quad L\perp\pi\Leftrightarrow\boldsymbol{s}/\!/\boldsymbol{n}.$$

(4) 平面束方程

设两个平面 $\pi_i: A_i x+B_i y+C_i z+D_i=0, i=1,2$. 则过此两平面的交线的平面束方程为

$$\lambda(A_1 x+B_1 y+C_1 z+D_1)+\mu(A_2 x+B_2 y+C_2 z+D_2)=0.$$

二、典型例题

【例 1】 已知 $\boldsymbol{a}=(1,2,-3), \boldsymbol{b}=(2,-3,k), \boldsymbol{c}=(-2,k,6)$.

(1) 如果 $\boldsymbol{a}\perp\boldsymbol{b}$, 则 $k=$________; (2) 如果 $\boldsymbol{a}/\!/\boldsymbol{c}$, 则 $k=$________; (3) 如果 $\boldsymbol{a},\boldsymbol{b},\boldsymbol{c}$ 共面, 则 $k=$________.

答 分别应填(1) $k=-\dfrac{4}{3}$; (2) $k=-4$; (3) $k=-4$ 或 $k=-6$.

分析:(1) $\boldsymbol{a}\perp\boldsymbol{b}\Leftrightarrow\boldsymbol{a}\cdot\boldsymbol{b}=0$, 故 $1\cdot 2+2\cdot(-3)+(-3)k=0$, 得 $k=-\dfrac{4}{3}$.

(2) $\boldsymbol{a}/\!/\boldsymbol{c}\Leftrightarrow\dfrac{x_1}{y_1}=\dfrac{x_2}{y_2}=\dfrac{x_3}{y_3}$, 故 $\dfrac{1}{-2}=\dfrac{2}{k}=\dfrac{-3}{6}$, 得 $k=-4$.

(3) $\boldsymbol{a},\boldsymbol{b},\boldsymbol{c}$ 共面 $\Leftrightarrow(\boldsymbol{a},\boldsymbol{b},\boldsymbol{c})=0$, 故 $(\boldsymbol{a},\boldsymbol{b},\boldsymbol{c})=\begin{vmatrix}1&2&-3\\2&-3&k\\-2&k&6\end{vmatrix}=0$, 得 $k=-4$ 或 $k=-6$.

【例 2】 已知 $\boldsymbol{a}=(1,2,3), \boldsymbol{b}=(1,-3,-2)$, 与 $\boldsymbol{a},\boldsymbol{b}$ 都垂直的单位向量为________.

答 应填 $\pm\dfrac{1}{\sqrt{3}}(1,1,-1)$.

分析:用叉积, 因为由定义, $\boldsymbol{a}\times\boldsymbol{b}$ 与 $\boldsymbol{a},\boldsymbol{b}$ 都垂直, 而

$$\boldsymbol{a}\times\boldsymbol{b}=\begin{vmatrix}\boldsymbol{i}&\boldsymbol{j}&\boldsymbol{k}\\1&2&3\\1&-3&-2\end{vmatrix}=5\boldsymbol{i}+5\boldsymbol{j}-5\boldsymbol{k},$$

可见与 $\boldsymbol{a},\boldsymbol{b}$ 都垂直的向量是 $l(5\boldsymbol{i}+5\boldsymbol{j}-5\boldsymbol{k})$, 再将其单位化, 得 $\pm\dfrac{1}{\sqrt{3}}(1,1,-1)$.

【例 3】 化简下列各式:

(1) $(\boldsymbol{a}+\boldsymbol{b}+\boldsymbol{c})\times\boldsymbol{c}+(\boldsymbol{a}+\boldsymbol{b}+\boldsymbol{c})\times\boldsymbol{b}-(\boldsymbol{b}-\boldsymbol{c})\times\boldsymbol{a}$;

(2) $(\boldsymbol{a}+2\boldsymbol{b}-\boldsymbol{c})\cdot[(\boldsymbol{a}-\boldsymbol{b})\times(\boldsymbol{a}-\boldsymbol{b}-\boldsymbol{c})]$.

【解】 (1)

$$\begin{aligned}&(\boldsymbol{a}+\boldsymbol{b}+\boldsymbol{c})\times\boldsymbol{c}+(\boldsymbol{a}+\boldsymbol{b}+\boldsymbol{c})\times\boldsymbol{b}-(\boldsymbol{b}-\boldsymbol{c})\times\boldsymbol{a}\\&=(\boldsymbol{a}+\boldsymbol{b}+\boldsymbol{c})\times(\boldsymbol{c}+\boldsymbol{b})-(\boldsymbol{b}-\boldsymbol{c})\times\boldsymbol{a}\\&=(\boldsymbol{b}+\boldsymbol{c})\times(\boldsymbol{b}+\boldsymbol{c})+\boldsymbol{a}\times(\boldsymbol{c}+\boldsymbol{b})-(\boldsymbol{b}-\boldsymbol{c})\times\boldsymbol{a}\\&=\boldsymbol{a}\times(\boldsymbol{c}+\boldsymbol{b})+\boldsymbol{a}\times(\boldsymbol{b}-\boldsymbol{c})\\&=\boldsymbol{a}\times[(\boldsymbol{c}+\boldsymbol{b})+(\boldsymbol{b}-\boldsymbol{c})]\\&=\boldsymbol{a}\times(2\boldsymbol{b})=2(\boldsymbol{a}\times\boldsymbol{b})\end{aligned}$$

(2)

$$\begin{aligned}&(\boldsymbol{a}+2\boldsymbol{b}-\boldsymbol{c})\cdot[(\boldsymbol{a}-\boldsymbol{b})\times(\boldsymbol{a}-\boldsymbol{b}-\boldsymbol{c})]\\&=(\boldsymbol{a}+2\boldsymbol{b}-\boldsymbol{c})\cdot[(\boldsymbol{a}-\boldsymbol{b})\times(\boldsymbol{a}-\boldsymbol{b})-(\boldsymbol{a}-\boldsymbol{b})\times\boldsymbol{c}]\\&=(\boldsymbol{a}+2\boldsymbol{b}-\boldsymbol{c})\cdot[-(\boldsymbol{a}-\boldsymbol{b})\times\boldsymbol{c}]\\&=(\boldsymbol{a}+2\boldsymbol{b})\cdot[-(\boldsymbol{a}-\boldsymbol{b})\times\boldsymbol{c}]-\boldsymbol{c}\cdot[-(\boldsymbol{a}-\boldsymbol{b})\times\boldsymbol{c}]\end{aligned}$$

$=-(\boldsymbol{a}+2\boldsymbol{b})\cdot[(\boldsymbol{a}-\boldsymbol{b})\times\boldsymbol{c}]$

$=-[(\boldsymbol{a}-\boldsymbol{b})+3\boldsymbol{b}]\cdot[(\boldsymbol{a}-\boldsymbol{b})\times\boldsymbol{c}]$

$=-(\boldsymbol{a}-\boldsymbol{b})\cdot[(\boldsymbol{a}-\boldsymbol{b})\times\boldsymbol{c}]-3\boldsymbol{b}\cdot[(\boldsymbol{a}-\boldsymbol{b})\times\boldsymbol{c}]$

$=-3\boldsymbol{b}\cdot[(\boldsymbol{a}-\boldsymbol{b})\times\boldsymbol{c}]$

$=-3\boldsymbol{b}\cdot(\boldsymbol{a}\times\boldsymbol{c}-\boldsymbol{b}\times\boldsymbol{c})$

$=-3\boldsymbol{b}\cdot(\boldsymbol{a}\times\boldsymbol{c})+3\boldsymbol{b}\cdot(\boldsymbol{b}\times\boldsymbol{c})$

$=3\boldsymbol{a}\cdot(\boldsymbol{b}\times\boldsymbol{c}).$

【例 4】 已知平行四边形的对角线矢量为 $\boldsymbol{\alpha}=\boldsymbol{m}+2\boldsymbol{n},\boldsymbol{\beta}=3\boldsymbol{m}-4\boldsymbol{n}$，且 $|\boldsymbol{m}|=1,|\boldsymbol{n}|=2,(\widehat{\boldsymbol{m},\boldsymbol{n}})=\frac{\pi}{6}$，求该平行四边形的面积.

【解】 已知平行四边形对角线矢量为 $\boldsymbol{\alpha}=\boldsymbol{m}+2\boldsymbol{n},\boldsymbol{\beta}=3\boldsymbol{m}-4\boldsymbol{n}$，令

$$\boldsymbol{a}=\frac{1}{2}\boldsymbol{\alpha}=\frac{1}{2}(\boldsymbol{m}+2\boldsymbol{n}),\boldsymbol{b}=\frac{1}{2}\boldsymbol{\beta}=\frac{1}{2}(3\boldsymbol{m}-4\boldsymbol{n}).$$

由于平行四边形的两条对角线将它分成四个三角形，且每个三角形的面积均等于 $\frac{1}{2}|\boldsymbol{a}\times\boldsymbol{b}|$，于是平行四边形的面积为

$$\begin{aligned}S&=4\times\frac{1}{2}\times|\boldsymbol{a}\times\boldsymbol{b}|=2\left|\left[\frac{1}{2}(\boldsymbol{m}+2\boldsymbol{n})\right]\times\left[\frac{1}{2}(3\boldsymbol{m}-4\boldsymbol{n})\right]\right|\\&=\frac{1}{2}|(\boldsymbol{m}+2\boldsymbol{n})\times(3\boldsymbol{m}-4\boldsymbol{n})|\\&=\frac{1}{2}|-10(\boldsymbol{m}\times\boldsymbol{n})|\\&=\frac{1}{2}\times10|\boldsymbol{m}|\cdot|\boldsymbol{n}|\sin(\widehat{\boldsymbol{m},\boldsymbol{n}})\\&=\frac{1}{2}\times10\times1\times2\times\frac{1}{2}=5.\end{aligned}$$

【例 5】 设 $\boldsymbol{\alpha}=2\boldsymbol{a}+\boldsymbol{b},\boldsymbol{\beta}=k\boldsymbol{a}+\boldsymbol{b}$，其中 $|\boldsymbol{a}|=1,|\boldsymbol{b}|=2,\boldsymbol{a}\perp\boldsymbol{b}$. 问：

(1) k 为何值时，$\boldsymbol{\alpha}\perp\boldsymbol{\beta}$；

(2) k 为何值时，$\boldsymbol{\alpha}$ 与 $\boldsymbol{\beta}$ 为邻边的平行四边形的面积为 6.

【解】 (1) $\boldsymbol{\alpha}\perp\boldsymbol{\beta}\Leftrightarrow\boldsymbol{\alpha}\cdot\boldsymbol{\beta}=0$，即

$$(2\boldsymbol{a}+\boldsymbol{b})\cdot(k\boldsymbol{a}+\boldsymbol{b})=2k\boldsymbol{a}^2+(2+k)\boldsymbol{a}\cdot\boldsymbol{b}+\boldsymbol{b}^2=2k\times1^2+(2+k)\times0+2^2=0,$$

于是 $k=-2$.

(2) 以 $\boldsymbol{\alpha}$ 和 $\boldsymbol{\beta}$ 为邻边的平行四边形的面积为

$$\begin{aligned}S&=|\boldsymbol{\alpha}\times\boldsymbol{\beta}|=|(2\boldsymbol{a}+\boldsymbol{b})\times(k\boldsymbol{a}+\boldsymbol{b})|\\&=|(2-k)(\boldsymbol{a}\times\boldsymbol{b})|\\&=|2(2-k)|=6.\end{aligned}$$

所以 $2-k=\pm3$，得 $k=-1$ 或 $k=5$.

【例 6】 求通过三平面：$2x+y-z-2=0,x-3y+z+1=0$ 和 $x+y+z-3=0$ 的交点，且平行于平面 $x+y+2z=0$ 的平面方程.

【解】 解方程组

$$\begin{cases}2x+y-z-2=0,\\x-3y+z+1=0,\\x+y+z-3=0,\end{cases}$$

得其解为 $x=1,y=1,z=1$，即三个已知平面的交点为(1,1,1).

由于所求平面平行于 $x+y+2z=0$，因此所求平面的法向量为 $\boldsymbol{n}=(1,1,2)$.

由平面的点法式方程，得所求平面的方程为

$$1\cdot(x-1)+1\cdot(y-1)+2\cdot(z-1)=0$$

或

$$x+y+2z-4=0.$$

【例 7】 (1)过点 $P(2,-3,1)$且与平面 $\pi:3x+y+5z+6=0$ 垂直的直线 L_1 的方程是________；(2) 过点 $P(2,-3,1)$且与直线 $L:\frac{x-1}{3}=\frac{y}{4}=\frac{z+2}{5}$垂直相交的直线 L_2 的方程是________.

答 应填(1) $L_1:\frac{x-2}{3}=\frac{y+3}{1}=\frac{z-1}{5}$；(2) $\begin{cases}3x+4y+5z+1=0,\\27x-4y-13z-53=0.\end{cases}$

分析：(1) 由于 $L_1\perp\pi$，平面 π 的法向量 $\boldsymbol{n}=(3,1,5)$也就是 L_1 的方向向量 $\boldsymbol{s}$，所以 L_1 的方程为 $L_1:\frac{x-2}{3}=\frac{y+3}{1}=\frac{z-1}{5}$.

(2) 因 L 与 L_2 垂直相交，所以直线 L_2 在经过 P 点且以 L 的方向向量(3,4,5)为法向量的平面 π_1 上，π_1 的方程为

$$3(x-2)+4(y+3)+5(z-1)=0,$$

即

$$3x+4y+5z+1=0.$$

同时，L_2 在经过 P 点且经过直线 L 的平面 π_2 上，而且 π_2 的方程为

$$\pi_2:\begin{vmatrix}x-1 & y & z+2\\3 & 4 & 5\\1 & -3 & 3\end{vmatrix}=0,$$

即

$$27x-4y-13z-53=0.$$

故所求 L_2 的方程为$\begin{cases}3x+4y+5z+1=0,\\27x-4y-13z-53=0.\end{cases}$

【例 8】 直线 $L_1:\frac{x-1}{1}=\frac{y-5}{-2}=\frac{z+8}{1}$与直线 $L_2:\begin{cases}x-y=6,\\2y+z=3\end{cases}$ 的夹角为________.

答 应填$\frac{\pi}{3}$.

分析：两条直线的夹角也就是这两条直线的方向向量所夹成的锐角，L_1 的方向向量是 $\boldsymbol{s}_1=(1,-2,1)$. 将 L_2 的方程化为标准方程或参数方程可求出 L_2 的方向向量.

令 $y=t$，则得 L_2 的参数方程$\begin{cases}x=t+6,\\y=t,\\z=-2t+3,\end{cases}$ 于是 L_2 的方向向量为 $\boldsymbol{s}_2=(1,1,-2)$.

由于 $\cos\theta=\frac{|\boldsymbol{s}_1\cdot\boldsymbol{s}_2|}{|\boldsymbol{s}_1||\boldsymbol{s}_2|}=\frac{|-3|}{\sqrt{6}\sqrt{6}}=\frac{1}{2}$，所以 L_1 与 L_2 的夹角为$\frac{\pi}{3}$.

【例 9】 设 L_1,L_2 为两条共面直线，L_1 的方程为$\frac{x-7}{1}=\frac{y-3}{2}=\frac{z-5}{2}$，$L_2$ 通过点$(2,-3,-1)$，

且与 x 轴正向夹角为 $\frac{\pi}{3}$，与 z 轴正向夹角为锐角，求 L_2 的方程.

分析:已知直线过已知点，且已知直线与坐标轴正向的夹角关系，为此只需求出直线的方向向量.

【解】 L_1 的方向向量为 $\boldsymbol{s}_1=(1,2,2)$. 设 L_2 的方向向量为 $\boldsymbol{s}_2=(l,m,n)$，L_1 上的点 $M(7,3,5)$ 与 L_2 上的点 $N(2,-3,-1)$ 确定的向量为 $\boldsymbol{s}=\overrightarrow{MN}=(-5,-6,-6)$.

因为 L_1,L_2 共面，所以有

$$(\boldsymbol{s}_1,\boldsymbol{s}_2,\boldsymbol{s})=\begin{vmatrix}1 & 2 & 2\\ l & m & n\\ -5 & -6 & -6\end{vmatrix}=0,$$

即

$$-2(2n-2m)=0,$$

得 $m=n$.

由已知条件得 $(\widehat{\boldsymbol{s},\boldsymbol{i}})=\frac{\pi}{3}$，于是 $\frac{\boldsymbol{s}\cdot\boldsymbol{i}}{|\boldsymbol{s}||\boldsymbol{i}|}=\cos\frac{\pi}{3}$，即 $\frac{l}{\sqrt{l^2+m^2+n^2}}=\frac{1}{2}$，从而有 $\frac{l}{\sqrt{l^2+2m^2}}=\frac{1}{2}\Rightarrow l=\pm\sqrt{\frac{2}{3}}m$. 于是 $\boldsymbol{s}_2/\!/\left(\pm\sqrt{\frac{2}{3}}m,m,m\right)$.

又由 $0<(\widehat{\boldsymbol{s},\boldsymbol{k}})<\frac{\pi}{2}$ 及 $(\widehat{\boldsymbol{s},\boldsymbol{i}})=\frac{\pi}{3}$ 知，可取 $\boldsymbol{s}_2=(\sqrt{\frac{2}{3}},1,1)$ 或 $\boldsymbol{s}_2=(2,\sqrt{6},\sqrt{6})$. 故直线 L_2 的方程为 $\frac{x-2}{2}=\frac{y+3}{\sqrt{6}}=\frac{z+1}{\sqrt{6}}$.

【例 10】 设直线 L 过点 $P(1,2,-2)$，且与直线 $L_1:\frac{x-1}{1}=\frac{y+1}{3}=\frac{z}{2}$ 及 $L_2:\frac{x}{2}=\frac{y+1}{3}=\frac{z-3}{1}$ 都相交. 求 L 的方程.

【解】 点 $M_1(1,-1,0)\in L_1$，点 $M_2(0,-1,3)\in L_2$. 一方面，直线 L 在经过点 P 和经过直线 L_1 的平面 π_1 上，平面 π_1 方程为

$$\begin{vmatrix}x-1 & y+1 & z\\ 1 & 3 & 2\\ 0 & 3 & -2\end{vmatrix}=0,$$

即

$$12x-2y-3z-14=0.$$

另一方面，直线 L 在经过点 P 和经过直线 L_2 的平面 π_2 上，平面 π_2 方程为

$$\begin{vmatrix}x & y+1 & z-3\\ 2 & 3 & 1\\ 1 & 2 & -2\end{vmatrix}=0,$$

即

$$8x-5y-z-2=0.$$

故 L 的方程为 $\begin{cases}12x-2y-3z-14=0,\\ 8x-5y-z-2=0.\end{cases}$

【例 11】 求经过直线 $L:\frac{x+1}{0}=\frac{y+2}{2}=\frac{z-2}{-3}$，且与点 $A(4,1,2)$ 的距离等于 3 的平面的方程.

【解】 把 L 的方程改写为一般方程 $\begin{cases} x+1=0, \\ 3y+2z+2=0, \end{cases}$ 则经过 L 的平面可用平面束方程表示为

$$\lambda(x+1)+\mu(3y+2z+z)=0,$$

即

$$\lambda x+3\mu y+2\mu z+\lambda+2\mu=0.$$

由点到平面的距离公式，得

$$d=\frac{|5\lambda+9\mu|}{\sqrt{\lambda^2+13\mu^2}}=3,$$

从而

$$8\lambda^2+45\lambda\mu-18\mu^2=(\lambda+6\mu)(8\lambda-3\mu)=0.$$

取 $\lambda=6,\mu=-1$，得 $6x-3y-2z+4=0$；取 $\lambda=3,\mu=8$，得 $2x+24y+16z+19=0$.

【例 12】 已知直线 $L_1:x-1=\frac{y-1}{2}=\frac{z-1}{\lambda}$，$L_2:x+1=y-1=z$.

(1) 若 $L_1\perp L_2$，求 λ；

(2) 若 L_1 与 L_2 相交，求 λ.

【解】 (1) L_1 的方向向量为 $\boldsymbol{s}_1=(1,2,\lambda)$，$L_2$ 的方向向量为 $\boldsymbol{s}_2=(1,1,1)$，$L_1\perp L_2\Leftrightarrow\boldsymbol{s}_1\perp\boldsymbol{s}_2\Leftrightarrow\boldsymbol{s}_1\cdot\boldsymbol{s}_2=0$，于是 $1\cdot1+1\cdot2+1\cdot\lambda=0\Rightarrow\lambda=-3$.

(2) 点 $P(1,1,1)$ 在直线 L_1 上，点 $Q(-1,1,0)$ 在直线 L_2 上，因为 L_1 与 L_2 相交，所以三个向量 $\boldsymbol{s}_1,\boldsymbol{s}_2,\overrightarrow{PQ}$ 共面，从而 $(\boldsymbol{s}_1,\boldsymbol{s}_2,\overrightarrow{PQ})=0$，即

$$\begin{vmatrix} 1 & 2 & \lambda \\ 1 & 1 & 1 \\ -2 & 0 & -1 \end{vmatrix}=0,$$

得 $\lambda=\frac{3}{2}$.

【例 13】 已知平面 π 的方程为 $2x+y+z-1=0$，直线 L 的方程为

$$\begin{cases} 3x+2y+4z-11=0, \\ 2x+y-3z-1=0. \end{cases}$$

求直线 L 与平面 π 的夹角 φ.

【解】 直线 L 为两个平面 $\pi_1:3x+2y+4z-11=0$ 和 $\pi_2:2x+y-3z-1=0$ 的交线，π_1 的法向量为 $\boldsymbol{n}_1=(3,2,4)$，π_2 的法向量为 $\boldsymbol{n}_2=(2,1,-3)$，于是可取直线 L 的方向向量为

$$\boldsymbol{s}=\boldsymbol{n}_1\times\boldsymbol{n}_2=\begin{vmatrix} \boldsymbol{i} & \boldsymbol{j} & \boldsymbol{k} \\ 3 & 2 & 4 \\ 2 & 1 & -3 \end{vmatrix}=-10\boldsymbol{i}+17\boldsymbol{j}-\boldsymbol{k},$$

直线与平面的夹角公式

$$\sin\varphi=\frac{|\boldsymbol{n}\cdot\boldsymbol{v}|}{|\boldsymbol{n}||\boldsymbol{v}|}=\frac{|2\times(-10)+1\times17+1\times(-1)|}{\sqrt{2^2+1+1}\cdot\sqrt{(-10)^2+17^2+(-1)^2}}=\frac{2\sqrt{65}}{195}.$$

因为 $0\leqslant\varphi\leqslant\frac{\pi}{2}$，所以 $\varphi=\arcsin\frac{2\sqrt{65}}{195}$.

【例 14】 设平面 π 经过平面 $\pi_1:3x-4y+6=0$ 与 $\pi_2:2y+z-11=0$ 的交线，且和 π_1 垂直，求 π 的方程.

分析:所求平面经过两个已知平面的交线，可考虑用平面束方程求解.

【解】 过 π_1,π_2 的交线的平面束的方程为

$$\lambda(3x-4y+6)+\mu(2y+z-11)=0,$$

即

$$3\lambda x+(-4\lambda+2\mu)y+\mu z+6\lambda-11\mu=0.$$

π_1 的法向量为 $\boldsymbol{n}_1=(3,-4,0)$，设 π 的法向量为 $\boldsymbol{n}_2=(3\lambda,-4\lambda+2\mu,\mu)$. 由于 $\pi_1\perp\pi$，所以 $\boldsymbol{n}_1\cdot\boldsymbol{n}_2=0$,即

$$3\cdot 3\lambda+(-4)\cdot(-4\lambda+2\mu)+0\cdot\mu=0,$$

得 $25\lambda-8\mu=0$.

取 $\lambda=8,\mu=25$,得平面 π 的方程

$$24x+18y+25z-227=0.$$

【例 15】 已知直线 $L_1:\begin{cases}x+y-z-1=0,\\2x+y-z-2=0\end{cases}$ 和 $L_2:\begin{cases}x+2y-z-2=0,\\x+2y+2z+4=0.\end{cases}$

(1) 证明 L_1 与 L_2 是异面直线;

(2) 求 L_1 与 L_2 之间的距离.

【解】 (1) 直线 L_1 与 L_2 的方向向量 $\boldsymbol{s}_1,\boldsymbol{s}_2$ 可分别取为

$$\boldsymbol{s}_1=\begin{vmatrix}\boldsymbol{i}&\boldsymbol{j}&\boldsymbol{k}\\1&1&-1\\2&1&-1\end{vmatrix}=-\boldsymbol{j}-\boldsymbol{k};\boldsymbol{s}_2=\begin{vmatrix}\boldsymbol{i}&\boldsymbol{j}&\boldsymbol{k}\\1&2&-1\\1&2&2\end{vmatrix}=6\boldsymbol{i}-3\boldsymbol{j}.$$

在 L_1 上取一个点 $P(1,1,1)$，在 L_2 上取一个点 $Q(2,-1,-2)$. 由于混合积

$$(\boldsymbol{s}_1,\boldsymbol{s}_2,\overrightarrow{PQ})=\begin{vmatrix}0&-1&-1\\6&-3&0\\1&-2&-3\end{vmatrix}=-9\neq0,$$

故 L_1 与 L_2 为异面直线.

(2) 由于 $\boldsymbol{s}_1\times\boldsymbol{s}_2=\begin{vmatrix}\boldsymbol{i}&\boldsymbol{j}&\boldsymbol{k}\\0&-1&-1\\6&-3&0\end{vmatrix}=-3\boldsymbol{i}-6\boldsymbol{j}+6\boldsymbol{k}$,得

$$|\boldsymbol{s}_1\times\boldsymbol{s}_2|=|-3\boldsymbol{i}-6\boldsymbol{j}+6\boldsymbol{k}|=\sqrt{(-3)^2+6^2+6^2}=9.$$

于是两异面直线之间的距离为

$$d=\frac{|(\boldsymbol{s}_1,\boldsymbol{s}_2,\overrightarrow{PQ})|}{|\boldsymbol{s}_1\times\boldsymbol{s}_2|}=1.$$

【例 16】 试求点 $P(-1,2,0)$在平面 $\pi:x+y+3z+5=0$ 上的投影点的坐标及 P 点关于平面 π 的对称点.

【解】 所求投影点即过点 $P(-1,2,0)$且与平面 π 垂直的直线 L 与已知平面的交点.

直线 L 的方向向量 $\boldsymbol{s}$ 可取为 π 的法向量 $\boldsymbol{n}=(1,1,3)$，即取 $\boldsymbol{s}=(1,1,3)$.

于是直线 L 的参数方程为

$$x=-1+t, y=2+t, z=3t,$$

代入 π 的方程，得

$$(-1+t)+(2+t)+3(3t)+5=0 \Rightarrow t=-\frac{6}{11},$$

由此求得 L 与 π 的交点为 $(x_0, y_0, z_0)=\left(-\frac{17}{11}, \frac{16}{11}, -\frac{18}{11}\right)$.

设 P 点关于平面 π 的对称点为 $Q(x_1, y_1, z_1)$，则 $\overrightarrow{PQ} /\!/ \boldsymbol{n}$，且 P,Q 两点连线中点的坐标满足平面 π 的方程. 由此得

$$\begin{cases}(x_1+1, y_1-2, z_1)=t(1,1,3), \\ \dfrac{x_1-1}{2}+\dfrac{y_1+2}{2}+3 \cdot \dfrac{z_1}{2}+5=0,\end{cases}$$

解得 $t=-\frac{12}{11}, x_1=-\frac{23}{11}, y_1=\frac{10}{11}, z_1=\frac{36}{11}$，故 P 点关于平面 π 的对称点为 $Q(x_1, y_1, z_1)=\left(-\frac{23}{11}, \frac{10}{11}, \frac{36}{11}\right)$.

【例 17】 试求点 $P(1,-4,5)$ 在直线 $L:\begin{cases}y-z+1=0, \\ x+2z=0\end{cases}$ 上的投影点的坐标.

【解】 所求投影点即过点 $P(1,-4,5)$ 且与直线 L 垂直的平面 π 与 L 的交点.

平面 π 的法向量可取为直线的方向向量，即 π 的法向量为

$$\boldsymbol{n}=\begin{vmatrix}\boldsymbol{i} & \boldsymbol{j} & \boldsymbol{k} \\ 0 & 1 & -1 \\ 1 & 0 & 2\end{vmatrix}=2\boldsymbol{i}-\boldsymbol{j}-\boldsymbol{k}.$$

平面 π 的方程为

$$2(x-1)-(y+4)-(z-5)=0,$$

即

$$2x-y-z-1=0.$$

所求投影点的坐标是下面的线性方程组解：

$$\begin{cases} \quad\ \ y-z+1=0, \\ x\qquad +2z\quad\ =0, \\ 2x-y-z-1=0.\end{cases}$$

解此方程组，得 $x=0, y=-1, z=0$，故所求投影点为 $(0,-1,0)$.

【例 18】 求直线 $L:\frac{x-1}{1}=\frac{y}{1}=\frac{z-1}{-1}$ 在平面 $\pi: x-y+2z-1=0$ 上的投影直线 L_0 的方程.

【解】 经过 L 作平面 π_1 与 π 垂直，则 π_1 与 π 的交线就是 L 在 π 上的投影. L 的方向向量 $\boldsymbol{s}=(1,1,-1)$，π 的法向量 $\boldsymbol{n}=(1,-1,2)$ 是平面 π_1 上的两个不共线向量，点 $P_0(1,0,1)$ 是 L 上的一个定点. 设 $P(x,y,z)$ 是 π_1 上任一点，则 $\overrightarrow{P_0P}, \boldsymbol{s}, \boldsymbol{n}$ 共面，即

$$\pi_1: \begin{vmatrix}x-1 & y & z-1 \\ 1 & 1 & -1 \\ 1 & -1 & 2\end{vmatrix}=0,$$

即

$$x-3y-2z+1=0.$$

所以 L 在 π 的投影直线是 $\begin{cases}x-y+2z-1=0,\\x-3y-2z+1=0.\end{cases}$

三、练习题

（一）填空题

1. 设 $\boldsymbol{a}=(3,2,1)$，$\boldsymbol{b}=\left(2,\frac{4}{3},k\right)$，若 $\boldsymbol{a}\perp\boldsymbol{b}$，则 $k=$________；若 $\boldsymbol{a}/\!/\boldsymbol{b}$，则 $k=$________.

2. 设 $|\boldsymbol{a}|=3$，$|\boldsymbol{b}|=4$，且 $\boldsymbol{a}\perp\boldsymbol{b}$，则 $|(\boldsymbol{a}+\boldsymbol{b})\times(\boldsymbol{a}-\boldsymbol{b})|=$________.

3. 设 $\boldsymbol{a}=(2,-3,1)$，$\boldsymbol{b}=(1,-2,5)$，$\boldsymbol{c}\perp\boldsymbol{a}$，$\boldsymbol{c}\perp\boldsymbol{b}$，且 $\boldsymbol{c}\cdot(\boldsymbol{i}+2\boldsymbol{j}-7\boldsymbol{k})=10$，则 $\boldsymbol{c}=$________.

4. 设 $(\boldsymbol{a}\times\boldsymbol{b})\cdot\boldsymbol{c}=2$，则 $[(\boldsymbol{a}+\boldsymbol{b})\times(\boldsymbol{b}+\boldsymbol{c})]\cdot(\boldsymbol{a}+\boldsymbol{c})=$________.

5. 若矢量 $(\boldsymbol{a}+3\boldsymbol{b})\perp(7\boldsymbol{a}-5\boldsymbol{b})$，$(\boldsymbol{a}-4\boldsymbol{b})\perp(7\boldsymbol{a}-2\boldsymbol{b})$，则 $\boldsymbol{a}$ 与 $\boldsymbol{b}$ 的夹角为________.

6. 与两直线 $\begin{cases}x=1,\\y=-1+t,\\z=2+t\end{cases}$ 及 $\dfrac{x+1}{1}=\dfrac{y+2}{2}=\dfrac{z-1}{1}$ 都平行，且过原点的平面的方程为________.

7. 过点 $M(1,2,-1)$ 且与直线 $\begin{cases}x=-t+2,\\y=3t-4,\\z=t-1\end{cases}$ 垂直的平面方程是________.

8. 设一平面经过原点及点 $(6,-3,2)$，且与平面 $4x-y+2z=8$ 垂直，则此平面方程为________.

（二）选择题

1. 已知 $|\boldsymbol{a}|=2$，$|\boldsymbol{b}|=\sqrt{2}$，且 $\boldsymbol{a}\cdot\boldsymbol{b}=2$，则 $|\boldsymbol{a}\times\boldsymbol{b}|=$（　　）.

（A）2　　（B）$2\sqrt{2}$　　（C）$\frac{\sqrt{2}}{2}$　　（D）1

2. 设有直线 $L_1:\dfrac{x-1}{1}=\dfrac{y-5}{-2}=\dfrac{z+8}{1}$ 与 $L_2:\begin{cases}x-y=6,\\2y+z=3,\end{cases}$ 则 L_1 与 L_2 的夹角为（　　）.

（A）$\frac{\pi}{6}$　　（B）$\frac{\pi}{4}$　　（C）$\frac{\pi}{3}$　　（D）$\frac{\pi}{2}$

3. 设有直线 $L:\begin{cases}x+3y+2z+1=0,\\2x-y-10z+3=0\end{cases}$ 及平面 $\pi:4x-2y+z-2=0$，则 L（　　）.

（A）平行于 π　　（B）在 π 上　　（C）垂直于 π　　（D）与 π 斜交

（三）解答与证明题

1. 设$\boldsymbol{a}=\{1,1,4\}$，$\boldsymbol{b}=\{1,-2,2\}$，求$\boldsymbol{b}$在$\boldsymbol{a}$方向上的投影向量.

2. 求与矢量$\boldsymbol{a}=2\boldsymbol{i}-\boldsymbol{j}+2\boldsymbol{k}$共线且满足$\boldsymbol{a}\cdot\boldsymbol{x}=-18$的矢量$\boldsymbol{x}$.

3. 设$\boldsymbol{a},\boldsymbol{b},\boldsymbol{c}$互相垂直，且$|\boldsymbol{a}|=1$，$|\boldsymbol{b}|=2$，$|\boldsymbol{c}|=3$. 求向量$\boldsymbol{s}=\boldsymbol{a}+\boldsymbol{b}+\boldsymbol{c}$的长和它分别与$\boldsymbol{a},\boldsymbol{b},\boldsymbol{c}$夹角的余弦.

4. 设单位向量$\boldsymbol{a},\boldsymbol{b},\boldsymbol{c}$满足$\boldsymbol{a}+\boldsymbol{b}+\boldsymbol{c}=\boldsymbol{0}$. 求$\boldsymbol{s}=\boldsymbol{a}\cdot\boldsymbol{b}+\boldsymbol{b}\cdot\boldsymbol{c}+\boldsymbol{c}\cdot\boldsymbol{a}$.

5. 设$\boldsymbol{a},\boldsymbol{b},\boldsymbol{c}$为非零向量，且$\boldsymbol{a}=\boldsymbol{b}\times\boldsymbol{c}$，$\boldsymbol{b}=\boldsymbol{c}\times\boldsymbol{a}$，$\boldsymbol{c}=\boldsymbol{a}\times\boldsymbol{b}$. 求$|\boldsymbol{a}|+|\boldsymbol{b}|+|\boldsymbol{c}|$.

6. 设$\boldsymbol{a},\boldsymbol{b},\boldsymbol{c}$不共线，试证明$\boldsymbol{a}+\boldsymbol{b}+\boldsymbol{c}=\boldsymbol{0}$的充分必要条件是$\boldsymbol{a}\times\boldsymbol{b}=\boldsymbol{b}\times\boldsymbol{c}=\boldsymbol{c}\times\boldsymbol{a}$.

7. 已知$|\boldsymbol{p}|=2\sqrt{2}$，$|\boldsymbol{q}|=3$，$\boldsymbol{p},\boldsymbol{q}$的夹角为$\frac{\pi}{4}$，求以向量$\boldsymbol{a}=5\boldsymbol{p}+2\boldsymbol{q}$，$\boldsymbol{b}=\boldsymbol{p}-3\boldsymbol{q}$为邻边的平行四边形的对角线的长.

8. 已知单位向量$\overrightarrow{OA}$的三个方向角相等，点B与点$M(1,-3,2)$关于点$N(-1,2,1)$对称，求$\overrightarrow{OA}\times\overrightarrow{OB}$.

9. 证明矢量$\boldsymbol{c}=\frac{|\boldsymbol{a}|\boldsymbol{b}+|\boldsymbol{b}|\boldsymbol{a}}{|\boldsymbol{a}||\boldsymbol{b}|}$表示非零矢量$\boldsymbol{a}$与$\boldsymbol{b}$的夹角平分线的方向.

10. 一矢量与x轴，y轴成等角，而与z轴所构成的角是它们的2倍，试确定该矢量的方向.

11. 求过直线$L_1:\frac{x-1}{1}=\frac{y-2}{0}=\frac{z-3}{-1}$，且平行于直线$L_2:\frac{x+2}{2}=\frac{y-1}{1}=\frac{z}{1}$的平面$\pi$的方程.

12. 求过两条平行直线$L_1:\frac{x+3}{3}=\frac{y+2}{-2}=\frac{z}{1}$与$L_2:\frac{x+3}{3}=\frac{y+4}{-2}=\frac{z+1}{1}$的平面$\pi$的方程.

13. 求由平面$x+2y-2z+6=0$和$4x-y+8z-8=0$构成的二面角的平分面方程.

14. 已知直线L的方程$\begin{cases}2x-y+z+1=0,\\x-3y+2z+4=0,\end{cases}$求它的标准方程和参数方程.

15. 求过点$M(-1,-4,3)$并与下面两直线$L_1:\begin{cases}2x-4y+z=1,\\x+3y=-5\end{cases}$与$L_2:\begin{cases}x=4t+2,\\y=-t-1,\\z=2t-3\end{cases}$都垂直的直线方程.

16. 求过点$A(-1,0,4)$，平行于平面$3x-4y+z-10=0$，且与直线$x+1=y-3=\frac{z}{2}$相交的直线方程.

17. 判断两直线$L_1:\frac{x}{2}=\frac{y+3}{3}=\frac{z}{4}$与$L_2:\frac{x-1}{1}=\frac{y+2}{1}=\frac{z-2}{2}$是否共面，若是，则求两直线的交点；若不是，试求它们的最短距离.

18. 已知平面$\pi_1:x+2y-2z-1=0$，求平行于平面π_1且相隔距离为2的平面方程.

19. 求直线$L_1:\begin{cases}x+2y+5=0,\\2y-z-4=0\end{cases}$与$L_2:\begin{cases}y=0,\\x+2z+4=0\end{cases}$的公垂线的方程.

20. 求通过两平面$\pi_1:2x+y-z-2=0$，$\pi_2:3x-2y-2z+1=0$的交线，且与平面π_3:

$3x+2y+3z-6=0$ 垂直的平面方程.

21*. 已知直线 $L:\begin{cases}2y+3z-5=0,\\ x-2y-z+7=0,\end{cases}$ 求(1)直线在 yoz 平面上的投影方程;(2)直线在 xoy 平面上的投影方程;(3)直线在平面 $\pi: x-y+3z+8=0$ 的投影方程.

四、练习题答案与提示

(一) 填空题

1. $-\frac{26}{3},\frac{2}{3}$.
2. 24.
3. $\left\{\frac{65}{12},\frac{15}{4},\frac{5}{12}\right\}$.
4. 4.
5. 夹角为 $\langle\widehat{\boldsymbol{a},\boldsymbol{b}}\rangle=\arccos\frac{1}{2}=\frac{\pi}{3}$.
6. $x-y+z=0$.
7. $x-3y-z+4=0$.
8. $2x+2y-3z=0$.

(二) 选择题

1. (A).
2. (C).
3. (C).

(三) 解答与证明题

1. 分析: $\boldsymbol{b}$ 在 $\boldsymbol{a}$ 方向上的投影为

$$\mathrm{Prj}_{\boldsymbol{a}}\boldsymbol{b}=\boldsymbol{b}\cdot\left(\frac{\boldsymbol{a}}{|\boldsymbol{a}|}\right)=\frac{1\times1+1\times(-2)+4\times2}{\sqrt{1^2+1^2+4^2}}=\frac{7}{\sqrt{18}},$$

与 $\boldsymbol{a}$ 同方向的单位向量为

$$\boldsymbol{a}^0=\frac{\boldsymbol{a}}{|\boldsymbol{a}|}=\frac{\{1,1,4\}}{\sqrt{1^2+1^2+4^4}}=\left\{\frac{1}{\sqrt{18}},\frac{1}{\sqrt{18}},\frac{4}{\sqrt{18}}\right\},$$

所以 $\boldsymbol{b}$ 在 $\boldsymbol{a}$ 方向上的投影为

$$\boldsymbol{c}=(\mathrm{Prj}_{\boldsymbol{a}}\boldsymbol{b})\boldsymbol{a}^0=\frac{7}{\sqrt{18}}\left\{\frac{1}{\sqrt{18}},\frac{1}{\sqrt{18}},\frac{4}{\sqrt{18}}\right\}=\left\{\frac{7}{18},\frac{7}{18},\frac{14}{9}\right\}.$$

2. $\boldsymbol{x}=(-4,2,-4)$.
3. 分析: $|\boldsymbol{s}|^2=|\boldsymbol{a}+\boldsymbol{b}+\boldsymbol{c}|^2=|\boldsymbol{a}|^2+|\boldsymbol{b}|^2+|\boldsymbol{c}|^2+2\boldsymbol{ab}+2\boldsymbol{bc}+2\boldsymbol{ca}$

$$=1+4+9=14\Rightarrow|\boldsymbol{s}|=\sqrt{14}.$$

又

$$\boldsymbol{a}\cdot\boldsymbol{s}=\boldsymbol{a}\cdot(\boldsymbol{a}+\boldsymbol{b}+\boldsymbol{c})=|\boldsymbol{a}|^2=1=|\boldsymbol{a}||\boldsymbol{s}|\cos\langle\widehat{\boldsymbol{a},\boldsymbol{s}}\rangle=\sqrt{14}\cos\langle\widehat{\boldsymbol{a},\boldsymbol{s}}\rangle,$$

所以

$$\cos\langle\widehat{\boldsymbol{a},\boldsymbol{s}}\rangle=\frac{\sqrt{14}}{14}.$$

同理可得

$$\cos\langle\widehat{\boldsymbol{b},\boldsymbol{s}}\rangle=\frac{2\sqrt{14}}{7},\quad \cos\langle\widehat{\boldsymbol{c},\boldsymbol{s}}\rangle=\frac{9\sqrt{14}}{14}.$$

4. 分析：因为$|\boldsymbol{a}+\boldsymbol{b}+\boldsymbol{c}|^2=|\boldsymbol{0}|^2=0$.

所以 $|\boldsymbol{a}|^2+|\boldsymbol{b}|^2+|\boldsymbol{c}|^2+2\boldsymbol{a}\cdot\boldsymbol{b}+2\boldsymbol{b}\cdot\boldsymbol{c}+2\boldsymbol{c}\cdot\boldsymbol{a}=0\Rightarrow \boldsymbol{s}=\boldsymbol{a}\cdot\boldsymbol{b}+\boldsymbol{b}\cdot\boldsymbol{c}+\boldsymbol{c}\cdot\boldsymbol{a}=-\frac{2}{3}$.

5. 分析：显然 $\boldsymbol{a},\boldsymbol{b},\boldsymbol{c}$ 两两垂直.

$$|\boldsymbol{a}|=|\boldsymbol{b}\times\boldsymbol{c}|=|\boldsymbol{b}||\boldsymbol{c}|\sin\langle\widehat{\boldsymbol{b},\boldsymbol{c}}\rangle=|\boldsymbol{b}||\boldsymbol{c}|.$$

同理可得

$$|\boldsymbol{b}|=|\boldsymbol{c}||\boldsymbol{a}|,\quad |\boldsymbol{c}|=|\boldsymbol{a}||\boldsymbol{b}|.$$

由此可推得

$$|\boldsymbol{a}|=|\boldsymbol{b}|=|\boldsymbol{c}|=1,$$

于是

$$|\boldsymbol{a}|+|\boldsymbol{b}|+|\boldsymbol{c}|=3.$$

6. 证明略.

7. $|\boldsymbol{a}-\boldsymbol{b}|=\sqrt{593}$.

8. $\pm\frac{\sqrt{3}}{3}\{-7,-3,10\}$.

9. 提示：设 $\boldsymbol{a}^0,\boldsymbol{b}^0$ 分别表示矢量 $\boldsymbol{a},\boldsymbol{b}$ 的同向的单位矢量，则 $\boldsymbol{a}^0=\frac{\boldsymbol{a}}{|\boldsymbol{a}|},\boldsymbol{b}^0=\frac{\boldsymbol{b}}{|\boldsymbol{b}|}$.

由 $\boldsymbol{a}^0,\boldsymbol{b}^0$ 为边所构成的平行四边形为菱形，知其对角线平分顶角，于是所求向量与 $\boldsymbol{a}^0+\boldsymbol{b}^0$ 同向，即为$\lambda(\boldsymbol{a}^0+\boldsymbol{b}^0)$，$\lambda>0$.

$$\boldsymbol{a}^0+\boldsymbol{b}^0=\frac{\boldsymbol{a}}{|\boldsymbol{a}|}+\frac{\boldsymbol{b}}{|\boldsymbol{b}|}=\frac{|\boldsymbol{a}|\boldsymbol{b}+|\boldsymbol{b}|\boldsymbol{a}}{|\boldsymbol{a}||\boldsymbol{b}|}.$$

10. $(0,0,-1)$ 或$\left(\frac{\sqrt{2}}{2},\frac{\sqrt{2}}{2},0\right)$.

11. $1\cdot(x-1)-3\cdot(y-2)+1\cdot(z-3)=0$ 或 $x-3y+z+2=0$.

12. $-4(x+3)-3(y+2)+6z=0$ 或 $4x+3y-6z+18=0$.

13. $x-7y+14z-26=0$ 或 $7x+5y+2z+10=0$.

14. 直线标准方程为 $\frac{x-\frac{1}{5}}{1}=\frac{y-\frac{7}{5}}{-3}=\frac{z}{-5}$；参数方程为$\begin{cases}x=\frac{1}{5}+t,\\ y=\frac{7}{5}-3t,\\ z=-5t.\end{cases}$

15. $L:\begin{cases}x=-1-12t,\\ y=-4-46t,\\ z=3+t.\end{cases}$

16. $L:\begin{cases}x=-1+16t,\\ y=19t,\\ z=4+28t.\end{cases}$

17. 分析：直线 L_1 与 L_2 方向向量分别为 $\boldsymbol{s}_1=\{2,3,4\}$，$\boldsymbol{s}_2=\{1,1,2\}$. 并且它们分别过点 $P(0,-3,0)$，$Q(1,-2,2)$，$\overrightarrow{PQ}=\{1,1,2\}$. 因为 $(\boldsymbol{s}_1,\boldsymbol{s}_2,\overrightarrow{PQ})=\begin{vmatrix}2&3&4\\1&1&2\\1&1&2\end{vmatrix}=0$，故两直线 L_1 与 L_2 共面.

令 $\frac{x}{2}=\frac{y+3}{3}=\frac{z}{4}=t\Rightarrow x=2t,y=-3+3t,z=4t$，代入 L_2 的方程，得

$$\frac{2t-1}{1}=\frac{(-3+3t)+2}{1}=\frac{4t-2}{2}\Rightarrow t=0\Rightarrow x=0,y=-3,z=0.$$

故直线 L_1 与 L_2 的交点为 $(0,-3,0)$.

18. 分析：设所求平面 π 的方程为 $x+2y-2z+D=0$. 在 π_1 上取点 $M(1,0,0)$，由于点 M 到平面 π 的距离为

$$d=\frac{|1+0+0+D|}{\sqrt{1^2+2^2+(-2)^2}}=2\Rightarrow D=5 \text{ 或 } D=-7.$$

于是，平面 π 的方程为

$$x+2y-2z+5=0 \text{ 或 } x+2y-2z-7=0.$$

19. 分析：L_1 的方向向量为 $\boldsymbol{s}_1=\{1,2,0\}\times\{0,2,-1\}=\{-2,1,2\}$，$L_2$ 的方向向量为 $\boldsymbol{s}_2=\{0,1,0\}\times\{1,0,2\}=\{2,0,-1\}$. 所以公垂线的方向向量为

$$\boldsymbol{s}=\boldsymbol{s}_1\times\boldsymbol{s}_2=\{-2,1,2\}\times\{2,0,-1\}=\{-1,2,-2\}.$$

设过 L_1 且与 $\boldsymbol{s}$ 平行的平面为 π_1，则平面 π_1 的方程为

$$x+2y+5+\lambda(2y-z-4)=0,$$

π_1 的法向量为 $\boldsymbol{n}_1=\{1,2+2\lambda,-\lambda\}$，根据 $\boldsymbol{s}\perp\boldsymbol{n}_1$，得 $\lambda=-\frac{1}{2}$. 所以 π_1 的方程为

$$2x+2y+z+14=0.$$

设过 L_2 且与 $\boldsymbol{s}$ 平行的平面为 π_2，类似可得 π_2 的方程为

$$2x+5y+4z+8=0.$$

因此所求公垂线的方程为 $\begin{cases}2x+2y+z+14=0,\\ 2x+5y+4z+8=0.\end{cases}$

20. 分析：设所求平面的方程为

$$\lambda(2x+y-z-2)+\mu(3x-2y-2z+1)=0,$$

即

$$(2\lambda+3\mu)x+(\lambda-2\mu)y+(-\lambda-2\mu)z+(-2\lambda+\mu)=0. \qquad (1)$$

由于该平面垂直于平面 π_3，所以它们的法矢量一定互相垂直，于是

$$3(2\lambda+3\mu)+2(\lambda-2\mu)+3(-\lambda-2\mu)=0\Rightarrow 5\lambda-\mu=0.$$

取 $\lambda=1,\mu=5$，代入(1)式，即得所求平面的方程为

$$17x-9y-11z+3=0.$$

21*. (1) 提示：首先求出过 L 且垂直于 yoz 平面的平面方程.

所求投影的方程为 $\begin{cases}x=0,\\ 2y+3z-5=0\end{cases}$ 或 $\dfrac{x}{0}=\dfrac{y}{-3}=\dfrac{z-\frac{5}{3}}{2}$.

(2) 提示：首先求出过 L 且垂直于 xoy 平面的平面方程.

所求投影的方程为 $\begin{cases}z=0,\\ 3x-4y+16=0\end{cases}$ 或 $\dfrac{x}{4}=\dfrac{y-4}{3}=\dfrac{z}{0}$.

(3) 提示：投影应在 π 上及过 L 且垂直于 π 的平面 π_1 上.

所求投影直线的方程为 L'：$\begin{cases}x-y+3z+8=0,\\ x-2y-z+7=0.\end{cases}$

第四章　向量组的线性相关性

一、内容提要

(一) 向量的概念和运算

1. n 维向量

由 n 个数组成的一个有序数组 $\boldsymbol{\alpha}=(a_1,a_2,\cdots,a_n)$ 称为一个 n 维向量，其中 $a_i(i=1,2,\cdots,n)$ 称为 $\boldsymbol{\alpha}$ 的第 i 个分量.

向量 $\boldsymbol{\alpha}=(a_1,a_2,\cdots,a_n)$ 称为行向量. 而 $\boldsymbol{\alpha}^{\mathrm{T}}=(a_1,a_2,\cdots,a_n)^{\mathrm{T}}$ 称为列向量.

向量的相等：若 $\boldsymbol{\alpha}=(a_1,a_2,\cdots,a_n)$，$\boldsymbol{\beta}=(b_1,b_2,\cdots,b_n)$，则

$$\boldsymbol{\alpha}=\boldsymbol{\beta}\Leftrightarrow a_1=b_i(i=1,2,\cdots,n).$$

2. 向量的线性运算

设 n 维向量 $\boldsymbol{\alpha}=(a_1,a_2,\cdots,a_n)$，$\boldsymbol{\beta}=(b_1,b_2,\cdots,b_n)$，则 $\boldsymbol{\alpha}$ 与 $\boldsymbol{\beta}$ 的和是向量

$$\boldsymbol{\alpha}+\boldsymbol{\beta}=(a_1+b_1,a_2+b_2,\cdots,a_n+b_n).$$

利用负向量的概念，定义向量的减法为

$$\boldsymbol{\alpha}-\boldsymbol{\beta}=\boldsymbol{\alpha}+(-\boldsymbol{\beta})=(a_1-b_1,a_2-b_2,\cdots,a_n-b_n).$$

设 $\boldsymbol{\alpha}=(a_1,a_2,\cdots,a_n)$ 是一个 n 维向量，k 为一个数，则数 k 与 $\boldsymbol{\alpha}$ 的乘积称为数乘向量，简称为**数乘**，记作 $k\boldsymbol{\alpha}$，并且 $k\boldsymbol{\alpha}=k(a_1,a_2,\cdots,a_n)=(ka_1,ka_2,\cdots,ka_n)$.

向量的加法运算及数乘运算统称为向量的**线性运算**，这是向量最基本的运算.

3. 向量的运算规律

设 $\boldsymbol{\alpha},\boldsymbol{\beta},\boldsymbol{\gamma}$ 都是 n 维向量，k,l 是数，则

① 加法交换律：$\boldsymbol{\alpha}+\boldsymbol{\beta}=\boldsymbol{\beta}+\boldsymbol{\alpha}$；

② 加法结合律：$(\boldsymbol{\alpha}+\boldsymbol{\beta})+\boldsymbol{\gamma}=\boldsymbol{\alpha}+(\boldsymbol{\beta}+\boldsymbol{\gamma})$；

③ $\boldsymbol{\alpha}+\boldsymbol{0}=\boldsymbol{\alpha}$；

④ $\boldsymbol{\alpha}+(-\boldsymbol{\alpha})=\boldsymbol{0}$；

⑤ $1\times\boldsymbol{\alpha}=\boldsymbol{\alpha}$；

⑥ 数乘分配律：$k(\boldsymbol{\alpha}+\boldsymbol{\beta})=k\boldsymbol{\alpha}+k\boldsymbol{\beta}$；

⑦ 数乘分配律：$(k+l)\boldsymbol{\alpha}=k\boldsymbol{\alpha}+l\boldsymbol{\alpha}$；

⑧ 数乘向量结合律：$(kl)\boldsymbol{\alpha}=k(l\boldsymbol{\alpha})$.

（二）向量组线性相关的概念

线性组合：设有 m 个 n 维向量 $\boldsymbol{\alpha}_1,\boldsymbol{\alpha}_2,\cdots,\boldsymbol{\alpha}_m,k_1,k_2,\cdots,k_m$ 是一组常数，则称

$$k_1\boldsymbol{\alpha}_1+k_2\boldsymbol{\alpha}_2+\cdots+k_m\boldsymbol{\alpha}_m$$

为 $\boldsymbol{\alpha}_1,\boldsymbol{\alpha}_2,\cdots,\boldsymbol{\alpha}_m$ 的一个**线性组合**. 常数 $k_1,k_2,\cdots,k_m$ 称为该线性组合的**组合系数**.

线性表出：若一个 n 维向量 $\boldsymbol{\beta}$ 可以表示成

$$\boldsymbol{\beta}=k_1\boldsymbol{\alpha}_1+k_2\boldsymbol{\alpha}_2+\cdots+k_m\boldsymbol{\alpha}_m,$$

则称 $\boldsymbol{\beta}$ 是 $\boldsymbol{\alpha}_1,\boldsymbol{\alpha}_2,\cdots,\boldsymbol{\alpha}_m$ 的**线性组合**，或称 $\boldsymbol{\beta}$ 可用 $\boldsymbol{\alpha}_1,\boldsymbol{\alpha}_2,\cdots,\boldsymbol{\alpha}_m$ **线性表出**(**线性表示**).

线性相关：设有 m 个 n 维向量 $\boldsymbol{\alpha}_1,\boldsymbol{\alpha}_2,\cdots,\boldsymbol{\alpha}_m$，若存在一组不全为零的数 $k_1,k_2,\cdots,k_m$，使得

$$k_1\boldsymbol{\alpha}_1+k_2\boldsymbol{\alpha}_2+\cdots+k_m\boldsymbol{\alpha}_m=\mathbf{0},$$

则称向量组 $\boldsymbol{\alpha}_1,\boldsymbol{\alpha}_2,\cdots,\boldsymbol{\alpha}_m$ 线性相关；否则称为线性无关. 换言之，向量组 $\boldsymbol{\alpha}_1,\boldsymbol{\alpha}_2,\cdots,\boldsymbol{\alpha}_m$ 线性无关，当且仅当 $k_1=k_2=\cdots=k_m=0$ 时，上式才成立.

（三）向量组线性相关性的判定定理

定理 1　n 维向量 $\boldsymbol{\alpha}_1,\boldsymbol{\alpha}_2,\cdots,\boldsymbol{\alpha}_m(m\geqslant 2)$ 线性相关 $\Leftrightarrow$ 至少存在某个 $\boldsymbol{\alpha}_i$ 是其余向量的线性组合.

即向量组 $\boldsymbol{\alpha}_1,\boldsymbol{\alpha}_2,\cdots,\boldsymbol{\alpha}_m(m\geqslant 2)$ 线性无关 $\Leftrightarrow$ 任意一个 $\boldsymbol{\alpha}_i$ 都不能由其余向量线性表出.

注：(1)任意一个含有零向量的向量组必为线性相关组.

(2)单个向量 $\boldsymbol{\alpha}$ 线性相关 $\Leftrightarrow \boldsymbol{\alpha}=\mathbf{0}$，即单个向量 $\boldsymbol{\alpha}$ 线性无关 $\Leftrightarrow \boldsymbol{\alpha}\neq\mathbf{0}$.

(3)两个非零的 n 维向量 $\boldsymbol{\alpha},\boldsymbol{\beta}$ 线性相关当且仅当存在不全为零的数 k,l 使得

$$k\boldsymbol{\alpha}+l\boldsymbol{\beta}=\mathbf{0}.$$

定理 2　如果向量组 $\boldsymbol{\alpha}_1,\boldsymbol{\alpha}_2,\cdots,\boldsymbol{\alpha}_m$ 线性无关，而向量组 $\boldsymbol{\alpha}_1,\boldsymbol{\alpha}_2,\cdots,\boldsymbol{\alpha}_m,\boldsymbol{\beta}$ 线性相关，则 $\boldsymbol{\beta}$ 可以用 $\boldsymbol{\alpha}_1,\boldsymbol{\alpha}_2,\cdots,\boldsymbol{\alpha}_m$ 线性表出，且表示法是唯一的.

定理 3　若 $\boldsymbol{\alpha}_1,\boldsymbol{\alpha}_2,\cdots,\boldsymbol{\alpha}_r$ 线性相关，则 $\boldsymbol{\alpha}_1,\boldsymbol{\alpha}_2,\cdots,\boldsymbol{\alpha}_r,\boldsymbol{\alpha}_{r+1},\cdots,\boldsymbol{\alpha}_m$ 也线性相关.

定理 4　设有两个向量组

$$R:\ \boldsymbol{\alpha}_j=(a_{1j},a_{2j},\cdots,a_{nj})^{\mathrm{T}}\qquad j=1,2,\cdots,m,$$
$$S:\ \boldsymbol{\beta}_j=(a_{p_1j},a_{p_2j},\cdots,a_{p_nj})^{\mathrm{T}}\qquad j=1,2,\cdots,m,$$

其中 $p_1p_2\cdots p_n$ 是自然数 $1,2,\cdots,n$ 的某个确定的排列，则向量组 R 与向量组 S 的线性相关性相同.

定理 5　设有两个向量组，它们的前 r 个分量对应相同：

$$R:\ \boldsymbol{\alpha}_j=(a_{1j},a_{2j},\cdots,a_{rj})^{\mathrm{T}}\qquad j=1,2,\cdots,m,$$
$$S:\ \boldsymbol{\beta}_j=(a_{1j},a_{2j},\cdots,a_{rj},a_{r+1,j})^{\mathrm{T}}\qquad j=1,2,\cdots,m,$$

如果 $\boldsymbol{\beta}_1,\boldsymbol{\beta}_2,\cdots,\boldsymbol{\beta}_m$ 为线性相关组，则 $\boldsymbol{\alpha}_1,\boldsymbol{\alpha}_2,\cdots,\boldsymbol{\alpha}_m$ 必为线性相关组.

推论　r 维向量组的每个向量添上 $n-r$ 个分量，成为 n 维向量组. 若 r 维向量组线性无关，则 n 维向量组也线性无关.

定理 6　向量组 $\boldsymbol{\alpha}_1,\boldsymbol{\alpha}_2,\cdots,\boldsymbol{\alpha}_m$ 线性相关的充分必要条件是它所构成的矩阵 $\mathbf{A}=(\boldsymbol{\alpha}_1,\boldsymbol{\alpha}_2,\cdots,\boldsymbol{\alpha}_m)$ 的秩小于向量的个数 m；该向量组线性无关的充分必要条件是 $r(\mathbf{A})=m$.

推论 1　n 个 n 维向量线性无关的充分必要条件是它们构成的方阵的行列式不等于零.

推论 2　当 $m>n$ 时，m 个 n 维向量 $\boldsymbol{\alpha}_1,\boldsymbol{\alpha}_2,\cdots,\boldsymbol{\alpha}_m$ 一定线性相关.

推论 3　如果在 $\boldsymbol{m}\times\boldsymbol{n}$ 矩阵 $\boldsymbol{A}$ 中有一个 r 阶子式 $D\neq0$，则含有 D 的 r 个行向量及 r 个列向量都线性无关；如果 $\boldsymbol{A}$ 中所有 r 阶子式全为零，则 $\boldsymbol{A}$ 的任意 r 个行向量及任意 r 个列向量都线性相关.

(四) 向量组的秩

1. 向量组等价

设有两个 n 维向量组 $R=\{\boldsymbol{\alpha}_1,\boldsymbol{\alpha}_2,\cdots,\boldsymbol{\alpha}_r\}$ 和 $S=\{\boldsymbol{\beta}_1,\boldsymbol{\beta}_2,\cdots,\boldsymbol{\beta}_s\}$，若向量组 R 中的每个向量 $\boldsymbol{\alpha}_i$ 都可以由向量组 S 中的向量 $\boldsymbol{\beta}_1,\boldsymbol{\beta}_2,\cdots,\boldsymbol{\beta}_s$ 线性表出，则称向量组 R 可以由向量组 S 线性表出. 又若向量组 S 也可以由向量组 R 线性表出，则称这两个**向量组等价**.

等价向量组满足：

① **反身性**：R 必与 R 自身等价.

② **对称性**：若 R 与 S 等价，则 S 必与 R 等价.

③ **传递性**：若 R 与 S 等价，S 与 T 等价，则 R 必与 T 等价.

2. 向量组的极大无关组及向量组的秩

设 T 是由若干个(有限或无限多个)n 维向量组成的向量组. 若存在 T 的一个部分组 $\boldsymbol{\alpha}_1,\boldsymbol{\alpha}_2,\cdots,\boldsymbol{\alpha}_r$ 满足以下条件：(1)$\boldsymbol{\alpha}_1,\boldsymbol{\alpha}_2,\cdots,\boldsymbol{\alpha}_r$ 线性无关；(2)对于任意一个向量 $\boldsymbol{\beta}\in T$，向量组 $\boldsymbol{\beta},\boldsymbol{\alpha}_1,\boldsymbol{\alpha}_2,\cdots,\boldsymbol{\alpha}_r$ 都线性相关，则称 $\boldsymbol{\alpha}_1,\boldsymbol{\alpha}_2,\cdots,\boldsymbol{\alpha}_r$ 为 T 的一个**极大线性无关向量组**，简称为**极大无关组**. 极大线性无关组所含向量的个数 r 称为**向量组 $\boldsymbol{T}$ 的秩**.

向量组 $\boldsymbol{\alpha}_1,\boldsymbol{\alpha}_2,\cdots,\boldsymbol{\alpha}_r$ 的秩记为 $r(\boldsymbol{\alpha}_1,\boldsymbol{\alpha}_2,\cdots,\boldsymbol{\alpha}_r)$ 或秩$(\boldsymbol{\alpha}_1,\boldsymbol{\alpha}_2,\cdots,\boldsymbol{\alpha}_r)$.

只含零向量的向量组没有极大线性无关组，规定它的秩为 0.

向量组和它的任意一个极大线性无关组都是等价的向量组.

向量组 $\boldsymbol{\alpha}_1,\boldsymbol{\alpha}_2,\cdots,\boldsymbol{\alpha}_r$ 线性无关的充分必要条件是秩$(\boldsymbol{\alpha}_1,\boldsymbol{\alpha}_2,\cdots,\boldsymbol{\alpha}_r)=r$.

3. 向量组秩的性质

① 设向量组 R 的秩为 r，向量组 S 的秩为 s，若向量组 R 可由向量组 S 线性表出，则必有 $r\leqslant s$.

② 等价的向量组必有相同的秩.

③ 任意两个线性无关的等价向量组所含向量的个数相等.

④ 一个向量组的任意两个极大无关组所含向量的个数相同.

4. 矩阵的秩与向量组的秩的关系

定理 7　矩阵的秩等于它的列秩，也等于它的行秩.

定理 8　矩阵 $\boldsymbol{A}$ 经过**初等行变换**化为矩阵 $\boldsymbol{B}$，则 $\boldsymbol{A}$ 的列向量组的任一部分组与 $\boldsymbol{B}$ 的列向量组的对应的部分组有相同的线性组合关系.

根据上述结论，可以通过将所给向量组构成矩阵的方法求向量组的秩、极大无关组，并将其他向量用极大无关组线性表出.

对于所给向量组

$$\boldsymbol{\alpha}_j=(a_{1j},a_{2j},\cdots,a_{mj})^{\mathrm{T}},\quad j=1,2,\cdots,n,$$

将 $\boldsymbol{\alpha}_1,\boldsymbol{\alpha}_2,\cdots,\boldsymbol{\alpha}_n$ 作为列向量构成矩阵 $\boldsymbol{A}=(\boldsymbol{\alpha}_1,\boldsymbol{\alpha}_2,\cdots,\boldsymbol{\alpha}_n)$，然后通过初等行变换将 $\boldsymbol{A}$ 化成行阶

梯形矩阵 $\boldsymbol{B}$，则

(1) 秩$(\boldsymbol{\alpha}_1,\boldsymbol{\alpha}_2,\cdots,\boldsymbol{\alpha}_r)$＝阶梯形矩阵 $\boldsymbol{B}$ 的非零行的行数.

(2) 由于矩阵 $\boldsymbol{B}$ 的列向量组与矩阵 $\boldsymbol{A}$ 的列向量组有相同的线性组合关系，因此若 $\boldsymbol{B}$ 的第 $j_1,j_2,\cdots,j_r$ 列为 $\boldsymbol{B}$ 的列向量组的极大无关组，那么 $\boldsymbol{\alpha}_{j_1},\boldsymbol{\alpha}_{j_2},\cdots,\boldsymbol{\alpha}_{j_r}$ 为 $\boldsymbol{A}$ 的列向量组的一个极大无关组.

(3) 若要求将任意一个向量用极大无关组线性表出，就应将阶梯形矩阵 $\boldsymbol{B}$ 进一步化成行最简形矩阵，利用其各列的线性组合关系写出原向量之间的线性关系，将不是极大无关组的向量用极大无关组线性表出.

注:若所给向量为行向量，为使初等行变换不改变其线性组合关系，也应将其按列向量构成矩阵，再作初等行变换.

(五) 向量空间

1. 向量空间的概念

定义 设 V 是 n 维向量构成的非空集合,且满足

(1) 若 $\boldsymbol{\alpha},\boldsymbol{\beta}\in V$,则 $\boldsymbol{\alpha}+\boldsymbol{\beta}\in V$；

(2) 若 $\forall\boldsymbol{\alpha}\in V$, 及 $\forall k\in\mathbf{R}$,都有 $k\boldsymbol{\alpha}\in V$.

则称集合 V 是**向量空间**.

定义中的条件(1)称为 V 对向量的加法运算封闭,条件(2)称为 V 对数乘运算封闭.

上述两个条件可以合并成以下条件：

对任意向量 $\boldsymbol{\alpha},\boldsymbol{\beta}\in V$ 和任意常数 $k,l\in\mathbf{R}$,都有 $k\boldsymbol{\alpha}+l\boldsymbol{\beta}\in V$.

2. 生成空间

任给一组向量 $\boldsymbol{\alpha}_1,\boldsymbol{\alpha}_2,\cdots,\boldsymbol{\alpha}_m\in\mathbf{R}^n$,$V=\{\boldsymbol{\alpha}=k_1\boldsymbol{\alpha}_1+k_2\boldsymbol{\alpha}_2+\cdots+k_m\boldsymbol{\alpha}_m \mid \forall k_i\in\mathbf{R}, j=1,2,\cdots,m\}$称为由向量组 $\boldsymbol{\alpha}_1,\boldsymbol{\alpha}_2,\cdots,\boldsymbol{\alpha}_m$ 生成的向量空间.

3. 基、维数和坐标

设 V 是 $\mathbf{R}^n$ 的一个子空间. 若 V 中的向量组 $\boldsymbol{\alpha}_1,\boldsymbol{\alpha}_2,\cdots,\boldsymbol{\alpha}_r$ 满足：

(1) $\boldsymbol{\alpha}_1,\boldsymbol{\alpha}_2,\cdots,\boldsymbol{\alpha}_r$ 线性无关；

(2) V 中的任意一个向量 $\boldsymbol{\alpha}$ 都可由向量组 $\boldsymbol{\alpha}_1,\boldsymbol{\alpha}_2,\cdots,\boldsymbol{\alpha}_r$ 线性表出:即存在常数 $k_1,k_2,\cdots,k_r\in\mathbf{R}$ 使得 $\boldsymbol{\alpha}=k_1\boldsymbol{\alpha}_1+k_2\boldsymbol{\alpha}_2+\cdots+k_r\boldsymbol{\alpha}_r$. 则称向量组 $\boldsymbol{\alpha}_1,\boldsymbol{\alpha}_2,\cdots,\boldsymbol{\alpha}_r$ 为向量空间 V 的一个**基**,其中每个 $\boldsymbol{\alpha}_i(i=1,2,\cdots,r)$都称为**基向量**.

基中所含向量的个数 r 称为 V 的**维数**，记为 $\dim V=r$. 并称 V 为 r 维向量空间.

零空间的维数规定为 0.

设 $\boldsymbol{\alpha}_1,\boldsymbol{\alpha}_2,\cdots,\boldsymbol{\alpha}_n$ 是 n 维向量空间的一个基,向量空间 V 中的任意一个向量 $\boldsymbol{\alpha}$ 都可唯一地表示为 $\boldsymbol{\alpha}=x_1\boldsymbol{\alpha}_1+x_2\boldsymbol{\alpha}_2+\cdots+x_n\boldsymbol{\alpha}_n$,称 $\boldsymbol{\alpha}_i(i=1,2,\cdots,n)$的系数构成的有序数组 $x_1,x_2,\cdots,x_n$ 为向量 $\boldsymbol{\alpha}$ 关于基 $\boldsymbol{\alpha}_1,\boldsymbol{\alpha}_2,\cdots,\boldsymbol{\alpha}_n$ 的**坐标**,记为$(x_1,x_2,\cdots,x_n)^{\mathrm{T}}$.

二、典型例题

【例 1】 举例说明下列各命题是错误的.

（1）若向量组 $\boldsymbol{\alpha}_1,\boldsymbol{\alpha}_2,\cdots,\boldsymbol{\alpha}_m$ 线性相关，则 $\boldsymbol{\alpha}_1$ 可由 $\boldsymbol{\alpha}_2,\boldsymbol{\alpha}_3,\cdots,\boldsymbol{\alpha}_m$ 线性表示.

（2）若有不全为 0 的数 $\lambda_1,\lambda_2,\cdots,\lambda_m$，使

$$\lambda_1\boldsymbol{\alpha}_1+\lambda_2\boldsymbol{\alpha}_2+\cdots+\lambda_m\boldsymbol{\alpha}_m+\lambda_1\boldsymbol{\beta}_1+\lambda_2\boldsymbol{\beta}_2+\cdots+\lambda_m\boldsymbol{\beta}_m=\mathbf{0}$$

成立，则 $\boldsymbol{\alpha}_1,\boldsymbol{\alpha}_2,\cdots,\boldsymbol{\alpha}_m$ 线性相关，$\boldsymbol{\beta}_1,\boldsymbol{\beta}_2,\cdots,\boldsymbol{\beta}_m$ 也线性相关.

（3）若只有当 $\lambda_1,\lambda_2,\cdots,\lambda_m$ 全为 0 时，等式

$$\lambda_1\boldsymbol{\alpha}_1+\lambda_2\boldsymbol{\alpha}_2+\cdots+\lambda_m\boldsymbol{\alpha}_m+\lambda_1\boldsymbol{\beta}_1+\lambda_2\boldsymbol{\beta}_2+\cdots+\lambda_m\boldsymbol{\beta}_m=\mathbf{0}$$

才成立，则 $\boldsymbol{\alpha}_1,\boldsymbol{\alpha}_2,\cdots,\boldsymbol{\alpha}_m$ 线性无关，$\boldsymbol{\beta}_1,\boldsymbol{\beta}_2,\cdots,\boldsymbol{\beta}_m$ 也线性无关.

（4）若 $\boldsymbol{\alpha}_1,\boldsymbol{\alpha}_2,\cdots,\boldsymbol{\alpha}_m$ 线性相关，$\boldsymbol{\beta}_1,\boldsymbol{\beta}_2,\cdots,\boldsymbol{\beta}_m$ 也线性相关，则有不全为 0 的数 $\lambda_1,\lambda_2,\cdots,\lambda_m$，使

$$\lambda_1\boldsymbol{\alpha}_1+\lambda_2\boldsymbol{\alpha}_2+\cdots+\lambda_m\boldsymbol{\alpha}_m=\mathbf{0},\quad \lambda_1\boldsymbol{\beta}_1+\lambda_2\boldsymbol{\beta}_2+\cdots+\lambda_m\boldsymbol{\beta}_m=\mathbf{0}$$

同时成立.

【解】（1）取向量 $\boldsymbol{\alpha}_1=\begin{pmatrix}1\\0\end{pmatrix},\boldsymbol{\alpha}_2=\begin{pmatrix}0\\1\end{pmatrix},\boldsymbol{\alpha}_3=\begin{pmatrix}0\\0\end{pmatrix}$，则向量组 $\boldsymbol{\alpha}_1,\boldsymbol{\alpha}_2,\boldsymbol{\alpha}_3$ 线性相关，因它们含有零向量. 但 $\boldsymbol{\alpha}_1$ 并不能由 $\boldsymbol{\alpha}_2,\boldsymbol{\alpha}_3$ 线性表出，因为 $\boldsymbol{\alpha}_2,\boldsymbol{\alpha}_3$ 的任何线性组合所得向量的第一个分量是零.

评注：向量组 $\boldsymbol{\alpha}_1,\boldsymbol{\alpha}_2,\cdots,\boldsymbol{\alpha}_m$ 线性相关的充要条件是其中至少有一个向量能由其余向量线性表出，但不是随意指定一个向量都能由其余的向量线性表出.

（2）取 $\boldsymbol{\alpha}_1=\begin{pmatrix}1\\0\end{pmatrix},\boldsymbol{\alpha}_2=\begin{pmatrix}0\\1\end{pmatrix};\boldsymbol{\beta}_1=\begin{pmatrix}-1\\0\end{pmatrix},\boldsymbol{\beta}_2=\begin{pmatrix}0\\-1\end{pmatrix}$；再取 $\lambda_1=\lambda_2=1$，则有

$$\lambda_1\boldsymbol{\alpha}_1+\lambda_2\boldsymbol{\alpha}_2+\lambda_1\boldsymbol{\beta}_1+\lambda_2\boldsymbol{\beta}_2=\mathbf{0}$$

成立，但 $\boldsymbol{\alpha}_1,\boldsymbol{\alpha}_2$ 线性无关，$\boldsymbol{\beta}_1,\boldsymbol{\beta}_2$ 也性线无关.

（3）取 $\boldsymbol{\alpha}_1=\begin{pmatrix}0\\0\end{pmatrix},\boldsymbol{\alpha}_2=\begin{pmatrix}1\\0\end{pmatrix};\boldsymbol{\beta}_1=\begin{pmatrix}0\\1\end{pmatrix},\boldsymbol{\beta}_2=\begin{pmatrix}0\\0\end{pmatrix}$，此时若有

$$\lambda_1\boldsymbol{\alpha}_1+\lambda_2\boldsymbol{\alpha}_2+\lambda_1\boldsymbol{\beta}_1+\lambda_2\boldsymbol{\beta}_2=\lambda_1\begin{pmatrix}0\\1\end{pmatrix}+\lambda_2\begin{pmatrix}1\\0\end{pmatrix}=\begin{pmatrix}\lambda_1\\\lambda_2\end{pmatrix}=\mathbf{0}$$

成立，只有 $\lambda_1=\lambda_2=0$，但向量组 $\boldsymbol{\alpha}_1,\boldsymbol{\alpha}_2$ 和向量组 $\boldsymbol{\beta}_1,\boldsymbol{\beta}_2$ 都线性无关.

（4）取 $\boldsymbol{\alpha}_1=\begin{pmatrix}0\\0\end{pmatrix},\boldsymbol{\alpha}_2=\begin{pmatrix}1\\0\end{pmatrix};\boldsymbol{\beta}_1=\begin{pmatrix}0\\1\end{pmatrix},\boldsymbol{\beta}_2=\begin{pmatrix}0\\0\end{pmatrix}$，则向量组 $\boldsymbol{\alpha}_1,\boldsymbol{\alpha}_2$ 和向量组 $\boldsymbol{\beta}_1,\boldsymbol{\beta}_2$ 都线性相关. 但对此两向量组不存在不全为零的数 λ_1,λ_2，使

$$\lambda_1\boldsymbol{\alpha}_1+\lambda_2\boldsymbol{\alpha}_2=\mathbf{0};\quad \lambda_1\boldsymbol{\beta}_1+\lambda_2\boldsymbol{\beta}_2=\mathbf{0}$$

同时成立，因由上面第一式可得 $\begin{pmatrix}0\\0\end{pmatrix}=\lambda_1\boldsymbol{\alpha}_1+\lambda_2\boldsymbol{\alpha}_2=\begin{pmatrix}\lambda_2\\0\end{pmatrix}\Rightarrow\lambda_2=0$，同理由第二式得 $\lambda_1=0$.

【例 2】 下列四个命题是否正确？

n 维向量组 $R:\boldsymbol{\alpha}_1,\boldsymbol{\alpha}_2,\cdots,\boldsymbol{\alpha}_s(3\leqslant s\leqslant n)$ 线性无关的充分必要条件是：

（1）存在全为零的数 $k_1,k_2,\cdots,k_s$，使

$$k_1\boldsymbol{\alpha}_1+k_2\boldsymbol{\alpha}_2+\cdots+k_s\boldsymbol{\alpha}_s=\mathbf{0};$$

（2）向量组 R 中任意两个向量都线性无关；

（3）向量组 R 中存在一个向量，它不能用向量组中的其余向量线性表出；

(4) 向量组 R 中任意一个向量都不能用向量组中其余向量线性表出.

【解】 (1)、(2)、(3)不正确. (1)、(2)、(3)都是向量组 R 线性无关的必要条件,但都不是充分条件,下面给出反例.

(1) 取 $\boldsymbol{\alpha}_1=\begin{pmatrix}1\\0\end{pmatrix},\boldsymbol{\alpha}_2=\begin{pmatrix}0\\1\end{pmatrix},\boldsymbol{\alpha}_3=\begin{pmatrix}1\\1\end{pmatrix}$,则显然 $0\boldsymbol{\alpha}_1+0\boldsymbol{\alpha}_2+0\boldsymbol{\alpha}_3=\mathbf{0}$,但向量组 $\boldsymbol{\alpha}_1,\boldsymbol{\alpha}_2,\boldsymbol{\alpha}_3$ 线性相关.

事实上,对于任意一个向量组 $\boldsymbol{\alpha}_1,\boldsymbol{\alpha}_2,\cdots,\boldsymbol{\alpha}_m$,只要取 $k_1=k_2=\cdots=k_m=0$,总有

$$0\boldsymbol{\alpha}_1+0\boldsymbol{\alpha}_2+\cdots+0\boldsymbol{\alpha}_m=\mathbf{0},$$

因此不能断定向量组 $\boldsymbol{\alpha}_1,\boldsymbol{\alpha}_2,\cdots,\boldsymbol{\alpha}_m$ 是线性相关还是线性无关. 只有证明了除 $k_1,k_2,\cdots,k_m$ 全为零外,其他情况,也就是说 $k_1,k_2,\cdots,k_m$ 中有不为零的数,则一定有

$$k_1\boldsymbol{\alpha}_1+k_2\boldsymbol{\alpha}_2+\cdots+k_m\boldsymbol{\alpha}_m\neq\mathbf{0},$$

才能说 $\boldsymbol{\alpha}_1,\boldsymbol{\alpha}_2,\cdots,\boldsymbol{\alpha}_m$ 线性无关.

(2) 取 $\boldsymbol{\alpha}_1=\begin{pmatrix}1\\0\end{pmatrix},\boldsymbol{\alpha}_2=\begin{pmatrix}0\\1\end{pmatrix},\boldsymbol{\alpha}_3=\begin{pmatrix}1\\-1\end{pmatrix}$,则向量组 $\boldsymbol{\alpha}_1,\boldsymbol{\alpha}_2,\boldsymbol{\alpha}_3$ 中任意两个向量均线性无关,但向量组 $\boldsymbol{\alpha}_1,\boldsymbol{\alpha}_2,\boldsymbol{\alpha}_3$ 线性相关,因为 $\boldsymbol{\alpha}_1-\boldsymbol{\alpha}_2-\boldsymbol{\alpha}_3=\mathbf{0}$.

(3) 取 $\boldsymbol{\alpha}_1=\begin{pmatrix}1\\0\end{pmatrix},\boldsymbol{\alpha}_2=\begin{pmatrix}2\\0\end{pmatrix},\boldsymbol{\alpha}_3=\begin{pmatrix}1\\1\end{pmatrix}$,因为 $2\boldsymbol{\alpha}_1-\boldsymbol{\alpha}_2=\mathbf{0}$,故向量组 $\boldsymbol{\alpha}_1,\boldsymbol{\alpha}_2,\boldsymbol{\alpha}_3$ 线性相关,但显然 $\boldsymbol{\alpha}_3$ 不能由向量组 $\boldsymbol{\alpha}_1,\boldsymbol{\alpha}_2$ 线性表示.

(4) 正确. 由于向量组 R 线性相关的充分必要条件是 R 中至少有一个向量可由其余向量线性表出. 于是,向量组 R 线性无关的充要条件是 R 中任一个向量均不能由其余向量线性表出.

评注:对于仅由一个向量 $\boldsymbol{\alpha}$ 组成的向量组,当 $\boldsymbol{\alpha}$ 为零向量时,$\boldsymbol{\alpha}$ 线性相关;当 $\boldsymbol{\alpha}$ 为非零向量时,$\boldsymbol{\alpha}$ 线性无关.

对于只有两个向量 $\boldsymbol{\alpha},\boldsymbol{\beta}$ 组成的向量组,设

$$\boldsymbol{\alpha}=(a_1,a_2,\cdots,a_n),\boldsymbol{\beta}=(b_1,b_2,\cdots,b_n),$$

$\boldsymbol{\alpha},\boldsymbol{\beta}$ 线性相关当且仅当 $\boldsymbol{\alpha},\boldsymbol{\beta}$ 中至少有一个可由另一个线性表出,即 $\boldsymbol{\alpha}=k\boldsymbol{\beta}$ 或 $\boldsymbol{\beta}=k\boldsymbol{\alpha}$,从而有 $\boldsymbol{\alpha}$ 与 $\boldsymbol{\beta}$ 的对应分量成比例时线性相关,否则线性无关.

【例 3】 s 个 n 维向量组成的向量组 $\boldsymbol{\alpha}_1,\boldsymbol{\alpha}_2,\cdots,\boldsymbol{\alpha}_s(s\geqslant 2)$ 线性相关的充要条件是(　　).

(A) $\boldsymbol{\alpha}_1,\boldsymbol{\alpha}_2,\cdots,\boldsymbol{\alpha}_s$ 中至少有一个是零向量

(B) $\boldsymbol{\alpha}_1,\boldsymbol{\alpha}_2,\cdots,\boldsymbol{\alpha}_s$ 中至少有两个向量成比例

(C) $\boldsymbol{\alpha}_1,\boldsymbol{\alpha}_2,\cdots,\boldsymbol{\alpha}_s$ 中至少有一个向量可以由其余向量线性表出

(D) $\boldsymbol{\alpha}_1,\boldsymbol{\alpha}_2,\cdots,\boldsymbol{\alpha}_s$ 至少有一个包含向量个数严格小于 s 的线性相关的部分组

答　应选(C).

【解】 (A)、(B)、(D)均是充分条件,不是必要条件. 例如,$\boldsymbol{\alpha}_1=(1,0)^{\mathrm{T}}$,$\boldsymbol{\alpha}_2=(0,1)^{\mathrm{T}}$,$\boldsymbol{\alpha}_3=(1,1)^{\mathrm{T}}$,由 $\boldsymbol{\alpha}_1+\boldsymbol{\alpha}_2-\boldsymbol{\alpha}_3=\mathbf{0}$ 知,$\boldsymbol{\alpha}_1,\boldsymbol{\alpha}_2,\boldsymbol{\alpha}_3$ 线性相关,但向量组中没有零向量,没有成比例向量,没有向量个数小于 3 的线性相关的部分组,即任何两个向量均不线性相关.

(C)是充分必要条件.

【例 4】 已知向量组(1)$\{\boldsymbol{\alpha}_1,\boldsymbol{\alpha}_2,\cdots,\boldsymbol{\alpha}_s\}$,(2)$\{\boldsymbol{\beta}_1,\boldsymbol{\beta}_2,\cdots,\boldsymbol{\beta}_t\}$均线性无关,且(1)中任一个

向量 $\boldsymbol{\alpha}_i(i=1,2,\cdots,s)$ 不能由(2)线性表出，(2)中任一个向量 $\boldsymbol{\beta}_j(j=1,2,\cdots,t)$ 不能由(1)线性表出，问向量组 $\{\boldsymbol{\alpha}_1,\boldsymbol{\alpha}_2,\cdots,\boldsymbol{\alpha}_s,\boldsymbol{\beta}_1,\boldsymbol{\beta}_2,\cdots,\boldsymbol{\beta}_t\}$ 是否线性无关？说明理由.

【解】 可能线性相关，也可能线性无关.举例说明如下.

例如：(1) $\boldsymbol{\alpha}_1=(1,0,0,0)^{\mathrm{T}},\alpha_2=(0,1,0,0)^{\mathrm{T}}$；

(2) $\boldsymbol{\beta}_1=(0,0,1,0)^{\mathrm{T}},\boldsymbol{\beta}_2=(0,0,0,1)^{\mathrm{T}}$.

显然，$\boldsymbol{\alpha}_1,\boldsymbol{\alpha}_2$ 线性无关，$\boldsymbol{\beta}_1,\boldsymbol{\beta}_2$ 线性无关，且 $\boldsymbol{\alpha}_i(i=1,2)$ 不能由(2)线性表出，$\boldsymbol{\beta}_j(j=1,2)$ 不能由(1)线性表出，而向量组 $\{\boldsymbol{\alpha}_1,\boldsymbol{\alpha}_2,\boldsymbol{\beta}_1,\boldsymbol{\beta}_2\}$ 线性无关.

例如：(1) $\boldsymbol{\alpha}_1=(1,0,0)^{\mathrm{T}},\boldsymbol{\alpha}_2=(1,1,0)^{\mathrm{T}}$；

(2) $\boldsymbol{\beta}_1=(0,0,1)^{\mathrm{T}},\boldsymbol{\beta}_2=(0,1,1)^{\mathrm{T}}$.

同样，$\boldsymbol{\alpha}_1,\boldsymbol{\alpha}_2$ 线性无关，$\boldsymbol{\beta}_1,\boldsymbol{\beta}_2$ 线性无关，且 $\boldsymbol{\alpha}_i(i=1,2)$ 不能由(2)线性表出，$\boldsymbol{\beta}_j(j=1,2)$ 不能由(1)线性表出，而向量组 $\{\boldsymbol{\alpha}_1,\boldsymbol{\alpha}_2,\boldsymbol{\beta}_1,\boldsymbol{\beta}_2\}$ 线性相关(4 个三维向量必线性相关).

【例 5】 已知四维列向量组 $\boldsymbol{\alpha}_1,\boldsymbol{\alpha}_2,\boldsymbol{\alpha}_3,\boldsymbol{\alpha}_4$ 线性无关，则下列向量组中线性无关的是(　　).

(A) $\boldsymbol{\alpha}_1-\boldsymbol{\alpha}_2,\boldsymbol{\alpha}_2-\boldsymbol{\alpha}_3,\boldsymbol{\alpha}_3-\boldsymbol{\alpha}_4,\boldsymbol{\alpha}_4-\boldsymbol{\alpha}_1$

(B) $\boldsymbol{\alpha}_1+\boldsymbol{\alpha}_2,\boldsymbol{\alpha}_2+\boldsymbol{\alpha}_3,\boldsymbol{\alpha}_3+\boldsymbol{\alpha}_4,\boldsymbol{\alpha}_4+\boldsymbol{\alpha}_1$

(C) $\boldsymbol{\alpha}_1+\boldsymbol{\alpha}_2,\boldsymbol{\alpha}_2+\boldsymbol{\alpha}_3,\boldsymbol{\alpha}_3-\boldsymbol{\alpha}_4,\boldsymbol{\alpha}_4-\boldsymbol{\alpha}_1$

(D) $\boldsymbol{\alpha}_1+\boldsymbol{\alpha}_2,\boldsymbol{\alpha}_2+\boldsymbol{\alpha}_3,\boldsymbol{\alpha}_3+\boldsymbol{\alpha}_4,\boldsymbol{\alpha}_4-\boldsymbol{\alpha}_1$

(E) $\boldsymbol{\alpha}_1+\boldsymbol{\alpha}_2,\boldsymbol{\alpha}_2-\boldsymbol{\alpha}_3,\boldsymbol{\alpha}_3-\boldsymbol{\alpha}_4,\boldsymbol{\alpha}_4+\boldsymbol{\alpha}_1,\boldsymbol{\alpha}_1+\boldsymbol{\alpha}_2-2\boldsymbol{\alpha}_3$

答　应选(D).

【解】 首先，因为 $\boldsymbol{\alpha}_1,\boldsymbol{\alpha}_2,\boldsymbol{\alpha}_3,\boldsymbol{\alpha}_4$ 是四维列向量，而向量组(E)中向量的个数大于向量的维数，故向量组(E)必线性相关.

其次，由下列等式

$$\text{(A)}\ (\boldsymbol{\alpha}_1-\boldsymbol{\alpha}_2)+(\boldsymbol{\alpha}_2-\boldsymbol{\alpha}_3)+(\boldsymbol{\alpha}_3-\boldsymbol{\alpha}_4)+(\boldsymbol{\alpha}_4-\boldsymbol{\alpha}_1)=\boldsymbol{0},$$
$$\text{(B)}\ (\boldsymbol{\alpha}_1+\boldsymbol{\alpha}_2)-(\boldsymbol{\alpha}_2+\boldsymbol{\alpha}_3)+(\boldsymbol{\alpha}_3+\boldsymbol{\alpha}_4)-(\boldsymbol{\alpha}_4+\boldsymbol{\alpha}_1)=\boldsymbol{0},$$
$$\text{(C)}\ (\boldsymbol{\alpha}_1+\boldsymbol{\alpha}_2)-(\boldsymbol{\alpha}_2+\boldsymbol{\alpha}_3)+(\boldsymbol{\alpha}_3-\boldsymbol{\alpha}_4)+(\boldsymbol{\alpha}_4-\boldsymbol{\alpha}_1)=\boldsymbol{0},$$

知向量组(A)、(B)、(C)均线性相关，根据排除法，应选(D).

事实上，下面的讨论也说明向量组(D)线性无关.

$$(\boldsymbol{\alpha}_1+\boldsymbol{\alpha}_2,\boldsymbol{\alpha}_2+\boldsymbol{\alpha}_3,\boldsymbol{\alpha}_3+\boldsymbol{\alpha}_4,\boldsymbol{\alpha}_4-\boldsymbol{\alpha}_1)=(\boldsymbol{\alpha}_1,\boldsymbol{\alpha}_2,\boldsymbol{\alpha}_3,\boldsymbol{\alpha}_4)\begin{pmatrix}1&0&0&-1\\1&1&0&0\\0&1&1&0\\0&0&1&1\end{pmatrix},$$

由于行列式 $\begin{vmatrix}1&0&0&-1\\1&1&0&0\\0&1&1&0\\0&0&1&1\end{vmatrix}=2\neq0$，所以矩阵 $\begin{pmatrix}1&0&0&-1\\1&1&0&0\\0&1&1&0\\0&0&1&1\end{pmatrix}$ 可逆，从而向量组(D)与向量组 $\boldsymbol{\alpha}_1,\boldsymbol{\alpha}_2,\boldsymbol{\alpha}_3,\boldsymbol{\alpha}_4$ 等价，而 $\boldsymbol{\alpha}_1,\boldsymbol{\alpha}_2,\boldsymbol{\alpha}_3,\boldsymbol{\alpha}_4$ 线性无关，故向量组(D)线性无关.

评注：本题的解法，主要分三个方面，首先考虑向量组中向量的个数，其次考虑向量组中的向量间的简单线性组合，最后利用向量组之间的过渡矩阵来讨论向量组的线性相关性.

【例 6】 设向量组 $\boldsymbol{\alpha}_1,\boldsymbol{\alpha}_2,\cdots,\boldsymbol{\alpha}_s$ 的秩为 r,下列说法错误的是( ).

(A) $\boldsymbol{\alpha}_1,\boldsymbol{\alpha}_2,\cdots,\boldsymbol{\alpha}_s$ 中至少有一个由 r 个向量组成的部分组线性无关

(B) $\boldsymbol{\alpha}_1,\boldsymbol{\alpha}_2,\cdots,\boldsymbol{\alpha}_s$ 中任意 r 个线性无关的向量组成的部分组与 $\boldsymbol{\alpha}_1,\boldsymbol{\alpha}_2,\cdots,\boldsymbol{\alpha}_s$ 是等价向量组

(C) $\boldsymbol{\alpha}_1,\boldsymbol{\alpha}_2,\cdots,\boldsymbol{\alpha}_s$ 中任意 r 个向量组成的部分组线性无关

(D) $\boldsymbol{\alpha}_1,\boldsymbol{\alpha}_2,\cdots,\boldsymbol{\alpha}_s$ 中任意 $r+1$ 个向量组成的部分组线性相关

答 应选(C).

【解】 $r(\boldsymbol{\alpha}_1,\boldsymbol{\alpha}_2,\cdots,\boldsymbol{\alpha}_s)=r$, 由定义, $\boldsymbol{\alpha}_1,\boldsymbol{\alpha}_2,\cdots,\boldsymbol{\alpha}_s$ 中最大的线性无关部分组所含向量的个数是 r 个,故至少有一个包含 r 个向量的部分组线性无关,(A)成立. 向量组的极大无关组不一定是唯一的,任何包含 r 个向量的线性无关部分组均是极大无关组，均与原向量组等价,故(B)成立. 因 $\boldsymbol{\alpha}_1,\boldsymbol{\alpha}_2,\cdots,\boldsymbol{\alpha}_s$ 中最大的线性无关组的向量个数为 r,所以任意 $r+1$ 个向量的部分组都线性相关,因此(D)成立. 故由排除法知应选(C).

$r(\boldsymbol{\alpha}_1,\boldsymbol{\alpha}_2,\cdots,\boldsymbol{\alpha}_s)=r$, 并非 $\boldsymbol{\alpha}_1,\boldsymbol{\alpha}_2,\cdots,\boldsymbol{\alpha}_s$ 中任意 r 个向量均线性无关,如 $\boldsymbol{\alpha}_1=(1,0)^{\mathrm{T}}$, $\boldsymbol{\alpha}_2=(2,0)^{\mathrm{T}}$, $\boldsymbol{\alpha}_3=(0,1)^{\mathrm{T}}$,有 $r(\boldsymbol{\alpha}_1,\boldsymbol{\alpha}_2,\boldsymbol{\alpha}_3)=2$,但 $\boldsymbol{\alpha}_1,\boldsymbol{\alpha}_2$ 线性相关,故(C)不成立,应选(C).

【例 7】 设向量组 $\boldsymbol{\alpha}_1,\boldsymbol{\alpha}_2,\cdots,\boldsymbol{\alpha}_n$ 线性无关,试讨论向量组 R:$\boldsymbol{\alpha}_1+\boldsymbol{\alpha}_2,\boldsymbol{\alpha}_2+\boldsymbol{\alpha}_3,\cdots,\boldsymbol{\alpha}_{n-1}+\boldsymbol{\alpha}_n,\boldsymbol{\alpha}_n+\boldsymbol{\alpha}_1$ 的线性相关性.

【解】 设有常数 $x_1,x_2,\cdots,x_n$, 使

$$x_1(\boldsymbol{\alpha}_1+\boldsymbol{\alpha}_2)+x_2(\boldsymbol{\alpha}_2+\boldsymbol{\alpha}_3)+\cdots+x_{n-1}(\boldsymbol{\alpha}_{n-1}+\boldsymbol{\alpha}_n)+x_n(\boldsymbol{\alpha}_n+\boldsymbol{\alpha}_1)=\mathbf{0},$$

即

$$(x_1+x_n)\boldsymbol{\alpha}_1+(x_1+x_2)\boldsymbol{\alpha}_2+\cdots+(x_{n-2}+x_{n-1})\boldsymbol{\alpha}_{n-1}+(x_{n-1}+x_n)\boldsymbol{\alpha}_n=\mathbf{0}.$$

考虑线性方程组：

$$\begin{cases} x_1+x_n=0, \\ x_1+x_2=0, \\ \vdots \\ x_{n-2}+x_{n-1}=0, \\ x_{n-1}+x_n=0. \end{cases}$$

此方程组的系数行列式为

$$D_n=\begin{vmatrix} 1 & 0 & 0 & \cdots & 0 & 0 & 1 \\ 1 & 1 & 0 & \cdots & 0 & 0 & 0 \\ 0 & 1 & 1 & \cdots & 0 & 0 & 0 \\ \vdots & \vdots & \vdots & & \vdots & \vdots & \vdots \\ 0 & 0 & 0 & \cdots & 1 & 1 & 0 \\ 0 & 0 & 0 & \cdots & 0 & 1 & 1 \end{vmatrix},$$

将此行列式按第 1 行展开式,即得

$$D_n=1+(-1)^{n+1}.$$

当 n 为奇数时, $D_n=2$,该方程组只有零解 $x_1=x_2=\cdots=x_n=0$,所以向量组 R 线性无关；当 n 为偶数时, $D_n=0$,该方程组有非零解,所以向量组 R 线性相关.

【例 8】 设 $\boldsymbol{\alpha}_1=(1,0,1,1)^{\mathrm{T}}$, $\boldsymbol{\alpha}_2=(2,1,2,1)^{\mathrm{T}}$, $\boldsymbol{\alpha}_3=(4,5,a-2,-1)^{\mathrm{T}}$, $\boldsymbol{\alpha}_4=(3,b+4,3,1)^{\mathrm{T}}$,讨论向量组 $\boldsymbol{\alpha}_1,\boldsymbol{\alpha}_2,\boldsymbol{\alpha}_3,\boldsymbol{\alpha}_4$ 的线性相关性.

【解】 设

$$x_1\boldsymbol{\alpha}_1+x_2\boldsymbol{\alpha}_2+x_3\boldsymbol{\alpha}_3+x_4\boldsymbol{\alpha}_4=\mathbf{0}.$$

对上述方程组的系数矩阵作初等行变换，

$$A=\begin{pmatrix}1&2&4&3\\0&1&5&b+4\\1&2&a-2&3\\1&1&-1&1\end{pmatrix}\rightarrow\begin{pmatrix}1&1&-1&1\\1&2&4&3\\0&1&5&b+4\\1&2&a-2&3\end{pmatrix}$$

$$\rightarrow\begin{pmatrix}1&1&-1&1\\0&1&5&2\\0&1&5&b+4\\0&1&a-1&2\end{pmatrix}\rightarrow\begin{pmatrix}1&1&-1&1\\0&1&5&2\\0&0&a-6&0\\0&0&0&b+2\end{pmatrix}.$$

当 $a\neq6$ 且 $b\neq-2$ 时，$r(\boldsymbol{A})=4$，方程组有唯一零解，所以向量组 $\boldsymbol{\alpha}_1,\boldsymbol{\alpha}_2,\boldsymbol{\alpha}_3,\boldsymbol{\alpha}_4$ 线性无关.

当 $a=6$ 或 $b=-2$ 时，$r(\boldsymbol{A})<4$，方程组有非零解，所以向量组 $\boldsymbol{\alpha}_1,\boldsymbol{\alpha}_2,\boldsymbol{\alpha}_3,\boldsymbol{\alpha}_4$ 线性相关.

【例 9】 设向量组 $\boldsymbol{\alpha}_1,\boldsymbol{\alpha}_2,\boldsymbol{\alpha}_3$ 线性相关，$\boldsymbol{\alpha}_2,\boldsymbol{\alpha}_3,\boldsymbol{\alpha}_4$ 线性无关. 问(1) $\boldsymbol{\alpha}_1$ 能否由 $\boldsymbol{\alpha}_2,\boldsymbol{\alpha}_3$ 线性表出？证明你的结论；(2) $\boldsymbol{\alpha}_4$ 能否由 $\boldsymbol{\alpha}_1,\boldsymbol{\alpha}_2,\boldsymbol{\alpha}_3$ 线性表出？证明你的结论.

【解】 (1) $\boldsymbol{\alpha}_1$ 能由 $\boldsymbol{\alpha}_2,\boldsymbol{\alpha}_3$ 线性表出.

方法 1　因为已知 $\boldsymbol{\alpha}_2,\boldsymbol{\alpha}_3,\boldsymbol{\alpha}_4$ 线性无关，所以 $\boldsymbol{\alpha}_2,\boldsymbol{\alpha}_3$ 线性无关，而 $\boldsymbol{\alpha}_1,\boldsymbol{\alpha}_2,\boldsymbol{\alpha}_3$ 线性相关，故 $\boldsymbol{\alpha}_1$ 可由 $\boldsymbol{\alpha}_2,\boldsymbol{\alpha}_3$ 唯一地线性表出.

方法 2　因 $\boldsymbol{\alpha}_1,\boldsymbol{\alpha}_2,\boldsymbol{\alpha}_3$ 线性相关，故存在不全为零的数 k_1,k_2,k_3，使得

$$k_1\boldsymbol{\alpha}_1+k_2\boldsymbol{\alpha}_2+k_3\boldsymbol{\alpha}_3=\boldsymbol{0},$$

其中 $k_1\neq0$. 若 $k_1=0$，则 k_2,k_3 不全为零，且 $k_2\boldsymbol{\alpha}_2+k_3\boldsymbol{\alpha}_3=\boldsymbol{0}$，即 $\boldsymbol{\alpha}_2,\boldsymbol{\alpha}_3$ 线性相关，从而 $\boldsymbol{\alpha}_2,\boldsymbol{\alpha}_3,\boldsymbol{\alpha}_4$ 线性相关，这和已知矛盾，故 $k_1\neq0$. 且有

$$\boldsymbol{\alpha}_1=-\frac{k_2}{k_1}\boldsymbol{\alpha}_2-\frac{k_3}{k_1}\boldsymbol{\alpha}_3\overset{\text{记为}}{=\!=}l_2\boldsymbol{\alpha}_2+l_3\boldsymbol{\alpha}_3. \tag{1}$$

(2) $\boldsymbol{\alpha}_4$ 不能由 $\boldsymbol{\alpha}_1,\boldsymbol{\alpha}_2,\boldsymbol{\alpha}_3$ 线性表出.

用反证法. 设 $\boldsymbol{\alpha}_4$ 可由 $\boldsymbol{\alpha}_1,\boldsymbol{\alpha}_2,\boldsymbol{\alpha}_3$ 线性表出，即 $\boldsymbol{\alpha}_4=\lambda_1\boldsymbol{\alpha}_1+\lambda_2\boldsymbol{\alpha}_2+\lambda_3\boldsymbol{\alpha}_3$. 由式(1)可知，$\boldsymbol{\alpha}_1=l_2\boldsymbol{\alpha}_2+l_3\boldsymbol{\alpha}_3$，代入式(1)得

$$\boldsymbol{\alpha}_4=\lambda_1(l_2\boldsymbol{\alpha}_2+l_3\boldsymbol{\alpha}_3)+\lambda_2\boldsymbol{\alpha}_2+\lambda_3\boldsymbol{\alpha}_3=(\lambda_1l_2+\lambda_2)\boldsymbol{\alpha}_2+(\lambda_1l_3+\lambda_3)\boldsymbol{\alpha}_3.$$

即 $\boldsymbol{\alpha}_4$ 可由 $\boldsymbol{\alpha}_2,\boldsymbol{\alpha}_3$ 线性表出，从而 $\boldsymbol{\alpha}_2,\boldsymbol{\alpha}_3,\boldsymbol{\alpha}_4$ 线性相关，与题干矛盾. 故 $\boldsymbol{\alpha}_4$ 不能由 $\boldsymbol{\alpha}_1,\boldsymbol{\alpha}_2,\boldsymbol{\alpha}_3$ 线性表出.

【例 10】 设向量组

$$\boldsymbol{\alpha}_1=\begin{pmatrix}1\\a_1\\\vdots\\a_1^{n-1}\end{pmatrix},\boldsymbol{\alpha}_2=\begin{pmatrix}1\\a_2\\\vdots\\a_2^{n-1}\end{pmatrix},\cdots,\boldsymbol{\alpha}_m=\begin{pmatrix}1\\a_m\\\vdots\\a_m^{n-1}\end{pmatrix},m\leqslant n,$$

其中 $a_1,a_2,\cdots,a_m$ 为 m 个互不相等的实数，试证向量组 $\boldsymbol{\alpha}_1,\boldsymbol{\alpha}_2,\cdots,\boldsymbol{\alpha}_m$ 线性无关.

【证明】 由于 $m\leqslant n$，令向量组

$$\boldsymbol{\beta}_1=\begin{pmatrix}1\\a_1\\\vdots\\a_1^{m-1}\end{pmatrix},\boldsymbol{\beta}_2=\begin{pmatrix}1\\a_2\\\vdots\\a_2^{m-1}\end{pmatrix},\cdots,\boldsymbol{\beta}_m=\begin{pmatrix}1\\a_m\\\vdots\\a_m^{m-1}\end{pmatrix}.$$

由于 $\boldsymbol{\beta}_1,\boldsymbol{\beta}_2,\cdots,\boldsymbol{\beta}_m$ 是由向量组 $\boldsymbol{\alpha}_1,\boldsymbol{\alpha}_2,\cdots,\boldsymbol{\alpha}_m$ 中每个向量去掉 $n-m$ 个分量而得到的,如果能证明向量组 $\boldsymbol{\beta}_1,\boldsymbol{\beta}_2,\cdots,\boldsymbol{\beta}_m$ 线性无关,那么 $\boldsymbol{\alpha}_1,\boldsymbol{\alpha}_2,\cdots,\boldsymbol{\alpha}_m$ 也线性无关.

设有数 $x_1,x_2,\cdots,x_m$, 使得

$$x_1\boldsymbol{\beta}_1+x_2\boldsymbol{\beta}_2+\cdots+x_m\boldsymbol{\beta}_m=\boldsymbol{0},$$

该方程组的系数行列式为

$$D_m=\begin{vmatrix}1 & 1 & \cdots & 1\\ a_1 & a_2 & \cdots & a_m\\ \vdots & \vdots & & \vdots\\ a_1^{m-1} & a_2^{m-1} & \cdots & a_m^{m-1}\end{vmatrix}=\prod_{1\leqslant j<i\leqslant m}(a_i-a_j).$$

由于 $a_1,a_2,\cdots,a_m$ 为互不相等的实数,所以 $D_m\neq0$,从而该齐次线性方程组只有零解 $x_1=x_2=\cdots=x_m=0$,故向量组 $\boldsymbol{\beta}_1,\boldsymbol{\beta}_2,\cdots,\boldsymbol{\beta}_m$ 线性无关,所以 $\boldsymbol{\alpha}_1,\boldsymbol{\alpha}_2,\cdots,\boldsymbol{\alpha}_m$ 也线性无关.

【例 11】 设 $\boldsymbol{A}$ 为 $n\times m$ 阶矩阵,$\boldsymbol{B}$ 为 $m\times n$ 阶矩阵,其中 $n<m$. 若 $\boldsymbol{AB}=\boldsymbol{E}$,试证 $\boldsymbol{B}$ 的列向量组线性无关.

【证明 1】 将 $\boldsymbol{B}$ 按列分块为 $\boldsymbol{B}=(\boldsymbol{\beta}_1,\boldsymbol{\beta}_2,\cdots,\boldsymbol{\beta}_n)$. 设有数 $x_1,x_2,\cdots,x_n$, 使得

$$x_1\boldsymbol{\beta}_1+x_2\boldsymbol{\beta}_2+\cdots+x_n\boldsymbol{\beta}_n=\boldsymbol{0},$$

即

$$(\boldsymbol{\beta}_1,\boldsymbol{\beta}_2,\cdots,\boldsymbol{\beta}_n)\begin{pmatrix}x_1\\ x_2\\ \vdots\\ x_n\end{pmatrix}=\boldsymbol{Bx}=\boldsymbol{0}.$$

上式两端左乘 $\boldsymbol{A}$ 得 $\boldsymbol{ABx}=\boldsymbol{A0}$,由于 $\boldsymbol{AB}=\boldsymbol{E}$,得 $\boldsymbol{Ex}=\boldsymbol{0}$,即 $\boldsymbol{x}=\boldsymbol{0}$,亦即 $x_1=x_2=\cdots=x_n=0$, 所以 $\boldsymbol{\beta}_1,\boldsymbol{\beta}_2,\cdots,\boldsymbol{\beta}_n$ 线性无关.

【证明 2】 将 $\boldsymbol{B}$ 按列分块为 $\boldsymbol{B}=(\boldsymbol{\beta}_1,\boldsymbol{\beta}_2,\cdots,\boldsymbol{\beta}_n)$. 要证 $\boldsymbol{B}$ 的列向量组 $\boldsymbol{\beta}_1,\boldsymbol{\beta}_2,\cdots,\boldsymbol{\beta}_n$ 线性无关,只需证 $r(\boldsymbol{B})=n$.

因为 $r(\boldsymbol{B})\leqslant\min\{m,n\}$,且由 $\boldsymbol{AB}=\boldsymbol{E}$ 得 $r(\boldsymbol{B})\geqslant r(\boldsymbol{AB})=r(\boldsymbol{E})=n$, 所以 $r(\boldsymbol{B})=n$. 故 $\boldsymbol{\beta}_1,\boldsymbol{\beta}_2,\cdots,\boldsymbol{\beta}_n$ 线性无关.

【例 12】 证明 n 个 n 维列向量 $\boldsymbol{\alpha}_1,\boldsymbol{\alpha}_2,\cdots,\boldsymbol{\alpha}_n$ 线性无关的充分必要条件是

$$D=\begin{vmatrix}\boldsymbol{\alpha}_1^{\mathrm{T}}\boldsymbol{\alpha}_1 & \boldsymbol{\alpha}_1^{\mathrm{T}}\boldsymbol{\alpha}_2 & \cdots & \boldsymbol{\alpha}_1^{\mathrm{T}}\boldsymbol{\alpha}_n\\ \boldsymbol{\alpha}_2^{\mathrm{T}}\boldsymbol{\alpha}_1 & \boldsymbol{\alpha}_2^{\mathrm{T}}\boldsymbol{\alpha}_2 & \cdots & \boldsymbol{\alpha}_2^{\mathrm{T}}\boldsymbol{\alpha}_n\\ \vdots & \vdots & & \vdots\\ \boldsymbol{\alpha}_n^{\mathrm{T}}\boldsymbol{\alpha}_1 & \boldsymbol{\alpha}_n^{\mathrm{T}}\boldsymbol{\alpha}_2 & \cdots & \boldsymbol{\alpha}_n^{\mathrm{T}}\boldsymbol{\alpha}_n\end{vmatrix}\neq0,$$

其中 $\boldsymbol{\alpha}_i^{\mathrm{T}}$ 是列向量 $\boldsymbol{\alpha}_i$ 的转置,$i=1,2,\cdots,n$.

分析:$\boldsymbol{\alpha}_1,\boldsymbol{\alpha}_2,\cdots,\boldsymbol{\alpha}_n$ 线性无关$\Leftrightarrow|\boldsymbol{\alpha}_1,\boldsymbol{\alpha}_2,\cdots,\boldsymbol{\alpha}_n|\neq0$. 又

$$\begin{pmatrix}\boldsymbol{\alpha}_1^{\mathrm{T}}\boldsymbol{\alpha}_1 & \boldsymbol{\alpha}_1^{\mathrm{T}}\boldsymbol{\alpha}_2 & \cdots & \boldsymbol{\alpha}_1^{\mathrm{T}}\boldsymbol{\alpha}_n\\ \boldsymbol{\alpha}_2^{\mathrm{T}}\boldsymbol{\alpha}_1 & \boldsymbol{\alpha}_2^{\mathrm{T}}\boldsymbol{\alpha}_2 & \cdots & \boldsymbol{\alpha}_2^{\mathrm{T}}\boldsymbol{\alpha}_n\\ \vdots & \vdots & & \vdots\\ \boldsymbol{\alpha}_n^{\mathrm{T}}\boldsymbol{\alpha}_1 & \boldsymbol{\alpha}_n^{\mathrm{T}}\boldsymbol{\alpha}_2 & \cdots & \boldsymbol{\alpha}_n^{\mathrm{T}}\boldsymbol{\alpha}_n\end{pmatrix}=\begin{pmatrix}\boldsymbol{\alpha}_1^{\mathrm{T}}\\ \boldsymbol{\alpha}_2^{\mathrm{T}}\\ \vdots\\ \boldsymbol{\alpha}_n^{\mathrm{T}}\end{pmatrix}(\boldsymbol{\alpha}_1,\boldsymbol{\alpha}_2,\cdots,\boldsymbol{\alpha}_n).$$

【解】 设 $\boldsymbol{A}=(\boldsymbol{\alpha}_1,\boldsymbol{\alpha}_2,\cdots,\boldsymbol{\alpha}_n)$, 则 $\boldsymbol{\alpha}_1,\boldsymbol{\alpha}_2,\cdots,\boldsymbol{\alpha}_n$ 线性无关$\Leftrightarrow|\boldsymbol{\alpha}_1,\boldsymbol{\alpha}_2,\cdots,\boldsymbol{\alpha}_n|\neq0$. 由

$$\begin{pmatrix} \boldsymbol{\alpha}_1^T\boldsymbol{\alpha}_1 & \boldsymbol{\alpha}_1^T\boldsymbol{\alpha}_2 & \cdots & \boldsymbol{\alpha}_1^T\boldsymbol{\alpha}_n \\ \boldsymbol{\alpha}_2^T\boldsymbol{\alpha}_1 & \boldsymbol{\alpha}_2^T\boldsymbol{\alpha}_2 & \cdots & \boldsymbol{\alpha}_2^T\boldsymbol{\alpha}_n \\ \vdots & \vdots & & \vdots \\ \boldsymbol{\alpha}_n^T\boldsymbol{\alpha}_1 & \boldsymbol{\alpha}_n^T\boldsymbol{\alpha}_2 & \cdots & \boldsymbol{\alpha}_n^T\boldsymbol{\alpha}_n \end{pmatrix} = \begin{pmatrix} \boldsymbol{\alpha}_1^T \\ \boldsymbol{\alpha}_2^T \\ \vdots \\ \boldsymbol{\alpha}_n^T \end{pmatrix}(\boldsymbol{\alpha}_1,\boldsymbol{\alpha}_2,\cdots,\boldsymbol{\alpha}_n)=\boldsymbol{A}^T\boldsymbol{A},$$

从而 $D=|\boldsymbol{A}^T\boldsymbol{A}|=|\boldsymbol{A}^T||\boldsymbol{A}|=|\boldsymbol{A}|^2\neq0$，故 $\boldsymbol{\alpha}_1,\boldsymbol{\alpha}_2,\cdots,\boldsymbol{\alpha}_n$ 线性无关$\Leftrightarrow D\neq0$.

【例 13】 已知向量组 $\boldsymbol{\alpha}_1,\boldsymbol{\alpha}_2,\boldsymbol{\alpha}_3,\boldsymbol{\alpha}_4$ 线性无关，且 $\boldsymbol{\alpha}_5=k_1\boldsymbol{\alpha}_1+k_2\boldsymbol{\alpha}_2+k_3\boldsymbol{\alpha}_3+k_4\boldsymbol{\alpha}_4$ 其中 $k_i\neq0$ $(i=1,2,3,4)$，证明 $\boldsymbol{\alpha}_1,\boldsymbol{\alpha}_2,\boldsymbol{\alpha}_3,\boldsymbol{\alpha}_4,\boldsymbol{\alpha}_5$ 中任意四个向量线性无关.

【证明】 利用等价向量组等秩的概念证明.

设任取的四个向量为 $\boldsymbol{\alpha}_2,\boldsymbol{\alpha}_3,\boldsymbol{\alpha}_4,\boldsymbol{\alpha}_5$，由 $\boldsymbol{\alpha}_5=k_1\boldsymbol{\alpha}_1+k_2\boldsymbol{\alpha}_2+k_3\boldsymbol{\alpha}_3+k_4\boldsymbol{\alpha}_4$ 且 $k_i\neq0(i=1,2,3,4)$，易知向量组 $R_1=\{\boldsymbol{\alpha}_2,\boldsymbol{\alpha}_3,\boldsymbol{\alpha}_4,\boldsymbol{\alpha}_5\}$与向量组 $R_2=\{\boldsymbol{\alpha}_1,\boldsymbol{\alpha}_2,\boldsymbol{\alpha}_3,\boldsymbol{\alpha}_4\}$等价.

因已知向量组 $\boldsymbol{\alpha}_1,\boldsymbol{\alpha}_2,\boldsymbol{\alpha}_3,\boldsymbol{\alpha}_4$ 线性无关，故 $r(R_2)=4$，由于等价向量组等秩，$r(R_1)=4$，而 R_1 中只有四个向量，故四个向量 $\boldsymbol{\alpha}_2,\boldsymbol{\alpha}_3,\boldsymbol{\alpha}_4,\boldsymbol{\alpha}_5$ 线性无关.

同理可证：$\boldsymbol{\alpha}_1,\boldsymbol{\alpha}_3,\boldsymbol{\alpha}_4,\boldsymbol{\alpha}_5$；$\boldsymbol{\alpha}_1,\boldsymbol{\alpha}_2,\boldsymbol{\alpha}_4,\boldsymbol{\alpha}_5$；$\boldsymbol{\alpha}_1,\boldsymbol{\alpha}_2,\boldsymbol{\alpha}_3,\boldsymbol{\alpha}_5$ 线性无关. 因此，$\boldsymbol{\alpha}_1,\boldsymbol{\alpha}_2,\boldsymbol{\alpha}_3,\boldsymbol{\alpha}_4,\boldsymbol{\alpha}_5$ 中任意四个向量线性无关.

【例 14】 设有向量组 $\boldsymbol{\alpha}_1=(1,-2,2,3)$，$\boldsymbol{\alpha}_2=(-2,4,-1,3)$，$\boldsymbol{\alpha}_3=(-1,2,0,3)$，$\boldsymbol{\alpha}_4=(0,6,2,3)$，$\boldsymbol{\alpha}_5=(2,-6,3,4)$. 求向量组 $\boldsymbol{\alpha}_1,\boldsymbol{\alpha}_2,\boldsymbol{\alpha}_3,\boldsymbol{\alpha}_4,\boldsymbol{\alpha}_5$ 的秩和它的一个极大无关组，并把不属于极大无关组的向量用极大无关组线性表出.

【解】 将 $\boldsymbol{\alpha}_1,\boldsymbol{\alpha}_2,\boldsymbol{\alpha}_3,\boldsymbol{\alpha}_4,\boldsymbol{\alpha}_5$ 按列构成矩阵

$$\boldsymbol{A}=(\boldsymbol{\alpha}_1^T,\boldsymbol{\alpha}_2^T,\boldsymbol{\alpha}_3^T,\boldsymbol{\alpha}_4^T,\boldsymbol{\alpha}_5^T)=\begin{pmatrix} 1 & -2 & -1 & 0 & 2 \\ -2 & 4 & 2 & 6 & -6 \\ 2 & -1 & 0 & 2 & 3 \\ 3 & 3 & 3 & 3 & 4 \end{pmatrix}$$

$$\to\begin{pmatrix} 1 & -2 & -1 & 0 & 2 \\ 0 & 0 & 0 & 6 & -2 \\ 0 & 3 & 2 & 2 & -1 \\ 0 & 9 & 6 & 3 & -2 \end{pmatrix}\to\begin{pmatrix} 1 & -2 & -1 & 0 & 2 \\ 0 & 3 & 2 & 2 & -1 \\ 0 & 9 & 6 & 3 & -2 \\ 0 & 0 & 0 & 6 & -2 \end{pmatrix}$$

$$\to\begin{pmatrix} 1 & -2 & -1 & 0 & 2 \\ 0 & 3 & 2 & 2 & -1 \\ 0 & 0 & 0 & -3 & 1 \\ 0 & 0 & 0 & 6 & -2 \end{pmatrix}\to\begin{pmatrix} 1 & -2 & -1 & 0 & 2 \\ 0 & 3 & 2 & 2 & -1 \\ 0 & 0 & 0 & -3 & 1 \\ 0 & 0 & 0 & 0 & 0 \end{pmatrix}$$

$$\to\begin{pmatrix} 1 & -2 & -1 & 0 & 2 \\ 0 & 1 & \frac{2}{3} & \frac{2}{3} & -\frac{1}{3} \\ 0 & 0 & 0 & 1 & -\frac{1}{3} \\ 0 & 0 & 0 & 0 & 0 \end{pmatrix}\to\begin{pmatrix} 1 & 0 & \frac{1}{3} & 0 & \frac{16}{9} \\ 0 & 1 & \frac{2}{3} & 0 & -\frac{1}{9} \\ 0 & 0 & 0 & 1 & -\frac{1}{3} \\ 0 & 0 & 0 & 0 & 0 \end{pmatrix}\xlongequal{\text{记为}}\boldsymbol{B}.$$

因此，$r(\boldsymbol{\alpha}_1,\boldsymbol{\alpha}_2,\boldsymbol{\alpha}_3,\boldsymbol{\alpha}_4,\boldsymbol{\alpha}_5)=3$. 设 $\boldsymbol{B}=(\boldsymbol{\beta}_1,\boldsymbol{\beta}_2,\boldsymbol{\beta}_3,\boldsymbol{\beta}_4,\boldsymbol{\beta}_5)$，则易知 $\boldsymbol{\beta}_1,\boldsymbol{\beta}_2,\boldsymbol{\beta}_4$ 是 $\boldsymbol{B}$ 的列向量组的一个极大无关组，且

$$\boldsymbol{\beta}_3=\frac{1}{3}\boldsymbol{\beta}_1+\frac{2}{3}\boldsymbol{\beta}_2,\quad \boldsymbol{\beta}_5=\frac{16}{9}\boldsymbol{\beta}_1-\frac{1}{9}\boldsymbol{\beta}_2-\frac{1}{3}\boldsymbol{\beta}_4.$$

由于 $\boldsymbol{A}$ 的列向量组与 $\boldsymbol{B}$ 的列向量组有相同的线性组合关系，所以 $\boldsymbol{\alpha}_1,\boldsymbol{\alpha}_2,\boldsymbol{\alpha}_4$ 是向量组的

一个极大无关组，且

$$\boldsymbol{\alpha}_3=\frac{1}{3}\boldsymbol{\alpha}_1+\frac{2}{3}\boldsymbol{\alpha}_2,\quad \boldsymbol{\alpha}_5=\frac{16}{9}\boldsymbol{\alpha}_1-\frac{1}{9}\boldsymbol{\alpha}_2-\frac{1}{3}\boldsymbol{\alpha}_4.$$

评注：若不要求将不属于极大无关组的向量用该极大无关组线性表出，则不必将 $\boldsymbol{A}$ 化成行最简形，只要将 $\boldsymbol{A}$ 化成行阶梯形矩阵就可以求出 $\boldsymbol{A}$ 的列向量组的秩及它的一个极大无关组；若只求向量组的秩，也可将所给向量组按列构成矩阵，再化行阶梯形矩阵即可.

【例 15】 设 $\boldsymbol{\alpha}_1,\boldsymbol{\alpha}_2,\cdots,\boldsymbol{\alpha}_n$ 是一组 n 维向量，证明它们线性无关的充分必要条件是：任一 n 维向量都可以由它们线性表出.

【证明】 充分性：由于任一 n 维向量都可由 $\boldsymbol{\alpha}_1,\boldsymbol{\alpha}_2,\cdots,\boldsymbol{\alpha}_n$ 线性表出，从而 n 维单位坐标向量

$$\boldsymbol{e}_1=\begin{pmatrix}1\\0\\\vdots\\0\end{pmatrix},\quad \boldsymbol{e}_2=\begin{pmatrix}0\\1\\\vdots\\0\end{pmatrix},\cdots,\boldsymbol{e}_n=\begin{pmatrix}0\\0\\\vdots\\1\end{pmatrix}$$

可由 $\boldsymbol{\alpha}_1,\boldsymbol{\alpha}_2,\cdots,\boldsymbol{\alpha}_n$ 线性表出，因此

$$n=\text{秩}(\boldsymbol{e}_1,\boldsymbol{e}_2,\cdots,\boldsymbol{e}_n)\leqslant\text{秩}(\boldsymbol{\alpha}_1,\boldsymbol{\alpha}_2,\cdots,\boldsymbol{\alpha}_n)\leqslant n,$$

所以秩$(\boldsymbol{\alpha}_1,\boldsymbol{\alpha}_2,\cdots,\boldsymbol{\alpha}_n)=n$，即 $\boldsymbol{\alpha}_1,\boldsymbol{\alpha}_2,\cdots,\boldsymbol{\alpha}_n$ 线性无关.

必要性：设 $\boldsymbol{\alpha}$ 是任一 n 维向量，则 $n+1$ 个 n 维向量 $\boldsymbol{\alpha}_1,\boldsymbol{\alpha}_2,\cdots,\boldsymbol{\alpha}_n,\boldsymbol{\alpha}$ 必线性相关，而 $\boldsymbol{\alpha}_1,\boldsymbol{\alpha}_2,\cdots,\boldsymbol{\alpha}_n$ 线性无关，因而 $\boldsymbol{\alpha}$ 可由 $\boldsymbol{\alpha}_1,\boldsymbol{\alpha}_2,\cdots,\boldsymbol{\alpha}_n$ 线性表出.

【例 16】 设 $m\times n$ 矩阵 A 的秩为 n，n 维列向量 $\boldsymbol{\alpha}_1,\boldsymbol{\alpha}_2,\cdots,\boldsymbol{\alpha}_s(s\leqslant n)$ 线性无关，证明向量组 $\boldsymbol{A}\boldsymbol{\alpha}_1,\boldsymbol{A}\boldsymbol{\alpha}_2,\cdots,\boldsymbol{A}\boldsymbol{\alpha}_s$ 线性无关.

【证明】 将 $\boldsymbol{A}$ 按列分块为 $\boldsymbol{A}=(\boldsymbol{\beta}_1,\boldsymbol{\beta}_2,\cdots,\boldsymbol{\beta}_n)$，其中 $\boldsymbol{\beta}_j(j=1,2,\cdots,n)$ 是 m 维列向量，并设数组 $k_1,k_2,\cdots,k_s$，使

$$k_1\boldsymbol{A}\boldsymbol{\alpha}_1+k_2\boldsymbol{A}\boldsymbol{\alpha}_2+\cdots+k_s\boldsymbol{A}\boldsymbol{\alpha}_s=\boldsymbol{0},$$

即

$$\boldsymbol{A}(k_1\boldsymbol{\alpha}_1+k_2\boldsymbol{\alpha}_2+\cdots+k_s\boldsymbol{\alpha}_s)=\boldsymbol{0}.$$

记 $\boldsymbol{\alpha}=k_1\boldsymbol{\alpha}_1+k_2\boldsymbol{\alpha}_2+\cdots+k_s\boldsymbol{\alpha}_s=(t_1,t_2,\cdots,t_n)^{\mathrm{T}}$，则上式可以写为

$$t_1\boldsymbol{\beta}_1+t_2\boldsymbol{\beta}_2+\cdots+t_n\boldsymbol{\beta}_n=\boldsymbol{0}.$$

由于 $r(\boldsymbol{A})=n$，故 $\boldsymbol{\beta}_1,\boldsymbol{\beta}_2,\cdots,\boldsymbol{\beta}_n$ 线性无关，所以 $t_1=t_2=\cdots=t_n=0$，亦即

$$k_1\boldsymbol{\alpha}_1+k_2\boldsymbol{\alpha}_2+\cdots+k_s\boldsymbol{\alpha}_s=\boldsymbol{0}.$$

又因为向量组 $\boldsymbol{\alpha}_1,\boldsymbol{\alpha}_2,\cdots,\boldsymbol{\alpha}_s$ 线性无关，所以有 $k_1=k_2=\cdots=k_s=0$，从而向量组 $\boldsymbol{A}\boldsymbol{\alpha}_1,\boldsymbol{A}\boldsymbol{\alpha}_2,\cdots,\boldsymbol{A}\boldsymbol{\alpha}_s$ 线性无关.

【例 17】 设向量组 A：$\boldsymbol{\alpha}_1,\boldsymbol{\alpha}_2,\cdots,\boldsymbol{\alpha}_s$ 的秩为 r_1，向量组 B：$\boldsymbol{\beta}_1,\boldsymbol{\beta}_2,\cdots,\boldsymbol{\beta}_t$ 的秩为 r_2，向量组 C：$\boldsymbol{\alpha}_1,\boldsymbol{\alpha}_2,\cdots,\boldsymbol{\alpha}_s,\boldsymbol{\beta}_1,\boldsymbol{\beta}_2,\cdots,\boldsymbol{\beta}_t$ 的秩为 r_3. 证明：$\max\{r_1,r_2\}\leqslant r_3\leqslant r_1+r_2$.

【证明】 因为向量组 C 是由向量组 A 和 B 构成的，因此显然有 $\max\{r_1,r_2\}\leqslant r_3$. 下面证明 $r_3\leqslant r_1+r_2$.

不妨设 $\boldsymbol{\alpha}_1,\boldsymbol{\alpha}_2,\cdots,\boldsymbol{\alpha}_{r_1}$；$\boldsymbol{\beta}_1,\boldsymbol{\beta}_2,\cdots,\boldsymbol{\beta}_{r_2}$；$\boldsymbol{\gamma}_1,\boldsymbol{\gamma}_2,\cdots,\boldsymbol{\gamma}_{r_3}$ 分别是向量组 A，B 和 C 的极大无关组，则 $\boldsymbol{\alpha}_1,\boldsymbol{\alpha}_2,\cdots,\boldsymbol{\alpha}_s$ 可由它的极大无关组 $\boldsymbol{\alpha}_1,\boldsymbol{\alpha}_2,\cdots,\boldsymbol{\alpha}_{r_1}$ 线性表出；$\boldsymbol{\beta}_1,\boldsymbol{\beta}_2,\cdots,\boldsymbol{\beta}_t$ 可由它的极大无关组 $\boldsymbol{\beta}_1,\boldsymbol{\beta}_2,\cdots,\boldsymbol{\beta}_{r_2}$ 线性表出，从而向量组 $\boldsymbol{\alpha}_1,\boldsymbol{\alpha}_2,\cdots,\boldsymbol{\alpha}_s,\boldsymbol{\beta}_1,\boldsymbol{\beta}_2,\cdots,\boldsymbol{\beta}_t$ 可由 $\boldsymbol{\alpha}_1,\boldsymbol{\alpha}_2,\cdots,\boldsymbol{\alpha}_{r_1},\boldsymbol{\beta}_1,\boldsymbol{\beta}_2,\cdots,\boldsymbol{\beta}_{r_2}$ 线性表出. 又 $\boldsymbol{\gamma}_1,\boldsymbol{\gamma}_2,\cdots,\boldsymbol{\gamma}_{r_3}$ 可由 $\boldsymbol{\alpha}_1,\boldsymbol{\alpha}_2,\cdots,\boldsymbol{\alpha}_s,\boldsymbol{\beta}_1,\boldsymbol{\beta}_2,\cdots,\boldsymbol{\beta}_t$ 线性表出，从而 $\boldsymbol{\gamma}_1,\boldsymbol{\gamma}_2,\cdots,\boldsymbol{\gamma}_{r_3}$ 可由

$\boldsymbol{\alpha}_1,\boldsymbol{\alpha}_2,\cdots,\boldsymbol{\alpha}_{r_1},\boldsymbol{\beta}_1,\boldsymbol{\beta}_2,\cdots,\boldsymbol{\beta}_{r_2}$ 线性表出，所以

$$\text{秩}(\boldsymbol{\gamma}_1,\boldsymbol{\gamma}_2,\cdots,\boldsymbol{\gamma}_{r_3})\leqslant\text{秩}(\boldsymbol{\alpha}_1,\boldsymbol{\alpha}_2,\cdots,\boldsymbol{\alpha}_{r_1},\boldsymbol{\beta}_1,\boldsymbol{\beta}_2,\cdots,\boldsymbol{\beta}_{r_2})\leqslant r_1+r_2.$$

又由于 $\boldsymbol{\gamma}_1,\boldsymbol{\gamma}_2,\cdots,\boldsymbol{\gamma}_{r_3}$ 线性无关，则秩$(\boldsymbol{\gamma}_1,\boldsymbol{\gamma}_2,\cdots,\boldsymbol{\gamma}_{r_3})=r_3$，从而 $r_3\leqslant r_1+r_2$.

【例 18】 设向量组 $\boldsymbol{\alpha}_1,\boldsymbol{\alpha}_2,\cdots,\boldsymbol{\alpha}_s$ 的秩为 r，在其中任取 m 个向量 $\boldsymbol{\alpha}_{i_1},\boldsymbol{\alpha}_{i_2},\cdots,\boldsymbol{\alpha}_{i_m}$. 证明：向量组 $\boldsymbol{\alpha}_{i_1},\boldsymbol{\alpha}_{i_2},\cdots,\boldsymbol{\alpha}_{i_m}$ 的秩 $\geqslant r+m-s$.

【证明】 设在向量组 $\boldsymbol{\alpha}_1,\boldsymbol{\alpha}_2,\cdots,\boldsymbol{\alpha}_s$ 中除去 $\boldsymbol{\alpha}_{i_1},\boldsymbol{\alpha}_{i_2},\cdots,\boldsymbol{\alpha}_{i_m}$ 后剩下的向量为 $\boldsymbol{\alpha}_{j_1},\boldsymbol{\alpha}_{j_2},\cdots,\boldsymbol{\alpha}_{j_{s-m}}$.

设向量组 $\boldsymbol{\alpha}_{i_1},\boldsymbol{\alpha}_{i_2},\cdots,\boldsymbol{\alpha}_{i_m}$ 的秩为 r_1，向量组 $\boldsymbol{\alpha}_{j_1},\boldsymbol{\alpha}_{j_2},\cdots,\boldsymbol{\alpha}_{j_{s-m}}$ 的秩为 r_2，由于这个向量组所含向量的个数为 $s-m$，所以 $r_2\leqslant s-m$.

又因为向量组 $\boldsymbol{\alpha}_1,\boldsymbol{\alpha}_2,\cdots,\boldsymbol{\alpha}_s$ 是由向量组 $\boldsymbol{\alpha}_{i_1},\boldsymbol{\alpha}_{i_2},\cdots,\boldsymbol{\alpha}_{i_m}$ 与向量组 $\boldsymbol{\alpha}_{j_1},\boldsymbol{\alpha}_{j_2},\cdots,\boldsymbol{\alpha}_{j_{s-m}}$ 构成的，所以由例 16 可知 $r\leqslant r_1+r_2$，而 $r_2\leqslant s-m$，故 $r\leqslant r_1+s-m$，即 $r_1\geqslant r+m-s$.

【例 19】 证明：$r(\boldsymbol{A}+\boldsymbol{B})\leqslant r(\boldsymbol{A}|\boldsymbol{B})\leqslant r(\boldsymbol{A})+r(\boldsymbol{B})$.

【证明】 设 $r(\boldsymbol{A})=p,r(\boldsymbol{B})=q$，将 $\boldsymbol{A},\boldsymbol{B}$ 按列分块为

$$\boldsymbol{A}=(\boldsymbol{\alpha}_1,\boldsymbol{\alpha}_2,\cdots,\boldsymbol{\alpha}_s),\boldsymbol{B}=(\boldsymbol{\beta}_1,\boldsymbol{\beta}_2,\cdots,\boldsymbol{\beta}_s),$$

于是

$$(\boldsymbol{A}|\boldsymbol{B})=(\boldsymbol{\alpha}_1,\boldsymbol{\alpha}_2,\cdots,\boldsymbol{\alpha}_s,\boldsymbol{\beta}_1,\boldsymbol{\beta}_2,\cdots,\boldsymbol{\beta}_s),$$

$$\boldsymbol{A}+\boldsymbol{B}=(\boldsymbol{\alpha}_1+\boldsymbol{\beta}_1,\boldsymbol{\alpha}_2+\boldsymbol{\beta}_2,\cdots,\boldsymbol{\alpha}_s+\boldsymbol{\beta}_s).$$

因 $\boldsymbol{\alpha}_i+\boldsymbol{\beta}_i(i=1,2,\cdots,s)$ 均可由向量组 $\boldsymbol{\alpha}_1,\boldsymbol{\alpha}_2,\cdots,\boldsymbol{\alpha}_s,\boldsymbol{\beta}_1,\boldsymbol{\beta}_2,\cdots,\boldsymbol{\beta}_s$ 线性表出，故

$$r(\boldsymbol{A}+\boldsymbol{B})\leqslant r(\boldsymbol{A}|\boldsymbol{B}).$$

又设 $\boldsymbol{A},\boldsymbol{B}$ 的列向量组的极大无关组分别为 $\boldsymbol{\alpha}_1,\boldsymbol{\alpha}_2,\cdots,\boldsymbol{\alpha}_p$ 和 $\boldsymbol{\beta}_1,\boldsymbol{\beta}_2,\cdots,\boldsymbol{\beta}_q$，将 $\boldsymbol{A}$ 的极大无关组 $\boldsymbol{\alpha}_1,\boldsymbol{\alpha}_2,\cdots,\boldsymbol{\alpha}_p$ 扩充成 $(\boldsymbol{A}|\boldsymbol{B})$ 的极大无关组，设为 $\boldsymbol{\alpha}_1,\boldsymbol{\alpha}_2,\cdots,\boldsymbol{\alpha}_p,\boldsymbol{\beta}_1,\boldsymbol{\beta}_2,\cdots,\boldsymbol{\beta}_w$，显然 $w\leqslant q$，故有

$$r(\boldsymbol{A}|\boldsymbol{B})\leqslant p+w\leqslant p+q=r(\boldsymbol{A})+r(\boldsymbol{B}).$$

【例 20】 证明：$r(\boldsymbol{AB})\leqslant r(\boldsymbol{B})$.

【证明】 将 $\boldsymbol{B},\boldsymbol{AB}$ 按行向量分块为

$$\boldsymbol{B}=\begin{pmatrix}\boldsymbol{\beta}_1\\\boldsymbol{\beta}_2\\\vdots\\\boldsymbol{\beta}_s\end{pmatrix},\boldsymbol{AB}=\boldsymbol{C}=\begin{pmatrix}\boldsymbol{\gamma}_1\\\boldsymbol{\gamma}_2\\\vdots\\\boldsymbol{\gamma}_m\end{pmatrix},$$

则有

$$\boldsymbol{AB}=\begin{pmatrix}a_{11}&a_{12}&\cdots&a_{1s}\\a_{21}&a_{22}&\cdots&a_{2s}\\\vdots&\vdots&&\vdots\\a_{m1}&a_{m2}&\cdots&a_{ms}\end{pmatrix}\begin{pmatrix}\boldsymbol{\beta}_1\\\boldsymbol{\beta}_2\\\vdots\\\boldsymbol{\beta}_s\end{pmatrix}=\begin{pmatrix}a_{11}\boldsymbol{\beta}_1+a_{12}\boldsymbol{\beta}_2+\cdots+a_{1s}\boldsymbol{\beta}_s\\a_{21}\boldsymbol{\beta}_1+a_{22}\boldsymbol{\beta}_2+\cdots+a_{2s}\boldsymbol{\beta}_s\\\vdots\\a_{m1}\boldsymbol{\beta}_1+a_{m2}\boldsymbol{\beta}_2+\cdots+a_{ms}\boldsymbol{\beta}_s\end{pmatrix}=\begin{pmatrix}\boldsymbol{\gamma}_1\\\boldsymbol{\gamma}_2\\\vdots\\\boldsymbol{\gamma}_m\end{pmatrix},$$

所以 $\boldsymbol{AB}$ 的行向量 $\boldsymbol{\gamma}_1,\boldsymbol{\gamma}_2,\cdots,\boldsymbol{\gamma}_m$ 均可由 $\boldsymbol{B}$ 的行向量 $\boldsymbol{\beta}_1,\boldsymbol{\beta}_2,\cdots,\boldsymbol{\beta}_s$ 线性表出，故

$$r(\boldsymbol{AB})\leqslant r(\boldsymbol{B}).$$

注：类似的方程可以证明 $r(\boldsymbol{AB})\leqslant r(\boldsymbol{A})$.

【例 21】 设 $\boldsymbol{\alpha}_1,\boldsymbol{\alpha}_2,\cdots,\boldsymbol{\alpha}_m$ 是 n 维向量组，$\boldsymbol{\beta}$ 是 n 维向量. 试证明 $\boldsymbol{\beta}$ 是 $\boldsymbol{\alpha}_1,\boldsymbol{\alpha}_2,\cdots,\boldsymbol{\alpha}_m$ 的线性组合的充分必要条件是 $r(\boldsymbol{\alpha}_1,\boldsymbol{\alpha}_2,\cdots,\boldsymbol{\alpha}_m,\boldsymbol{\beta})=r(\boldsymbol{\alpha}_1,\boldsymbol{\alpha}_2,\cdots,\boldsymbol{\alpha}_m)$.

【证明】 必要性. 设 $\boldsymbol{\beta}=k_1\boldsymbol{\alpha}_1+k_2\boldsymbol{\alpha}_2+\cdots+k_m\boldsymbol{\alpha}_m$，则向量组 $\boldsymbol{\alpha}_1,\boldsymbol{\alpha}_2,\cdots,\boldsymbol{\alpha}_m,\boldsymbol{\beta}$ 可由向量组 $\boldsymbol{\alpha}_1,\boldsymbol{\alpha}_2,\cdots,\boldsymbol{\alpha}_m$ 线性表出；由于 $\boldsymbol{\alpha}_1,\boldsymbol{\alpha}_2,\cdots,\boldsymbol{\alpha}_m$ 作为部分组，可由向量组 $\boldsymbol{\alpha}_1,\boldsymbol{\alpha}_2,\cdots,\boldsymbol{\alpha}_m,\boldsymbol{\beta}$ 线性表

出，于是两向量组等价，从而有 $r(\boldsymbol{\alpha}_1,\boldsymbol{\alpha}_2,\cdots,\boldsymbol{\alpha}_m,\boldsymbol{\beta})=r(\boldsymbol{\alpha}_1,\boldsymbol{\alpha}_2,\cdots,\boldsymbol{\alpha}_m)$.

充分性. 设 $r(\boldsymbol{\alpha}_1,\boldsymbol{\alpha}_2,\cdots,\boldsymbol{\alpha}_m,\boldsymbol{\beta})=r(\boldsymbol{\alpha}_1,\boldsymbol{\alpha}_2,\cdots,\boldsymbol{\alpha}_m)$. 不妨设 $\boldsymbol{\alpha}_{i_1},\boldsymbol{\alpha}_{i_2},\cdots,\boldsymbol{\alpha}_{i_s}$ 为 $\boldsymbol{\alpha}_1,\boldsymbol{\alpha}_2,\cdots,\boldsymbol{\alpha}_m$ 的极大线性无关组，则由 $r(\boldsymbol{\alpha}_1,\boldsymbol{\alpha}_2,\cdots,\boldsymbol{\alpha}_m,\boldsymbol{\beta})=r(\boldsymbol{\alpha}_1,\boldsymbol{\alpha}_2,\cdots,\boldsymbol{\alpha}_m)$ 可知，$\boldsymbol{\alpha}_{i_1},\boldsymbol{\alpha}_{i_2},\cdots,\boldsymbol{\alpha}_{i_s}$ 也是 $\boldsymbol{\alpha}_1,\boldsymbol{\alpha}_2,\cdots,\boldsymbol{\alpha}_m,\boldsymbol{\beta}$ 的极大线性无关组. 于是 $\boldsymbol{\beta}$ 可由 $\boldsymbol{\alpha}_{i_1},\boldsymbol{\alpha}_{i_2},\cdots,\boldsymbol{\alpha}_{i_s}$ 线性表出，因而 $\boldsymbol{\beta}$ 也可由 $\boldsymbol{\alpha}_1,\boldsymbol{\alpha}_2,\cdots,\boldsymbol{\alpha}_m$ 线性表出.

【例 22】 设 $\boldsymbol{A}$ 是 $n\times n$ 矩阵，$\boldsymbol{B}$ 是 $n\times s$ 矩阵，且 $r(\boldsymbol{B})=n$. 证明：(1)若 $\boldsymbol{AB}=\boldsymbol{O}$，则 $\boldsymbol{A}=\boldsymbol{O}$；(2)若 $\boldsymbol{AB}=\boldsymbol{B}$，则 $\boldsymbol{A}=\boldsymbol{E}$.

【证明】

(1) 方法1 因 $\boldsymbol{AB}=\boldsymbol{O}$，故 $r(\boldsymbol{A})+r(\boldsymbol{B})\leqslant n$. 又已知 $r(\boldsymbol{B})=n$. 于是有 $r(\boldsymbol{A})\leqslant 0$，因 $r(\boldsymbol{A})\geqslant 0$，故 $r(\boldsymbol{A})=0$，从而 $\boldsymbol{A}=\boldsymbol{O}$.

方法2 将 $\boldsymbol{B}$ 按列分块成 $\boldsymbol{B}=(\boldsymbol{\beta}_1,\boldsymbol{\beta}_2,\cdots,\boldsymbol{\beta}_s)$. 由 $\boldsymbol{AB}=\boldsymbol{O}$，得 $\boldsymbol{A\beta}_i=\boldsymbol{O}$，$(i=1,2,\cdots,s)$，因 $r(\boldsymbol{B})=n$，不妨设 $\boldsymbol{\beta}_1,\boldsymbol{\beta}_2,\cdots,\boldsymbol{\beta}_n$ 是 $\boldsymbol{B}$ 的列向量组的极大无关组，合并成矩阵，并记为 $\boldsymbol{C}=(\boldsymbol{\beta}_1,\boldsymbol{\beta}_2,\cdots,\boldsymbol{\beta}_n)$，则 $\boldsymbol{C}$ 是可逆矩阵，且有 $\boldsymbol{AC}=\boldsymbol{O}\Rightarrow \boldsymbol{ACC}^{-1}=\boldsymbol{OC}^{-1}\Leftrightarrow \boldsymbol{A}=\boldsymbol{O}$.

(2) $\boldsymbol{AB}=\boldsymbol{B}$，即 $\boldsymbol{AB}-\boldsymbol{B}=(\boldsymbol{A}-\boldsymbol{E})\boldsymbol{B}=\boldsymbol{O}$，由(1)知 $\boldsymbol{A}-\boldsymbol{E}=\boldsymbol{O}$，故 $\boldsymbol{A}=\boldsymbol{E}$.

【例 23】 设矩阵 $\boldsymbol{A}=(a_{ij})_{m\times n}$，$\boldsymbol{b}$ 是 $m\times 1$ 的非零矩阵，令

$$V_1=\{\boldsymbol{x}=(x_1,x_2,\cdots,x_n)^{\mathrm{T}}\mid x_1,x_2,\cdots,x_n\in\mathbf{R},\ \text{满足 }\boldsymbol{Ax}=\boldsymbol{0}\},$$

$$V_2=\{\boldsymbol{x}=(x_1,x_2,\cdots,x_n)^{\mathrm{T}}\mid x_1,x_2,\cdots,x_n\in\mathbf{R},\ \text{满足 }\boldsymbol{Ax}=\boldsymbol{b}\},$$

问 V_1,V_2 是否为向量空间，为什么？

【解】 任取 V_1 中两个向量

$$\boldsymbol{x}=(x_1,x_2,\cdots,x_n)^{\mathrm{T}},\quad \boldsymbol{y}=(y_1,y_2,\cdots,y_n)^{\mathrm{T}}$$

则 $\boldsymbol{A\alpha}=\boldsymbol{0},\boldsymbol{A\beta}=\boldsymbol{0}$，从而有

$$\boldsymbol{A}(\boldsymbol{\alpha}+\boldsymbol{\beta})=\boldsymbol{A\alpha}+\boldsymbol{A\beta}=\boldsymbol{0}+\boldsymbol{0}=\boldsymbol{0},$$

$$\boldsymbol{A}(k\boldsymbol{\alpha})=k\boldsymbol{A\alpha}=k\cdot\boldsymbol{0}=\boldsymbol{0}.$$

所以 $\boldsymbol{\alpha}+\boldsymbol{\beta}\in V_1$，$k\boldsymbol{\alpha}\in V_1$，故 V_1 是向量空间.

任取 V_2 中的向量 $\boldsymbol{x}=(x_1,x_2,\cdots,x_n)^{\mathrm{T}}$，则 $\boldsymbol{Ax}=\boldsymbol{b}$，但是 $\boldsymbol{A}(2\boldsymbol{x})=2\boldsymbol{A}(\boldsymbol{x})=2\boldsymbol{b}\neq\boldsymbol{b}$，从而 V_2 不是向量空间.

由例 23 可知齐次线性方程组的所有解构成向量空间，但非齐次线性方程组的所有解不构成向量空间.

【例 24】 已知三维向量空间一个基为 $\boldsymbol{\alpha}_1=(1,1,0)^{\mathrm{T}},\boldsymbol{\alpha}_2=(1,0,1)^{\mathrm{T}},\boldsymbol{\alpha}_3=(0,1,1)^{\mathrm{T}}$，求向量 $\boldsymbol{\beta}=(2,0,0)^{\mathrm{T}}$ 在该组基的坐标.

【解】 设 $\boldsymbol{\beta}=x_1\boldsymbol{\alpha}_1+x_2\boldsymbol{\alpha}_2+x_3\boldsymbol{\alpha}_3$，即

$$x_1\begin{pmatrix}1\\1\\0\end{pmatrix}+x_2\begin{pmatrix}1\\0\\1\end{pmatrix}+x_3\begin{pmatrix}1\\1\\0\end{pmatrix}=\begin{pmatrix}2\\0\\0\end{pmatrix},$$

即

$$\begin{cases}x_1+x_2=2,\\x_1+x_3=0,\\x_2+x_3=0.\end{cases}$$

由此解得 $x_1=1,x_2=1,x_3=-1$，故向量 $\boldsymbol{\beta}$ 在基 $\boldsymbol{\alpha}_1,\boldsymbol{\alpha}_2,\boldsymbol{\alpha}_3$ 下的坐标为 $(1,1,-1)^{\mathrm{T}}$.

【例 25】 证明 $\boldsymbol{\alpha}_1=(1,1,0),\boldsymbol{\alpha}_2=(0,0,2),\boldsymbol{\alpha}_3=(0,3,2)$ 为 $\mathbf{R}^3$ 的一个基，并求向量 $\boldsymbol{\beta}=(5,$

9,−2)在此基下的坐标.

【证明】 要证 $\boldsymbol{\alpha}_1,\boldsymbol{\alpha}_2,\boldsymbol{\alpha}_3$ 为 $\mathbf{R}^3$ 的一个基,只要证明 $\boldsymbol{\alpha}_1,\boldsymbol{\alpha}_2,\boldsymbol{\alpha}_3$ 线性无关.

因为

$$|\boldsymbol{\alpha}_1^{\mathrm T},\boldsymbol{\alpha}_2^{\mathrm T},\boldsymbol{\alpha}_3^{\mathrm T}|=\begin{vmatrix}1&0&0\\1&0&3\\0&2&2\end{vmatrix}=-6\neq0,$$

所以向量组 $\boldsymbol{\alpha}_1,\boldsymbol{\alpha}_2,\boldsymbol{\alpha}_3$ 线性无关,从而是 $\mathbf{R}^3$ 的一个基.

设 $\boldsymbol{\alpha}_1,\boldsymbol{\alpha}_2,\boldsymbol{\alpha}_3 x_1\boldsymbol{\alpha}_1+x_2\boldsymbol{\alpha}_2+x_3\boldsymbol{\alpha}_3=\boldsymbol{\beta}$,即

$$\begin{cases}x_1 & =5,\\ x_1 \quad +3x_3=9,\\ \quad 2x_2+2x_3=-2,\end{cases}$$

解得 $x_1=5,x_2=-\dfrac{7}{3},x_3=\dfrac{4}{3}$. 于是 $\boldsymbol{\beta}$ 在此基下的坐标为 $\left(5,-\dfrac{7}{3},\dfrac{4}{3}\right)$.

【例 26】 设 $\boldsymbol{\alpha}_1,\boldsymbol{\alpha}_2,\cdots,\boldsymbol{\alpha}_n$ 和 $\boldsymbol{\beta}_1,\boldsymbol{\beta}_2,\cdots,\boldsymbol{\beta}_n$ 是 n 维列向量空间 $\mathbf{R}^n$ 的两个基,证明向量集合

$$V=\{\boldsymbol{\alpha}\in\mathbf{R}^n\mid\boldsymbol{\alpha}=\sum_{i=1}^{n}k_i\boldsymbol{\alpha}_i=\sum_{i=1}^{n}k_i\boldsymbol{\beta}_i\}$$

是向量空间 $\mathbf{R}^n$ 的子空间.

【证明】 设 $\boldsymbol{\alpha},\boldsymbol{\gamma}\in V,k\in\mathbf{R}$ 为任意常数,则有常数 $k_i,l_i(i=1,2,\cdots,n)$,使得

$$\boldsymbol{\alpha}=\sum_{i=1}^{n}k_i\boldsymbol{\alpha}_i=\sum_{i=1}^{n}k_i\boldsymbol{\beta}_i,\quad \boldsymbol{\gamma}=\sum_{i=1}^{n}l_i\boldsymbol{\alpha}_i=\sum_{i=1}^{n}l_i\boldsymbol{\beta}_i,$$

从而

$$\boldsymbol{\alpha}+\boldsymbol{\gamma}=\sum_{i=1}^{n}(k_i+l_i)\boldsymbol{\alpha}_i=\sum_{i=1}^{n}(k_i+l_i)\boldsymbol{\beta}_i,$$

$$k\boldsymbol{\alpha}=\sum_{i=1}^{n}kk_i\boldsymbol{\alpha}_i=\sum_{i=1}^{n}kk_i\boldsymbol{\beta}_i.$$

所以 $\boldsymbol{\alpha}+\boldsymbol{\gamma}\in V,k\boldsymbol{\alpha}\in V$,故 V 是一个向量空间. 因为 $V\subseteq\mathbf{R}^n$,所以 V 是向量空间 $\mathbf{R}^n$ 的子空间.

三、练习题

(一) 填空题

1. 已知向量组 $\boldsymbol{\alpha}_1=(1,4,3)^{\mathrm T},\boldsymbol{\alpha}_2=(2,t,-1)^{\mathrm T},\boldsymbol{\alpha}_3=(-2,3,1)^{\mathrm T}$ 线性相关,则 $t=$________.

2. 若向量组 $\boldsymbol{\alpha}_1=(1,-1,2,4)^{\mathrm T},\boldsymbol{\alpha}_2=(0,3,1,2)^{\mathrm T},\boldsymbol{\alpha}_3=(3,0,7,a)^{\mathrm T},\boldsymbol{\alpha}_4=(1,-2,2,0)^{\mathrm T}$ 线性无关,则 a 的取值范围是________.

3. 设 $\boldsymbol{\alpha}_1=(1,2,1)^{\mathrm T},\boldsymbol{\alpha}_2=(2,3,a)^{\mathrm T},\boldsymbol{\alpha}_3=(1,a+2,-2)^{\mathrm T}$,若 $\boldsymbol{\beta}_1=(1,3,4)^{\mathrm T}$ 可以由向量组 $\boldsymbol{\alpha}_1,\boldsymbol{\alpha}_2,\boldsymbol{\alpha}_3$ 线性表出,$\boldsymbol{\beta}_2=(0,1,2)^{\mathrm T}$ 不能由 $\boldsymbol{\alpha}_1,\boldsymbol{\alpha}_2,\boldsymbol{\alpha}_3$ 线性表出,则 $a=$________.

4. 已知向量组 $\boldsymbol{\alpha}_1,\boldsymbol{\alpha}_2,\boldsymbol{\alpha}_3$ 的秩为 3,则向量组 $\boldsymbol{\alpha}_1,\boldsymbol{\alpha}_3-\boldsymbol{\alpha}_2$ 的秩为________.

5. 已知 $\boldsymbol{\alpha}_1=(1,1,a)^{\mathrm T},\boldsymbol{\alpha}_2=(1,a,1)^{\mathrm T},\boldsymbol{\alpha}_3=(a,1,1)^{\mathrm T},\boldsymbol{\beta}=(1,1,-2)^{\mathrm T}$. 若 $\boldsymbol{\beta}$ 可由 $\boldsymbol{\alpha}_1,\boldsymbol{\alpha}_2,\boldsymbol{\alpha}_3$ 线性表出,但表示法不唯一,则 $a=$________.

6. 已知矩阵$\boldsymbol{A}=(\boldsymbol{\alpha}_1,\boldsymbol{\alpha}_2,\boldsymbol{\alpha}_3,\boldsymbol{\beta}_1)$,$\boldsymbol{B}=(\boldsymbol{\alpha}_3,\boldsymbol{\alpha}_1,\boldsymbol{\alpha}_2,\boldsymbol{\beta}_2)$都是4阶方阵.若$|\boldsymbol{A}|=1$,$|\boldsymbol{B}|=2$,则$|\boldsymbol{A}-2\boldsymbol{B}|=$________.

7. 已知$\boldsymbol{\alpha}_1=(1,2,-1)^{\mathrm{T}}$,$\boldsymbol{\alpha}_2=(1,-3,2)^{\mathrm{T}}$,$\boldsymbol{\alpha}_3=(4,11,-6)^{\mathrm{T}}$,若$\boldsymbol{A}\boldsymbol{\alpha}_1=(0,2)^{\mathrm{T}}$,$\boldsymbol{A}\boldsymbol{\alpha}_2=(5,2)^{\mathrm{T}}$,$\boldsymbol{A}\boldsymbol{\alpha}_3=(-3,7)^{\mathrm{T}}$,则$\boldsymbol{A}=$________.

8. 已知$\boldsymbol{\alpha}_1,\boldsymbol{\alpha}_2,\boldsymbol{\alpha}_3,\boldsymbol{\alpha}_4$是三维列向量,矩阵$\boldsymbol{A}=(\boldsymbol{\alpha}_1,\boldsymbol{\alpha}_2,2\boldsymbol{\alpha}_3-\boldsymbol{\alpha}_4+\boldsymbol{\alpha}_2)$,$\boldsymbol{B}=(\boldsymbol{\alpha}_3,\boldsymbol{\alpha}_2,\boldsymbol{\alpha}_1)$,$\boldsymbol{C}=(\boldsymbol{\alpha}_1+2\boldsymbol{\alpha}_2,2\boldsymbol{\alpha}_2+3\boldsymbol{\alpha}_4,\boldsymbol{\alpha}_4+3\boldsymbol{\alpha}_1)$.若$|\boldsymbol{B}|=-5$,$|\boldsymbol{C}|=40$,则$|\boldsymbol{A}|=$________.

9. 已知$\boldsymbol{\beta}=(0,2,-1,a)^{\mathrm{T}}$可由$\boldsymbol{\alpha}_1=(1,-2,3,-4)^{\mathrm{T}}$,$\boldsymbol{\alpha}_2=(0,1,-1,1)^{\mathrm{T}}$,$\boldsymbol{\alpha}_3=(1,3,a,1)^{\mathrm{T}}$线性表出,则$a=$________.

10. 已知向量组$\boldsymbol{\alpha}_1=(1,2,3,4)$,$\boldsymbol{\alpha}_2=(2,3,4,5)$,$\boldsymbol{\alpha}_3=(3,4,5,6)$,$\boldsymbol{\alpha}_4=(4,5,6,7)$,则该向量组的秩为________.

11. 已知向量组$\boldsymbol{\alpha}_1=(1,2,-1,1)$,$\boldsymbol{\alpha}_2=(2,0,t,0)$,$\boldsymbol{\alpha}_3=(0,-4,5,-2)$的秩为2,则$t=$________.

12. 设向量组$\boldsymbol{\alpha}_1=(1,-1,0)^{\mathrm{T}}$,$\boldsymbol{\alpha}_2=(4,2,a+2)^{\mathrm{T}}$,$\boldsymbol{\alpha}_3=(2,4,3)^{\mathrm{T}}$,$\boldsymbol{\alpha}_4=(1,a,1)^{\mathrm{T}}$中任意两个向量都可由向量组中另外两个向量线性表出,则$a=$________.

13. 已知三维向量空间的一组其底为$\boldsymbol{\alpha}_1=(1,1,0)$,$\boldsymbol{\alpha}_2=(1,0,1)$,$\boldsymbol{\alpha}_3=(0,1,1)$,则向量$\boldsymbol{\alpha}=(2,0,0)$在上述基底下的坐标是________.

(二) 选择题

1. n维向量组$\boldsymbol{\alpha}_1,\boldsymbol{\alpha}_2,\cdots,\boldsymbol{\alpha}_s(2\leqslant s)$线性无关的充分必要条件是(　　).

(A) 存在一组不全为0的数$k_1,k_2,\cdots,k_s$,使得$k_1\boldsymbol{\alpha}_1+k_2\boldsymbol{\alpha}_2+\cdots+k_s\boldsymbol{\alpha}_s\neq\boldsymbol{0}$

(B) $\boldsymbol{\alpha}_1,\boldsymbol{\alpha}_2,\cdots,\boldsymbol{\alpha}_s$任意两个向量都线性无关

(C) $\boldsymbol{\alpha}_1,\boldsymbol{\alpha}_2,\cdots,\boldsymbol{\alpha}_s$中存在一个向量,它不能由其余向量线性表出

(D) $\boldsymbol{\alpha}_1,\boldsymbol{\alpha}_2,\cdots,\boldsymbol{\alpha}_s$中任一向量都不能由其余向量线性表出

2. 向量组$\boldsymbol{\alpha}_1,\boldsymbol{\alpha}_2,\cdots,\boldsymbol{\alpha}_s$线性无关的充分必要条件是(　　).

(A) $\boldsymbol{\alpha}_1,\boldsymbol{\alpha}_2,\cdots,\boldsymbol{\alpha}_s$均不为零向量

(B) $\boldsymbol{\alpha}_1,\boldsymbol{\alpha}_2,\cdots,\boldsymbol{\alpha}_s$中任意两个向量的分量不成比例

(C) $\boldsymbol{\alpha}_1,\boldsymbol{\alpha}_2,\cdots,\boldsymbol{\alpha}_s$中任意一个向量均不能由其余$s-1$个向量线性表示

(D) $\boldsymbol{\alpha}_1,\boldsymbol{\alpha}_2,\cdots,\boldsymbol{\alpha}_s$中有一部分向量线性无关

3. 设向量$\boldsymbol{\beta}$可由向量组$\boldsymbol{\alpha}_1,\boldsymbol{\alpha}_2,\cdots,\boldsymbol{\alpha}_m$线性表示,但不能由向量组(1):$\boldsymbol{\alpha}_1,\boldsymbol{\alpha}_2,\cdots,\boldsymbol{\alpha}_{m-1}$线性表示,记向量组(2):$\boldsymbol{\alpha}_1,\boldsymbol{\alpha}_2,\cdots,\boldsymbol{\alpha}_{m-1},\boldsymbol{\beta}$,则(　　).

(A) $\boldsymbol{\alpha}_m$不能由(1)线性表示,也不能由(2)线性表示

(B) $\boldsymbol{\alpha}_m$不能由(1)线性表示,但可由(2)线性表示

(C) $\boldsymbol{\alpha}_m$可由(1)线性表示,也可由(2)线性表示

(D) $\boldsymbol{\alpha}_m$可由(1)线性表示,但不能由(2)线性表示

4. 设$\boldsymbol{A}$是n阶矩阵,且$\boldsymbol{A}$的行列式$|\boldsymbol{A}|=0$,则$\boldsymbol{A}$中(　　).

(A) 必有一列元素全为0

(B) 必有两列元素对应成比例

(C) 必有一个列向量是其余列向量的线性组合

(D) 任一列向量是其余列向量的线性组合

5. 设 n 维列向量组 $\boldsymbol{\alpha}_1,\boldsymbol{\alpha}_2,\cdots,\boldsymbol{\alpha}_m(m<n)$ 线性无关，则 n 维列向量组 $\boldsymbol{\beta}_1,\boldsymbol{\beta}_2,\cdots,\boldsymbol{\beta}_m$ 线性无关的充分必要条件为(　　).

(A) 向量组 $\boldsymbol{\alpha}_1,\boldsymbol{\alpha}_2,\cdots,\boldsymbol{\alpha}_m$ 可由向量组 $\boldsymbol{\beta}_1,\boldsymbol{\beta}_2,\cdots,\boldsymbol{\beta}_m$ 线性表示

(B) 向量组 $\boldsymbol{\beta}_1,\boldsymbol{\beta}_2,\cdots,\boldsymbol{\beta}_m$ 可由向量组 $\boldsymbol{\alpha}_1,\boldsymbol{\alpha}_2,\cdots,\boldsymbol{\alpha}_m$ 线性表示

(C) 向量组 $\boldsymbol{\alpha}_1,\boldsymbol{\alpha}_2,\cdots,\boldsymbol{\alpha}_m$ 与向量组 $\boldsymbol{\beta}_1,\boldsymbol{\beta}_2,\cdots,\boldsymbol{\beta}_m$ 等价

(D) 矩阵 $\boldsymbol{A}=(\boldsymbol{\alpha}_1,\boldsymbol{\alpha}_2,\cdots,\boldsymbol{\alpha}_m)$ 与矩阵 $\boldsymbol{B}=(\boldsymbol{\beta}_1,\boldsymbol{\beta}_2,\cdots,\boldsymbol{\beta}_m)$ 等价

6. 设向量组 $\boldsymbol{\alpha}_1,\boldsymbol{\alpha}_2,\boldsymbol{\alpha}_3$ 线性无关，向量 $\boldsymbol{\beta}_1$ 可由 $\boldsymbol{\alpha}_1,\boldsymbol{\alpha}_2,\boldsymbol{\alpha}_3$ 线性表示，而向量 $\boldsymbol{\beta}_2$ 不能由 $\boldsymbol{\alpha}_1,\boldsymbol{\alpha}_2,\boldsymbol{\alpha}_3$ 线性表示，则对于任意常数 k，必有(　　).

(A) $\boldsymbol{\alpha}_1,\boldsymbol{\alpha}_2,\boldsymbol{\alpha}_3,k\boldsymbol{\beta}_1+\boldsymbol{\beta}_2$ 线性无关

(B) $\boldsymbol{\alpha}_1,\boldsymbol{\alpha}_2,\boldsymbol{\alpha}_3,k\boldsymbol{\beta}_1+\boldsymbol{\beta}_2$ 线性相关

(C) $\boldsymbol{\alpha}_1,\boldsymbol{\alpha}_2,\boldsymbol{\alpha}_3,\boldsymbol{\beta}_1+k\boldsymbol{\beta}_2$ 线性无关

(D) $\boldsymbol{\alpha}_1,\boldsymbol{\alpha}_2,\boldsymbol{\alpha}_3,\boldsymbol{\beta}_1+k\boldsymbol{\beta}_2$ 线性相关

7. 设有任意两个 n 维向量组 $\boldsymbol{\alpha}_1,\boldsymbol{\alpha}_2,\cdots,\boldsymbol{\alpha}_m$ 和 $\boldsymbol{\beta}_1,\boldsymbol{\beta}_2,\cdots,\boldsymbol{\beta}_m$，若存在两组不全为 0 的数 $\lambda_1,\lambda_2,\cdots,\lambda_m$ 和 $k_1,k_2,\cdots,k_m$，使

$$(\lambda_1+k_1)\boldsymbol{\alpha}_1+\cdots+(\lambda_m+k_m)\boldsymbol{\alpha}_m+(\lambda_1-k_1)\boldsymbol{\beta}_1+\cdots+(\lambda_m-k_m)\boldsymbol{\beta}_m=\boldsymbol{0},$$

则(　　).

(A) $\boldsymbol{\alpha}_1,\boldsymbol{\alpha}_2,\cdots,\boldsymbol{\alpha}_m$ 和 $\boldsymbol{\beta}_1,\boldsymbol{\beta}_2,\cdots,\boldsymbol{\beta}_m$ 都线性相关

(B) $\boldsymbol{\alpha}_1,\boldsymbol{\alpha}_2,\cdots,\boldsymbol{\alpha}_m$ 和 $\boldsymbol{\beta}_1,\boldsymbol{\beta}_2,\cdots,\boldsymbol{\beta}_m$ 都线性无关

(C) $\boldsymbol{\alpha}_1+\boldsymbol{\beta}_1,\cdots,\boldsymbol{\alpha}_m+\boldsymbol{\beta}_m,\boldsymbol{\alpha}_1-\boldsymbol{\beta}_1,\cdots,\boldsymbol{\alpha}_m-\boldsymbol{\beta}_m$ 线性无关

(D) $\boldsymbol{\alpha}_1+\boldsymbol{\beta}_1,\cdots,\boldsymbol{\alpha}_m+\boldsymbol{\beta}_m,\boldsymbol{\alpha}_1-\boldsymbol{\beta}_1,\cdots,\boldsymbol{\alpha}_m-\boldsymbol{\beta}_m$ 线性相关

8. 设向量组 $\boldsymbol{\alpha}_1,\boldsymbol{\alpha}_2,\boldsymbol{\alpha}_3$ 线性无关，则下列向量组中，线性无关的是(　　).

(A) $\boldsymbol{\alpha}_1+\boldsymbol{\alpha}_2,\boldsymbol{\alpha}_2+\boldsymbol{\alpha}_3,\boldsymbol{\alpha}_3-\boldsymbol{\alpha}_1$

(B) $\boldsymbol{\alpha}_1+\boldsymbol{\alpha}_2,\boldsymbol{\alpha}_2+\boldsymbol{\alpha}_3,\boldsymbol{\alpha}_1+2\boldsymbol{\alpha}_2+\boldsymbol{\alpha}_3$

(C) $\boldsymbol{\alpha}_1+2\boldsymbol{\alpha}_2,2\boldsymbol{\alpha}_2+3\boldsymbol{\alpha}_3,3\boldsymbol{\alpha}_3+\boldsymbol{\alpha}_1$

(D) $\boldsymbol{\alpha}_1+\boldsymbol{\alpha}_2+\boldsymbol{\alpha}_3,2\boldsymbol{\alpha}_1-3\boldsymbol{\alpha}_2+22\boldsymbol{\alpha}_3,3\boldsymbol{\alpha}_1+5\boldsymbol{\alpha}_2-5\boldsymbol{\alpha}_3$

9. 设 $\boldsymbol{A},\boldsymbol{B}$ 为满足 $\boldsymbol{AB}=\boldsymbol{O}$ 的任意两个非零矩阵，则必有(　　).

(A) $\boldsymbol{A}$ 的列向量组线性相关，$\boldsymbol{B}$ 的行向量组线性相关

(B) $\boldsymbol{A}$ 的列向量组线性相关，$\boldsymbol{B}$ 的列向量组线性相关

(C) $\boldsymbol{A}$ 的行向量组线性相关，$\boldsymbol{B}$ 的行向量组线性相关

(D) $\boldsymbol{A}$ 的行向量组线性相关，$\boldsymbol{B}$ 的列向量组线性相关

10. 设 n 阶方阵 $\boldsymbol{A}$ 的秩 $r<n$，则在 $\boldsymbol{A}$ 的 n 个行向量中(　　).

(A) 必有 r 个行向量线性无关

(B) 任意 r 个行向量均可构成极大无关组

(C) 任意 r 个行向量均线性无关

(D) 任一行向量均可由其余 r 个行向量线性表示

11. 设有向量组 $\boldsymbol{\alpha}_1=(1,-1,2,4),\boldsymbol{\alpha}_2=(0,3,1,2),\boldsymbol{\alpha}_3=(3,0,7,14),\boldsymbol{\alpha}_4=(1,-2,2,0),\boldsymbol{\alpha}_5=(2,1,5,10)$，则该向量组的极大无关组是(　　).

(A) $\boldsymbol{\alpha}_1,\boldsymbol{\alpha}_2,\boldsymbol{\alpha}_3$　　(B) $\boldsymbol{\alpha}_1,\boldsymbol{\alpha}_2,\boldsymbol{\alpha}_4$

(C) $\boldsymbol{\alpha}_1,\boldsymbol{\alpha}_2,\boldsymbol{\alpha}_5$　　(D) $\boldsymbol{\alpha}_1,\boldsymbol{\alpha}_2,\boldsymbol{\alpha}_4,\boldsymbol{\alpha}_5$

12. 设 n 维向量组 $\boldsymbol{\alpha}_1,\boldsymbol{\alpha}_2,\boldsymbol{\alpha}_3,\boldsymbol{\alpha}_4,\boldsymbol{\alpha}_5$ 的秩为 3，且满足 $\boldsymbol{\alpha}_1+2\boldsymbol{\alpha}_3-3\boldsymbol{\alpha}_5=\boldsymbol{0},\boldsymbol{\alpha}_2=2\boldsymbol{\alpha}_4$，则该向

量组的极大无关组是(　　).

(A) $\boldsymbol{\alpha}_1,\boldsymbol{\alpha}_3,\boldsymbol{\alpha}_5$　　(B) $\boldsymbol{\alpha}_1,\boldsymbol{\alpha}_2,\boldsymbol{\alpha}_3$

(C) $\boldsymbol{\alpha}_2,\boldsymbol{\alpha}_4,\boldsymbol{\alpha}_5$　　(D) $\boldsymbol{\alpha}_1,\boldsymbol{\alpha}_2,\boldsymbol{\alpha}_4$

13. 若 $\boldsymbol{\alpha}_1=(-1,1,a,4)^{\mathrm{T}},\boldsymbol{\alpha}_2=(-2,1,5,a)^{\mathrm{T}},\boldsymbol{\alpha}_3=(a,2,10,1)^{\mathrm{T}}$，且已知 $\boldsymbol{\alpha}_1,\boldsymbol{\alpha}_2,\boldsymbol{\alpha}_3$ 线性无关，则 a 的取值为(　　).

(A) $a\neq 5$　　(B) $a\neq 4$

(C) $a\neq -3$　　(D) $a\neq -4$ 且 $a\neq -3$

14. 设向量组 $\boldsymbol{\alpha},\boldsymbol{\beta},\boldsymbol{\gamma}$ 以及常数 k,l,m，满足 $k\boldsymbol{\alpha}+l\boldsymbol{\beta}+m\boldsymbol{\gamma}=\mathbf{0}$，且 $km\neq 0$，则有(　　).

(A) $\boldsymbol{\alpha},\boldsymbol{\beta}$ 与 $\boldsymbol{\alpha},\boldsymbol{\gamma}$ 等价　　(B) $\boldsymbol{\alpha},\boldsymbol{\beta}$ 与 $\boldsymbol{\beta},\boldsymbol{\gamma}$ 等价

(C) $\boldsymbol{\alpha},\boldsymbol{\gamma}$ 与 $\boldsymbol{\beta},\boldsymbol{\gamma}$ 等价　　(D) $\boldsymbol{\alpha}$ 与 $\boldsymbol{\gamma}$ 等价

(三) 解答与证明题

1. 设向量组 $\boldsymbol{\alpha}_1=(a,b,1),\boldsymbol{\alpha}_2=(1,a,c),\boldsymbol{\alpha}_3=(c,1,b)$. 试确定 a,b,c 的值，使 $\boldsymbol{\alpha}_1+2\boldsymbol{\alpha}_2-3\boldsymbol{\alpha}_3=\mathbf{0}$.

2. 试讨论下列向量组的线性相关性.

(1) $\boldsymbol{\alpha}_1-\boldsymbol{\alpha}_2,\boldsymbol{\alpha}_2-\boldsymbol{\alpha}_3,\boldsymbol{\alpha}_3-\boldsymbol{\alpha}_1$；

(2) $\boldsymbol{\beta}_1=\boldsymbol{\alpha}_1+\boldsymbol{\alpha}_2+\boldsymbol{\alpha}_3,\boldsymbol{\beta}_2=\boldsymbol{\alpha}_1+\boldsymbol{\alpha}_2,\boldsymbol{\beta}_3=\boldsymbol{\alpha}_2+\boldsymbol{\alpha}_3,\boldsymbol{\beta}_4=\boldsymbol{\alpha}_3+\boldsymbol{\alpha}_1$；

(3) $\boldsymbol{\gamma}_1=\boldsymbol{\alpha}_1+\boldsymbol{\alpha}_2,\boldsymbol{\gamma}_2=\boldsymbol{\alpha}_2+2\boldsymbol{\alpha}_3,\boldsymbol{\gamma}_3=3\boldsymbol{\alpha}_1+\boldsymbol{\alpha}_3$，其中 $\boldsymbol{\alpha}_1,\boldsymbol{\alpha}_2,\boldsymbol{\alpha}_3$ 线性无关.

3. 设向量组 $\boldsymbol{\alpha}_1,\boldsymbol{\alpha}_2,\boldsymbol{\alpha}_3,\boldsymbol{\alpha}_4$ 线性无关，试判别下列向量组是否线性相关.

(1) $\boldsymbol{\xi}_1=\boldsymbol{\alpha}_1+\boldsymbol{\alpha}_4,\boldsymbol{\xi}_2=\boldsymbol{\alpha}_1+\boldsymbol{\alpha}_2,\boldsymbol{\xi}_3=\boldsymbol{\alpha}_1+\boldsymbol{\alpha}_2+\boldsymbol{\alpha}_3$；

(2) $\boldsymbol{\eta}_1=\boldsymbol{\alpha}_1-\boldsymbol{\alpha}_2+\boldsymbol{\alpha}_3-\boldsymbol{\alpha}_4,\boldsymbol{\eta}_2=\boldsymbol{\alpha}_1+2\boldsymbol{\alpha}_2+3\boldsymbol{\alpha}_3+\boldsymbol{\alpha}_4,\boldsymbol{\eta}_3=3\boldsymbol{\alpha}_1+3\boldsymbol{\alpha}_2+7\boldsymbol{\alpha}_3+\boldsymbol{\alpha}_4$.

4. 下列向量 $\boldsymbol{\beta}$ 可否表示为 $\boldsymbol{\alpha}_1,\boldsymbol{\alpha}_2,\boldsymbol{\alpha}_3$ 的线性组合？如可表示，求线性组合表达式，并问表达式是否唯一？

(1) $\boldsymbol{\alpha}_1=(1,1,1),\boldsymbol{\alpha}_2=(1,-1,1),\boldsymbol{\alpha}_3=(1,1,-1);\boldsymbol{\beta}=(1,2,3)$；

(2) $\boldsymbol{\alpha}_1=(1,1,1),\boldsymbol{\alpha}_2=(1,2,0),\boldsymbol{\alpha}_3=(0,1,-1);\boldsymbol{\beta}=(3,4,2)$；

(3) $\boldsymbol{\alpha}_1=(1,1,1,1),\boldsymbol{\alpha}_2=(2,1,3,1),\boldsymbol{\alpha}_3=(3,1,5,1);\boldsymbol{\beta}=(1,0,3,0)$.

5. 判别向量组 $\boldsymbol{\alpha}_1=(1,0,2,3)^{\mathrm{T}},\boldsymbol{\alpha}_2=(1,1,3,5)^{\mathrm{T}},\boldsymbol{\alpha}_3=(1,-1,a+2,1)^{\mathrm{T}},\boldsymbol{\alpha}_4=(1,2,4,a+9)^{\mathrm{T}}$ 的线性相关性.

6. 已知 $\boldsymbol{\alpha}_1=(1,-1,1)^{\mathrm{T}},\boldsymbol{\alpha}_2=(1,t,-1)^{\mathrm{T}},\boldsymbol{\alpha}_3=(t,1,2)^{\mathrm{T}},\boldsymbol{\beta}=(4,t^2,-4)^{\mathrm{T}}$，若 $\boldsymbol{\beta}$ 可由 $\boldsymbol{\alpha}_1,\boldsymbol{\alpha}_2,\boldsymbol{\alpha}_3$ 线性表出且表示法不唯一，求 t 及 $\boldsymbol{\beta}$ 的表达式.

7. 设 $\boldsymbol{b}_1=\boldsymbol{a}_1,\boldsymbol{b}_2=\boldsymbol{a}_1+\boldsymbol{a}_2,\cdots,\boldsymbol{b}_r=\boldsymbol{a}_1+\boldsymbol{a}_2+\cdots+\boldsymbol{a}_r$，且向量组 $\boldsymbol{a}_1,\boldsymbol{a}_2,\cdots,\boldsymbol{a}_r$ 线性无关，证明向量组 $\boldsymbol{b}_1,\boldsymbol{b}_2,\cdots,\boldsymbol{b}_r$ 线性无关.

8. 设 $\boldsymbol{A}$ 是 n 阶方阵，若存在正整数 k，使线性方程组 $\boldsymbol{A}^k\boldsymbol{x}=\mathbf{0}$ 有解向量 $\boldsymbol{\alpha}$，且 $\boldsymbol{A}^{k-1}\boldsymbol{\alpha}\neq 0$. 证明：向量组 $\boldsymbol{\alpha},\boldsymbol{A}\boldsymbol{\alpha},\cdots,\boldsymbol{A}^{k-1}\boldsymbol{\alpha}$ 是线性无关的.

9. 设 $\boldsymbol{A}$ 是 n 阶方阵，$\boldsymbol{\alpha}_1,\boldsymbol{\alpha}_2,\boldsymbol{\alpha}_3$ 是 n 维列向量，且 $\boldsymbol{\alpha}_1\neq\mathbf{0}$，$\boldsymbol{A}\boldsymbol{\alpha}_1=k\boldsymbol{\alpha}_1,\boldsymbol{A}\boldsymbol{\alpha}_2=l\boldsymbol{\alpha}_1+k\boldsymbol{\alpha}_2,\boldsymbol{A}\boldsymbol{\alpha}_3=l\boldsymbol{\alpha}_2+k\boldsymbol{\alpha}_3,l\neq 0$. 证明 $\boldsymbol{\alpha}_1,\boldsymbol{\alpha}_2,\boldsymbol{\alpha}_3$ 线性无关.

10. 求向量组 $\boldsymbol{\alpha}_1=(1,1,4,2)^{\mathrm{T}},\boldsymbol{\alpha}_2=(1,-1,-2,4)^{\mathrm{T}},\boldsymbol{\alpha}_3=(-3,2,3,-11)^{\mathrm{T}},\boldsymbol{\alpha}_4=(1,3,10,0)^{\mathrm{T}}$ 的一个极大线性无关组.

11. 设向量组 $(a,3,1)^{\mathrm{T}},(2,b,3)^{\mathrm{T}},(1,2,1)^{\mathrm{T}},(2,3,1)^{\mathrm{T}}$ 的秩为 2，求 a,b 的值.

12. 已知向量组

$$\boldsymbol{\alpha}_1=\begin{pmatrix}1\\0\\-1\end{pmatrix},\boldsymbol{\alpha}_2=\begin{pmatrix}2\\1\\1\end{pmatrix},\boldsymbol{\alpha}_3=\begin{pmatrix}1\\1\\1\end{pmatrix};\boldsymbol{\beta}_1=\begin{pmatrix}-1\\0\\0\end{pmatrix},\boldsymbol{\beta}_2=\begin{pmatrix}-3\\-1\\-2\end{pmatrix},\boldsymbol{\beta}_3=\begin{pmatrix}-1\\0\\-1\end{pmatrix}.$$

(1) 证明 $\boldsymbol{\alpha}_1,\boldsymbol{\alpha}_2,\boldsymbol{\alpha}_3$ 和 $\boldsymbol{\beta}_1,\boldsymbol{\beta}_2,\boldsymbol{\beta}_3$ 分别线性无关.

(2) 设 $\boldsymbol{A}=(\boldsymbol{\alpha}_1,\boldsymbol{\alpha}_2,\boldsymbol{\alpha}_3)$，$\boldsymbol{B}=(\boldsymbol{\beta}_1,\boldsymbol{\beta}_2,\boldsymbol{\beta}_3)$. 若有 $\boldsymbol{A}=\boldsymbol{BC}$，问 $\boldsymbol{C}$ 是否可逆？若可逆，求出 $\boldsymbol{C}^{-1}$.

13. 设四维向量组 $\boldsymbol{\alpha}_1=(1+a,1,1,1)^{\mathrm{T}},\boldsymbol{\alpha}_2=(2,2+a,2,2)^{\mathrm{T}}$，$\boldsymbol{\alpha}_3=(3,3,3+a,3)^{\mathrm{T}}$，$\boldsymbol{\alpha}_4=(4,4,4,4+a)^{\mathrm{T}}$，问 a 为何值时，$\boldsymbol{\alpha}_1,\boldsymbol{\alpha}_2,\boldsymbol{\alpha}_3,\boldsymbol{\alpha}_4$ 线性相关？当 $\boldsymbol{\alpha}_1,\boldsymbol{\alpha}_2,\boldsymbol{\alpha}_3,\boldsymbol{\alpha}_4$ 线性相关时，求其一个极大线性无关组，并将其余向量用该极大线性无关组线性表出.

14. 已知向量组（Ⅰ）$\boldsymbol{\alpha}_1,\boldsymbol{\alpha}_2,\boldsymbol{\alpha}_3$；（Ⅱ）$\boldsymbol{\alpha}_1,\boldsymbol{\alpha}_2,\boldsymbol{\alpha}_3,\boldsymbol{\alpha}_4$；（Ⅲ）$\boldsymbol{\alpha}_1,\boldsymbol{\alpha}_2,\boldsymbol{\alpha}_3,\boldsymbol{\alpha}_5$. 如果它们的秩分别为 $r(\text{Ⅰ})=r(\text{Ⅱ})=3,r(\text{Ⅲ})=4$，求秩 $r(\boldsymbol{\alpha}_1,\boldsymbol{\alpha}_2,\boldsymbol{\alpha}_3,\boldsymbol{\alpha}_4+\boldsymbol{\alpha}_5)$.

15. 设 $\boldsymbol{\beta}_1=\boldsymbol{\alpha}_1+\boldsymbol{\alpha}_2,\boldsymbol{\beta}_2=\boldsymbol{\alpha}_2+\boldsymbol{\alpha}_3,\boldsymbol{\beta}_3=\boldsymbol{\alpha}_3+\boldsymbol{\alpha}_1$，试证明两个向量组 $\boldsymbol{\alpha}_1,\boldsymbol{\alpha}_2,\boldsymbol{\alpha}_3$ 与 $\boldsymbol{\beta}_1,\boldsymbol{\beta}_2,\boldsymbol{\beta}_3$ 具有相同的秩.

16. 设 $\boldsymbol{\alpha},\boldsymbol{\beta}$ 是三维列向量，矩阵 $\boldsymbol{A}=\boldsymbol{\alpha}\boldsymbol{\alpha}^{\mathrm{T}}+\boldsymbol{\beta}\boldsymbol{\beta}^{\mathrm{T}}$，其中 $\boldsymbol{\alpha}^{\mathrm{T}},\boldsymbol{\beta}^{\mathrm{T}}$ 分别是 $\boldsymbol{\alpha},\boldsymbol{\beta}$ 的转置. 证明：

(1) $r(\boldsymbol{A})\leqslant 2$；

(2) 若 $\boldsymbol{\alpha},\boldsymbol{\beta}$ 线性相关，则 $r(\boldsymbol{A})<2$.

17. 已知 $\boldsymbol{A}$ 是 $m\times n$ 矩阵，$\boldsymbol{B}$ 是 $n\times p$ 矩阵，$r(\boldsymbol{B})=n,\boldsymbol{AB}=\boldsymbol{O}$，证明 $\boldsymbol{A}=\boldsymbol{O}$.

18. 已知 $\boldsymbol{\alpha}_1=(1,1,1,1)^{\mathrm{T}},\boldsymbol{\alpha}_2=(1,1,-1,-1)^{\mathrm{T}},\boldsymbol{\alpha}_3=(1,-1,1,-1)^{\mathrm{T}}$，$\boldsymbol{\alpha}_4=(1,-1,-1,1)^{\mathrm{T}}$是 $\mathbf{R}^4$ 的一组基，求 $\boldsymbol{\beta}=(1,2,1,1)$在这组基下的坐标.

四、练习题答案与提示

（一）填空题

1. -3. 2. $a\neq 14$. 3. -1. 4. 2. 5. -2. 6. 21. 7. $\begin{pmatrix}2&-1&0\\1&3&5\end{pmatrix}$. 8. 8. 9. 2. 10. 2. 11. 3. 12. 1. 13. $(1,1,-1)$.

（二）选择题

1. (D)　2. (C)　3. (B)　4. (C)　5. (D)　6. (A)　7. (D)　8. (C)　9. (A)　10. (A)　11. (B)　12. (B)　13. (A)　14. (B)

（三）解答与证明题

1. $a=b=c=1$.

2. 分析:(1) 由于$(\boldsymbol{\alpha}_1-\boldsymbol{\alpha}_2)+(\boldsymbol{\alpha}_2-\boldsymbol{\alpha}_3)+(\boldsymbol{\alpha}_3-\boldsymbol{\alpha}_1)=\boldsymbol{0}$，所以 $\boldsymbol{\alpha}_1-\boldsymbol{\alpha}_2,\boldsymbol{\alpha}_2-\boldsymbol{\alpha}_3,\boldsymbol{\alpha}_3-\boldsymbol{\alpha}_1$ 线性无关.

(2) 由于 $\boldsymbol{\beta}_1=\dfrac{1}{2}(\boldsymbol{\beta}_2+\boldsymbol{\beta}_3+\boldsymbol{\beta}_4)$，即 $\boldsymbol{\beta}_1$ 是 $\boldsymbol{\beta}_2,\boldsymbol{\beta}_3,\boldsymbol{\beta}_4$ 的线性组合，所以 $\boldsymbol{\beta}_1,\boldsymbol{\beta}_2,\boldsymbol{\beta}_3,\boldsymbol{\beta}_4$ 线性

相关.

(3) 设 $k_1\boldsymbol{\gamma}_1+k_2\boldsymbol{\gamma}_2+k_3\boldsymbol{\gamma}_3=\mathbf{0}$，即

$k_1(\boldsymbol{\alpha}_1+\boldsymbol{\alpha}_2)+k_2(\boldsymbol{\alpha}_2+2\boldsymbol{\alpha}_3)+k_3(3\boldsymbol{\alpha}_1+\boldsymbol{\alpha}_3)=(k_1+3k_3)\boldsymbol{\alpha}_1+(k_1+k_2)\boldsymbol{\alpha}_2+(2k_2+k_3)\boldsymbol{\alpha}_3=\mathbf{0}$，

由于 $\boldsymbol{\alpha}_1,\boldsymbol{\alpha}_2,\boldsymbol{\alpha}_3$ 线性无关，所以

$$\begin{cases}k_1+3k_3=0\\ k_1+k_2=0\\ 2k_2+k_3=0\end{cases}\Rightarrow k_1=k_2=k_3=0\Rightarrow\boldsymbol{\gamma}_1,\boldsymbol{\gamma}_2,\boldsymbol{\gamma}_3\text{ 线性无关}.$$

3. (1) $\boldsymbol{\xi}_1,\boldsymbol{\xi}_2,\boldsymbol{\xi}_3$ 线性无关；

(2) $\boldsymbol{\eta}_1,\boldsymbol{\eta}_2,\boldsymbol{\eta}_3$ 线性无关.

4. 分析：(1) $\boldsymbol{\beta}$ 可表示为 $\boldsymbol{\alpha}_1,\boldsymbol{\alpha}_2,\boldsymbol{\alpha}_3$ 的线性组合，且表达式唯一，$\boldsymbol{\beta}=\frac{5}{2}\boldsymbol{\alpha}_1-\frac{1}{2}\boldsymbol{\alpha}_2-\boldsymbol{\alpha}_3$.

(2) $\boldsymbol{\beta}$ 可表示为 $\boldsymbol{\alpha}_1,\boldsymbol{\alpha}_2,\boldsymbol{\alpha}_3$ 线性组合，且 $\boldsymbol{\beta}=(2+c)\boldsymbol{\alpha}_1+(1-c)\boldsymbol{\alpha}_2-c\boldsymbol{\alpha}_3,c\in\mathbf{R}$，不唯一.

(3) $\boldsymbol{\beta}$ 不能表示为 $\boldsymbol{\alpha}_1,\boldsymbol{\alpha}_2,\boldsymbol{\alpha}_3$ 的线性组合.

5. 当 $a=-1$ 或 $a=-2$ 时，向量组线性相关，否则线性无关.

6. $t=4$；$\boldsymbol{\beta}=-3k\boldsymbol{\alpha}_1+(4-k)\boldsymbol{\alpha}_2+k\boldsymbol{\alpha}_3$.

7. 证明略.

8. 分析：用反证法. 如果 $\boldsymbol{\alpha},\boldsymbol{A\alpha},\cdots,\boldsymbol{A}^{k-1}\boldsymbol{\alpha}$ 线性相关，则存在不全为 0 的数 $l_1,l_2,\cdots,l_k$，使

$$l_1\boldsymbol{\alpha}+l_2\boldsymbol{A\alpha}+\cdots+l_k\boldsymbol{A}^{k-1}\boldsymbol{\alpha}=\mathbf{0}.$$

设 $l_1,l_2,\cdots,l_k$，中第一个不为 0 的数是 l_i，则

$$l_i\boldsymbol{A}^{i-1}\boldsymbol{\alpha}+l_{i+1}\boldsymbol{A}^{i}\boldsymbol{\alpha}+\cdots+l_k\boldsymbol{A}^{k-1}\boldsymbol{\alpha}=\mathbf{0}.$$

用 $\boldsymbol{A}^{k-i}$ 左乘上式，利用 $\boldsymbol{A}^{k}\boldsymbol{\alpha}=\boldsymbol{A}^{k+1}\boldsymbol{\alpha}=\cdots=\mathbf{0}$，得 $l_i\boldsymbol{A}^{k-1}\boldsymbol{\alpha}=\mathbf{0}$，由于 $l_i\neq0$，所以 $\boldsymbol{A}^{k-1}\boldsymbol{\alpha}=\mathbf{0}$，与已知矛盾.

9. 分析：若 $k_1\boldsymbol{\alpha}_1+k_2\boldsymbol{\alpha}_2+k_3\boldsymbol{\alpha}_3=\mathbf{0}$，用 $\boldsymbol{A}-k\boldsymbol{E}$ 左乘，有

$$k_1(\boldsymbol{A}-k\boldsymbol{E})\boldsymbol{\alpha}_1+k_2(\boldsymbol{A}-k\boldsymbol{E})\boldsymbol{\alpha}_2+k_3(\boldsymbol{A}-k\boldsymbol{E})\boldsymbol{\alpha}_3=\mathbf{0}\Rightarrow k_2l\boldsymbol{\alpha}_1+k_3l\boldsymbol{\alpha}_2=\mathbf{0}\Leftrightarrow k_2\boldsymbol{\alpha}_1+k_3\boldsymbol{\alpha}_2=\mathbf{0}.$$

再用 $\boldsymbol{A}-k\boldsymbol{E}$ 左乘，可得 $k_3\boldsymbol{\alpha}_1=\mathbf{0}$. 由于 $k_3\boldsymbol{\alpha}_1\neq\mathbf{0}$，故必有 $k_3=0$，依次往上代入得 $k_2=k_1=0$，所以 $\boldsymbol{\alpha}_1,\boldsymbol{\alpha}_2,\boldsymbol{\alpha}_3$ 线性无关.

10. 一个极大线性无关组为 $\boldsymbol{\alpha}_1,\boldsymbol{\alpha}_2$.

11. $a=2,b=5$.

12. (1) 证明略；

(2) $\boldsymbol{C}$ 可逆，$\boldsymbol{C}^{-1}=\boldsymbol{A}^{-1}\boldsymbol{B}=\begin{pmatrix}0&1&1\\-1&-3&-2\\1&2&2\end{pmatrix}$.

13. 分析：作矩阵 $\boldsymbol{A}=(\boldsymbol{\alpha}_1,\boldsymbol{\alpha}_2,\boldsymbol{\alpha}_3,\boldsymbol{\alpha}_4)$，对 $\boldsymbol{A}$ 施行初等行变换，有

$$\boldsymbol{A}=\begin{pmatrix}1+a&2&3&4\\1&2+a&3&4\\1&2&3+a&4\\1&2&3&4+a\end{pmatrix}\to\begin{pmatrix}1+a&2&3&4\\-a&a&0&0\\-a&0&a&0\\-a&0&0&a\end{pmatrix}=\boldsymbol{B}.$$

当 $a=0$ 时，秩 $r(\boldsymbol{A})=1$，因而 $\boldsymbol{\alpha}_1,\boldsymbol{\alpha}_2,\boldsymbol{\alpha}_3,\boldsymbol{\alpha}_4$ 线性相关. 此时 $\boldsymbol{\alpha}_1$ 是向量组 $\boldsymbol{\alpha}_1,\boldsymbol{\alpha}_2,\boldsymbol{\alpha}_3,\boldsymbol{\alpha}_4$ 的一个极大无关组，且 $\boldsymbol{\alpha}_2=2\boldsymbol{\alpha}_1,\boldsymbol{\alpha}_3=3\boldsymbol{\alpha}_1,\boldsymbol{\alpha}_4=4\boldsymbol{\alpha}_1$.

当 $a\neq 0$ 时，对矩阵 $\boldsymbol{B}$ 进行初等行变换，有

$$\boldsymbol{B}\rightarrow\begin{pmatrix}1+a & 2 & 3 & 4\\ -1 & 1 & 0 & 0\\ -1 & 0 & 1 & 0\\ -1 & 0 & 0 & 1\end{pmatrix}\rightarrow\begin{pmatrix}10+a & 0 & 0 & 0\\ -1 & 1 & 0 & 0\\ -1 & 0 & 1 & 0\\ -1 & 0 & 0 & 1\end{pmatrix}=\boldsymbol{C}=(\boldsymbol{\gamma}_1,\boldsymbol{\gamma}_2,\boldsymbol{\gamma}_3,\boldsymbol{\gamma}_4).$$

如果 $a\neq -10$,则 $r(\boldsymbol{C})=4$,$\boldsymbol{\alpha}_1,\boldsymbol{\alpha}_2,\boldsymbol{\alpha}_3,\boldsymbol{\alpha}_4$ 线性无关.

如果 $a=-10$，则 $r(\boldsymbol{C})=3$,从而 $r(\boldsymbol{A})=3$,$\boldsymbol{\alpha}_1,\boldsymbol{\alpha}_2,\boldsymbol{\alpha}_3,\boldsymbol{\alpha}_4$ 线性相关.

由于 $\boldsymbol{\gamma}_2,\boldsymbol{\gamma}_3,\boldsymbol{\gamma}_4$ 是 $\boldsymbol{\gamma}_1,\boldsymbol{\gamma}_2,\boldsymbol{\gamma}_3,\boldsymbol{\gamma}_4$ 的一个极大线性无关组，且 $\boldsymbol{\gamma}_1=-\boldsymbol{\gamma}_2-\boldsymbol{\gamma}_3-\boldsymbol{\gamma}_4$，所以 $\boldsymbol{\alpha}_2$，$\boldsymbol{\alpha}_3,\boldsymbol{\alpha}_4$ 是 $\boldsymbol{\alpha}_1,\boldsymbol{\alpha}_2,\boldsymbol{\alpha}_3,\boldsymbol{\alpha}_4$ 的一个极大线性无关组，且 $\boldsymbol{\alpha}_1=-\boldsymbol{\alpha}_2-\boldsymbol{\alpha}_3-\boldsymbol{\alpha}_4$.

14. $r(\boldsymbol{\alpha}_1,\boldsymbol{\alpha}_2,\boldsymbol{\alpha}_3,\boldsymbol{\alpha}_4+\boldsymbol{\alpha}_5)=4$.

15. 证明略.

16. 分析：(1) 利用 $r(\boldsymbol{A}+\boldsymbol{B})\leqslant r(\boldsymbol{A})+r(\boldsymbol{B})$ 和 $r(\boldsymbol{AB})\leqslant\min\{r(\boldsymbol{A}),r(\boldsymbol{B})\}$，有

$$r(\boldsymbol{A})=r(\boldsymbol{\alpha\alpha}^{\mathrm{T}}+\boldsymbol{\beta\beta}^{\mathrm{T}})\leqslant r(\boldsymbol{\alpha\alpha}^{\mathrm{T}})+r(\boldsymbol{\beta\beta}^{\mathrm{T}})\leqslant r(\boldsymbol{\alpha})+r(\boldsymbol{\beta})\leqslant 2.$$

又 $\boldsymbol{\alpha},\boldsymbol{\beta}$ 是三维列向量，所以 $r(\boldsymbol{\alpha})\leqslant 1,r(\boldsymbol{\beta})\leqslant 1$. 故 $r(\boldsymbol{A})\leqslant 2$.

(2) 当 $\boldsymbol{\alpha},\boldsymbol{\beta}$ 线性相关时，不妨设 $\boldsymbol{\beta}=k\boldsymbol{\alpha}$，则

$$r(\boldsymbol{A})=r(\boldsymbol{\alpha\alpha}^{\mathrm{T}}+\boldsymbol{\beta\beta}^{\mathrm{T}})=r[(1+k^2)\boldsymbol{\alpha\alpha}^{\mathrm{T}}]\leqslant 1<2.$$

17. 分析：由 $r(\boldsymbol{B})=n$，知 $\boldsymbol{B}$ 的列向量中有 n 个是线性无关的，设为 $\boldsymbol{\beta}_1,\boldsymbol{\beta}_2,\cdots,\boldsymbol{\beta}_n$. 令 $\boldsymbol{B}_1=(\boldsymbol{\beta}_1,\boldsymbol{\beta}_2,\cdots,\boldsymbol{\beta}_n)$，它是 n 阶方阵，其秩是 n，因此 $\boldsymbol{B}_1$ 可逆，于是有

$$\boldsymbol{AB}=\boldsymbol{O}\Rightarrow AB_1=\boldsymbol{O}\Rightarrow AB_1B_1^{-1}=\boldsymbol{O}B_1^{-1}=\boldsymbol{O}\Rightarrow A=\boldsymbol{O}.$$

18. $\boldsymbol{\beta}$ 在基 $\boldsymbol{\alpha}_1,\boldsymbol{\alpha}_2,\boldsymbol{\alpha}_3,\boldsymbol{\alpha}_4$ 下的坐标 $\left(\frac{5}{4},\frac{1}{4},-\frac{1}{4},-\frac{1}{4}\right)$.

第五章　线性方程组

一、内容提要

(一) 齐次线性方程组

1. 齐次线性方程组的概念

设有 m 个方程的 n 元齐次线性方程组

$$\begin{cases} a_{11}x_1+a_{12}x_2+\cdots+a_{1n}x_n=0, \\ a_{21}x_1+a_{22}x_2+\cdots+a_{2n}x_n=0, \\ \qquad\vdots \\ a_{m1}x_1+a_{m2}x_2+\cdots+a_{mn}x_n=0. \end{cases} \tag{Ⅰ}$$

设

$$\boldsymbol{A}=\begin{pmatrix} a_{11} & a_{12} & \cdots & a_{1n} \\ a_{21} & a_{22} & \cdots & a_{2n} \\ \vdots & \vdots & & \vdots \\ a_{m1} & a_{m2} & \cdots & a_{mn} \end{pmatrix},\quad \boldsymbol{x}=\begin{pmatrix} x_1 \\ x_2 \\ \vdots \\ x_n \end{pmatrix},\quad \boldsymbol{0}=\begin{pmatrix} 0 \\ 0 \\ \vdots \\ 0 \end{pmatrix},$$

则齐次线性方程组(Ⅰ)可以简写成矩阵形式 $\boldsymbol{Ax}=\boldsymbol{0}$，称 $\boldsymbol{A}$ 为**系数矩阵**，$\boldsymbol{x}$ 为 n **维未知列向量**，$\boldsymbol{0}$ 为 m **维零列向量**.

若把 $\boldsymbol{A}$ 看作是由列向量组构成的矩阵，设 $\boldsymbol{A}=(\boldsymbol{\alpha}_1,\boldsymbol{\alpha}_2,\cdots,\boldsymbol{\alpha}_n)$，则(Ⅰ)的向量形式为

$$x_1\boldsymbol{\alpha}_1+x_2\boldsymbol{\alpha}_2+\cdots+x_n\boldsymbol{\alpha}_n=\boldsymbol{0}.$$

2. 解的性质

性质 1　若 $\boldsymbol{\xi}_1,\boldsymbol{\xi}_2$ 是齐次线性方程组 $\boldsymbol{Ax}=\boldsymbol{0}$ 的解，则 $\boldsymbol{\xi}_1+\boldsymbol{\xi}_2$ 也是 $\boldsymbol{Ax}=\boldsymbol{0}$ 的解.

性质 2　若 $\boldsymbol{\xi}$ 是齐次线性方程组 $\boldsymbol{Ax}=\boldsymbol{0}$ 的解，k 为任意实数，则 $k\boldsymbol{\xi}$ 也是 $\boldsymbol{Ax}=\boldsymbol{0}$ 的解.

3. 有解条件

$r(\boldsymbol{A})=n$ 时，向量组 $\boldsymbol{\alpha}_1,\boldsymbol{\alpha}_2,\cdots,\boldsymbol{\alpha}_n$ 线性无关，方程组(Ⅰ)有唯一的零解.

$r(\boldsymbol{A})=r<n$ 时，向量组 $\boldsymbol{\alpha}_1,\boldsymbol{\alpha}_2,\cdots,\boldsymbol{\alpha}_n$ 线性相关，方程组(Ⅰ)有非零解，且有 $n-r$ 个线性无关解.

4. 求解方法

高斯消元法　将 $\boldsymbol{Ax}=\boldsymbol{0}$ 的系数矩阵 $\boldsymbol{A}$ 化为行最简形矩阵 $\boldsymbol{B}$. 由于初等行变换不改变方程组的解，所以 $\boldsymbol{Ax}=\boldsymbol{0}$ 和 $\boldsymbol{Bx}=\boldsymbol{0}$ 同解，只需解 $\boldsymbol{Bx}=\boldsymbol{0}$ 即可. 设 $r(\boldsymbol{A})=r$，且

$$A \xrightarrow{\text{初等行变换}} B = \begin{pmatrix} 1 & 0 & \cdots & 0 & b_{11} & \cdots & b_{1,n-r} \\ 0 & 1 & \cdots & 0 & b_{21} & \cdots & b_{2,n-r} \\ \vdots & \vdots & & \vdots & \vdots & & \vdots \\ 0 & 0 & \cdots & 1 & b_{r1} & \cdots & b_{r,n-r} \\ 0 & 0 & \cdots & 0 & 0 & \cdots & 0 \\ \vdots & \vdots & & \vdots & \vdots & & \vdots \\ 0 & 0 & \cdots & 0 & 0 & \cdots & 0 \end{pmatrix},$$

以 $\boldsymbol{B}$ 为系数矩阵的线性方程组可写为

$$\begin{cases} x_1 = -b_{11}x_{r+1} - b_{12}x_{r+2} - \cdots - b_{1,n-r}x_n, \\ x_2 = -b_{21}x_{r+1} - b_{22}x_{r+2} - \cdots - b_{2,n-r}x_n, \\ \qquad \vdots \\ x_r = -b_{r1}x_{r+1} - b_{r2}x_{r+2} - \cdots - b_{r,n-r}x_n. \end{cases}$$

上述方程组有 $n-r$ 个自由未知量 $x_{r+1}, x_{r+2}, \cdots, x_n$，令这些自由未知量取任意的常数，回代求得独立未知量 $x_1, x_2, \cdots, x_r$，即得 $\boldsymbol{Ax}=\boldsymbol{0}$ 的解.

注：对于矩阵 $\boldsymbol{A}$，若是求其秩，只需将它化为行阶梯形即可，若是解线性方程组，最好是化为行最简形.

5. 解空间概念、基础解系和解的结构

解空间：由齐次线性方程组的解的性质可知，由方程组的全部向量所组成的集合

$$S = \{\boldsymbol{x} \mid \boldsymbol{Ax} = \boldsymbol{0}\}$$

构成向量空间，称为方程组 $\boldsymbol{Ax}=\boldsymbol{0}$ 的解空间.

基础解系：设 $\boldsymbol{\xi}_1, \boldsymbol{\xi}_2, \cdots, \boldsymbol{\xi}_{n-r}$ 是方程组 $\boldsymbol{Ax}=\boldsymbol{0}$ 的解，且满足① $\boldsymbol{\xi}_1, \boldsymbol{\xi}_2, \cdots, \boldsymbol{\xi}_{n-r}$ 线性无关；②方程组的任一个解向量均可由 $\boldsymbol{\xi}_1, \boldsymbol{\xi}_2, \cdots, \boldsymbol{\xi}_{n-r}$ 线性表出，则称向量组 $\boldsymbol{\xi}_1, \boldsymbol{\xi}_2, \cdots, \boldsymbol{\xi}_{n-r}$ 是方程组 $\boldsymbol{Ax}=\boldsymbol{0}$ 的一个基础解系.

通解：设向量组 $\boldsymbol{\xi}_1, \boldsymbol{\xi}_2, \cdots, \boldsymbol{\xi}_{n-r}$ 是方程组 $\boldsymbol{Ax}=\boldsymbol{0}$ 的一个基础解系，则 $k_1\boldsymbol{\xi}_1 + k_2\boldsymbol{\xi}_2 + \cdots + k_{n-r}\boldsymbol{\xi}_{n-r}$ 是方程组 $\boldsymbol{Ax}=\boldsymbol{0}$ 的通解，其中 $k_1, k_2, \cdots, k_{n-r}$ 是任意常数.

（二）非齐次线性方程组

1. 非齐次线性方程组的概念

设有 m 个方程的 n 元非齐次线性方程组

$$\begin{cases} a_{11}x_1 + a_{12}x_2 + \cdots + a_{1n}x_n = b_1, \\ a_{21}x_1 + a_{22}x_2 + \cdots + a_{2n}x_n = b_2, \\ \qquad \vdots \\ a_{m1}x_1 + a_{m2}x_2 + \cdots + a_{mn}x_n = b_m. \end{cases} \tag{Ⅰ}$$

设

$$\boldsymbol{A} = \begin{pmatrix} a_{11} & a_{12} & \cdots & a_{1n} \\ a_{21} & a_{22} & \cdots & a_{2n} \\ \vdots & \vdots & & \vdots \\ a_{m1} & a_{m2} & \cdots & a_{mn} \end{pmatrix}, \quad \boldsymbol{x} = \begin{pmatrix} x_1 \\ x_2 \\ \vdots \\ x_n \end{pmatrix}, \quad \boldsymbol{b} = \begin{pmatrix} b_1 \\ b_2 \\ \vdots \\ b_m \end{pmatrix} \neq \boldsymbol{0},$$

则线性方程组(Ⅰ)可以简写成矩阵形式 $\boldsymbol{Ax}=\boldsymbol{b}$.

若把 $\boldsymbol{A}$ 看作是由列向量组构成的矩阵，设 $\boldsymbol{A}=(\boldsymbol{\alpha}_1,\boldsymbol{\alpha}_2,\cdots,\boldsymbol{\alpha}_n)$，则(Ⅰ)的向量形式为

$$x_1\boldsymbol{\alpha}_1+x_2\boldsymbol{\alpha}_2+\cdots+x_n\boldsymbol{\alpha}_n=\boldsymbol{b},$$

$\boldsymbol{A}$ 称为方程组的系数矩阵，$\boldsymbol{B}=(\boldsymbol{A}\,\vdots\,\boldsymbol{b})$称为方程组的增广矩阵.

在方程组(Ⅰ)中令 $\boldsymbol{b}=\boldsymbol{0}$ 得到的齐次线性方程组 $\boldsymbol{Ax}=\boldsymbol{0}$ 称为与方程组 $\boldsymbol{Ax}=\boldsymbol{b}$ 对应的齐次方程组，或称为方程组 $\boldsymbol{Ax}=\boldsymbol{b}$ 的导出组.

2. 非齐次线性方程组解的性质

性质 1 若 $\boldsymbol{\eta}_1,\boldsymbol{\eta}_2$ 是方程组 $\boldsymbol{Ax}=\boldsymbol{b}$ 的解，则 $\boldsymbol{\eta}_1-\boldsymbol{\eta}_2$ 是对应的齐次方程组 $\boldsymbol{Ax}=\boldsymbol{0}$ 的解.

性质 2 若 $\boldsymbol{\eta}$ 是方程组 $\boldsymbol{Ax}=\boldsymbol{b}$ 的解，$\boldsymbol{\xi}$ 是对应的齐次方程组 $\boldsymbol{Ax}=\boldsymbol{0}$ 的解，则 $\boldsymbol{\eta}+\boldsymbol{\xi}$ 是方程组 $\boldsymbol{Ax}=\boldsymbol{b}$ 的解.

3. 有解条件

定理 非齐次线性方程组 $\boldsymbol{Ax}=\boldsymbol{b}$ 有解的充分必要条件是 $r(\boldsymbol{A})=r(\boldsymbol{B})$.

非齐次线性方程组 $\boldsymbol{Ax}=\boldsymbol{b}$ 解的情形归结如下：

(1) 若 $r(\boldsymbol{A})\neq r(\boldsymbol{B})$，则方程组 $\boldsymbol{Ax}=\boldsymbol{b}$ 无解.

(2) 若 $r(\boldsymbol{A})=r(\boldsymbol{B})=r$ 时，方程组 $\boldsymbol{Ax}=\boldsymbol{b}$ 有解.

① 当 $r=n$ 时，方程组 $\boldsymbol{Ax}=\boldsymbol{b}$ 有唯一解；

② 当 $r<n$ 时，方程组 $\boldsymbol{Ax}=\boldsymbol{b}$ 有无穷多解.

4. 非齐次线性方程组 $\boldsymbol{Ax}=\boldsymbol{b}$ 解的结构

设 $\boldsymbol{\xi}_1,\boldsymbol{\xi}_2,\cdots,\boldsymbol{\xi}_{n-r}$ 是 $\boldsymbol{Ax}=\boldsymbol{b}$ 对应的齐次线性方程组 $\boldsymbol{Ax}=\boldsymbol{0}$ 的基础解系，$\boldsymbol{\eta}^*$ 是非齐次线性方程组 $\boldsymbol{Ax}=\boldsymbol{b}$ 的任一特解，则方程组 $\boldsymbol{Ax}=\boldsymbol{b}$ 的通解为

$$\boldsymbol{x}=k_1\boldsymbol{\xi}_1+k_2\boldsymbol{\xi}_2+\cdots+k_{n-r}\boldsymbol{\xi}_{n-r}+\boldsymbol{\eta}^*,$$

其中 $k_1,k_2,\cdots,k_{n-r}$ 是任意常数.

二、典型例题

【例 1】 求线性方程组

$$\begin{cases}2x_1-4x_2+2x_3+7x_4=0,\\3x_1-6x_2+4x_3+3x_4=0,\\5x_1-10x_2+4x_3+25x_4=0\end{cases}$$

的基础解系和通解.

【解】 对系数矩阵作初等行变换化为行最简形

$$\boldsymbol{A}=\begin{pmatrix}2&-4&2&7\\3&-6&4&3\\5&-10&4&25\end{pmatrix}\xrightarrow{r_1-r_2}\begin{pmatrix}-1&2&-2&4\\3&-6&4&3\\5&-10&4&25\end{pmatrix}$$

$$\xrightarrow[r_2+5r_1]{r_2+3r_1}\begin{pmatrix}-1&2&-2&4\\0&0&-2&15\\0&0&-6&45\end{pmatrix}\xrightarrow{r_3-3r_2}\begin{pmatrix}-1&2&-2&4\\0&0&-2&15\\0&0&0&0\end{pmatrix}$$

$$\xrightarrow[\left(-\frac{1}{2}\right)r_2]{-r_1}\begin{pmatrix}1&-2&2&-4\\0&0&1&-\frac{15}{2}\\0&0&0&0\end{pmatrix}\xrightarrow{r_1-2r_2}\begin{pmatrix}1&-2&0&11\\0&0&1&-\frac{15}{2}\\0&0&0&0\end{pmatrix}.$$

由于 $r(\boldsymbol{A})=2<4$，所以方程组有无穷多解，其同解方程组为

$$\begin{cases}x_1-2x_2+11x_4=0,\\ x_3-\dfrac{15}{2}x_4=0\end{cases}\quad\text{或改写成}\begin{cases}x_1=2x_2-11x_4,\\ x_3=\dfrac{15}{2}x_4,\end{cases}$$

分别令 $\begin{pmatrix}x_2\\x_4\end{pmatrix}=\begin{pmatrix}1\\0\end{pmatrix},\begin{pmatrix}0\\2\end{pmatrix}$，得线性方程组的基础解系

$$\boldsymbol{\xi}_1=\begin{pmatrix}2\\1\\0\\0\end{pmatrix},\quad \boldsymbol{\xi}_2=\begin{pmatrix}-22\\0\\15\\2\end{pmatrix}.$$

方程组的通解是 $\boldsymbol{x}=k_1\boldsymbol{\xi}_1+k_2\boldsymbol{\xi}_2$，其中 k_1,k_2 是任意常数.

【例 2】 设四元线性方程组(Ⅰ)为

$$\begin{cases}x_1+x_2=0,\\ x_2-x_4=0,\end{cases}$$

又已知某齐次线性方程组(Ⅱ)的通解为

$$k_1(0,1,1,0)^{\mathrm{T}}+k_2(-1,2,2,1)^{\mathrm{T}}.$$

(1) 求线性方程组(Ⅰ)的基础解系；

(2) 问线性方程组(Ⅰ)和(Ⅱ)是否有非零公共解？若有，则求出所有的非零公共解；若没有，则说明理由.

【解】 (1) 线性方组程(Ⅰ)的系数矩阵为

$$\boldsymbol{A}=\begin{pmatrix}1&1&0&0\\0&1&0&-1\end{pmatrix}\to\begin{pmatrix}1&0&0&1\\0&1&0&-1\end{pmatrix}.$$

因为 $r(\boldsymbol{A})=2$，小于未知量个数 4，所以它的基础解系含有两个线性无关的解向量，该方程线的同解方程组为

$$\begin{cases}x_1=-x_4,\\ x_2=x_4.\end{cases}$$

分别令 $\begin{pmatrix}x_3\\x_4\end{pmatrix}=\begin{pmatrix}1\\0\end{pmatrix},\begin{pmatrix}0\\1\end{pmatrix}$，得到方程组(Ⅰ)的一个基础解系为

$$\boldsymbol{\xi}_1=\begin{pmatrix}0\\0\\1\\0\end{pmatrix},\quad \boldsymbol{\xi}_2=\begin{pmatrix}-1\\1\\0\\1\end{pmatrix}.$$

(2) 若方程组(Ⅰ)和(Ⅱ)有非零公共解，那么两个方程组通解的交集中有非零向量，于是存在不全为零的常数 k_3,k_4，使得

$$k_1\begin{pmatrix}0\\1\\1\\0\end{pmatrix}+k_2\begin{pmatrix}-1\\2\\2\\1\end{pmatrix}=k_3\begin{pmatrix}0\\0\\1\\0\end{pmatrix}+k_4\begin{pmatrix}-1\\1\\0\\1\end{pmatrix},$$

整理得

$$\begin{cases} -k_2=-k_4 \\ k_1+2k_2=k_4 \\ k_1+2k_2=k_3 \\ k_2=k_4 \end{cases} \Rightarrow k_1=-k_2, k_2=k_3=k_4.$$

令 $k_1=-k, k_2=k_3=k_4=k$，则 $-k\begin{pmatrix}0\\1\\1\\0\end{pmatrix}+k\begin{pmatrix}-1\\2\\2\\1\end{pmatrix}=k\begin{pmatrix}-1\\1\\1\\1\end{pmatrix}$ 是(Ⅰ)和(Ⅱ)的公共解，当 $k\neq0$时，即得(Ⅰ)和(Ⅱ)的所有非零公共解.

评注：将(Ⅱ)的通解代入方程组(Ⅰ)，得到关于 k_1,k_2 的线性方程组，该方程组的非零解也就是方程组(Ⅰ)和(Ⅱ)的非零公共解.

【例 3】 设 $\boldsymbol{\alpha}_1,\boldsymbol{\alpha}_2,\cdots,\boldsymbol{\alpha}_t$ 是齐次线性方程组 $\boldsymbol{Ax}=\boldsymbol{0}$ 的一个基础解系，向量 $\boldsymbol{\beta}$ 不是方程组 $\boldsymbol{Ax}=\boldsymbol{0}$ 的解，即 $\boldsymbol{A\beta}\neq\boldsymbol{0}$. 证明：向量组 $\boldsymbol{\beta},\boldsymbol{\beta}+\boldsymbol{\alpha}_1,\boldsymbol{\beta}+\boldsymbol{\alpha}_2,\cdots,\boldsymbol{\beta}+\boldsymbol{\alpha}_t$ 线性无关.

【证明】 设有数 $k,k_1,k_2,\cdots,k_t$，使得

$$k\boldsymbol{\beta}+k_1(\boldsymbol{\beta}+\boldsymbol{\alpha}_1)+k_2(\boldsymbol{\beta}+\boldsymbol{\alpha}_2)+\cdots+k_t(\boldsymbol{\beta}+\boldsymbol{\alpha}_t)=\boldsymbol{0},$$

即

$$\left(k+\sum_{i=1}^{t}k_i\right)\boldsymbol{\beta}+k_1\boldsymbol{\alpha}_1+k_2\boldsymbol{\alpha}_2+\cdots+k_t\boldsymbol{\alpha}_t=\boldsymbol{0}, \tag{Ⅰ}$$

上式两边同时左乘 $\boldsymbol{A}$，得

$$\left(k+\sum_{i=1}^{t}k_i\right)\boldsymbol{A\beta}+k_1\boldsymbol{A\alpha}_1+k_2\boldsymbol{A\alpha}_2+\cdots+k_t\boldsymbol{A\alpha}_t=\boldsymbol{0}.$$

因为 $\boldsymbol{A\beta}\neq\boldsymbol{0}$，而 $\boldsymbol{A\alpha}_i=\boldsymbol{0}(i=1,2,\cdots,t)$，所以有

$$k+\sum_{i=1}^{t}k_i=0, \tag{Ⅱ}$$

从而式(Ⅰ)变为

$$k_1\boldsymbol{\alpha}_1+k_2\boldsymbol{\alpha}_2+\cdots+k_t\boldsymbol{\alpha}_t=\boldsymbol{0}.$$

由于 $\boldsymbol{\alpha}_1,\boldsymbol{\alpha}_2,\cdots,\boldsymbol{\alpha}_t$ 是方程组 $\boldsymbol{Ax}=\boldsymbol{0}$ 的一个基础解系，所以线性无关，从而 $k_1=k_2=\cdots=k_t=0\Rightarrow k=0$，因此向量组 $\boldsymbol{\beta},\boldsymbol{\beta}+\boldsymbol{\alpha}_1,\boldsymbol{\beta}+\boldsymbol{\alpha}_2,\cdots,\boldsymbol{\beta}+\boldsymbol{\alpha}_t$ 线性无关.

【例 4】 设齐次线性方程组

$$\begin{cases} a_{11}x_1+a_{12}x_2+\cdots+a_{1n}x_n=0, \\ a_{21}x_1+a_{22}x_2+\cdots+a_{2n}x_n=0, \\ \quad\vdots \\ a_{n1}x_1+a_{n2}x_2+\cdots+a_{nn}x_n=0 \end{cases}$$

的系数矩阵 $\boldsymbol{A}=(a_{ij})_{n\times n}$的秩为 $n-1$. 求证：此方程组的全部解为

$$\boldsymbol{x}=k(A_{i1},A_{i2},\cdots,A_{in})^{\mathrm{T}},$$

其中 $A_{ij}\,(1\leqslant j\leqslant n)$为 $\boldsymbol{A}$ 的元素 a_{ij} 的代数余子式，且至少有一个 $A_{ij}\neq0$，k 为任意常数.

【证明】 由于齐次线性方程组的系数矩阵 $\boldsymbol{A}=(a_{ij})_{n\times n}$的秩为 $n-1$，故该 n 元齐次线性方程组存在基础解系，且其基础解系由一个解向量组成，而由 $r(\boldsymbol{A})=n-1$ 又可知，$\boldsymbol{A}$ 必存在一个 $n-1$ 阶子式不为零，也即 $\boldsymbol{A}$ 存在一个元 a_{ij} 的余子式 $M_{ij}\neq0$，从而 $A_{ij}=(-1)^{i+j}M_{ij}\neq0$. 令

$$\boldsymbol{\eta}_1=(A_{i1},A_{i2},\cdots,A_{in})^{\mathrm{T}},$$

则 $\boldsymbol{\eta}_1\neq\mathbf{0}$，且 $\boldsymbol{\eta}_1$ 为方程组的一个解.

因为将 $\boldsymbol{\eta}_1$ 代入方程组的第 i 个方程左边，可得

$$a_{i1}A_{i1}+a_{i2}A_{i2}+\cdots+a_{in}A_{in}=\det\boldsymbol{A},$$

而 $r(\boldsymbol{A})=n-1$，所以 $\det\boldsymbol{A}=0$. 即有

$$a_{i1}A_{i1}+a_{i2}A_{i2}+\cdots+a_{in}A_{in}=0.$$

当 $k\neq i$ 时，也有

$$a_{k1}A_{i1}+a_{k2}A_{i2}+\cdots+a_{kn}A_{in}=0.$$

这就证明了 $\boldsymbol{\eta}_1$ 为方程组的一个基础解系. 从而方程组的全部解为

$$\boldsymbol{x}=k(A_{i1},A_{i2},\cdots,A_{in})^{\mathrm{T}},k\text{ 为任意常数}.$$

【例 5】 设 $\boldsymbol{\xi}_1=(1,-2,3,1)^{\mathrm{T}},\boldsymbol{\xi}_2=(2,0,5,-2)^{\mathrm{T}}$ 是齐次线性方程组 $\boldsymbol{A}_{3\times4}\boldsymbol{x}=\mathbf{0}$ 的基础解系，则下列向量中是 $\boldsymbol{A}_{3\times4}\boldsymbol{x}=\mathbf{0}$ 的解向量的是(　　).

(A) $\boldsymbol{\alpha}_1=(1,-2,3,2)^{\mathrm{T}}$　　(B) $\boldsymbol{\alpha}_2=(0,0,5,-2)^{\mathrm{T}}$

(C) $\boldsymbol{\alpha}_3=(-1,-6,-1,7)^{\mathrm{T}}$　　(D) $\boldsymbol{\alpha}_1=(1,6,1,6)^{\mathrm{T}}$

分析:向量是齐次线性方程组的解⇔向量可由基础解系线性表出.

【解】 若向量 $\boldsymbol{\alpha}$ 是齐次线性方程组的解，则 $\boldsymbol{\alpha}$ 应可由其基础解系线性表出，将 $\boldsymbol{\xi}_1,\boldsymbol{\xi}_2,\boldsymbol{\alpha}_1,\boldsymbol{\alpha}_2,\boldsymbol{\alpha}_3,\boldsymbol{\alpha}_4$ 合并成矩阵 $\boldsymbol{A}=(\boldsymbol{\xi}_1,\boldsymbol{\xi}_2,\boldsymbol{\alpha}_1,\boldsymbol{\alpha}_2,\boldsymbol{\alpha}_3,\boldsymbol{\alpha}_4)$，并对其作初等行变换，得

$$\boldsymbol{A}=(\boldsymbol{\xi}_1,\boldsymbol{\xi}_2,\boldsymbol{\alpha}_1,\boldsymbol{\alpha}_2,\boldsymbol{\alpha}_3,\boldsymbol{\alpha}_4)=\begin{array}{c}\begin{array}{cccccc}\boldsymbol{\xi}_1 & \boldsymbol{\xi}_2 & \boldsymbol{\alpha}_1 & \boldsymbol{\alpha}_2 & \boldsymbol{\alpha}_3 & \boldsymbol{\alpha}_4\end{array}\\ \begin{pmatrix}1 & 2 & 1 & 0 & -1 & 1\\ -2 & 0 & -2 & 0 & -6 & 6\\ 3 & 5 & 3 & 5 & -1 & 1\\ 1 & -2 & 2 & -2 & 7 & 6\end{pmatrix}\end{array}$$

$$\to\begin{pmatrix}1 & 2 & 1 & 0 & -1 & 1\\ 0 & 4 & 0 & 0 & -8 & 8\\ 0 & -1 & 0 & 5 & 2 & -2\\ 0 & -4 & 1 & -2 & 8 & 5\end{pmatrix}$$

$$\to\begin{array}{c}\begin{array}{cccccc}\boldsymbol{\xi}_1' & \boldsymbol{\xi}_2' & \boldsymbol{\alpha}_1' & \boldsymbol{\alpha}_2' & \boldsymbol{\alpha}_3' & \boldsymbol{\alpha}_4'\end{array}\\ \begin{pmatrix}1 & 2 & 1 & 0 & -1 & 1\\ 0 & -1 & 0 & 5 & 2 & -2\\ 0 & 0 & 0 & 20 & 0 & 0\\ 0 & 0 & 1 & -22 & 0 & 3\end{pmatrix}\end{array}\xlongequal{\text{记为}}\boldsymbol{B}.$$

由阶梯形矩阵 $\boldsymbol{B}$ 可知，$\boldsymbol{\alpha}_3'$ 可由 $\boldsymbol{\xi}_1',\boldsymbol{\xi}_2'$ 线性表出，故只有 $\boldsymbol{\alpha}_3$ 是线性方程组 $\boldsymbol{A}_{3\times4}\boldsymbol{x}=\mathbf{0}$ 的解. 故应选(C).

【例 6】 设有两个齐次线性方程组

$$\begin{cases}a_{11}x_1+a_{12}x_2+\cdots+a_{1n}x_n=0,\\ a_{21}x_1+a_{22}x_2+\cdots+a_{2n}x_n=0,\\ \quad\vdots\\ a_{m1}x_1+a_{m2}x_2+\cdots+a_{mn}x_n=0\end{cases}\qquad(\mathrm{I})$$

和

$$\begin{cases}b_{11}x_1+b_{12}x_2+\cdots+b_{1n}x_n=0,\\ b_{21}x_1+b_{22}x_2+\cdots+b_{2n}x_n=0,\\ \qquad\vdots\\ b_{s1}x_1+b_{s2}x_2+\cdots+b_{sn}x_n=0.\end{cases}\qquad(\text{Ⅱ})$$

如果这两个方程组的系数矩阵 $\boldsymbol{A}$ 和 $\boldsymbol{B}$ 的秩都小于 $\frac{n}{2}$，试证明这两个方程组必有公共的非零解.

分析：方程组(Ⅰ)和(Ⅱ)是否有非零的公共解，归结为将(Ⅰ)和(Ⅱ)合并后得到的齐次线性方程组是否有非零解.

【证明】 将方程组(Ⅰ)和(Ⅱ)合并得到新的方程组

$$\begin{cases}a_{11}x_1+a_{12}x_2+\cdots+a_{1n}x_n=0,\\ a_{21}x_1+a_{22}x_2+\cdots+a_{2n}x_n=0,\\ \qquad\vdots\\ a_{m1}x_1+a_{m2}x_2+\cdots+a_{mn}x_n=0,\\ b_{11}x_1+b_{12}x_2+\cdots+b_{1n}x_n=0,\\ b_{21}x_1+b_{22}x_2+\cdots+b_{2n}x_n=0,\\ \qquad\vdots\\ b_{s1}x_1+b_{s2}x_2+\cdots+b_{sn}x_n=0.\end{cases}\qquad(\text{Ⅲ})$$

方程组(Ⅲ)的系数矩阵为 $\boldsymbol{C}=\begin{pmatrix}\boldsymbol{A}\\ \boldsymbol{B}\end{pmatrix}$. 由于 $r(\boldsymbol{A})<\frac{n}{2}, r(\boldsymbol{B})<\frac{n}{2}$，有

$$r(\boldsymbol{C})<r(\boldsymbol{A})+r(\boldsymbol{B})<\frac{n}{2}+\frac{n}{2}=n.$$

因此方程组(Ⅲ)有非零解，故方程组(Ⅰ)和(Ⅱ)有非零的公共解.

【例 7】 设齐次线性方程组

$$\begin{cases}a_{11}x_1+a_{12}x_2+\cdots+a_{1n}x_n=0,\\ a_{21}x_1+a_{22}x_2+\cdots+a_{2n}x_n=0,\\ \qquad\vdots\\ a_{m1}x_1+a_{m2}x_2+\cdots+a_{mn}x_n=0\end{cases}\qquad(\text{Ⅰ})$$

的解都是方程组

$$b_1x_1+b_2x_2+\cdots+b_nx_n=0$$

的解. 试证明向量 $\boldsymbol{\beta}=(b_1,b_2,\cdots,b_n)$ 可由向量组

$$\boldsymbol{\alpha}_1=(a_{11},a_{12},\cdots,a_{1n}),$$
$$\boldsymbol{\alpha}_2=(a_{21},a_{22},\cdots,a_{2n}),$$
$$\vdots$$
$$\boldsymbol{\alpha}_m=(a_{m1},a_{m2},\cdots,a_{mn})$$

线性表出.

【证明】 由于方程组(Ⅰ)的解都是方程组 $b_1x_1+b_2x_2+\cdots+b_nx_n=0$ 的解，所以方程组(Ⅰ)与下面的方程组

$$\begin{cases}a_{11}x_1+a_{12}x_2+\cdots+a_{1n}x_n=0,\\a_{21}x_1+a_{22}x_2+\cdots+a_{2n}x_n=0,\\\quad\vdots\\a_{m1}x_1+a_{m2}x_2+\cdots+a_{mn}x_n=0,\\b_1x_1+b_2x_2+\cdots+b_nx_n=0.\end{cases}\tag{Ⅱ}$$

同解. 设矩阵

$$\boldsymbol{A}=\begin{pmatrix}\boldsymbol{\alpha}_1\\\boldsymbol{\alpha}_2\\\vdots\\\boldsymbol{\alpha}_m\end{pmatrix},\quad \boldsymbol{B}=\begin{pmatrix}\boldsymbol{\alpha}_1\\\vdots\\\boldsymbol{\alpha}_m\\\boldsymbol{\beta}\end{pmatrix},$$

由于方程组(Ⅰ)与(Ⅱ)同解，所以它们的解空间的维数相同，即

$$n-r(\boldsymbol{A})=n-r(\boldsymbol{B})\Rightarrow r(\boldsymbol{A})=r(\boldsymbol{B}).$$

设 $r(\boldsymbol{A})=r(\boldsymbol{B})=r$，且 $\boldsymbol{\alpha}_{i_1},\boldsymbol{\alpha}_{i_2},\cdots,\boldsymbol{\alpha}_{i_r}$ 是 $\boldsymbol{A}$ 的行向量组的一个极大无关组，则由 $r(\boldsymbol{B})=r$，可知向量组 $\boldsymbol{\alpha}_{i_1},\boldsymbol{\alpha}_{i_2},\cdots,\boldsymbol{\alpha}_{i_r},\boldsymbol{\beta}$ 线性相关，而 $\boldsymbol{\alpha}_{i_1},\boldsymbol{\alpha}_{i_2},\cdots,\boldsymbol{\alpha}_{i_r}$ 线性无关，故向量 $\boldsymbol{\beta}$ 可由向量组 $\boldsymbol{\alpha}_{i_1},\boldsymbol{\alpha}_{i_2},\cdots,\boldsymbol{\alpha}_{i_r}$ 线性表出，因而 $\boldsymbol{\beta}$ 可由向量组 $\boldsymbol{\alpha}_1,\boldsymbol{\alpha}_2,\cdots,\boldsymbol{\alpha}_n$ 线性表出.

【例 8】 设

$$\boldsymbol{\alpha}_i=(a_{i1},a_{i2},\cdots,a_{in})^{\mathrm{T}}\quad(i=1,2,\cdots,r;r<n)$$

是 n 维实向量，且 $\boldsymbol{\alpha}_1,\boldsymbol{\alpha}_2,\cdots,\boldsymbol{\alpha}_r$ 线性无关，已知 $\boldsymbol{\beta}=(b_1,b_2,\cdots,b_n)$ 是线性方程组

$$\begin{cases}a_{11}x_1+a_{12}x_2+\cdots+a_{1n}x_n=0,\\a_{21}x_1+a_{22}x_2+\cdots+a_{2n}x_n=0,\\\quad\vdots\\a_{r1}x_1+a_{r2}x_2+\cdots+a_{rn}x_n=0\end{cases}$$

的非零解向量，试判断向量组 $\boldsymbol{\alpha}_1,\boldsymbol{\alpha}_2,\cdots,\boldsymbol{\alpha}_r,\boldsymbol{\beta}$ 的线性相关性.

分析:由于 $\boldsymbol{\beta}$ 是非零向量，从而有 $\boldsymbol{\beta}^{\mathrm{T}}\boldsymbol{\beta}=b_1^2+b_2^2+\cdots+b_n^2\neq0$，又由于 $\boldsymbol{\beta}$ 是已给方程组的解向量，所以 $\boldsymbol{\beta}$ 满足方程组中的每一个方程，因此，$\boldsymbol{\alpha}_i^{\mathrm{T}}\boldsymbol{\beta}=\boldsymbol{0}$，即 $\boldsymbol{\beta}^{\mathrm{T}}\boldsymbol{\alpha}_i=\boldsymbol{0}$，$i=1,2,\cdots,r$. 为了判断 $\boldsymbol{\alpha}_1,\boldsymbol{\alpha}_2,\cdots,\boldsymbol{\alpha}_r,\boldsymbol{\beta}$ 的线性相关性，设 $k_1\boldsymbol{\alpha}_1+k_2\boldsymbol{\alpha}_2+\cdots+k_r\boldsymbol{\alpha}_r+k\boldsymbol{\beta}=\boldsymbol{0}$，讨论 $k_1,k_2,\cdots,k_r,k$ 是否可能不全为零.

【解】 设

$$k_1\boldsymbol{\alpha}_1+k_2\boldsymbol{\alpha}_2+\cdots+k_r\boldsymbol{\alpha}_r+k\boldsymbol{\beta}=\boldsymbol{0},\tag{Ⅰ}$$

以 $\boldsymbol{\beta}^{\mathrm{T}}$ 左乘上式两端得

$$k_1\boldsymbol{\beta}^{\mathrm{T}}\boldsymbol{\alpha}_1+k_2\boldsymbol{\beta}^{\mathrm{T}}\boldsymbol{\alpha}_2+\cdots+k_r\boldsymbol{\beta}^{\mathrm{T}}\boldsymbol{\alpha}_r+k\boldsymbol{\beta}^{\mathrm{T}}\boldsymbol{\beta}=\boldsymbol{0}.\tag{Ⅱ}$$

由于 $\boldsymbol{\beta}$ 是已给方程组的非零解向量，故 $\boldsymbol{\beta}^{\mathrm{T}}\boldsymbol{\beta}\neq0$，且 $\boldsymbol{\alpha}_i^{\mathrm{T}}\boldsymbol{\beta}=\boldsymbol{0}$，即 $\boldsymbol{\beta}^{\mathrm{T}}\boldsymbol{\alpha}_i=\boldsymbol{0}$，代入式(Ⅱ)得 $k\boldsymbol{\beta}^{\mathrm{T}}\boldsymbol{\beta}=0$，故 $k=0$. 代入式(Ⅰ)得

$$k_1\boldsymbol{\alpha}_1+k_2\boldsymbol{\alpha}_2+\cdots+k_r\boldsymbol{\alpha}_r=\boldsymbol{0}.$$

因为 $\boldsymbol{\alpha}_1,\boldsymbol{\alpha}_2,\cdots,\boldsymbol{\alpha}_r$ 线性无关，故 $k_1=k_2=\cdots=k_r=0$，于是 $\boldsymbol{\alpha}_1,\boldsymbol{\alpha}_2,\cdots,\boldsymbol{\alpha}_r,\boldsymbol{\beta}$ 线性无关.

【例 9】 设 $\boldsymbol{A}$ 为 n 阶方阵，证明 $r(\boldsymbol{A}^n)=r(\boldsymbol{A}^{n+1})$.

【证明】 先证明方程组 $\boldsymbol{A}^n\boldsymbol{x}=\boldsymbol{0}$ 与 $\boldsymbol{A}^{n+1}\boldsymbol{x}=\boldsymbol{0}$ 同解.

设 $\boldsymbol{x}$ 是 n 维列向量，若 $\boldsymbol{A}^n\boldsymbol{x}=\boldsymbol{0}$，则必有 $\boldsymbol{A}^{n+1}\boldsymbol{x}=\boldsymbol{0}$，即 $\boldsymbol{A}^n\boldsymbol{x}=\boldsymbol{0}$ 的解是 $\boldsymbol{A}^{n+1}\boldsymbol{x}=\boldsymbol{0}$ 的解.

显然 $\boldsymbol{A}^{n+1}\boldsymbol{x}=\boldsymbol{0}$ 和 $\boldsymbol{A}^{n}\boldsymbol{x}=\boldsymbol{0}$ 都有零解，设 $\boldsymbol{x}$ 是 $\boldsymbol{A}^{n+1}\boldsymbol{x}=\boldsymbol{0}$ 的非零解，若 $\boldsymbol{A}^{n}\boldsymbol{x}\neq\boldsymbol{0}$，对于向量组

$$\boldsymbol{x},\boldsymbol{A}\boldsymbol{x},\cdots,\boldsymbol{A}^{n}\boldsymbol{x},$$

设有常数 $k_0,k_1,\cdots,k_n$，使

$$k_0\boldsymbol{x}+k_1\boldsymbol{A}\boldsymbol{x}+\cdots+k_n\boldsymbol{A}^{n}\boldsymbol{x}=\boldsymbol{0},$$

用 $\boldsymbol{A}^{n}$ 左乘上式两端，则有

$$k_0\boldsymbol{A}^{n}\boldsymbol{x}+k_1\boldsymbol{A}^{n+1}\boldsymbol{x}+\cdots+k_n\boldsymbol{A}^{2n}x=\boldsymbol{0},$$

即 $k_0\boldsymbol{A}^{n}\boldsymbol{x}=\boldsymbol{0}$，由于 $\boldsymbol{A}^{n}\boldsymbol{x}\neq\boldsymbol{0}$，因此 $k_0=0$.

类似可证 $k_1=k_2=\cdots=k_n=0$，所以这 $n+1$ 个 n 维向量线性无关，这不可能，从而有 $\boldsymbol{A}^{n}\boldsymbol{x}=\boldsymbol{0}$.

综上可知，$\boldsymbol{A}^{n}\boldsymbol{x}=\boldsymbol{0}$ 与 $\boldsymbol{A}^{n+1}\boldsymbol{x}=\boldsymbol{0}$ 同解，从而有 $r(\boldsymbol{A}^{n})=r(\boldsymbol{A}^{n+1})$.

【例 10】 设 n 个未知量 $n-1$ 个方程的齐次线性方程组的系数矩阵为

$$\boldsymbol{A}=\begin{pmatrix} a_{11} & a_{12} & \cdots & a_{1n} \\ a_{21} & a_{22} & \cdots & a_{2n} \\ \vdots & \vdots & & \vdots \\ a_{n-11} & a_{n-12} & \cdots & a_{n-1n} \end{pmatrix}.$$

证明：(1) $\boldsymbol{A}$ 中按次序分别划去第 1 列，第 2 列，…，第 n 列得到的一组 $n-1$ 阶子式分别记为 $A_1,A_2,\cdots,A_n$，则 $(A_1,-A_2,A_3,\cdots,(-1)^{n-1}A_n)$ 是方程组的解；

(2) 若 $(A_1,-A_2,A_3,\cdots,(-1)^{n-1}A_n)\neq\boldsymbol{0}$，则 $k(A_1,-A_2,A_3,\cdots,(-1)^{n-1}A_n)$ 是方程组的通解.

【证明】 (1) $\boldsymbol{A}$ 中任意添加一行(放在第 1 行)，得

$$\boldsymbol{B}=\begin{pmatrix} a_1 & a_2 & \cdots & a_n \\ a_{11} & a_{12} & \cdots & a_{1n} \\ a_{21} & a_{22} & \cdots & a_{2n} \\ \vdots & \vdots & & \vdots \\ a_{n-11} & a_{n-12} & \cdots & a_{n-1n} \end{pmatrix},$$

则 $\boldsymbol{A}$ 中划去第 i 列得到的子式 A_i 是 $\boldsymbol{B}$ 中第 1 行元素 a_i 的余子式，而 $(-1)^{1+i}A_i$ 是元素 a_i 的代数余子式，将 $(A_1,-A_2,A_3,\cdots,(-1)^{n-1}A_n)$ 代入方程组的第 i 个方程，即是 $\boldsymbol{B}$ 的第 1 行元素的代数余子式和 $\boldsymbol{B}$ 的第 $i+1(i=1,2,\cdots,n-1)$ 行对应元素的乘积之和，其值为零.

$$a_{i1}A_1-a_{i2}A_2+a_{i3}A_3+\cdots+a_{in}(-1)^{n-1}A_n$$

$$=\begin{vmatrix} a_{i1} & a_{i2} & \cdots & a_{in} \\ a_{11} & a_{12} & \cdots & a_{1n} \\ a_{21} & a_{22} & \cdots & a_{2n} \\ \vdots & \vdots & & \vdots \\ a_{n-11} & a_{n-12} & \cdots & a_{n-1n} \end{vmatrix}=0,\quad (i=1,2,\cdots,n-1),$$

故 $(A_1,-A_2,A_3,\cdots,(-1)^{n-1}A_n)$ 是方程组的解.

(2) 若 $(A_1,-A_2,A_3,\cdots,(-1)^{n-1}A_n)\neq\boldsymbol{0}$，则 $r(\boldsymbol{A})=n-1$，故原方程组的基础解系由一个非零解向量组成，故 $k(A_1,-A_2,A_3,\cdots,(-1)^{n-1}A_n)$ 是方程组的通解.

【例 11】 设 n 阶方阵 $\boldsymbol{A}$ 不可逆，已知元素 a_{kl} 的代数余子式 $A_{kl}\neq 0$，求 $\boldsymbol{A}\boldsymbol{x}=\boldsymbol{0}$ 的通解.

【解】 $\boldsymbol{A}$ 不可逆，故 $|\boldsymbol{A}|=0$，从而 $\boldsymbol{Ax}=\boldsymbol{0}$ 有非零解.

由 $A_{kl}\neq 0$ 可知，$r(\boldsymbol{A})=n-1$，从而方程组 $\boldsymbol{Ax}=\boldsymbol{0}$ 的基础解系由一个非零解向量组成. 且

$$\boldsymbol{AA}^*=|\boldsymbol{A}|\boldsymbol{E}=\boldsymbol{O},$$

故 $\boldsymbol{A}^*$ 的列向量是 $\boldsymbol{Ax}=\boldsymbol{0}$ 的解向量，其中

$$(A_{k1},A_{k2},\cdots,A_{kl},\cdots,A_{kn})^{\mathrm{T}}\neq\boldsymbol{0},$$

因此，$\boldsymbol{Ax}=\boldsymbol{0}$ 的通解为 $c(A_{k1},A_{k2},\cdots,A_{kl},\cdots,A_{kn})^{\mathrm{T}}$，其中 c 是任意常数.

【例 12】 设 $\boldsymbol{A}=(a_{ij})_{n\times n}$，且 $\sum_{j=1}^{n}a_{ij}=0,i=1,2,\cdots,n$. 证明：$\boldsymbol{A}$ 的第 1 行元素的代数余子式全相等.

【证明】 由 $\sum_{j=1}^{n}a_{ij}=0,i=1,2,\cdots,n$，知 $|\boldsymbol{A}|=0$（或 $r(\boldsymbol{A})<0$），且 $\boldsymbol{Ax}=\boldsymbol{0}$ 有解向量 $\boldsymbol{\xi}=(1,1,\cdots,1)^{\mathrm{T}}$. 又由于 $\boldsymbol{AA}^*=|\boldsymbol{A}|\boldsymbol{E}=\boldsymbol{O}$，即 $\boldsymbol{A}^*$ 的第 1 列 $(A_{11},A_{12},\cdots,A_{1n})^{\mathrm{T}}$ 是 $\boldsymbol{Ax}=\boldsymbol{0}$ 的解向量.

若有 $A_{1j}\neq 0$，则 $r(\boldsymbol{A})=n-1$，$(A_{11},A_{12},\cdots,A_{1n})^{\mathrm{T}}$ 是 $\boldsymbol{Ax}=\boldsymbol{0}$ 的非零解，$\boldsymbol{Ax}=\boldsymbol{0}$ 的通解是 $k(1,1,\cdots,1)^{\mathrm{T}}$，故有 $A_{11}=A_{12}=\cdots=A_{1n}$.

若 $A_{1j}=0,j=1,2,\cdots,n$，则 $\boldsymbol{A}$ 的第 1 行元素的代数余子式全为零.

综上可知，$\boldsymbol{A}$ 的第 1 行元素的代数余子式全相等.

【例 13】 判断下列命题的正误，试说明理由.

(1) 若齐次线性方程组 $\boldsymbol{Ax}=\boldsymbol{0}$ 有无穷多解，则非齐次线性方程组 $\boldsymbol{Ax}=\boldsymbol{b}$ 有解；

(2) 非齐次线性方程组 $\boldsymbol{Ax}=\boldsymbol{b}$ 的解集构成一个解空间；

(3) 设 $\boldsymbol{A}=(a_{ij})_{m\times n}$，$r(\boldsymbol{A})=m$，则非齐次线性方程组 $\boldsymbol{Ax}=\boldsymbol{b}$ 有解；

(4) 若非齐次线性方程组 $\boldsymbol{Ax}=\boldsymbol{b}$ 有两个不同的解，则 $\boldsymbol{Ax}=\boldsymbol{0}$ 有无穷多解.

【解】 (1) 不正确. 非齐次方程组 $\boldsymbol{Ax}=\boldsymbol{b}$ 可能无解，如取 $\boldsymbol{A}=\begin{pmatrix}1&1\\2&2\end{pmatrix}$，则方程组 $\boldsymbol{Ax}=\boldsymbol{0}$ 有无穷多解，但非齐次方程组 $\begin{pmatrix}1&1\\2&2\end{pmatrix}\begin{pmatrix}x_1\\x_2\end{pmatrix}=\begin{pmatrix}0\\1\end{pmatrix}$ 显然无解.

(2) 不正确. 设 $\boldsymbol{\eta}$ 是 $\boldsymbol{Ax}=\boldsymbol{b}$ 的一个解，则 $\boldsymbol{A\eta}=\boldsymbol{b}$，但 $\boldsymbol{A}(2\boldsymbol{\eta})=2\boldsymbol{A\eta}=2\boldsymbol{b}\neq\boldsymbol{b}$，$2\boldsymbol{\eta}$ 不是 $\boldsymbol{Ax}=\boldsymbol{b}$ 的解，因而非齐次方程组 $\boldsymbol{Ax}=\boldsymbol{b}$ 有解情况下，其解集不构成一个向量空间.

(3) 正确. 由于 $\boldsymbol{Ax}=\boldsymbol{b}$ 的增广矩阵 $\boldsymbol{B}$ 是 $m\times(n+1)$ 矩阵，从而有 $r(\boldsymbol{B})\leqslant m$，又由于 $r(\boldsymbol{B})\geqslant r(\boldsymbol{A})=m\Rightarrow r(\boldsymbol{B})=r(\boldsymbol{A})=m$，因而 $\boldsymbol{Ax}=\boldsymbol{b}$ 有解.

(4) 正确. 设 $\boldsymbol{\eta}_1,\boldsymbol{\eta}_2$ 是 $\boldsymbol{Ax}=\boldsymbol{b}$ 的两个不同解，则 $\boldsymbol{\eta}_1-\boldsymbol{\eta}_2$ 是 $\boldsymbol{Ax}=\boldsymbol{0}$ 的非零解，所以对于任意实数，k，$k(\boldsymbol{\eta}_1-\boldsymbol{\eta}_2)$ 都是 $\boldsymbol{Ax}=\boldsymbol{0}$ 的解，即 $\boldsymbol{Ax}=\boldsymbol{0}$ 有无穷多解.

【例 14】 已知线性方程组

$$\begin{cases}x_1+x_2+x_3+x_4+x_5=1,\\3x_1+2x_2+x_3+x_4-3x_5=a,\\x_2+2x_3+2x_4+6x_5=3,\\5x_1+4x_2+3x_3+3x_4-x_5=b,\end{cases}$$

讨论参数 a,b 取何值时，方程组无解？a,b 取何值时，方程组有解？有解时，求出方程组的全部解.

【解】 将方程组的增广矩阵$(\boldsymbol{A}\vdots\boldsymbol{b})$作初等行变换

$$(\boldsymbol{A}\vdots\boldsymbol{b})=\begin{pmatrix}1&1&1&1&1&\vdots&1\\3&2&1&1&-3&\vdots&a\\0&1&2&2&6&\vdots&3\\5&4&3&3&-1&\vdots&b\end{pmatrix}\to\begin{pmatrix}1&1&1&1&1&\vdots&1\\0&-1&-2&-2&-6&\vdots&a-3\\0&1&2&2&6&\vdots&3\\0&-1&-2&-2&-6&\vdots&b-5\end{pmatrix}$$

$$\to\begin{pmatrix}1&1&1&1&1&\vdots&1\\0&1&2&2&6&\vdots&3\\0&0&0&0&0&\vdots&a\\0&0&0&0&0&\vdots&b-2\end{pmatrix}\to\begin{pmatrix}1&0&-1&-1&-5&\vdots&-2\\0&1&2&2&6&\vdots&3\\0&0&0&0&0&\vdots&a\\0&0&0&0&0&\vdots&b-2\end{pmatrix}.$$

(1) 当$a\neq0$或$b\neq2$时，$r(\boldsymbol{A})=2\neq r(\boldsymbol{A}\vdots\boldsymbol{b})=3$，方程组无解.

(2) 当$a=0$且$b=2$时，$r(\boldsymbol{A})=2=r(\boldsymbol{A}\vdots\boldsymbol{b})$，方程组有无穷多解.

令自由未知量分别取值为$\begin{pmatrix}x_3\\x_4\\x_5\end{pmatrix}=\begin{pmatrix}1\\0\\0\end{pmatrix},\begin{pmatrix}0\\1\\0\end{pmatrix},\begin{pmatrix}0\\0\\1\end{pmatrix}$，则得对应齐次线性方程组的基础解系为

$$\boldsymbol{\xi}_1=(1,-2,1,0,0)^{\mathrm{T}},\quad \boldsymbol{\xi}_2=(1,-2,0,1,0)^{\mathrm{T}},\quad \boldsymbol{\xi}_3=(5,-6,0,0,1)^{\mathrm{T}}.$$

令自由未知量$x_3=x_4=x_5=0$,得齐次方程组的一个特解$\boldsymbol{\eta}=(-2,3,0,0,0)^{\mathrm{T}}$.
因此，方程组的通解为

$$\boldsymbol{x}=k_1\boldsymbol{\xi}_1+k_2\boldsymbol{\xi}_2+k_3\boldsymbol{\xi}_3+\boldsymbol{\eta}，\text{其中 }k_1,k_2,k_3\text{ 为任意常数}.$$

【例 15】 设$\boldsymbol{A}=(a_{ij})_{3\times3}$是实正交矩阵，且$a_{11}=1,\boldsymbol{b}=(1,0,0)^{\mathrm{T}}$，则线性方程组$\boldsymbol{Ax}=\boldsymbol{b}$的解是________.

答 应填$(1,0,0)^{\mathrm{T}}$.

分析:根据正交矩阵的性质，其列(行)向量均为单位向量，现$a_{11}=1$,故必有$a_{12}=a_{13}=0$，$a_{21}=a_{31}=0$，即

$$\boldsymbol{A}=\begin{pmatrix}1&0&0\\0&a_{22}&a_{23}\\0&a_{32}&a_{33}\end{pmatrix}.$$

又由正交矩阵$|\boldsymbol{A}|=1$或$|\boldsymbol{A}|=-1$，知方程组

$$\begin{pmatrix}1&0&0\\0&a_{22}&a_{23}\\0&a_{32}&a_{33}\end{pmatrix}\begin{pmatrix}x_1\\x_2\\x_3\end{pmatrix}=\begin{pmatrix}1\\0\\0\end{pmatrix}$$

有唯一的解$(1,0,0)^{\mathrm{T}}$.

【例 16】 当λ取何值时，线性方程组

$$\begin{cases}(\lambda+3)x_1+x_2+2x_3=\lambda,\\ \lambda x_1+(\lambda-1)x_2+x_3=\lambda,\\ 3(\lambda+1)x_1+\lambda x_2+(\lambda+3)x_3=3\end{cases}$$

有唯一解？无解？有无穷多解？当方程组有无穷多解时,求出它的全部解.

分析：若用初等行变换将增广矩阵化为阶梯形，则比较困难. 由于方程的个数和未知量的个数相等，可先计算方程组的系数行列式，然后再讨论.

【解】 方程组的系数行列式

$$D=\begin{vmatrix}\lambda+3 & 1 & 2\\ \lambda & \lambda-1 & 1\\ 3(\lambda+1) & \lambda & \lambda+3\end{vmatrix}=\lambda^2(\lambda-1).$$

(1) 当 $\lambda\neq0$ 且 $\lambda\neq1$ 时，由克拉默法则可知，方程组有唯一解.

(2) 当 $\lambda=0$ 时，方程组的增广矩阵为

$$B=\begin{pmatrix}3 & 1 & 2 & 0\\ 0 & -1 & 1 & 0\\ 3 & 0 & 3 & 3\end{pmatrix}\to\begin{pmatrix}3 & 1 & 2 & 0\\ 0 & -1 & 1 & 0\\ 0 & 0 & 0 & 3\end{pmatrix},$$

因为 $r(\boldsymbol{A})=2,r(\boldsymbol{B})=3$,所以方程组无解.

(3) 当 $\lambda=1$ 时，方程组的增广矩阵为

$$\boldsymbol{B}=\begin{pmatrix}4 & 1 & 2 & 1\\ 1 & 0 & 1 & 1\\ 6 & 1 & 4 & 3\end{pmatrix}\to\begin{pmatrix}1 & 0 & 1 & 1\\ 0 & 1 & -2 & -3\\ 0 & 0 & 0 & 0\end{pmatrix},$$

因为 $r(\boldsymbol{A})=r(\boldsymbol{B})=2$,所以方程组有无穷多解，其同解方程组为

$$\begin{cases}x_1= & 1-x_3,\\ x_2= & -3+2x_3,\\ x_3= & x_3,\end{cases}$$

故此时方程组有无穷多解，令 $x_3=k$，得方程组的通解

$$x=k\begin{pmatrix}-1\\ 2\\ 1\end{pmatrix}+\begin{pmatrix}1\\ -3\\ 0\end{pmatrix},k\text{ 为任意常数}.$$

【例 17】 (1)已知 $\boldsymbol{\alpha}_1,\boldsymbol{\alpha}_2,\cdots,\boldsymbol{\alpha}_s$ 是齐次线性方程组 $\boldsymbol{Ax}=\boldsymbol{0}$ 的解向量，问 $\boldsymbol{\alpha}=k_1\boldsymbol{\alpha}_1+k_2\boldsymbol{\alpha}_2+\cdots+k_s\boldsymbol{\alpha}_s$ 是否是方程组 $\boldsymbol{Ax}=\boldsymbol{0}$ 的解向量，说明理由.

(2) 已知 $\boldsymbol{\beta}_1,\boldsymbol{\beta}_2,\cdots,\boldsymbol{\beta}_t$ 是齐次线性方程组 $\boldsymbol{Ax}=\boldsymbol{b},\boldsymbol{b}\neq\boldsymbol{0}$ 的解向量，问 $\boldsymbol{\beta}=\lambda_1\boldsymbol{\beta}_1+\lambda_2\boldsymbol{\beta}_2+\cdots+\lambda_t\boldsymbol{\beta}_t$ 是否是方程组 $\boldsymbol{Ax}=\boldsymbol{b}$ 的解向量，说明理由.

【解】 (1)是. 因为 $\boldsymbol{A\alpha}_i=\boldsymbol{0}(i=1,2,\cdots,s)$，故有

$$\begin{aligned}\boldsymbol{A\alpha}&=\boldsymbol{A}(k_1\boldsymbol{\alpha}_1+k_2\boldsymbol{\alpha}_2+\cdots+k_s\boldsymbol{\alpha}_s)\\&=k_1\boldsymbol{A\alpha}_1+k_2\boldsymbol{A\alpha}_2+\cdots+k_s\boldsymbol{A\alpha}_s=\boldsymbol{0},\end{aligned}$$

故 $\boldsymbol{\alpha}=k_1\boldsymbol{\alpha}_1+k_2\boldsymbol{\alpha}_2+\cdots+k_s\boldsymbol{\alpha}_s$ 是方程组 $\boldsymbol{Ax}=\boldsymbol{0}$ 的解向量.

(2) 当 $\lambda_1+\lambda_2+\cdots+\lambda_t=1$ 时,$\boldsymbol{\beta}$ 是方程组 $\boldsymbol{Ax}=\boldsymbol{b}$ 的解向量，否则不是.

因为 $\boldsymbol{A\beta}_i=\boldsymbol{b}(i=1,2,\cdots,t)$ 故

$$\begin{aligned}\boldsymbol{A\beta}&=\boldsymbol{A}(\lambda_1\boldsymbol{\beta}_1+\lambda_2\boldsymbol{\beta}_2+\cdots+\lambda_t\boldsymbol{\beta}_t)\\&=\lambda_1\boldsymbol{A\beta}_1+\lambda_2\boldsymbol{A\beta}_2+\cdots+\lambda_t\boldsymbol{A\beta}_t=(\lambda_1+\lambda_2+\cdots+\lambda_t)\boldsymbol{b}.\end{aligned}$$

当 $\lambda_1+\lambda_2+\cdots+\lambda_t=1$ 时，$\boldsymbol{A\beta}=\boldsymbol{b}$，$\boldsymbol{\beta}$ 是方程组 $\boldsymbol{Ax}=\boldsymbol{b}$ 的解向量.

当 $\lambda_1+\lambda_2+\cdots+\lambda_t\neq1$ 时，$\boldsymbol{A\beta}\neq\boldsymbol{b}$，$\boldsymbol{\beta}$ 不是方程组 $\boldsymbol{Ax}=\boldsymbol{b}$ 的解向量.

【例 18】 若非齐次线性方程组 $\boldsymbol{A}_{n\times(n-1)}\boldsymbol{x}=\boldsymbol{b}$ 有解，则方程组的增广矩阵 $\boldsymbol{B}=(\boldsymbol{A}\,\vdots\,\boldsymbol{b})$的行列式$|\boldsymbol{B}|=0$,反之是否成立?

【证明】 $\boldsymbol{Ax}=\boldsymbol{b}$ 有解，则 $r(\boldsymbol{A})=r(\boldsymbol{B})\leqslant n-1\Rightarrow|\boldsymbol{B}|=0$.

反之不一定成立. 当$|\boldsymbol{B}|=0$ 时，若 $r(\boldsymbol{A})=n-1$，则 $r(\boldsymbol{B})=r(\boldsymbol{A})=n-1$，方程组有唯一

解. 若 $r(\boldsymbol{A})=r<n-1$,可能有 $r(\boldsymbol{A})=r(\boldsymbol{B})=r$,方程组有无穷多解，也可能有 $r(\boldsymbol{A})=r<r(\boldsymbol{B})$,此时方程组无解.

【例 19】 设四元非齐次线性方程组 $\boldsymbol{Ax}=\boldsymbol{b}$ 满足 $r(\boldsymbol{A})=r(\overline{\boldsymbol{A}})=3$,$\overline{\boldsymbol{A}}$为增广矩阵. 又设 $\boldsymbol{\alpha}_1$,$\boldsymbol{\alpha}_2$,$\boldsymbol{\alpha}_3$ 为其 3 个解，且已知 $\boldsymbol{\alpha}_1=(4,1,0,2)^{\mathrm{T}}$,$\boldsymbol{\alpha}_2+\boldsymbol{\alpha}_3=(1,0,1,2)^{\mathrm{T}}$，求出该方程组的全部解.

分析:由于四元方程组 $\boldsymbol{Ax}=\boldsymbol{b}$ 满足 $r(\boldsymbol{A})=r(\overline{\boldsymbol{A}})=3$,故该方程组有无穷多个解，且其全部解可以表示为 $\boldsymbol{x}=k\boldsymbol{\xi}+\boldsymbol{\eta}^*$，其中 $\boldsymbol{\xi}$ 是导出组 $\boldsymbol{Ax}=\boldsymbol{0}$ 的一个基础解系，$\boldsymbol{\eta}^*$ 是 $\boldsymbol{Ax}=\boldsymbol{b}$ 的一个特解.

【解】 由于四元非齐次线性方程组 $\boldsymbol{Ax}=\boldsymbol{b}$ 满足 $r(\boldsymbol{A})=r(\overline{\boldsymbol{A}})=3<4$,故该方程组有无穷多个解，并且其全部解可以表示为 $\boldsymbol{x}=k\boldsymbol{\xi}+\boldsymbol{\eta}^*$. 由于 $\boldsymbol{\alpha}_1=(4,1,0,2)^{\mathrm{T}}$ 为其一个解，故取 $\boldsymbol{\eta}^*=\boldsymbol{\alpha}_1=(4,1,0,2)^{\mathrm{T}}$. 又$\frac{1}{2}(\boldsymbol{\alpha}_2+\boldsymbol{\alpha}_3)$也是该方程组的一个解，从而由解的性质可知，可取基础解系为

$$\boldsymbol{\xi}=\boldsymbol{\alpha}_1-\frac{1}{2}(\boldsymbol{\alpha}_2+\boldsymbol{\alpha}_3)=(4,1,0,2)^{\mathrm{T}}-\frac{1}{2}(1,0,1,2)^{\mathrm{T}}=\left(\frac{7}{2},1,-\frac{1}{2},1\right)^{\mathrm{T}}\neq\boldsymbol{0},$$

于是原方程组的通解为

$$\boldsymbol{x}=k\boldsymbol{\xi}+\boldsymbol{\eta}^*=k\left(\frac{7}{2},1,-\frac{1}{2},1\right)^{\mathrm{T}}+(4,1,0,2)^{\mathrm{T}},\text{其中 } k \text{ 为任意常数.}$$

【例 20】 已知 4 阶方阵 $\boldsymbol{A}=(\boldsymbol{\alpha}_1,\boldsymbol{\alpha}_2,\boldsymbol{\alpha}_3,\boldsymbol{\alpha}_4)$,$\boldsymbol{\alpha}_1,\boldsymbol{\alpha}_2,\boldsymbol{\alpha}_3,\boldsymbol{\alpha}_4$ 均为四维列向量，其中 $\boldsymbol{\alpha}_2,\boldsymbol{\alpha}_3,\boldsymbol{\alpha}_4$ 线性无关，$\boldsymbol{\alpha}_1=2\boldsymbol{\alpha}_2-\boldsymbol{\alpha}_3$，如果 $\boldsymbol{b}=\boldsymbol{\alpha}_1+\boldsymbol{\alpha}_2+\boldsymbol{\alpha}_3+\boldsymbol{\alpha}_4$,求线性方程组 $\boldsymbol{Ax}=\boldsymbol{b}$ 的通解.

【解】 由于 $\boldsymbol{\alpha}_2,\boldsymbol{\alpha}_3,\boldsymbol{\alpha}_4$ 线性无关及 $\boldsymbol{\alpha}_1=2\boldsymbol{\alpha}_2-\boldsymbol{\alpha}_3$,因此 $r(\boldsymbol{A})=3$, 可知原方程组的导出组 $\boldsymbol{Ax}=\boldsymbol{0}$ 的基础解系只含一个解向量. 由于 $\boldsymbol{\alpha}_1=2\boldsymbol{\alpha}_2-\boldsymbol{\alpha}_3$,得

$$\boldsymbol{\alpha}_1-2\boldsymbol{\alpha}_2+\boldsymbol{\alpha}_3+0\cdot\boldsymbol{\alpha}_4=\boldsymbol{0},$$

所以 $\boldsymbol{\xi}=(1,-2,1,0)^{\mathrm{T}}$ 是 $\boldsymbol{Ax}=\boldsymbol{0}$ 的一个解. 因而 $\boldsymbol{Ax}=\boldsymbol{0}$ 的通解为 $k(1,-2,1,0)^{\mathrm{T}}$,k 为任意常数. 又由于

$$\boldsymbol{b}=\boldsymbol{\alpha}_1+\boldsymbol{\alpha}_2+\boldsymbol{\alpha}_3+\boldsymbol{\alpha}_4,$$

所以$(1,1,1,1)^{\mathrm{T}}$ 是方程组 $\boldsymbol{Ax}=\boldsymbol{b}$ 的一个特解，于是 $\boldsymbol{Ax}=\boldsymbol{b}$ 的通解为

$$\boldsymbol{x}=k(1,-2,1,0)^{\mathrm{T}}+(1,1,1,1)^{\mathrm{T}},k \text{ 为任意常数.}$$

【例 21】 设 $\boldsymbol{\alpha}_1=(1,0,2,3)^{\mathrm{T}}$,$\boldsymbol{\alpha}_2=(1,1,3,5)^{\mathrm{T}}$, $\boldsymbol{\alpha}_3=(1,-1,a+2,1)^{\mathrm{T}}$, $\boldsymbol{\alpha}_4=(1,2,4,a+8)^{\mathrm{T}}$, $\boldsymbol{\beta}=(1,1,b+3,5)^{\mathrm{T}}$.

(1) a,b 为何值时，$\boldsymbol{\beta}$ 不能表示为 $\boldsymbol{\alpha}_1,\boldsymbol{\alpha}_2,\boldsymbol{\alpha}_3,\boldsymbol{\alpha}_4$ 的线性组合；

(2) a,b 为何值时，$\boldsymbol{\beta}$ 可以表示为$\boldsymbol{\alpha}_1,\boldsymbol{\alpha}_2,\boldsymbol{\alpha}_3,\boldsymbol{\alpha}_4$ 的线性组合，且表示法唯一，写出表示式.

分析: $\boldsymbol{\beta}$ 能否表示为 $\boldsymbol{\alpha}_1,\boldsymbol{\alpha}_2,\boldsymbol{\alpha}_3,\boldsymbol{\alpha}_4$ 的线性组合，实际上就是方程组 $x_1\boldsymbol{\alpha}_1+x_2\boldsymbol{\alpha}_2+x_3\boldsymbol{\alpha}_3+x_4\boldsymbol{\alpha}_4=\boldsymbol{\beta}$, 是否有解.

【解】 设方程组

$$x_1\boldsymbol{\alpha}_1+x_2\boldsymbol{\alpha}_2+x_3\boldsymbol{\alpha}_3+x_4\boldsymbol{\alpha}_4=\boldsymbol{\beta},$$

其增广矩阵为

$$\overline{\boldsymbol{A}}=(\boldsymbol{\alpha}_1,\boldsymbol{\alpha}_2,\boldsymbol{\alpha}_3,\boldsymbol{\alpha}_4\mid\boldsymbol{\beta})=\left(\begin{array}{cccc|c}1&1&1&1&1\\0&1&-1&2&1\\2&3&a+2&4&b+3\\3&5&1&a+8&5\end{array}\right)\rightarrow\left(\begin{array}{cccc|c}1&1&1&1&1\\0&1&-1&2&1\\0&0&a+1&0&b\\0&0&0&a+1&0\end{array}\right)$$

(1) 当 $a=-1, b\neq 0$ 时，因为 $r(\boldsymbol{A})=2, r(\boldsymbol{B})=3$,所以方程组无解，即 $\boldsymbol{\beta}$ 不能由 $\boldsymbol{\alpha}_1,\boldsymbol{\alpha}_2,\boldsymbol{\alpha}_3,\boldsymbol{\alpha}_4$ 线性表出.

(2) 当 $a\neq -1$,b 为任何值时，因 $r(\boldsymbol{A})=r(\boldsymbol{B})=4$,所以方程组有唯一解，即 $\boldsymbol{\beta}$ 可由 $\boldsymbol{\alpha}_1,\boldsymbol{\alpha}_2,\boldsymbol{\alpha}_3,\boldsymbol{\alpha}_4$ 唯一地线性表出. 此时同解方程组为

$$\begin{pmatrix}1 & 1 & 1 & 1\\ 0 & 1 & -1 & 2\\ 0 & 0 & a+1 & 0\\ 0 & 0 & 0 & a+1\end{pmatrix}\begin{pmatrix}x_1\\ x_2\\ x_3\\ x_4\end{pmatrix}=\begin{pmatrix}1\\ 1\\ b\\ 0\end{pmatrix},$$

解得

$$x_1=-\frac{2b}{a+1},\quad x_2=1+\frac{b}{a+1},\quad x_3=\frac{b}{a+1},x_4=0.$$

所以 $\boldsymbol{\beta}$ 的唯一线性表示式为

$$\boldsymbol{\beta}=-\frac{2b}{a+1}\boldsymbol{\alpha}_1+\frac{a+b+1}{a+1}\boldsymbol{\alpha}_2+\frac{b}{a+1}\boldsymbol{\alpha}_3+0\cdot\boldsymbol{\alpha}_4.$$

【例 22】 已知平面上三条不同直线的方程分别为

$$l_1: ax+2by+3c=0,$$
$$l_2: bx+2cy+3a=0,$$
$$l_3: cx+2ay+3b=0,$$

试证明这三条直线交于一点的充分必要条件是 $a+b+c=0$.

【证明】 必要性：若三条直线交于一点，则线性方程组

$$\begin{cases}ax+2by=-3c,\\ bx+2cy=-3a,\\ cx+2ay=-3b\end{cases}\qquad (\mathrm{I})$$

有唯一解，故其系数矩阵和增广矩阵的秩均为 2，即 $r(\mathbf{A})=r(\overline{\mathbf{A}})=2$. 于是 $|\overline{\mathbf{A}}|=0$. 由于

$$|\overline{\mathbf{A}}|=\begin{vmatrix}a & 2b & -3c\\ b & 2c & -3a\\ c & 2a & -3b\end{vmatrix}=3(a+b+c)[(a-b)^2+(b-c)^2+(c-a)^2],$$

由于 l_1,l_2,l_3 是三条不同直线，所以 $a=b=c$ 不成立，由此可推出 $a+b+c=0$.

充分性：若 $a+b+c=0$,则 $|\overline{\mathbf{A}}|=0$，故 $r(\overline{\mathbf{A}})<3$.

由于 $\begin{vmatrix}a & 2b\\ b & 2c\end{vmatrix}=2(ac-b^2)=-2[a(a+b)+b^2]=-2[(a+\frac{1}{2}b)^2+\frac{3}{4}b^2]\neq 0$,

(否则 $a=b=c=0$.)知 $r(\mathbf{A})=2$，于是 $r(\mathbf{A})=r(\overline{\mathbf{A}})=2$. 所以方程组(Ⅰ)有唯一解，即三条直线 l_1,l_2,l_3 交于一点.

三、练习题

(一) 填空题

1. 已知方程组 $\begin{pmatrix}1 & 2 & 1\\ 2 & 3 & a+2\\ 1 & a & -2\end{pmatrix}\begin{pmatrix}x_1\\ x_2\\ x_3\end{pmatrix}=\begin{pmatrix}1\\ 3\\ 0\end{pmatrix}$ 无解,则 $a=$________.

2. 设方程组 $\begin{pmatrix} a & 1 & 1 \\ 1 & a & 1 \\ 1 & 1 & a \end{pmatrix}\begin{pmatrix} x_1 \\ x_2 \\ x_3 \end{pmatrix}=\begin{pmatrix} 1 \\ 1 \\ -2 \end{pmatrix}$ 有无穷多个解，则 $a=$________.

3. 设 $\boldsymbol{A}$ 为 3 阶方阵，且 $r(\boldsymbol{A})=1$，又 $\boldsymbol{B}=\begin{pmatrix} 1 & -1 & 0 \\ 2 & 1 & 1 \\ 3 & 0 & k \end{pmatrix}$，满足 $\boldsymbol{AB}=\boldsymbol{O}$，则 $k=$________.

4. 设 n 阶矩阵 $\boldsymbol{A}$ 的各行元素之和均为零，且 $\boldsymbol{A}$ 的秩为 $n-1$，则线性方程组 $\boldsymbol{Ax}=\boldsymbol{0}$ 的通解为________.

5. 若线性方程组

$$\begin{cases} x_1+x_2=-a_1, \\ x_2+x_3=a_2, \\ x_3+x_4=-a_3, \\ x_4+x_1=a_4 \end{cases}$$

有解，则常数 a_1,a_2,a_3,a_4 应满足条件________.

6. 设

$$\boldsymbol{A}=\begin{pmatrix} 1 & 1 & 1 & \cdots & 1 \\ a_1 & a_2 & a_3 & \cdots & a_n \\ a_1^2 & a_2^2 & a_3^2 & \cdots & a_n^2 \\ \vdots & \vdots & \vdots & & \vdots \\ a_1^{n-1} & a_2^{n-1} & a_3^{n-1} & \cdots & a_n^{n-1} \end{pmatrix},\quad \boldsymbol{x}=\begin{pmatrix} x_1 \\ x_2 \\ x_3 \\ \vdots \\ x_n \end{pmatrix},\quad \boldsymbol{b}=\begin{pmatrix} 1 \\ 1 \\ 1 \\ \vdots \\ 1 \end{pmatrix},$$

其中 $a_i\neq a_j(i\neq j;i,j=1,2,\cdots,n)$，则线性方程组 $\boldsymbol{A}^{\mathrm{T}}\boldsymbol{x}=\boldsymbol{b}$ 的解是 $\boldsymbol{x}=$________.

7. 已知 $\boldsymbol{\alpha}_1,\boldsymbol{\alpha}_2$ 是线性方程组 $\begin{cases} x_1-x_2-ax_3=3, \\ 2x_1-3x_3=1, \\ -2x_1+ax_2+10x_3=4 \end{cases}$ 的两个不同的解向量，则 $a=$________.

8. 设 $\boldsymbol{A}$ 是秩为 3 的 5×4 矩阵，$\boldsymbol{\alpha}_1,\boldsymbol{\alpha}_2,\boldsymbol{\alpha}_3$ 是非齐次线性方程组 $\boldsymbol{Ax}=\boldsymbol{b}$ 的三个不同的解，若 $\boldsymbol{\alpha}_1+\boldsymbol{\alpha}_2+2\boldsymbol{\alpha}_3=(2,0,0,0)^{\mathrm{T}}$，$3\boldsymbol{\alpha}_1+\boldsymbol{\alpha}_2=(2,4,6,8)^{\mathrm{T}}$，则方程组 $\boldsymbol{Ax}=\boldsymbol{b}$ 的通解是________.

9. 设 $\boldsymbol{A}$ 是 n 阶方阵，如果每个 n 维列向量都是齐次线性方程组 $\boldsymbol{Ax}=\boldsymbol{0}$ 的解，则 $r(\boldsymbol{A})=$________.

10*. 设 $\boldsymbol{A}$ 是 n 阶方阵，如 $r(\boldsymbol{A})=n-1$，且代数余子式 $A_{11}\neq0$，则 $\boldsymbol{Ax}=\boldsymbol{0}$ 的通解是________，$\boldsymbol{A}^*\boldsymbol{x}=\boldsymbol{0}$ 的通解是________.

11. 四元方程组 $\boldsymbol{Ax}=\boldsymbol{b}$ 的三个解是 $\boldsymbol{\alpha}_1,\boldsymbol{\alpha}_2,\boldsymbol{\alpha}_3$，其中 $\boldsymbol{\alpha}_1=(1,1,1,1)^{\mathrm{T}}$，$\boldsymbol{\alpha}_2+\boldsymbol{\alpha}_3=(2,3,4,5)^{\mathrm{T}}$，如果 $r(\boldsymbol{A})=3$，则方程组 $\boldsymbol{Ax}=\boldsymbol{b}$ 的通解是________.

12. 设 $\boldsymbol{A}$ 是 3 阶非零矩阵，$\boldsymbol{B}=\begin{pmatrix} 1 & 2 & -2 \\ 4 & t & 3 \\ 3 & -1 & 1 \end{pmatrix}$，且 $\boldsymbol{AB}=\boldsymbol{O}$，则 $\boldsymbol{Ax}=\boldsymbol{0}$ 的通解是________.

13. 设 $\boldsymbol{A}=\begin{pmatrix} 1 & 2 & 3 \\ 4 & 5 & 6 \\ 7 & 8 & 9 \end{pmatrix}$，$\boldsymbol{A}^*$ 是 $\boldsymbol{A}$ 的伴随矩阵，则 $\boldsymbol{A}^*\boldsymbol{x}=\boldsymbol{0}$ 的通解是________.

14. 已知 $\boldsymbol{\alpha}$ 是齐次线性方程组 $\boldsymbol{Ax}=\boldsymbol{0}$ 的基础解系，其中 $\boldsymbol{A}=\begin{pmatrix}1&2&1\\1&3&a\\a&1&-1\\2&6&0\end{pmatrix}$，则 $a=$________.

（二）选择题

1. 要使 $\boldsymbol{\xi}_1=(1,0,2)^{\mathrm{T}},\boldsymbol{\xi}_2=(0,1,-1)^{\mathrm{T}}$ 都是线性方程组 $\boldsymbol{Ax}=\boldsymbol{0}$ 的解，只要系数矩阵 $\boldsymbol{A}$ 为(　　).

(A) $(-2\quad 1\quad 1)$

(B) $\begin{pmatrix}2&0&-1\\0&1&1\end{pmatrix}$

(C) $\begin{pmatrix}-1&0&2\\0&1&-1\end{pmatrix}$

(D) $\begin{pmatrix}0&1&-1\\4&-2&-2\\0&1&1\end{pmatrix}$

2. 设线性方程组 $\begin{cases}ax_1+2x_2+3x_3=8,\\2ax_1+2x_2+3x_3=10,\\x_1+x_2+bx_3=5\end{cases}$ 有唯一解，则 a,b 满足的条件是(　　).

(A) $a\neq 0,b\neq 0$

(B) $a\neq\frac{3}{2},b\neq 0$

(C) $a\neq\frac{3}{2},b\neq\frac{3}{2}$

(D) $a\neq 0,b\neq\frac{3}{2}$

3. 设线性方程组 $\begin{cases}x_1+x_2+x_3=0,\\ax_1+bx_2+cx_3=0,\\bcx_1+cax_2+abx_3=0,\end{cases}$ 若此方程组有非零解，则 a,b,c 满足的条件是(　　).

(A) $a=b=c$

(B) $a=b$ 或 $b=c$ 或 $c=a$

(C) a,b,c 互不相等

(D) $a\neq b$ 或 $b\neq c$ 或 $c\neq a$

4. 设线性方程组 $\begin{cases}x_1+2x_2+3x_3+3x_4+7x_5=4,\\3x_1+x_2-x_3-x_4-9x_5=p-3,\\5x_1+3x_2+x_3+x_4-7x_5=q-3,\\x_2+2x_3+2x_4+6x_5=3,\end{cases}$ 如果此方程组有解，则常数 p,q 应满足的条件是(　　).

(A) $p=0$ 或 $q=2$

(B) $p=0$ 且 $q=2$

(C) $p=0$ 且 $q\neq 2$

(D) $p\neq 0$ 且 $q\neq 2$

5. 已知 $\boldsymbol{\beta}_1,\boldsymbol{\beta}_2$ 是非齐次线性方程组 $\boldsymbol{Ax}=\boldsymbol{b}$ 的两个不同的解，$\boldsymbol{\alpha}_1,\boldsymbol{\alpha}_2$ 是对应的齐次线性方程组 $\boldsymbol{Ax}=\boldsymbol{0}$ 的基础解系，k_1,k_2 为任意常数，则方程组 $\boldsymbol{Ax}=\boldsymbol{b}$ 的通解必是(　　).

(A) $k_1\boldsymbol{\alpha}_1+k_2(\boldsymbol{\alpha}_1+\boldsymbol{\alpha}_2)+\frac{\boldsymbol{\beta}_1-\boldsymbol{\beta}_2}{2}$

(B) $k_1\boldsymbol{\alpha}_1+k_2(\boldsymbol{\alpha}_1-\boldsymbol{\alpha}_2)+\frac{\boldsymbol{\beta}_1+\boldsymbol{\beta}_2}{2}$

(C) $k_1\boldsymbol{\alpha}_1+k_2(\boldsymbol{\beta}_1+\boldsymbol{\beta}_2)+\frac{\boldsymbol{\beta}_1-\boldsymbol{\beta}_2}{2}$

(D) $k_1\boldsymbol{\alpha}_1+k_2(\boldsymbol{\beta}_1-\boldsymbol{\beta}_2)+\frac{\boldsymbol{\beta}_1+\boldsymbol{\beta}_2}{2}$

6. 非齐次线性方程组 $\boldsymbol{Ax}=\boldsymbol{b}$ 中未知量的个数为 n，方程的个数为 m，系数矩阵 $\boldsymbol{A}$ 的秩为 r，则(　　).

(A) $r=m$ 时，方程组 $\boldsymbol{Ax}=\boldsymbol{b}$ 有解

(B) $r=n$ 时，方程组 $\boldsymbol{Ax}=\boldsymbol{b}$ 有唯一解

(C) $m=n$ 时，方程组 $\boldsymbol{Ax}=\boldsymbol{b}$ 有唯一解

(D) $r<n$ 时，方程组 $\boldsymbol{Ax}=\boldsymbol{b}$ 有无穷多解

7. 齐次线性方程组 $\begin{cases}\lambda x_1+x_2+\lambda^2 x_3=0,\\ x_1+\lambda x_2+x_3=0,\\ x_1+x_2+\lambda x_3=0\end{cases}$ 的系数矩阵记为 $\boldsymbol{A}$，若存在 3 阶矩阵 $\boldsymbol{B}\neq\boldsymbol{O}$ 使得 $\boldsymbol{AB}=\boldsymbol{O}$，则(　　).

(A) $\lambda=-2$ 且 $|\boldsymbol{B}|=0$　　(B) $\lambda=-2$ 且 $|\boldsymbol{B}|\neq 0$

(C) $\lambda=1$ 且 $|\boldsymbol{B}|=0$　　(D) $\lambda=1$ 且 $|\boldsymbol{B}|\neq 0$

8. 对于 n 元方程组,下列命题正确的是(　　).

(A) 如果 $\boldsymbol{Ax}=\boldsymbol{0}$ 只有零解，则 $\boldsymbol{Ax}=\boldsymbol{b}$ 有唯一解

(B) 如果 $\boldsymbol{Ax}=\boldsymbol{0}$ 有非零解，则 $\boldsymbol{Ax}=\boldsymbol{b}$ 有无穷多解

(C) 如果 $\boldsymbol{Ax}=\boldsymbol{b}$ 有两个不同的解，则 $\boldsymbol{Ax}=\boldsymbol{0}$ 有无穷多解

(D) $\boldsymbol{Ax}=\boldsymbol{b}$ 有唯一解的充分必要条件是 $r(\boldsymbol{A})=n$.

9. 已知 $\boldsymbol{\eta}_1,\boldsymbol{\eta}_2,\boldsymbol{\eta}_3,\boldsymbol{\eta}_4$ 是 $\boldsymbol{Ax}=\boldsymbol{0}$ 的基础解系，则此方程组的基础解系还可选用(　　).

(A) $\boldsymbol{\eta}_1+\boldsymbol{\eta}_2,\boldsymbol{\eta}_2+\boldsymbol{\eta}_3,\boldsymbol{\eta}_3+\boldsymbol{\eta}_4,\boldsymbol{\eta}_4+\boldsymbol{\eta}_1$

(B) $\boldsymbol{\eta}_1,\boldsymbol{\eta}_2,\boldsymbol{\eta}_3,\boldsymbol{\eta}_4$ 的等价向量组 $\boldsymbol{\alpha}_1,\boldsymbol{\alpha}_2,\boldsymbol{\alpha}_3,\boldsymbol{\alpha}_4$

(C) $\boldsymbol{\eta}_1,\boldsymbol{\eta}_2,\boldsymbol{\eta}_3,\boldsymbol{\eta}_4$ 的等秩向量组 $\boldsymbol{\alpha}_1,\boldsymbol{\alpha}_2,\boldsymbol{\alpha}_3,\boldsymbol{\alpha}_4$

(D) $\boldsymbol{\eta}_1+\boldsymbol{\eta}_2,\boldsymbol{\eta}_2+\boldsymbol{\eta}_3,\boldsymbol{\eta}_3-\boldsymbol{\eta}_4,\boldsymbol{\eta}_4-\boldsymbol{\eta}_1$

10. 设 $\boldsymbol{A}$ 是秩为 $n-1$ 的 n 阶方阵，$\boldsymbol{\alpha}_1$ 与 $\boldsymbol{\alpha}_2$ 是方程组 $\boldsymbol{Ax}=\boldsymbol{0}$ 的两个不同的解向量，则 $\boldsymbol{Ax}=\boldsymbol{0}$ 的通解必定是(　　).

(A) $\boldsymbol{\alpha}_1+\boldsymbol{\alpha}_2$　　(B) $k\boldsymbol{\alpha}_1$

(C) $k(\boldsymbol{\alpha}_1+\boldsymbol{\alpha}_2)$($k$ 为任意常数)　　(D) $k(\boldsymbol{\alpha}_1-\boldsymbol{\alpha}_2)$($k$ 为任意常数)

11. 设 $\boldsymbol{\alpha}_1,\boldsymbol{\alpha}_2,\boldsymbol{\alpha}_3$ 是四元非齐次线性方程组 $\boldsymbol{Ax}=\boldsymbol{b}$ 的三个解向量，且 $r(\boldsymbol{A})=3$，$\boldsymbol{\alpha}_1=(1,2,3,4)^{\mathrm{T}}$，$\boldsymbol{\alpha}_2+\boldsymbol{\alpha}_3=(0,1,2,3)^{\mathrm{T}}$，$k$ 表示任意常数，则线性方程组 $\boldsymbol{Ax}=\boldsymbol{b}$ 的通解为(　　).

(A) $(1,2,3,4)^{\mathrm{T}}+k(1,1,1,1)^{\mathrm{T}}$　　(B) $(1,2,3,4)^{\mathrm{T}}+k(0,1,2,3)^{\mathrm{T}}$

(C) $(1,2,3,4)^{\mathrm{T}}+k(2,3,4,5)^{\mathrm{T}}$　　(D) $(1,2,3,4)^{\mathrm{T}}+k(3,4,5,6)^{\mathrm{T}}$

12. 设 n 阶矩阵 $\boldsymbol{A}$ 的伴随矩阵 $\boldsymbol{A}^*\neq\boldsymbol{O}$，若 $\boldsymbol{\xi}_1,\boldsymbol{\xi}_2,\boldsymbol{\xi}_3,\boldsymbol{\xi}_4$ 是非齐次线性方程组 $\boldsymbol{Ax}=\boldsymbol{b}$ 的互不相等的解，则对应的齐次线性方程组 $\boldsymbol{Ax}=\boldsymbol{0}$ 的基础解系(　　).

(A) 不存在

(B) 仅含一个非零解向量

(C) 含有两个线性无关的解向量

(D) 含有三个线性无关的解向量

13. 设 $\boldsymbol{\alpha}_1,\boldsymbol{\alpha}_2,\boldsymbol{\alpha}_3,\boldsymbol{\alpha}_4$ 是五维非零列向量，矩阵 $\boldsymbol{A}=(\boldsymbol{\alpha}_1,\boldsymbol{\alpha}_2,\boldsymbol{\alpha}_3,\boldsymbol{\alpha}_4)$，若 $\boldsymbol{\xi}_1=(3,2,2,2)^{\mathrm{T}}$，$\boldsymbol{\xi}_2=(1,2,2,6)^{\mathrm{T}}$ 是齐次线性方程组 $\boldsymbol{Ax}=\boldsymbol{0}$ 的 1 个基础解系，则在下列结论中：

(1) $\boldsymbol{\alpha}_1,\boldsymbol{\alpha}_2,\boldsymbol{\alpha}_3$ 线性相关；

(2) $\boldsymbol{\alpha}_3,\boldsymbol{\alpha}_4$ 线性无关；

(3) $\boldsymbol{\alpha}_1$ 可由 $\boldsymbol{\alpha}_3,\boldsymbol{\alpha}_4$ 线性表示；

(4) $\boldsymbol{\alpha}_2$ 可由 $\boldsymbol{\alpha}_1,\boldsymbol{\alpha}_3$ 线性表示；

正确结论的个数是(　　).

(A) 1 个　　(B) 2 个

(C) 3 个　　(D) 4 个

14. 设线性方程组

$$\begin{cases} a_{11}x_1+a_{12}x_2+\cdots+a_{1n}x_n=b_1, \\ a_{21}x_1+a_{22}x_2+\cdots+a_{2n}x_n=b_2, \\ \quad\vdots \\ a_{n1}x_1+a_{n2}x_2+\cdots+a_{nn}x_n=b_n, \end{cases}$$

其系数行列式记为 $|\boldsymbol{A}|$，则下列命题正确的是(　　).

(A) 若方程组无解，则必有 $|\boldsymbol{A}|=0$

(B) 若方程组有解，则必有 $|\boldsymbol{A}|=0$

(C) 若 $|\boldsymbol{A}|=0$，则方程组必无解

(D) 若 $|\boldsymbol{A}|=0$，则方程组必有解

15. 设 n 元齐次线性方程组 $\boldsymbol{Ax}=\boldsymbol{0}$ 的系数矩阵 $\boldsymbol{A}$ 的秩为 r，则 $\boldsymbol{Ax}=\boldsymbol{0}$ 有非零解的充分必要条件是(　　).

(A) $r=n$　　(B) $r\geqslant n$

(C) $r<n$　　(D) $r>n$

16. 设 $\boldsymbol{A}$ 是 $m\times n$ 矩阵，齐次线性方程组 $\boldsymbol{Ax}=\boldsymbol{0}$ 仅有零解的充分必要条件是(　　).

(A) $\boldsymbol{A}$ 的列向量组线性无关　　(B) $\boldsymbol{A}$ 的列向量组线性相关

(C) $\boldsymbol{A}$ 的行向量组线性无关　　(D) $\boldsymbol{A}$ 的行向量组线性相关

17. 设 $\boldsymbol{A},\boldsymbol{B}$ 为满足 $\boldsymbol{AB}=\boldsymbol{O}$ 的两个非零矩阵，则必有(　　).

(A) $\boldsymbol{A}$ 的列向量组线性相关，$\boldsymbol{B}$ 的行向量组线性相关

(B) $\boldsymbol{A}$ 的列向量组线性相关，$\boldsymbol{B}$ 的列向量组线性相关

(C) $\boldsymbol{A}$ 的行向量组线性相关，$\boldsymbol{B}$ 的行向量组线性相关

(D) $\boldsymbol{A}$ 的行向量组线性相关，$\boldsymbol{B}$ 的列向量组线性相关

18. 设 $\boldsymbol{\alpha}_1=(a_1,a_2,a_3)^{\mathrm{T}},\boldsymbol{\alpha}_2=(b_1,b_2,b_3)^{\mathrm{T}},\boldsymbol{\alpha}_3=(c_1,c_2,c_3)^{\mathrm{T}},\boldsymbol{\alpha}_4=(d_1,d_2,d_3)^{\mathrm{T}}$，则三个平面

$$\begin{aligned} a_1x+b_1y+c_1z=d_1, \\ a_2x+b_2y+c_2z=d_2, \\ a_3x+b_3y+c_3z=d_3 \end{aligned}$$

相交于一条直线的充分必要条件是(　　).

(A) $r(\boldsymbol{\alpha}_1,\boldsymbol{\alpha}_2,\boldsymbol{\alpha}_3)=1,r(\boldsymbol{\alpha}_1,\boldsymbol{\alpha}_2,\boldsymbol{\alpha}_3,\boldsymbol{\alpha}_4)=2$

(B) $r(\boldsymbol{\alpha}_1,\boldsymbol{\alpha}_2,\boldsymbol{\alpha}_3)=r(\boldsymbol{\alpha}_1,\boldsymbol{\alpha}_2,\boldsymbol{\alpha}_3,\boldsymbol{\alpha}_4)=2$

(C) $r(\boldsymbol{\alpha}_1,\boldsymbol{\alpha}_2,\boldsymbol{\alpha}_3)=2,r(\boldsymbol{\alpha}_1,\boldsymbol{\alpha}_2,\boldsymbol{\alpha}_3,\boldsymbol{\alpha}_4)=3$

(D) $r(\boldsymbol{\alpha}_1,\boldsymbol{\alpha}_2,\boldsymbol{\alpha}_3)=r(\boldsymbol{\alpha}_1,\boldsymbol{\alpha}_2,\boldsymbol{\alpha}_3,\boldsymbol{\alpha}_4)=3$

(三) 解答与证明题

1. 解齐次线性方程组.

$$\begin{cases} x_1-x_2-x_3+x_4=0, \\ x_1-x_2+x_3-3x_4=0, \\ x_1-x_2-2x_3+3x_4=0. \end{cases}$$

2. 解线性方程组.

$$\begin{cases} x_1+3x_2-2x_3=4, \\ 3x_1+2x_2-5x_3=11, \\ 2x_1+x_2+x_3=3, \\ -2x_1+x_2+3x_3=-7. \end{cases}$$

3. 求下列线性方程组的一个基础解系,并写出它的全部解.

$$\begin{cases} x_1+2x_2+3x_3+3x_4+7x_5=0, \\ 3x_1+2x_2+x_3+x_4-3x_5=0, \\ x_2+2x_3+2x_4+6x_5=0, \\ 5x_1+4x_2+3x_3+3x_4-x_5=0. \end{cases}$$

4. 用基础解系表出下列线性方程组的全部解.

$$\begin{cases} 2x_1+x_2-x_3+x_4=1, \\ x_1+2x_2+x_3-x_4=2, \\ x_1+x_2+2x_3+x_4=3. \end{cases}$$

5. 求下列齐次线性方程组的基础解系.

$$\begin{cases} x_1+x_2+4x_4=0, \\ x_1+2x_2+x_3+tx_4=0, \\ 2x_1+tx_2+x_3+7x_4=0. \end{cases}$$

6. 设有线性方程组

$$\begin{cases} x_1+x_2+kx_3=4, \\ -x_1+kx_2+x_3=k^2, \\ x_1-x_2+2x_3=-4. \end{cases}$$

问 k 取何值时，此方程组(1)有唯一解；(2)无解；(3)有无穷多个解. 并在有无穷多个解时求出其通解.

7. 设齐次线性方程组

$$\begin{cases} ax_1+bx_2+bx_3+\cdots+bx_n=0, \\ bx_1+ax_2+bx_3+\cdots+bx_n=0, \\ \qquad\vdots \\ bx_1+bx_2+bx_3+\cdots+ax_n=0, \end{cases}$$

其中 $a\neq0,b\neq0,n\geqslant2$. 试讨论 a,b 取何值时，方程组仅有零解？有无穷多解？当有无穷多解时，求出其全部解，并用基础解系表示全部解.

8. 已知非齐次线性方程组

$$\begin{cases} x_1+x_2+x_3+x_4=-1, \\ 4x_1+3x_2+5x_3-x_4=-1, \\ ax_1+x_2+3x_3+bx_4=1 \end{cases}$$

有 3 个线性无关的解.

(1) 证明方程组的系数矩阵 $\boldsymbol{A}$ 的秩 $r(\boldsymbol{A})=2$；

(2) 求 a,b 的值及方程组的通解.

9. 写出一个以 $\boldsymbol{\eta}=k_1(2,-3,0,1)^{\mathrm{T}}+k_2(1,3,1,0)^{\mathrm{T}}$ 为通解的齐次线性方程组.

10. 设 $\boldsymbol{A}=\begin{bmatrix}2 & -2 & 1 & 3\\ 9 & -5 & 2 & 8\end{bmatrix}$，求一个 4×2 矩阵 $\boldsymbol{B}$，使 $\boldsymbol{AB}=\boldsymbol{O}$，且 $r(\boldsymbol{B})=2$.

11. 设齐次线性方程组

$$\begin{cases}a_{11}x_1+a_{12}x_2+\cdots+a_{1n}x_n=0,\\ a_{21}x_1+a_{22}x_2+\cdots+a_{2n}x_n=0,\\ \qquad\vdots\\ a_{m1}x_1+a_{m2}x_2+\cdots+a_{mn}x_n=0\end{cases}\tag{Ⅰ}$$

的解都满足方程 $b_1x_1+b_2x_2+\cdots+b_nx_n=0$. 如记 $\boldsymbol{\alpha}_i=(a_{i1},a_{i2},\cdots,a_{in})(i=1,2,\cdots,m)$；$\boldsymbol{\beta}=(b_1,b_2,\cdots,b_n)$.

试证向量 $\boldsymbol{\beta}$ 可以由向量组 $\boldsymbol{\alpha}_1,\boldsymbol{\alpha}_2,\cdots,\boldsymbol{\alpha}_m$ 线性表出.

12. 设任意 n 维列向量都是下列齐次线性方程组的解向量，

$$\begin{cases}a_{11}x_1+a_{12}x_2+\cdots+a_{1n}x_n=0,\\ a_{21}x_1+a_{22}x_2+\cdots+a_{2n}x_n=0,\\ \qquad\vdots\\ a_{n1}x_1+a_{n2}x_2+\cdots+a_{mn}x_n=0,\end{cases}$$

试证方程组的所有系数 $a_{ij}=0,\forall i,j$.

13. 已知 $\boldsymbol{\xi}_1=(-9,1,2,11)^{\mathrm{T}},\boldsymbol{\xi}_2=(1,-5,13,0)^{\mathrm{T}},\boldsymbol{\xi}_3=(-7,-9,24,11)^{\mathrm{T}}$ 是方程组

$$\begin{cases}2x_1+a_2x_2+3x_3+a_4x_4=d_1,\\ 3x_1+b_2x_2+2x_3+b_4x_4=4,\\ 9x_1+4x_2+x_3+c_4x_4=d_3\end{cases}$$

的 3 个解，求此方程组的通解.

14. 设 $\boldsymbol{A}=\begin{bmatrix}1 & -1 & -1\\ -1 & 1 & 1\\ 0 & -4 & -2\end{bmatrix},\boldsymbol{\xi}_1=\begin{bmatrix}-1\\ 1\\ -2\end{bmatrix}$.

(1) 求满足 $\boldsymbol{A\xi}_2=\boldsymbol{\xi}_1,\boldsymbol{A}^2\boldsymbol{\xi}_3=\boldsymbol{\xi}_1$ 的所有向量 $\boldsymbol{\xi}_2,\boldsymbol{\xi}_3$；

(2) 对(1)中任意向量 $\boldsymbol{\xi}_2,\boldsymbol{\xi}_3$，证明 $\boldsymbol{\xi}_1,\boldsymbol{\xi}_2,\boldsymbol{\xi}_3$ 线性无关.

15. 设矩阵 $\boldsymbol{A}=(\boldsymbol{a}_1,\boldsymbol{a}_2,\boldsymbol{a}_3,\boldsymbol{a}_4)$，其中 $\boldsymbol{a}_2,\boldsymbol{a}_3,\boldsymbol{a}_4$ 线性无关，$\boldsymbol{a}_1=2\boldsymbol{a}_2-\boldsymbol{a}_3$，向量 $\boldsymbol{b}=\boldsymbol{a}_1+\boldsymbol{a}_2+\boldsymbol{a}_3+\boldsymbol{a}_4$，求方程 $\boldsymbol{Ax}=\boldsymbol{b}$ 的通解.

16. 已知向量组 $\boldsymbol{\alpha}_1=(1,4,0,2)^{\mathrm{T}},\boldsymbol{\alpha}_2=(2,7,1,3)^{\mathrm{T}},\boldsymbol{\alpha}_3=(0,1,-1,a)^{\mathrm{T}},\boldsymbol{\beta}=(3,10,b,4)^{\mathrm{T}}$. 问

(1) a,b 取何值时，$\boldsymbol{\beta}$ 不能由 $\boldsymbol{\alpha}_1,\boldsymbol{\alpha}_2,\boldsymbol{\alpha}_3$ 线性表出？

(2) a,b 取何值时，$\boldsymbol{\beta}$ 可由 $\boldsymbol{\alpha}_1,\boldsymbol{\alpha}_2,\boldsymbol{\alpha}_3$ 线性表出？并写出此表达式.

17. 设 $\boldsymbol{A}$ 是 $m\times n$ 矩阵，$\boldsymbol{B}$ 是 $n\times s$ 矩阵，证明 $r(\boldsymbol{AB})\leqslant r(\boldsymbol{B})$.

18. 设 $\boldsymbol{A}$ 是 n 阶矩阵，证明 $r(\boldsymbol{A}^*)=\begin{cases}n,\text{如 } r(\mathrm{A})=n,\\ 1,\text{如 } r(\boldsymbol{A})=n-1,\\ 0,\text{如 } r(\boldsymbol{A})\leqslant n-2.\end{cases}$

19. 设 $\boldsymbol{\eta}^*$ 是非齐次线性方程组 $\boldsymbol{Ax}=\boldsymbol{b}$ 的一个解，$\boldsymbol{\xi}_1,\boldsymbol{\xi}_2,\cdots,\boldsymbol{\xi}_{n-r}$ 是对应的齐次线性方程组的一个基础解系，证明

(1) $\boldsymbol{\eta}^*,\boldsymbol{\xi}_1,\boldsymbol{\xi}_2,\cdots,\boldsymbol{\xi}_{n-r}$ 线性无关；

(2) $\boldsymbol{\eta}^*,\boldsymbol{\eta}^*+\boldsymbol{\xi}_1,\boldsymbol{\eta}^*+\boldsymbol{\xi}_2,\cdots,\boldsymbol{\eta}^*+\boldsymbol{\xi}_{n-r}$ 线性无关.

20. 设 $\boldsymbol{\eta}_1,\boldsymbol{\eta}_2,\cdots,\boldsymbol{\eta}_s$ 是非齐次线性方程组 $\boldsymbol{Ax}=\boldsymbol{b}$ 的 s 个解，$k_1,k_2,\cdots,k_s$ 为实数，且满足 $k_1+k_2+\cdots+k_s=1$. 证明 $\boldsymbol{x}=k_1\boldsymbol{\eta}_1+k_2\boldsymbol{\eta}_2+\cdots+k_s\boldsymbol{\eta}_s$ 也是 $\boldsymbol{Ax}=\boldsymbol{b}$ 的解.

21. 设非齐次线性方程组 $\boldsymbol{Ax}=\boldsymbol{b}$ 的系数矩阵的秩为 r，$\boldsymbol{\eta}_1,\boldsymbol{\eta}_2,\cdots,\boldsymbol{\eta}_{n-r+1}$ 是它的 $n-r+1$ 个线性无关的解(由题 19 知它确有 $n-r+1$ 个线性无关的解). 试证它的任一解可表示为

$$\boldsymbol{x}=k_1\boldsymbol{\eta}_1+k_2\boldsymbol{\eta}_2+\cdots+k_{n-r+1}\boldsymbol{\eta}_{n-r+1},$$

其中 $k_1+k_2+\cdots+k_{n-r+1}=1$.

四、练习题答案与提示

(一) 填空题

1. -1.　2. -2.　3. 1.　4. $k(1,1,\cdots,1)^{\mathrm T}$.　5. $a_1+a_2+a_3+a_4=0$.

6. $(1,0,0,\cdots,0)^{\mathrm T}$.　7. -2　8. $\left(\frac{1}{2},0,0,0\right)^{\mathrm T}+k(0,2,3,4)^{\mathrm T}$.　9. 0.

10*. $\boldsymbol{Ax}=\boldsymbol{0}$ 的通解为 $k(A_{11},A_{12},\cdots,A_{1n})^{\mathrm T}$.

$\boldsymbol{A}^*\boldsymbol{x}=\boldsymbol{0}$ 的通解为 $k_2\boldsymbol{\beta}_2+k_3\boldsymbol{\beta}_3+\cdots+k_n\boldsymbol{\beta}_n$，其中 $\boldsymbol{A}=(\boldsymbol{\beta}_1,\boldsymbol{\beta}_2,\boldsymbol{\beta}_3,\cdots,\boldsymbol{\beta}_n)$.

分析：对 $\boldsymbol{Ax}=\boldsymbol{0}$，从 $r(\boldsymbol{A})=n-1$，知基础解系由 1 个解向量所构成，因为 $\boldsymbol{AA}^*=|\boldsymbol{A}|\boldsymbol{E}=\boldsymbol{0}$，$\boldsymbol{A}^*$ 的每一列都是 $\boldsymbol{Ax}=\boldsymbol{0}$ 的解. 现已知 $A_{11}\neq0$，故 $(A_{11},A_{12},\cdots,A_{1n})^{\mathrm T}$ 是 $\boldsymbol{Ax}=\boldsymbol{0}$ 的非零解，即是基础解系，所以通解为 $k(A_{11},A_{12},\cdots,A_{1n})^{\mathrm T}$.

对 $\boldsymbol{A}^*\boldsymbol{x}=\boldsymbol{0}$，从 $r(\boldsymbol{A})=n-1$ 知 $r(\boldsymbol{A}^*)=1$，那么 $\boldsymbol{A}^*\boldsymbol{x}=\boldsymbol{0}$ 的基础解系由 $n-1$ 个解向量所构成，从 $\boldsymbol{A}^*\boldsymbol{A}=\boldsymbol{O}$ 知 $\boldsymbol{A}$ 的每一列都是 $\boldsymbol{A}^*\boldsymbol{x}=\boldsymbol{0}$ 的解，由于代数余子式 $A_{11}\neq0$，知 $n-1$ 维向量 $(a_{22},a_{32},\cdots,a_{n2})^{\mathrm T},(a_{23},a_{33},\cdots,a_{n3})^{\mathrm T},\cdots,(a_{2n},a_{3n},\cdots,a_{nn})^{\mathrm T}$ 线性无关，那么 n 维向量 $(a_{12},a_{22},a_{32},\cdots,a_{n2})^{\mathrm T},(a_{13},a_{23},a_{33},\cdots,a_{n3})^{\mathrm T},\cdots,(a_{1n},a_{2n},a_{3n},\cdots,a_{nn})^{\mathrm T}$ 线性无关，即为 $\boldsymbol{A}^*\boldsymbol{x}=\boldsymbol{0}$ 的基础解系.

11. $k(0,1,2,3)^{\mathrm T}+(1,1,1,1)^{\mathrm T}$.　12. $k(1,4,3)^{\mathrm T}+l(-2,3,1)^{\mathrm T}$.

13. $k(1,4,7)^{\mathrm T}+l(2,5,8)$.　14. 0.

(二) 选择题

1. (A).　2. (D).　3. (B).　4. (B).　5. (B).　6. (A).　7. (C).
8. (C).　9. (B).　10. (D).　11. (C).　12. (B).　13. (D).
14. (A).　15. (C)　16. (A).　17. (A).　18. (B)

18 小题分析：若三个平面相交于一条直线，则三个平面方程所组成的线性方程组

$$x\boldsymbol{\alpha}_1+y\boldsymbol{\alpha}_2+z\boldsymbol{\alpha}_3=\boldsymbol{\alpha}_4$$

有解，故 $r(\boldsymbol{\alpha}_1,\boldsymbol{\alpha}_2,\boldsymbol{\alpha}_3)=r(\boldsymbol{\alpha}_1,\boldsymbol{\alpha}_2,\boldsymbol{\alpha}_3,\boldsymbol{\alpha}_4)$. 并且，其全部解为

$$\begin{pmatrix}x\\y\\z\end{pmatrix}=k\begin{pmatrix}x_1\\y_1\\z_1\end{pmatrix}+\begin{pmatrix}x_0\\y_0\\z_0\end{pmatrix},$$

其中 k 为任意常数. 由此可知，其导出组 $x\boldsymbol{\alpha}_1+y\boldsymbol{\alpha}_2+z\boldsymbol{\alpha}_3=\mathbf{0}$ 的基础解系所含解向量的个数为 1，即 $n-r(\boldsymbol{\alpha}_1,\boldsymbol{\alpha}_2,\boldsymbol{\alpha}_3)=1$，其中 n 为未知量个数. 所以 $r(\boldsymbol{\alpha}_1,\boldsymbol{\alpha}_2,\boldsymbol{\alpha}_3)=3-1=2$，因此 $r(\boldsymbol{\alpha}_1,\boldsymbol{\alpha}_2,\boldsymbol{\alpha}_3)=r(\boldsymbol{\alpha}_1,\boldsymbol{\alpha}_2,\boldsymbol{\alpha}_3,\boldsymbol{\alpha}_4)=2$. 故应选(B).

(三) 解答与证明题

1. 通解为 $\begin{pmatrix}x_1\\x_2\\x_3\\x_4\end{pmatrix}=k_1\begin{pmatrix}1\\1\\0\\0\end{pmatrix}+k_2\begin{pmatrix}1\\0\\2\\1\end{pmatrix}$，$(k_1,k_2\in\mathbf{R})$.

2. $x_1=2,x_2=0,x_3=-1$.

3. 通解为 $x=k_1\boldsymbol{\xi}_1+k_2\boldsymbol{\xi}_2+k_3\boldsymbol{\xi}_3,k_1,k_2,k_3\in\mathbf{R}$.

4. 通解为 $\boldsymbol{\xi}=k\boldsymbol{\xi}_1+\boldsymbol{\eta}^*=k(-3,3,-1,2)^{\mathrm{T}}+(1,0,1,0),k\in\mathbf{R}$.

5. 基础解系为 $\boldsymbol{\eta}_1=(1,-1,1,0)^{\mathrm{T}},\boldsymbol{\eta}_2=(-5,1,0,1)^{\mathrm{T}}$.

6. (1) 当 $k\neq4$ 且 $k\neq-1$ 时，$r(\mathbf{A})=r(\overline{\mathbf{A}})=3$,方程组有唯一解；

(2) 当 $k=-1$ 时，$r(\mathbf{A})=2,r(\overline{\mathbf{A}})=3$,方程组无解；

(3) 当 $k=4$ 时，$r(\mathbf{A})=r(\overline{\mathbf{A}})=2<3$,方程组有无穷多个解. 其解为：

$$\begin{pmatrix}x_1\\x_2\\x_3\end{pmatrix}=k\begin{pmatrix}-3\\-1\\1\end{pmatrix}+\begin{pmatrix}0\\4\\0\end{pmatrix},\quad k\in\mathbf{R}.$$

7. 分析：当 $a=b$ 时，方程组的同解方程组是 $x_1+x_2+\cdots+x_n=0$. 由于 $n-r(\mathbf{A})=n-1$，取 $x_2,x_3,\cdots,x_n$ 为自由未知量，得到基础解系为

$$\boldsymbol{\alpha}_1=(-1,1,0,\cdots,0)^{\mathrm{T}},\boldsymbol{\alpha}_2=(-1,0,1,\cdots,0)^{\mathrm{T}},\cdots,\boldsymbol{\alpha}_{n-1}=(-1,0,0,\cdots,1)^{\mathrm{T}}.$$

方程组的通解是 $\boldsymbol{\eta}=k_1\boldsymbol{\alpha}_1+k_2\boldsymbol{\alpha}_2+\cdots+k_{n-1}\boldsymbol{\alpha}_{n-1}$，其中 $k_1,k_2,\cdots,k_{n-1}$ 为任意常数.

当 $a\neq b$ 且 $a\neq(1-n)b$ 时，则 $r(\mathbf{A})=n$，此时方程组只有零解.

当 $a=(1-n)b$ 时，$r(\mathbf{A})=n-1$，取 x_1 为自由未知量，则基础解系为 $\boldsymbol{\alpha}=(1,1,1,\cdots,1)^{\mathrm{T}}$，方程组的通解是 $k\boldsymbol{\alpha}$，其中 k 为任意常数.

8. 分析：(1) 设 $\boldsymbol{\alpha}_1,\boldsymbol{\alpha}_2,\boldsymbol{\alpha}_3$ 是方程组 $\mathbf{A}\boldsymbol{x}=\boldsymbol{b}$ 的 3 个线性无关的解，那么 $\boldsymbol{\alpha}_1-\boldsymbol{\alpha}_2,\boldsymbol{\alpha}_1-\boldsymbol{\alpha}_3$ 是导出组 $\mathbf{A}\boldsymbol{x}=\mathbf{0}$ 的 2 个线性无关的解. 于是 $n-r(\mathbf{A})\geqslant2\Rightarrow r(\mathbf{A})\leqslant4-2=2$.

又 $\mathbf{A}$ 中存在非零的 2 阶子式 $\begin{vmatrix}1&1\\4&3\end{vmatrix}=-1\neq0\Rightarrow r(\mathbf{A})\geqslant2$，从而秩 $r(\mathbf{A})=2$.

(2) $a=2,b=-3$. 通解为

$$\boldsymbol{\eta}=(2,-3,0,0)^{\mathrm{T}}+k_1(-2,1,1,0)^{\mathrm{T}}+k_2(4,-5,0,1)^{\mathrm{T}}$$，其中 k_1,k_2 为任意常数.

9. $\begin{cases}x_1=2x_4+x_3,\\x_2=-3x_4+3x_3\end{cases}$ 或 $\begin{cases}x_1-2x_4-x_3=0,\\x_2+3x_4-3x_3=0.\end{cases}$

10. $\boldsymbol{B}=\begin{pmatrix}1 & -1\\ 5 & 11\\ 8 & 0\\ 0 & 8\end{pmatrix}$，(注意，$\boldsymbol{B}$ 不唯一).

11. 提示:作线性方程组

$$\begin{cases}a_{11}x_1+a_{12}x_2+\cdots+a_{1n}x_n=0,\\ a_{21}x_1+a_{22}x_2+\cdots+a_{2n}x_n=0,\\ \quad\vdots\\ a_{m1}x_1+a_{m2}x_2+\cdots+a_{mn}x_n=0,\\ b_1x_1+b_2x_2+\cdots+b_nx_n=0.\end{cases}\qquad (\text{Ⅱ})$$

显然，方程组(Ⅱ)的解必为方程组(Ⅰ)的解；由题设可知，方程组(Ⅰ)的解必为(Ⅱ)的解. 所以方程组(Ⅰ)和(Ⅱ)是同解方程组. 于是，两方程组的系数矩阵具有相同的秩. 即

$$r(\boldsymbol{\alpha}_1,\boldsymbol{\alpha}_2,\cdots,\boldsymbol{\alpha}_m)=r(\boldsymbol{\alpha}_1,\boldsymbol{\alpha}_2,\cdots,\boldsymbol{\alpha}_m,\boldsymbol{\beta}),$$

由此易证，向量 $\boldsymbol{\beta}$ 可以由向量组 $\boldsymbol{\alpha}_1,\boldsymbol{\alpha}_2,\cdots,\boldsymbol{\alpha}_m$ 线性表出.

12. 分析：n 维向量 $\boldsymbol{e}_1=(1,0,\cdots,0)^{\mathrm T}$，$\boldsymbol{e}_2=(0,1,\cdots,0)^{\mathrm T}$，$\cdots$，$\boldsymbol{e}_n=(0,0,\cdots,1)^{\mathrm T}$ 都是方程组的解，所以基础解系中含有 n 个线性无关的向量，于是系数矩阵 $\boldsymbol{A}$ 的秩 $r(\boldsymbol{A})=n-n=0\Rightarrow \boldsymbol{A}=\boldsymbol{O}$，从而方程组的所有系数 $a_{ij}=0$，$\forall\, i,j$.

13. 分析:$\boldsymbol{A}$ 是 3×4 矩阵，$r(\boldsymbol{A})\leqslant3$，由于 $\boldsymbol{A}$ 中第 2,3 两行不成比例，故 $r(\boldsymbol{A})\geqslant2$，又因

$$\boldsymbol{\eta}_1=\boldsymbol{\xi}_1-\boldsymbol{\xi}_2=(-10,6,-11,11)^{\mathrm T},\quad \boldsymbol{\eta}_2=\boldsymbol{\xi}_2-\boldsymbol{\xi}_3=(8,4,-11,-11)^{\mathrm T}$$

是 $\boldsymbol{Ax}=\boldsymbol{0}$ 的 2 个线性无关的解，于是 $4-r(\boldsymbol{A})\geqslant2$，因此 $r(\boldsymbol{A})=2$，所以 $x=k_1\boldsymbol{\eta}_1+k_2\boldsymbol{\eta}_2+\boldsymbol{\xi}_1$ 是通解.

14. (1) $\boldsymbol{\xi}_2=(0,0,1)^{\mathrm T}+k(1,-1,2)^{\mathrm T}=(k,-k,2k+1)^{\mathrm T},k\in\mathbf{R}$.

$$\boldsymbol{\xi}_3=(-\frac{1}{2},0,0)^{\mathrm T}+t_1(-1,1,0)^{\mathrm T}+t_2(0,0,1)^{\mathrm T}=\left(-\frac{1}{2}-t_1,t_1,t_2\right)^{\mathrm T},$$

其中 t_1,t_2 为任意常数.

(2) 因为

$$|\boldsymbol{\xi}_1,\boldsymbol{\xi}_2,\boldsymbol{\xi}_3|=\begin{vmatrix}-1 & k & -\frac{1}{2}-t_1\\ 1 & -k & t_1\\ -2 & 2k+1 & t_2\end{vmatrix}=\begin{vmatrix}0 & 0 & -\frac{1}{2}\\ 1 & -k & t_1\\ -2 & 2k+1 & t_2\end{vmatrix}$$

$$=-\frac{1}{2}\begin{vmatrix}1 & -k\\ -2 & 2k+1\end{vmatrix}=-\frac{1}{2}\neq0,$$

所以 $\boldsymbol{\xi}_1,\boldsymbol{\xi}_2,\boldsymbol{\xi}_3$ 必线性无关.

15. 分析：因为 $\boldsymbol{a}_2,\boldsymbol{a}_3,\boldsymbol{a}_4$ 线性无关，且 $\boldsymbol{a}_1=2\boldsymbol{a}_2-\boldsymbol{a}_3$，所以 $\boldsymbol{r}(\boldsymbol{A})=3$，从而 $\boldsymbol{Ax}=\boldsymbol{0}$ 的基础解系含 $4-3=1$ 个解向量. 又由 $\boldsymbol{a}_1-2\boldsymbol{a}_2+\boldsymbol{a}_3=\boldsymbol{0}$，得 $\boldsymbol{Ax}=\boldsymbol{0}$ 的一个基础解系 $(1,-2,1,0)^{\mathrm T}$.

又由 $\boldsymbol{b}=\boldsymbol{a}_1+\boldsymbol{a}_2+\boldsymbol{a}_3+\boldsymbol{a}_4$，得 $\boldsymbol{Ax}=\boldsymbol{b}$ 的一个特解 $(1,1,1,1)^{\mathrm T}$，故 $\boldsymbol{Ax}=\boldsymbol{b}$ 的通解为

$$\boldsymbol{x}=(1,1,1,1)^{\mathrm T}+k(1,-2,1,0)^{\mathrm T},\ k\in\mathbf{R}.$$

16. (1) 当 $b\neq2$ 时，$\boldsymbol{\beta}$ 不能由 $\boldsymbol{\alpha}_1,\boldsymbol{\alpha}_2,\boldsymbol{\alpha}_3$ 线性表出；

(2) 当 $b=2$，$a\neq1$ 时，$\boldsymbol{\beta}$ 可由 $\boldsymbol{\alpha}_1,\boldsymbol{\alpha}_2,\boldsymbol{\alpha}_3$ 唯一地线性表示为 $\boldsymbol{\beta}=-\boldsymbol{\alpha}_1+2\boldsymbol{\alpha}_2$；

当 $b=2$，$a=1$，$\boldsymbol{\beta}$ 可由 $\boldsymbol{\alpha}_1,\boldsymbol{\alpha}_2,\boldsymbol{\alpha}_3$ 线性表出，表达式为

$$\boldsymbol{\beta}=-(1+2k)\boldsymbol{\alpha}_1+(k+2)\boldsymbol{\alpha}_2+k\boldsymbol{\alpha}_3,\ k\in\mathbf{R}.$$

17. 分析：构造两个齐次线性方程组

$$\boldsymbol{ABx}=\mathbf{0}, \qquad (\mathrm{I})$$

$$\boldsymbol{Bx}=\mathbf{0}, \qquad (\mathrm{II})$$

记 $\boldsymbol{ABx}=\mathbf{0}$ 的所有解向量的集合为 S_1，$\boldsymbol{Bx}=\mathbf{0}$ 的所有解向量的集合为 S_2. 由于 $\boldsymbol{Bx}=\mathbf{0}$ 的解都是 $\boldsymbol{ABx}=\mathbf{0}$ 的解，由此可推出 $r(S_1)\geqslant r(S_2)$. 所以由

$$r(\boldsymbol{AB})=n-r(S_1),r(\boldsymbol{B})=n-r(S_2)\Rightarrow r(\boldsymbol{AB})\leqslant r(\boldsymbol{B}).$$

18. 分析：若 $r(\boldsymbol{A})=n$，则 $|\boldsymbol{A}|\neq 0$，$\boldsymbol{A}$ 可逆，于是 $\boldsymbol{A}^*=|\boldsymbol{A}|\boldsymbol{A}^{-1}$ 可逆，故 $r(\boldsymbol{A}^*)=n$.

若 $r(\boldsymbol{A}^*)\leqslant n-2$，则 $|\boldsymbol{A}|$ 中所有 $n-1$ 阶行列式全为 0，于是 $\boldsymbol{A}^*=\boldsymbol{O}\Rightarrow r(\boldsymbol{A}^*)=0$.

若 $r(\boldsymbol{A}^*)=n-1$，则 $|\boldsymbol{A}|$ 中存在 $n-1$ 阶子式不为 0，因此 $\boldsymbol{A}^*\neq\boldsymbol{O}\Rightarrow r(\boldsymbol{A}^*)\geqslant 1$，又因

$$\boldsymbol{AA}^*=|\boldsymbol{A}|\boldsymbol{E}=\boldsymbol{O},$$

有 $r(A)+r(A^*)\leqslant n$，即 $r(A^*)\leqslant n-r(\boldsymbol{A})=1$， 从而 $r(\boldsymbol{A}^*)=1$.

19. 证明略.

20. 证明略.

21. 分析：令 $\boldsymbol{\xi}_j=\boldsymbol{\eta}_{j+1}-\boldsymbol{\eta}_1(j=1,2,\cdots,n-r)$，则有

$$\boldsymbol{A\xi}_j=\boldsymbol{A\eta}_{j+1}-\boldsymbol{Ab\eta}_1=\boldsymbol{b}-\boldsymbol{b}=\mathbf{0},$$

即 $\boldsymbol{\xi}_1,\boldsymbol{\xi}_2,\cdots,\boldsymbol{\xi}_{n-r}$ 是 $\boldsymbol{Ax}=\mathbf{0}$ 的解. 设有 $x_1,x_2,\cdots,x_{n-r}$，使得

$$x_1\boldsymbol{\xi}_1+x_2\boldsymbol{\xi}_2+\cdots+x_{n-r}\boldsymbol{\xi}_{n-r}=\mathbf{0},$$

即

$$-(x_1+x_2+\cdots+x_{n-r})\boldsymbol{\eta}_1+x_1\boldsymbol{\eta}_2+\cdots+x_{n-r}\boldsymbol{\eta}_{n-r+1}=\mathbf{0},$$

由于 $\boldsymbol{\eta}_1,\boldsymbol{\eta}_2,\cdots,\boldsymbol{\eta}_{n-r+1}$ 线性无关，易推知 $x_1=x_2=\cdots=x_{n-r}=0$，从而 $\boldsymbol{\xi}_1,\boldsymbol{\xi}_2,\cdots,\boldsymbol{\xi}_{n-r}$ 线性无关.

又由 $r(\boldsymbol{A})=r$ 知，$\boldsymbol{\xi}_1,\boldsymbol{\xi}_2,\cdots,\boldsymbol{\xi}_{n-r}$ 是 $\boldsymbol{Ax}=\mathbf{0}$ 的一个基础解系. 于是 $\boldsymbol{Ax}=\boldsymbol{b}$ 的任一解可表示为

$$\begin{aligned}\boldsymbol{x}&=\boldsymbol{\eta}_1+t_1\boldsymbol{\xi}_1+t_2\boldsymbol{\xi}_2+\cdots+t_{n-r}\boldsymbol{\xi}_{n-r}\\&=(1-t_1-t_2-\cdots-t_{n-r})\boldsymbol{\eta}_1+t_2\boldsymbol{\eta}_2+\cdots+t_{n-r}\boldsymbol{\eta}_{n-r+1}\\&=k_1\boldsymbol{\eta}_1+k_1\boldsymbol{\eta}_2+\cdots+k_{n-r+1}\boldsymbol{\eta}_{n-r+1},\end{aligned}$$

其中 $k_1=1-t_1-t_2-\cdots-t_{n-r},\cdots,k_2=t_1,\cdots,k_{n-r+1}=t_{n-r}$，且有 $k_1+k_2+\cdots+k_{n-r+1}=1$.

第六章　矩阵的特征值与特征向量

一、内容提要

（一）概念

1. 特征值与特征向量

设 $\boldsymbol{A}$ 为方阵，如果有数 λ 及非零向量 $\boldsymbol{\alpha}$，满足 $\boldsymbol{A\alpha}=\lambda\boldsymbol{\alpha}$，则称 λ 为 $\boldsymbol{A}$ 的特征值，称 $\boldsymbol{\alpha}$ 为 $\boldsymbol{A}$ 的属于（或对应于）特征值 λ 的特征向量（注意是非零向量）.

2. 相似矩阵

设 $\boldsymbol{A},\boldsymbol{B}$ 为方阵，如果有可逆方阵 $\boldsymbol{P}$，满足 $\boldsymbol{B}=\boldsymbol{P}^{-1}\boldsymbol{AP}$，则称 $\boldsymbol{B}$ 是 $\boldsymbol{A}$ 的相似矩阵，或称 $\boldsymbol{A}$ 与 $\boldsymbol{B}$ 相似.

（二）性质

1. 特征值与特征向量的性质

(1) $\boldsymbol{A}$ 与 $\boldsymbol{A}^{\mathrm{T}}$ 有相同的特征多项式，从而有相同的特征值；

(2) $\boldsymbol{A}$ 的属于不同特征值的特征向量是线性无关的；

(3) 设 n 阶矩阵 $\boldsymbol{A}=(a_{ij})$ 的 n 个特征值为 $\lambda_1,\lambda_2,\cdots,\lambda_n$，则 $|\boldsymbol{A}|=\lambda_1\lambda_2\cdots\lambda_n$，$\lambda_1+\lambda_2+\cdots+\lambda_n=a_{11}+a_{22}+\cdots+a_{nn}$；

(4)若 λ 是 $\boldsymbol{A}$ 的特征值，则 $f(\lambda)$ 是 $f(\boldsymbol{A})$ 的特征值，当 $\boldsymbol{A}$ 可逆时，$\dfrac{1}{\lambda}$ 是 $\boldsymbol{A}^{-1}$ 的特征值.

2. 相似矩阵的性质

(1) 矩阵的相似是一种等价关系，即矩阵的相似关系具有反身性、对称性与传递性；

(2) 若 $\boldsymbol{A}$ 与 $\boldsymbol{B}$ 相似，则 $\boldsymbol{A}$ 与 $\boldsymbol{B}$ 有相同的特征多项式，从而有相同的特征值与行列式；

(3) 若 $\boldsymbol{A}$ 与 $\boldsymbol{B}$ 相似，则 $f(\boldsymbol{A})$ 与 $f(\boldsymbol{B})$ 相似，当 $\boldsymbol{A}$ 可逆时（此时 $\boldsymbol{B}$ 也可逆），$\boldsymbol{A}^{-1}$ 与 $\boldsymbol{B}^{-1}$ 相似.

3. 方阵可对角化的充要条件

(1) n 阶方阵 $\boldsymbol{A}$ 可对角化的充要条件是 $\boldsymbol{A}$ 有 n 个线性无关的特征向量；

(2) n 阶方阵 $\boldsymbol{A}$ 可对角化的充要条件是对应于 $\boldsymbol{A}$ 的任意特征值 λ（设 λ 的重数为 k），$\boldsymbol{A}$ 有 k 个线性无关的特征向量，即 $r(\lambda\boldsymbol{E}-\boldsymbol{A})=n-k$.

（三）方法

求特征值与特征向量

特征方程$|\lambda E-A|=0$的根即为A的特征值，齐次线性方程组$(\lambda E-A)x=0$的非零解即为A的属于特征值λ的特征向量.

设A为n阶矩阵，求可逆矩阵P，使$P^{-1}AP=\Lambda$为对角矩阵（Λ称为A的相似标准形）.

第1步：求出A的所有两两不同的特征值$\lambda_1,\lambda_2,\cdots,\lambda_r$，设$\lambda_i$的重数为$k_i(i=1,2,\cdots,r)$，（注意$k_1+k_2+\cdots+k_r=n$）；

第2步：求出A的属于λ_i的线性无关的特征向量$p_{i1},p_{i2},\cdots,p_{ik_i},i=1,2,\cdots,r$；

第3步：令$P=(p_{11},\cdots,p_{1k_1},p_{21},\cdots,p_{2k_2},\cdots,p_{r1},\cdots p_{rk_r})$，则$P^{-1}AP=\Lambda$，$\Lambda$的第$k$个对角元素为$P$的第$k$列所对应的特征值$(k=1,2,\cdots,n)$.

二、典型例题

【例1】 设$A=\begin{pmatrix}1&1&0\\1&0&1\\0&1&1\end{pmatrix}$，则$A$的全部特征值是________.

答　应填 1，−1，2.

分析：

$$|\lambda E-A|=\begin{vmatrix}\lambda-1&-1&0\\-1&\lambda&-1\\0&-1&\lambda-1\end{vmatrix}\xlongequal[1c_3+c_1]{1c_2+c_1}\begin{vmatrix}\lambda-2&-1&0\\\lambda-2&\lambda&-1\\\lambda-2&-1&\lambda-1\end{vmatrix}=(\lambda-2)(\lambda+1)(\lambda-1).$$

【例2】 设n阶$(n\geqslant2)$矩阵A的元素全是1，则A的n个特征值是________.

答　应填n与$0((n-1)$重).

分析：设$\alpha=(1,1,\cdots,1)^T$，则$A\alpha=n\alpha$，即A有特征值n；又$r(A)=1$，所以$|A|=0$，因此A有特征值0，因为$Ax=0$的基础解系含有$n-r(A)=n-1$个向量，所以对应特征值0，A有$(n-1)$个线性无关的特征向量，故特征值0的重数至少为$(n-1)$，而已求出A的另一个特征值为n，由此可知特征值0的重数为$(n-1)$.

【例3】 设A是n阶矩阵，A的行列式$|A|\neq0$，A^*是A的伴随矩阵.若A有特征值λ，则$(A^*)^2$必有特征值________.

答　应填$\dfrac{|A|^2}{\lambda^2}$.

分析：$A^*=|A|A^{-1}$有特征值为$\dfrac{|A|}{\lambda}$，故$(A^*)^2$有特征值$\dfrac{|A|^2}{\lambda^2}$.

【例4】 已知矩阵$A=\begin{pmatrix}4&6&0\\-3&-5&0\\-3&-6&1\end{pmatrix}$的一个特征向量为$\xi=\begin{pmatrix}-1\\1\\k\end{pmatrix}$，则$k=$________.

答　应填 1.

分析：由$A\xi=\lambda\xi$，即$\begin{pmatrix}4&6&0\\-3&-5&0\\-3&-6&1\end{pmatrix}\begin{pmatrix}-1\\1\\k\end{pmatrix}=\lambda\begin{pmatrix}-1\\1\\k\end{pmatrix}$，得$\begin{pmatrix}2\\-2\\k-3\end{pmatrix}=\begin{pmatrix}-\lambda\\\lambda\\k\lambda\end{pmatrix}$，因此$\lambda=-2$，

$k-3=-2k$,即 $k=1$.

【例 5】 若 3 阶矩阵 $\boldsymbol{A}$ 满足 $|\boldsymbol{E}-\boldsymbol{A}|=0$, $|2\boldsymbol{E}-\boldsymbol{A}|=0$, $|3\boldsymbol{E}-\boldsymbol{A}|=0$, 则 $|4\boldsymbol{E}-\boldsymbol{A}|=$________.

答 应填 6.

分析:由已知条件可知 $\boldsymbol{A}$ 的特征值为 1,2,3,故 $4\boldsymbol{E}-\boldsymbol{A}$ 的特征值为 3,2,1,$|4\boldsymbol{E}-\boldsymbol{A}|=3\times 2\times 1=6$.

【例 6】 设 $\lambda=2$ 是可逆矩阵 $\boldsymbol{A}$ 的一个特征值,则 $\left(\frac{1}{3}\boldsymbol{A}^2\right)^{-1}$ 必有一个特征值为( ).

(A) $\frac{4}{3}$ (B) $\frac{3}{4}$ (C) $\frac{1}{2}$ (D) $\frac{1}{4}$

答 应选 (B).

分析:$\boldsymbol{B}=\frac{1}{3}\boldsymbol{A}^2$ 有特征值为 $\frac{2^2}{3}=\frac{4}{3}$,故 $\boldsymbol{B}^{-1}$ 有特征值 $\frac{3}{4}$.

【例 7】 设 n 阶矩阵 $\boldsymbol{A}$ 的行列式 $|\boldsymbol{A}|=a\neq 0(n\geqslant 2)$,$\lambda$ 是 $\boldsymbol{A}$ 的一个特征值,$\boldsymbol{A}^*$ 是 $\boldsymbol{A}$ 的伴随矩阵,则 $(\boldsymbol{A}^*)^*$ 的一个特征值是( ).

(A) $\lambda^{-1}a^{n-1}$ (B) $\lambda^{-1}a^{n-2}$ (C) λa^{n-2} (D) λa^{n-1}

答 应选 (C).

分析:由 $|\boldsymbol{A}|\neq 0$ 可知 $\lambda\neq 0$,设 $\boldsymbol{B}=\boldsymbol{A}^*=|\boldsymbol{A}|\boldsymbol{A}^{-1}$,则 $|\boldsymbol{B}|=|\boldsymbol{A}|^{n-1}=a^{n-1}$,且 $\boldsymbol{B}$ 有特征值 $\frac{|\boldsymbol{A}|}{\lambda}=\frac{a}{\lambda}$,故 $\boldsymbol{B}^*=|\boldsymbol{B}|\boldsymbol{B}^{-1}$ 有特征值 $\frac{|\boldsymbol{B}|\lambda}{a}=\lambda a^{n-2}$.

【例 8】 下列矩阵中不能相似于对角矩阵的是( ).

(A) $\begin{pmatrix}1&1&0\\0&2&1\\0&0&3\end{pmatrix}$ (B) $\begin{pmatrix}1&0&0\\0&1&0\\0&0&2\end{pmatrix}$

(C) $\begin{pmatrix}1&0&1\\0&1&0\\0&0&1\end{pmatrix}$ (D) $\begin{pmatrix}1&0&0\\0&1&1\\0&0&2\end{pmatrix}$

答 应选 (C).

分析:(A) 中矩阵的特征值两两不同,所以可对角化;

(B) 中矩阵有 2 重特征值 $\lambda=1$,且 $r(\boldsymbol{E}-\boldsymbol{A})=1$,矩阵对应 $\lambda=1$ 有两个线性无关的特征向量,所以可对角化;

(C) 中矩阵有 3 重特征值 $\lambda=1$,且 $r(\boldsymbol{E}-\boldsymbol{A})=1$,矩阵对应 $\lambda=1$ 只有两个线性无关的特征向量,所以不能对角化;

(D) 中矩阵有 2 重特征值 $\lambda=1$,且 $r(\boldsymbol{E}-\boldsymbol{A})=1$,矩阵对应 $\lambda=1$ 有两个线性无关的特征向量,所以可对角化.

【例 9】 设 $\boldsymbol{A}$ 是 3 阶矩阵,$\boldsymbol{\alpha}_1,\boldsymbol{\alpha}_2,\boldsymbol{\alpha}_3$ 是线性无关的三维列向量,$\boldsymbol{P}$ 是 3 阶可逆矩阵,$\boldsymbol{P}^{-1}\boldsymbol{A}\boldsymbol{P}=\begin{pmatrix}-1&0&0\\0&2&0\\0&0&2\end{pmatrix}$,且 $\boldsymbol{A}\boldsymbol{\alpha}_1=-\boldsymbol{\alpha}_1$,$\boldsymbol{A}\boldsymbol{\alpha}_2=2\boldsymbol{\alpha}_2$,$\boldsymbol{A}\boldsymbol{\alpha}_3=2\boldsymbol{\alpha}_3$,则 $\boldsymbol{P}$ 可取作( ).

(A) $(\boldsymbol{\alpha}_1,\boldsymbol{\alpha}_2,\boldsymbol{\alpha}_1+\boldsymbol{\alpha}_3)$ (B) $(\boldsymbol{\alpha}_1,-\boldsymbol{\alpha}_2,\boldsymbol{\alpha}_2+3\boldsymbol{\alpha}_3)$

(C) $(\boldsymbol{\alpha}_2,\boldsymbol{\alpha}_3,\boldsymbol{\alpha}_1)$ (D) $(\boldsymbol{\alpha}_1+\boldsymbol{\alpha}_2,\boldsymbol{\alpha}_2,\boldsymbol{\alpha}_3)$

答　应选（B）.

分析：$\boldsymbol{P}$ 的第 1 列应为 $\boldsymbol{A}$ 的属于特征值 -1 的特征向量，故(C)、(D)都不正确，$\boldsymbol{P}$ 的第 2 列与第 3 列应为 $\boldsymbol{A}$ 的属于特征值 2 的线性无关的特征向量，故(A)不正确.

【例 10】　设 $\boldsymbol{A},\boldsymbol{B}$ 均为 n 阶实对称矩阵，$\boldsymbol{A}$ 与 $\boldsymbol{B}$ 相似的充要条件是（　　）.

(A) $\lambda\boldsymbol{E}-\boldsymbol{A}=\lambda\boldsymbol{E}-\boldsymbol{B}$　　(B) $|\lambda\boldsymbol{E}-\boldsymbol{A}|=|\lambda\boldsymbol{E}-\boldsymbol{B}|$

(C) $\boldsymbol{A},\boldsymbol{B}$ 均有 n 个互异的特征值　　(D) $\boldsymbol{A},\boldsymbol{B}$ 有公共的特征值

答　应选(B).

分析：若 $\boldsymbol{A}$ 与 $\boldsymbol{B}$ 相似，即存在可逆的 $\boldsymbol{P}$，使 $\boldsymbol{B}=\boldsymbol{P}^{-1}\boldsymbol{AP}$，则

$$\lambda\boldsymbol{E}-\boldsymbol{B}=\boldsymbol{P}^{-1}(\lambda\boldsymbol{E}-\boldsymbol{A})\boldsymbol{P},\ |\lambda\boldsymbol{E}-\boldsymbol{B}|=|\lambda\boldsymbol{E}-\boldsymbol{A}|;$$

反之，若 $|\lambda\boldsymbol{E}-\boldsymbol{B}|=|\lambda\boldsymbol{E}-\boldsymbol{A}|$，则 $\boldsymbol{A}$ 与 $\boldsymbol{B}$ 有完全相同的特征值，故实对称阵 $\boldsymbol{A}$ 与 $\boldsymbol{B}$ 相似于同一个对角矩阵，因此 $\boldsymbol{A}$ 与 $\boldsymbol{B}$ 相似，(B)是正确的；易见(A)、(C)都不正确；$\boldsymbol{A}$ 与 $\boldsymbol{B}$ 有公共的特征值，并不能保证 $\boldsymbol{A}$ 与 $\boldsymbol{B}$ 的所有特征值都相同，因此(D)也不正确.

【例 11】　设矩阵

$$\boldsymbol{A}=\begin{pmatrix}-1&2&2\\2&-1&-2\\2&-2&-1\end{pmatrix}.$$

(1) 求 $\boldsymbol{A}$ 的特征值；

(2) 求矩阵 $\boldsymbol{E}+\boldsymbol{A}^{-1}$ 的特征值.

【解】　(1) 解 $\boldsymbol{A}$ 的特征方程

$$|\lambda\boldsymbol{E}-\boldsymbol{A}|=\begin{vmatrix}\lambda+1&-2&-2\\-2&\lambda+1&2\\-2&2&\lambda+1\end{vmatrix}\xlongequal{1c_2+c_1}\begin{vmatrix}\lambda-1&-2&-2\\\lambda-1&\lambda+1&2\\0&2&\lambda+1\end{vmatrix}$$

$$\xlongequal{(-1)r_1+r_2}\begin{vmatrix}\lambda-1&-2&-2\\0&\lambda+3&4\\0&2&\lambda+1\end{vmatrix}=(\lambda-1)\begin{vmatrix}\lambda+3&4\\2&\lambda+1\end{vmatrix}$$

$$=(\lambda-1)^2(\lambda+5)=0,$$

得 $\boldsymbol{A}$ 的全部特征值为 $\lambda_1=\lambda_2=1,\lambda_3=-5$.

(2) 由于 $|\boldsymbol{A}|=\lambda_1\lambda_2\lambda_3=-5\neq0$，所以 $\boldsymbol{A}$ 可逆. 由 $\boldsymbol{A}\boldsymbol{x}_i=\lambda_i\boldsymbol{x}_i$，得 $\boldsymbol{A}^{-1}\boldsymbol{x}_i=\dfrac{1}{\lambda_i}\boldsymbol{x}_i$，又 $\boldsymbol{E}\boldsymbol{x}_i=\boldsymbol{x}_i$，两式相加，得

$$(\boldsymbol{E}+\boldsymbol{A}^{-1})\boldsymbol{x}_i=\left(1+\frac{1}{\lambda_i}\right)\boldsymbol{x}_i,(i=1,2,3),$$

故矩阵 $\boldsymbol{E}+\boldsymbol{A}^{-1}$ 的特征值为 $1+\dfrac{1}{\lambda_i}(i=1,2,3)$，即 $2,2,\dfrac{4}{5}$.

【例 12】　已知 $\boldsymbol{AP}=\boldsymbol{PB}$，其中 $\boldsymbol{B}=\begin{pmatrix}1&0&0\\0&0&0\\0&0&-1\end{pmatrix}$，$\boldsymbol{P}=\begin{pmatrix}1&0&0\\2&-1&0\\2&1&1\end{pmatrix}$. 求 $\boldsymbol{A}$ 及 $\boldsymbol{A}^5$.

【解】　$\boldsymbol{P}^{-1}=\begin{pmatrix}1&0&0\\2&-1&0\\-4&1&1\end{pmatrix}$，$\boldsymbol{A}=\boldsymbol{PBP}^{-1}=\begin{pmatrix}1&0&0\\2&0&0\\6&-1&-1\end{pmatrix}$，$\boldsymbol{B}^5=\begin{pmatrix}1&0&0\\0&0&0\\0&0&-1\end{pmatrix}=\boldsymbol{B}$,

$$A^5=(PBP^{-1})^5=PB^5P^{-1}=PBP^{-1}=A=\begin{pmatrix}1&0&0\\2&0&0\\6&-1&-1\end{pmatrix}.$$

【例 13】 设 3 阶矩阵 $\boldsymbol{A}$ 的特征值为 $\lambda_1=1,\lambda_2=2,\lambda_3=3$，对应的特征向量依次为 $\boldsymbol{\xi}_1=(1,1,1)^{\mathrm{T}},\boldsymbol{\xi}_2=(1,2,4)^{\mathrm{T}},\boldsymbol{\xi}_3=(1,3,9)^{\mathrm{T}}$，又 $\boldsymbol{\beta}=(1,1,3)^{\mathrm{T}}$.

(1) 将 $\boldsymbol{\beta}$ 用 $\boldsymbol{\xi}_1,\boldsymbol{\xi}_2,\boldsymbol{\xi}_3$ 线性表出；

(2) 求 $\boldsymbol{A}^n\boldsymbol{\beta}$($n$ 为正整数).

【解】 (1)设 $\boldsymbol{\beta}=x_1\boldsymbol{\xi}_1+x_2\boldsymbol{\xi}_2+x_3\boldsymbol{\xi}_3$，即

$$\begin{pmatrix}1&1&1\\1&2&3\\1&4&9\end{pmatrix}\begin{pmatrix}x_1\\x_2\\x_3\end{pmatrix}=\begin{pmatrix}1\\1\\3\end{pmatrix},$$

$$\begin{pmatrix}x_1\\x_2\\x_3\end{pmatrix}=\begin{pmatrix}1&1&1\\1&2&3\\1&4&9\end{pmatrix}^{-1}\begin{pmatrix}1\\1\\3\end{pmatrix}=\begin{pmatrix}3&-\frac{5}{2}&\frac{1}{2}\\-3&4&-1\\1&-\frac{3}{2}&\frac{1}{2}\end{pmatrix}\begin{pmatrix}1\\1\\3\end{pmatrix}=\begin{pmatrix}2\\-2\\1\end{pmatrix},$$

即 $x_1=2,x_2=-2,x_3=1,\boldsymbol{\beta}=2\boldsymbol{\xi}_1-2\boldsymbol{\xi}_2+\boldsymbol{\xi}_3$.

(2) 已知 $\boldsymbol{A}\boldsymbol{\xi}_1=\boldsymbol{\xi}_1,\boldsymbol{A}\boldsymbol{\xi}_2=2\boldsymbol{\xi}_2,\boldsymbol{A}\boldsymbol{\xi}_3=3\boldsymbol{\xi}_3$，所以

$$\boldsymbol{A}^n\boldsymbol{\xi}_1=\boldsymbol{\xi}_1,\boldsymbol{A}^n\boldsymbol{\xi}_2=2^n\boldsymbol{\xi}_2,\boldsymbol{A}^n\boldsymbol{\xi}_3=3^n\boldsymbol{\xi}_3,$$

$$\boldsymbol{A}^n\boldsymbol{\beta}=\boldsymbol{A}^n(2\boldsymbol{\xi}_1-2\boldsymbol{\xi}_2+\boldsymbol{\xi}_3)=2\boldsymbol{A}^n\boldsymbol{\xi}_1-2\boldsymbol{A}^n\boldsymbol{\xi}_2+\boldsymbol{A}^n\boldsymbol{\xi}_3=2\boldsymbol{\xi}_1-2^{n+1}\boldsymbol{\xi}_2+3^n\boldsymbol{\xi}_3.$$

【例 14】 设向量 $\boldsymbol{\alpha}=(a_1,a_2,\cdots,a_n)^{\mathrm{T}},\boldsymbol{\beta}=(b_1,b_2,\cdots,b_n)^{\mathrm{T}}$ 都是非零向量($n\geqslant2$)，且满足 $\boldsymbol{\alpha}^{\mathrm{T}}\boldsymbol{\beta}\neq0$. 记 n 阶矩阵 $\boldsymbol{A}=\boldsymbol{\alpha}\boldsymbol{\beta}^{\mathrm{T}}$，求

(1) $\boldsymbol{A}^2$；

(2) $\boldsymbol{A}$ 的特征值和特征向量.

【解】 (1) 已知 $\boldsymbol{\alpha}^{\mathrm{T}}\boldsymbol{\beta}=\boldsymbol{\beta}^{\mathrm{T}}\boldsymbol{\alpha}=a_1b_1+a_2b_2+\cdots+a_nb_n\neq0$，于是

$$\boldsymbol{A}^2=(\boldsymbol{\alpha}\boldsymbol{\beta}^{\mathrm{T}})(\boldsymbol{\alpha}\boldsymbol{\beta}^{\mathrm{T}})=\boldsymbol{\alpha}(\boldsymbol{\beta}^{\mathrm{T}}\boldsymbol{\alpha})\boldsymbol{\beta}^{\mathrm{T}}=(a_1b_1+a_2b_2+\cdots+a_nb_n)\boldsymbol{A}.$$

(2) 因为 n 阶矩阵 $\boldsymbol{A}$ 的秩 $r(\boldsymbol{A})=1$，所以 $|\boldsymbol{A}|=0$，即 $\boldsymbol{A}$ 有特征值 0. 设 0 作为特征值的重数为 k，易见方程组 $\boldsymbol{A}\boldsymbol{x}=\boldsymbol{0}$ 的基础解系含有 $n-r(\boldsymbol{A})=n-1$ 个向量，因此 $k\geqslant n-1$，而 $\mathrm{tr}(\boldsymbol{A})=\boldsymbol{\alpha}^{\mathrm{T}}\boldsymbol{\beta}\neq0$，所以 0 是 $\boldsymbol{A}$ 的 $n-1$ 重特征值，$\boldsymbol{A}$ 的另一个非零特征值为 $\boldsymbol{\alpha}^{\mathrm{T}}\boldsymbol{\beta}=a_1b_1+a_2b_2+\cdots+a_nb_n$.

因为 $\boldsymbol{A}\boldsymbol{\alpha}=(\boldsymbol{\alpha}\boldsymbol{\beta}^{\mathrm{T}})\boldsymbol{\alpha}=\boldsymbol{\alpha}(\boldsymbol{\beta}^{\mathrm{T}}\boldsymbol{\alpha})=(a_1b_1+a_2b_2+\cdots+a_nb_n)\boldsymbol{\alpha}$，所以 $\boldsymbol{A}$ 的对应于非零特征值 $\boldsymbol{\alpha}^{\mathrm{T}}\boldsymbol{\beta}=a_1b_1+a_2b_2+\cdots+a_nb_n$ 的特征向量为 $\boldsymbol{\alpha}$.

无妨设 $b_1\neq0$，$\boldsymbol{A}\boldsymbol{x}=\boldsymbol{0}$ 即 $b_1x_1+b_2x_2+\cdots+b_nx_n=0$，其通解为

$$\boldsymbol{x}=k_1\begin{pmatrix}-b_2\\b_1\\0\\\vdots\\0\end{pmatrix}+k_2\begin{pmatrix}-b_3\\0\\b_1\\\vdots\\0\end{pmatrix}+\cdots+k_{n-1}\begin{pmatrix}-b_n\\0\\0\\\vdots\\b_1\end{pmatrix},$$

故 $\boldsymbol{A}$ 的对应于特征值 0 的特征向量为 $k_1\boldsymbol{\xi}_1+k_2\boldsymbol{\xi}_2+\cdots+k_{n-1}\boldsymbol{\xi}_{n-1}$，其中 $k_1,k_2,\cdots,k_{n-1}$ 不全为零，$\boldsymbol{\xi}_1=(-b_2,b_1,0,\cdots,0)^{\mathrm{T}},\boldsymbol{\xi}_2=(-b_3,0,b_1,\cdots,0)^{\mathrm{T}},\cdots,\boldsymbol{\xi}_{n-1}=(-b_n,0,\cdots,b_1)^{\mathrm{T}}$.

【例 15】 设矩阵 $A=\begin{pmatrix}3&2&-2\\-k&-1&k\\4&2&-3\end{pmatrix}$，当 k 为何值时，存在可逆矩阵 P，使 $P^{-1}AP$ 为对角矩阵；并求出 P 和相应的对角矩阵.

【解】

$$|\lambda E-A|=\begin{vmatrix}\lambda-3&-2&2\\k&\lambda+1&-k\\-4&-2&\lambda+3\end{vmatrix}\xlongequal{(-1)r_3+r_1}\begin{vmatrix}\lambda+1&0&-(\lambda+1)\\k&\lambda+1&-k\\-4&-2&\lambda+3\end{vmatrix}$$

$$=(\lambda+1)\begin{vmatrix}1&0&-1\\k&\lambda+1&-k\\-4&-2&\lambda+3\end{vmatrix}=(\lambda+1)^2(\lambda-1),$$

A 的特征值为 $\lambda_1=1,\lambda_2=\lambda_3=-1$.

A 可对角化的充要条件是对应于 2 重特征值 -1，A 有 2 个线性无关的特征向量，故 $r(-E-A)=1$，而 $-E-A=\begin{pmatrix}-4&-2&2\\k&0&-k\\-4&-2&2\end{pmatrix}$，因此 $k=0$.

解方程组 $(-E-A)x=0$，即 $\begin{pmatrix}-4&-2&2\\0&0&0\\-4&-2&2\end{pmatrix}\begin{pmatrix}x_1\\x_2\\x_3\end{pmatrix}=\begin{pmatrix}0\\0\\0\end{pmatrix}$，求得 A 的对应于 $\lambda_2=\lambda_3=-1$ 的线性无关的特征向量为 $\xi_1=(-1,2,0)^T,\xi_2=(1,0,2)^T$.

解方程组 $(E-A)x=0$，即 $\begin{pmatrix}-2&-2&2\\0&2&0\\-4&-2&4\end{pmatrix}\begin{pmatrix}x_1\\x_2\\x_3\end{pmatrix}=\begin{pmatrix}0\\0\\0\end{pmatrix}$，求得 A 的对应于 $\lambda_1=1$ 的特征向量为 $\xi_3=(1,0,1)^T$.

取 $P=(\xi_1,\xi_2,\xi_3)=\begin{pmatrix}-1&1&1\\2&0&0\\0&2&1\end{pmatrix}$，则 $P^{-1}AP=\begin{pmatrix}-1&0&0\\0&-1&0\\0&0&1\end{pmatrix}$.

【例 16】 已知 $\xi=\begin{pmatrix}1\\1\\-1\end{pmatrix}$ 是矩阵 $A=\begin{pmatrix}2&-1&2\\5&a&3\\-1&b&-2\end{pmatrix}$ 的一个特征向量.

(1) 确定常数 a,b 及 ξ 所对应的特征值；

(2) A 能否相似于对角矩阵？请说明理由.

【解】 (1) 设 ξ 所对应的特征值为 λ，由 $A\xi=\lambda\xi$，即

$$\begin{pmatrix}2&-1&2\\5&a&3\\-1&b&-2\end{pmatrix}\begin{pmatrix}1\\1\\-1\end{pmatrix}=\begin{pmatrix}-1\\a+2\\b+1\end{pmatrix}=\lambda\begin{pmatrix}1\\1\\-1\end{pmatrix},$$

因此 $a=-3,b=0,\lambda=-1$.

(2) A 不能相似于对角矩阵.

$$|\lambda E-A|=\begin{vmatrix}\lambda-2&1&-2\\-5&\lambda+3&-3\\1&0&\lambda+2\end{vmatrix}\xlongequal[(-1)c_3+c_1]{1c_2+c_1}\begin{vmatrix}\lambda+1&1&-2\\\lambda+1&\lambda+3&-3\\-(\lambda+1)&0&\lambda+2\end{vmatrix}=(\lambda+1)^3,$$

故 A 有3重特征值 $\lambda_1=\lambda_2=\lambda_3=-1$.

$$-\boldsymbol{E}-\boldsymbol{A}=\begin{pmatrix}-3&1&-2\\-5&2&-3\\1&0&1\end{pmatrix}\rightarrow(\text{行变换})\begin{pmatrix}1&0&1\\0&1&1\\0&0&0\end{pmatrix},$$

$r(-\boldsymbol{E}-\boldsymbol{A})=2$,$(-\boldsymbol{E}-\boldsymbol{A})\boldsymbol{x}=\boldsymbol{0}$ 的基础解系只含有1个向量,这说明对应这个3重特征值,$\boldsymbol{A}$ 没有3个线性无关的特征向量,因此 $\boldsymbol{A}$ 不能相似于对角矩阵.

【例 17】 已知 $\boldsymbol{A}=\begin{pmatrix}4&6&0\\-3&-5&0\\-3&-6&1\end{pmatrix}$,求 $\boldsymbol{A}^{100}$.

【解】 $|\lambda\boldsymbol{E}-\boldsymbol{A}|=\begin{vmatrix}\lambda-4&-6&0\\3&\lambda+5&0\\3&6&\lambda-1\end{vmatrix}=(\lambda+2)(\lambda-1)^2$,$\boldsymbol{A}$ 的特征值为 $\lambda_1=-2$,$\lambda_2=\lambda_3=1$.

解方程组 $(-2\boldsymbol{E}-\boldsymbol{A})\boldsymbol{x}=\boldsymbol{0}$,即 $\begin{pmatrix}-6&-6&0\\3&3&0\\3&6&-3\end{pmatrix}\begin{pmatrix}x_1\\x_2\\x_3\end{pmatrix}=\begin{pmatrix}0\\0\\0\end{pmatrix}$,求得 $\boldsymbol{A}$ 对应 $\lambda_1=-2$ 的特征向量为 $\boldsymbol{\xi}_1=(-1,1,1)^{\mathrm{T}}$;解方程组 $(\boldsymbol{E}-\boldsymbol{A})\boldsymbol{x}=\boldsymbol{0}$,即 $\begin{pmatrix}-3&-6&0\\3&6&0\\3&6&0\end{pmatrix}\begin{pmatrix}x_1\\x_2\\x_3\end{pmatrix}=\begin{pmatrix}0\\0\\0\end{pmatrix}$,求得 $\boldsymbol{A}$ 对应 $\lambda_2=\lambda_3=1$ 的线性无关的特征向量为 $\boldsymbol{\xi}_2=(-2,1,0)^{\mathrm{T}}$,$\boldsymbol{\xi}_3=(0,0,1)^{\mathrm{T}}$.

令 $\boldsymbol{P}=(\boldsymbol{\xi}_1,\boldsymbol{\xi}_2,\boldsymbol{\xi}_3)=\begin{pmatrix}-1&-2&0\\1&1&0\\1&0&1\end{pmatrix}$,则 $\boldsymbol{P}^{-1}\boldsymbol{A}\boldsymbol{P}=\begin{pmatrix}-2&0&0\\0&1&0\\0&0&1\end{pmatrix}$,$\boldsymbol{A}=\boldsymbol{P}\begin{pmatrix}-2&0&0\\0&1&0\\0&0&1\end{pmatrix}\boldsymbol{P}^{-1}$,经计算得 $\boldsymbol{P}^{-1}=\begin{pmatrix}1&2&0\\-1&-1&0\\-1&-2&1\end{pmatrix}$,$\boldsymbol{A}^{100}=\boldsymbol{P}\begin{pmatrix}2^{100}&0&0\\0&1&0\\0&0&1\end{pmatrix}\boldsymbol{P}^{-1}=\begin{pmatrix}2-2^{100}&2-2^{101}&0\\2^{100}-1&2^{101}-1&0\\2^{100}-1&2^{101}-2&1\end{pmatrix}$.

【例 18】 设数列 $\{u_n\}$,$\{v_n\}$ 满足

$$\begin{cases}u_n=2u_{n-1}-3v_{n-1},\\v_n=\dfrac{1}{2}u_{n-1}-\dfrac{1}{2}v_{n-1},\end{cases}$$

且 $u_0=1$,$v_0=0$,求 $\{u_n\}$ 的通项表达式及 $\lim\limits_{n\to\infty}u_n$.

【解】 将所给关系式写成矩阵形式

$$\begin{pmatrix}u_n\\v_n\end{pmatrix}=\boldsymbol{A}\begin{pmatrix}u_{n-1}\\v_{n-1}\end{pmatrix},\text{其中 }\boldsymbol{A}=\begin{pmatrix}2&-3\\\frac{1}{2}&-\frac{1}{2}\end{pmatrix}.$$

于是 $\begin{pmatrix}u_n\\v_n\end{pmatrix}=\boldsymbol{A}\begin{pmatrix}u_{n-1}\\v_{n-1}\end{pmatrix}=\boldsymbol{A}^2\begin{pmatrix}u_{n-2}\\v_{n-2}\end{pmatrix}=\cdots=\boldsymbol{A}^n\begin{pmatrix}u_0\\v_0\end{pmatrix}$. 可求得 $\boldsymbol{A}$ 的特征值为 $\lambda_1=1$,$\lambda_2=\dfrac{1}{2}$,对应的特征向量分别为

$$\boldsymbol{p}_1=\begin{pmatrix}3\\1\end{pmatrix},\boldsymbol{p}_2=\begin{pmatrix}2\\1\end{pmatrix}.$$

令 $P=(p_1,p_2)=\begin{pmatrix}3&2\\1&1\end{pmatrix}$，则 $P^{-1}AP=\Lambda=\begin{pmatrix}1&0\\0&\frac{1}{2}\end{pmatrix}$，从而

$$A^n=P\Lambda^nP^{-1}=\begin{pmatrix}3-\left(\frac{1}{2}\right)^{n-1}&3\left(\frac{1}{2}\right)^{n-1}-6\\1-\left(\frac{1}{2}\right)^n&3\left(\frac{1}{2}\right)^n-2\end{pmatrix}.$$

故由

$$\begin{pmatrix}u_n\\v_n\end{pmatrix}=A^n\begin{pmatrix}u_0\\v_0\end{pmatrix}=\begin{pmatrix}3-\left(\frac{1}{2}\right)^{n-1}&3\left(\frac{1}{2}\right)^{n-1}-6\\1-\left(\frac{1}{2}\right)^n&3\left(\frac{1}{2}\right)^n-2\end{pmatrix}\begin{pmatrix}1\\0\end{pmatrix}=\begin{pmatrix}3-\left(\frac{1}{2}\right)^{n-1}\\1-\left(\frac{1}{2}\right)^n\end{pmatrix},$$

所以 $u_n=3-\left(\frac{1}{2}\right)^{n-1}$，且 $\lim\limits_{n\to\infty}u_n=3$.

【例 19】 设 $A=\begin{pmatrix}1&-3&3\\3&-5&3\\6&-6&4\end{pmatrix}$，$\varphi(A)=A^{10}-6A^9+5A^8$. $\varphi(A)$ 可否对角化？若可对角化，求出可逆矩阵 P，使 $P^{-1}\varphi(A)P$ 为对角阵.

【解】

$$|\lambda E-A|=\begin{vmatrix}\lambda-1&3&-3\\-3&\lambda+5&-3\\-6&6&\lambda-4\end{vmatrix}\xlongequal{(-1)c_3+c_1}\begin{vmatrix}\lambda+2&3&-3\\0&\lambda+5&-3\\-(\lambda+2)&6&\lambda-4\end{vmatrix}=(\lambda+2)^2(\lambda-4),$$

A 的特征值为 $\lambda_1=\lambda_2=-2$，$\lambda_3=4$.

解方程组 $(-2E-A)x=0$，即 $\begin{pmatrix}-3&3&-3\\-3&3&-3\\-6&6&-6\end{pmatrix}\begin{pmatrix}x_1\\x_2\\x_3\end{pmatrix}=\begin{pmatrix}0\\0\\0\end{pmatrix}$，求得 A 对应于 $\lambda_1=\lambda_2=-2$ 的线性无关的特征向量为 $\xi_1=(1,1,0)^T$，$\xi_2=(-1,0,1)^T$.

解方程组 $(4E-A)x=0$，即 $\begin{pmatrix}3&3&-3\\-3&9&-3\\-6&6&0\end{pmatrix}\begin{pmatrix}x_1\\x_2\\x_3\end{pmatrix}=\begin{pmatrix}0\\0\\0\end{pmatrix}$，求得 A 的对应于 $\lambda_3=4$ 的特征向量为 $\xi_3=(1,1,2)^T$.

令 $P=(\xi_1,\xi_2,\xi_3)=\begin{pmatrix}1&-1&1\\1&0&1\\0&1&2\end{pmatrix}$，则 $P^{-1}AP=\begin{pmatrix}-2&0&0\\0&-2&0\\0&0&4\end{pmatrix}=\Lambda$.

$$P^{-1}\varphi(A)P=\begin{pmatrix}\varphi(-2)&0&0\\0&\varphi(-2)&0\\0&0&\varphi(4)\end{pmatrix}=\begin{pmatrix}21\times2^8&0&0\\0&21\times2^8&0\\0&0&-3\times4^8\end{pmatrix}.$$

【例 20】 设 A 为 3 阶矩阵，$\lambda_1,\lambda_2,\lambda_3$ 是 A 的 3 个两两不同的特征值，对应的特征向量分别为 $\alpha_1,\alpha_2,\alpha_3$，令 $\beta=\alpha_1+\alpha_2+\alpha_3$.

(1) 证明 $\beta,A\beta,A^2\beta$ 线性无关；

(2) 若 $A^3\beta=A\beta$，求 $r(A-E)$ 及行列式 $|A+2E|$.

(1)【证明】 因为$\lambda_1,\lambda_2,\lambda_3$是$\boldsymbol{A}$的3个两两不同的特征值,所以$\boldsymbol{\alpha}_1,\boldsymbol{\alpha}_2,\boldsymbol{\alpha}_3$线性无关.

$$\boldsymbol{A\beta}=\boldsymbol{A\alpha}_1+\boldsymbol{A\alpha}_2+\boldsymbol{A\alpha}_3=\lambda_1\boldsymbol{\alpha}_1+\lambda_2\boldsymbol{\alpha}_2+\lambda_3\boldsymbol{\alpha}_3,$$

$$\boldsymbol{A}^2\boldsymbol{\beta}=\boldsymbol{A}(\lambda_1\boldsymbol{\alpha}_1+\lambda_2\boldsymbol{\alpha}_2+\lambda_3\boldsymbol{\alpha}_3)=\lambda_1^2\boldsymbol{\alpha}_1+\lambda_2^2\boldsymbol{\alpha}_2+\lambda_3^2\boldsymbol{\alpha}_3.$$

$$(\boldsymbol{\beta},\boldsymbol{A\beta},\boldsymbol{A}^2\boldsymbol{\beta})=(\boldsymbol{\alpha}_1,\boldsymbol{\alpha}_2,\boldsymbol{\alpha}_3)\begin{pmatrix}1&\lambda_1&\lambda_1^2\\1&\lambda_2&\lambda_2^2\\1&\lambda_3&\lambda_3^2\end{pmatrix},$$

因为$\lambda_1,\lambda_2,\lambda_3$两两不同,所以$\begin{vmatrix}1&\lambda_1&\lambda_1^2\\1&\lambda_2&\lambda_2^2\\1&\lambda_3&\lambda_3^2\end{vmatrix}\neq0$,于是$\boldsymbol{\beta},\boldsymbol{A\beta},\boldsymbol{A}^2\boldsymbol{\beta}$线性无关.

(2)【解】 由$\boldsymbol{A}^3\boldsymbol{\beta}=\boldsymbol{A\beta}$可得$\lambda_1^3\boldsymbol{\alpha}_1+\lambda_2^3\boldsymbol{\alpha}_2+\lambda_3^3\boldsymbol{\alpha}_3=\lambda_1\boldsymbol{\alpha}_1+\lambda_2\boldsymbol{\alpha}_2+\lambda_3\boldsymbol{\alpha}_3$,而$\boldsymbol{\alpha}_1,\boldsymbol{\alpha}_2,\boldsymbol{\alpha}_3$线性无关,所以$\lambda_i^3-\lambda_i=0,i=1,2,3$,这说明$\boldsymbol{A}$的特征值为$\lambda^3-\lambda=0$的根,即$-1,0,1$.对应于特征值1,$(\boldsymbol{E}-\boldsymbol{A})\boldsymbol{x}=\boldsymbol{0}$的基础解系只有1个向量,所以$r(\boldsymbol{A}-\boldsymbol{E})=2$,$\boldsymbol{A}+2\boldsymbol{E}$的特征值为1,2,3,所以$|\boldsymbol{A}+2\boldsymbol{E}|=6$.

【例 21】 设$\boldsymbol{A}$是正交矩阵,证明$\boldsymbol{A}$的特征值的模为1.

【证明】 设$\boldsymbol{Ax}=\lambda\boldsymbol{x},\boldsymbol{x}\neq\boldsymbol{0}$,即$\boldsymbol{x}$是$\boldsymbol{A}$的属于特征值$\lambda$的特征向量.取转置得$\boldsymbol{x}^{\mathrm{T}}\boldsymbol{A}^{\mathrm{T}}=\lambda\boldsymbol{x}^{\mathrm{T}}$,再取共轭得$\overline{\boldsymbol{x}}^{\mathrm{T}}\overline{\boldsymbol{A}}^{\mathrm{T}}=\overline{\lambda}\,\overline{\boldsymbol{x}}^{\mathrm{T}}$,即$\overline{\boldsymbol{x}}^{\mathrm{T}}\boldsymbol{A}^{\mathrm{T}}=\overline{\lambda}\ \overline{\boldsymbol{x}}^{\mathrm{T}}$.两边右乘$\boldsymbol{Ax}$,有$\overline{\boldsymbol{x}}^{\mathrm{T}}\boldsymbol{A}^{\mathrm{T}}\boldsymbol{Ax}=\overline{\lambda}\ \overline{\boldsymbol{x}}^{\mathrm{T}}\boldsymbol{Ax}$. 由于$\boldsymbol{A}^{\mathrm{T}}\boldsymbol{A}=\boldsymbol{E}$,$\boldsymbol{Ax}=\lambda\boldsymbol{x}$,得$\overline{\boldsymbol{x}}^{\mathrm{T}}\boldsymbol{x}=\lambda\overline{\lambda}\ \overline{\boldsymbol{x}}^{\mathrm{T}}\boldsymbol{x}$,即$(|\lambda|^2-1)\overline{\boldsymbol{x}}^{\mathrm{T}}\boldsymbol{x}=0$. 因为$\overline{\boldsymbol{x}}^{\mathrm{T}}\boldsymbol{x}\neq0$,所以$|\lambda|^2-1=0$,即$|\lambda|^2=1$.

【例 22】 设$\boldsymbol{A},\boldsymbol{B}$均为$n$阶方阵,证明$\boldsymbol{AB}$与$\boldsymbol{BA}$有相同的特征值.

【证明】 设$(\boldsymbol{AB})\boldsymbol{x}=\lambda\boldsymbol{x},\boldsymbol{x}\neq\boldsymbol{0}$.用$\boldsymbol{B}$左乘前式得$(\boldsymbol{BA})(\boldsymbol{Bx})=\lambda(\boldsymbol{Bx})$.分两种情况讨论如下.

(1) 若$\lambda\neq0$,则$\boldsymbol{Bx}\neq\boldsymbol{0}$(否则,若$\boldsymbol{Bx}=\boldsymbol{0}$,则有$\boldsymbol{0}=\boldsymbol{A}(\boldsymbol{Bx})=(\boldsymbol{AB})\boldsymbol{x}=\lambda\boldsymbol{x}$,这与$\lambda\neq0$和$\boldsymbol{x}\neq\boldsymbol{0}$矛盾),可见$\lambda$也是$\boldsymbol{BA}$的特征值,对应的特征向量为$\boldsymbol{Bx}$.

(2) 若$\lambda=0$,即$\boldsymbol{AB}$有零特征值,则有

$$|\boldsymbol{BA}-0\boldsymbol{E}|=|\boldsymbol{BA}|=|\boldsymbol{B}|\cdot|\boldsymbol{A}|=|\boldsymbol{A}|\cdot|\boldsymbol{B}|=|\boldsymbol{AB}-0\boldsymbol{E}|=0,$$

即0也是$\boldsymbol{BA}$的特征值,故$\boldsymbol{AB}$的特征值都是$\boldsymbol{BA}$的特征值.

同理可证$\boldsymbol{BA}$的特征值也都是$\boldsymbol{AB}$的特征值,所以$\boldsymbol{AB}$与$\boldsymbol{BA}$有相同的特征值.

【例 23】 设n阶矩阵$\boldsymbol{A},\boldsymbol{B}$满足$r(\boldsymbol{A})+r(\boldsymbol{B})<n$,证明$\boldsymbol{A}$与$\boldsymbol{B}$有公共的特征值,有公共的特征向量.

【证明】 由$r(\boldsymbol{A})+r(\boldsymbol{B})<n$,知$r(\boldsymbol{A})<n,r(\boldsymbol{B})<n$,于是$|\boldsymbol{A}|=0,|\boldsymbol{B}|=0$,可见0是$\boldsymbol{A}$与$\boldsymbol{B}$的公共的特征值.

由矩阵的秩的性质得

$$r\begin{pmatrix}\boldsymbol{A}\\\boldsymbol{B}\end{pmatrix}=r(\boldsymbol{A})+r(\boldsymbol{B})<n$$

从而方程组$\begin{pmatrix}\boldsymbol{A}\\\boldsymbol{B}\end{pmatrix}\boldsymbol{x}=\boldsymbol{0}$有非零解,即$\boldsymbol{Ax}=\boldsymbol{0}$与$\boldsymbol{Bx}=\boldsymbol{0}$有公共非零解,故$\boldsymbol{A}$与$\boldsymbol{B}$有对应于公共特征值0的公共的特征向量.

三、练习题

(一) 填空题

1. 设方阵 $\boldsymbol{A}$ 的每一行元素之和都为 a，则 $\boldsymbol{A}$ 必有一个特征值为________.

2. 若 4 阶矩阵 $\boldsymbol{B}$ 与 $\boldsymbol{A}$ 相似，且 $\boldsymbol{A}$ 的特征值为 $\frac{1}{2},\frac{1}{3},\frac{1}{4},\frac{1}{5}$，则 $|\boldsymbol{B}^{-1}-\boldsymbol{E}|=$________，$\mathrm{tr}\,(\boldsymbol{B}^{-1}-\boldsymbol{E})=$________.

3. 设 n 阶矩阵 $\boldsymbol{A}$ 与 $\boldsymbol{B}$ 相似，$|\boldsymbol{B}|=4$，$\boldsymbol{A}^*$ 为 $\boldsymbol{A}$ 的伴随矩阵，$\boldsymbol{E}$ 为 n 阶单位矩阵. 若 $\boldsymbol{B}$ 有特征值 4，则 $3\boldsymbol{A}^*-2\boldsymbol{E}$ 必有特征值________.

4. 已知 $\boldsymbol{\xi}=(1,k,1)^{\mathrm{T}}$ 是 $\boldsymbol{A}=\begin{pmatrix}2&1&1\\1&2&1\\1&1&2\end{pmatrix}$ 的逆矩阵 $\boldsymbol{A}^{-1}$ 的特征向量，则 $k=$________.

5. 若 $\begin{pmatrix}1&0&2\\2&5&0\\0&1&x\end{pmatrix}$ 的特征值 λ 对应的特征向量为 $\begin{pmatrix}1\\y\\1\end{pmatrix}$，则 $\lambda=$________，$x=$________，$y=$________.

6. 若 3 阶矩阵 $\boldsymbol{A}$ 与 $\begin{pmatrix}1&0&0\\0&3&0\\0&0&2\end{pmatrix}$ 相似，则 $r(\boldsymbol{A}-\boldsymbol{E})=$________.

7. 已知 3 阶矩阵 $\boldsymbol{A}$ 的特征值为 1,2,3，则 $|\boldsymbol{A}^*|=$________.

8. 设 $\boldsymbol{A}$ 是 $n(n\geqslant 2)$ 阶矩阵，$2,4,\cdots,2n$ 是 $\boldsymbol{A}$ 的 n 个特征值，$\boldsymbol{E}$ 是 n 阶单位矩阵，则 $|\boldsymbol{A}-3\boldsymbol{E}|=$________.

9. 已知 3 阶矩阵 $\boldsymbol{A}$ 与 $\begin{pmatrix}4&0&0\\0&3&0\\0&0&6\end{pmatrix}$ 相似，则 $|\boldsymbol{A}^2-\boldsymbol{E}|=$________.

(二) 选择题

1. 设 λ_1,λ_2 是 n 阶矩阵 $\boldsymbol{A}$ 的特征值，$\boldsymbol{\alpha}_1,\boldsymbol{\alpha}_2$ 分别是 $\boldsymbol{A}$ 对应于 λ_1,λ_2 的特征向量，则(　　).

(A) 当 $\lambda_1=\lambda_2$ 时 $\boldsymbol{\alpha}_1$ 与 $\boldsymbol{\alpha}_2$ 必成比例

(B) 当 $\lambda_1=\lambda_2$ 时 $\boldsymbol{\alpha}_1$ 与 $\boldsymbol{\alpha}_2$ 必不成比例

(C) 当 $\lambda_1\neq\lambda_2$ 时 $\boldsymbol{\alpha}_1$ 与 $\boldsymbol{\alpha}_2$ 必成比例

(D) 当 $\lambda_1\neq\lambda_2$ 时 $\boldsymbol{\alpha}_1$ 与 $\boldsymbol{\alpha}_2$ 必不成比例

2. 设矩阵 $\boldsymbol{A}=\begin{pmatrix}0&0&1\\a&1&b\\1&0&0\end{pmatrix}$ 有 3 个线性无关的特征向量，则 a 和 b 应满足的条件为(　　).

(A) $a=b=1$　　(B) $a=b=-1$　　(C) $a-b\neq 0$　　(D) $a+b=0$

3. 设 3 阶矩阵 $\boldsymbol{A}$ 的特征值为 $\lambda_1=1,\lambda_2=0,\lambda_3=-1$，对应的特征向量分别是 $\boldsymbol{\xi}_1,\boldsymbol{\xi}_2,\boldsymbol{\xi}_3$，记

$\boldsymbol{P}=(\boldsymbol{\xi}_1,\boldsymbol{\xi}_2,\boldsymbol{\xi}_3)$，则 $\boldsymbol{P}^{-1}\boldsymbol{AP}$ 为(　　).

(A) $\begin{bmatrix}-1&0&0\\0&1&0\\0&0&0\end{bmatrix}$　　(B) $\begin{bmatrix}1&0&0\\0&-1&0\\0&0&0\end{bmatrix}$

(C) $\begin{bmatrix}-1&0&0\\0&0&0\\0&0&1\end{bmatrix}$　　(D) $\begin{bmatrix}1&0&0\\0&0&0\\0&0&-1\end{bmatrix}$

4. 设 λ 是 n 阶可逆矩阵 $\boldsymbol{A}$ 的特征值，$\boldsymbol{\alpha}\neq 0$ 是 $\boldsymbol{A}$ 的对应于 λ 的特征向量，$\boldsymbol{P}$ 是 n 阶可逆矩阵，则 $\boldsymbol{P}^{-1}\boldsymbol{A}^{-1}\boldsymbol{P}$ 的对应于特征值 $\frac{1}{\lambda}$ 的特征向量是(　　).

(A) $\boldsymbol{P}^{-1}\boldsymbol{\alpha}$　　(B) $\boldsymbol{P\alpha}$　　(C) $\boldsymbol{P}^{\mathrm{T}}\boldsymbol{\alpha}$　　(D) $(\boldsymbol{P}^{\mathrm{T}})^{-1}\boldsymbol{\alpha}$

5. 设 λ 是非奇异矩阵 $\boldsymbol{A}$ 的一个特征值，则 $\boldsymbol{A}^{-1}+\boldsymbol{A}^*$ 有一个特征值为(　　).

(A) $\lambda(1+|\boldsymbol{A}|)$　　(B) $\lambda^{-1}(1+|\boldsymbol{A}|)$

(C) $\lambda(1+|\boldsymbol{A}|)^{-1}$　　(D) $\lambda^{-1}(1+|\boldsymbol{A}|)^{-1}$

6. 设 $\boldsymbol{\alpha},\boldsymbol{\beta}$ 分别是矩阵 $\boldsymbol{A}$ 的属于特征值 λ 和 μ 的特征向量，则(　　).

(A) 若 $\boldsymbol{\alpha}$ 与 $\boldsymbol{\beta}$ 线性相关，则 $\lambda\neq\mu$

(B) 若 $\boldsymbol{\alpha}$ 与 $\boldsymbol{\beta}$ 线性无关，则 $\lambda\neq\mu$

(C) 若 $\boldsymbol{\alpha}$ 与 $\boldsymbol{\beta}$ 线性相关，则 $\lambda=\mu$

(D) 若 $\boldsymbol{\alpha}$ 与 $\boldsymbol{\beta}$ 线性无关，则 $\lambda=\mu$

7. 若 $\boldsymbol{A}$ 与 $\boldsymbol{B}$ 相似，则有(　　).

(A) $\lambda\boldsymbol{E}-\boldsymbol{A}=\lambda\boldsymbol{E}-\boldsymbol{B}$

(B) $|\lambda\boldsymbol{E}-\boldsymbol{A}|=|\lambda\boldsymbol{E}-\boldsymbol{B}|$

(C) 对于相同的特征值，矩阵 $\boldsymbol{A}$ 与 $\boldsymbol{B}$ 有相同的特征向量

(D) $\boldsymbol{A}$ 与 $\boldsymbol{B}$ 均与同一个对角矩阵相似

8. 设 $\boldsymbol{A}$ 为 n 阶实方阵，则 $\boldsymbol{A}$ 可以对角化的充分必要条件是(　　).

(A) $\boldsymbol{A}$ 有 n 个实特征值

(B) $\boldsymbol{A}$ 有 n 个不同的特征值

(C) $\boldsymbol{A}$ 有 n 个不同的特征向量

(D) $\boldsymbol{A}$ 的所有特征值的重数与 $\boldsymbol{A}$ 的属于该特征值的线性无关特征向量的个数相等

(三) 解答与证明题

1. 设 3 阶矩阵 $\boldsymbol{A}$ 的特征值为 1,2,3，试求下列行列式的值.

(1) $|\boldsymbol{A}^2+\boldsymbol{A}+\boldsymbol{E}|$；　(2) $|\boldsymbol{A}^{-1}+\boldsymbol{A}^*|$；　(3) $\left|\left(\frac{1}{2}\boldsymbol{A}\right)^{-1}+2\boldsymbol{A}\right|$.

2. 设 3 阶矩阵 $\boldsymbol{A}$ 的特征值为 $\lambda_1=-1,\lambda_2=1,\lambda_3=2$，对应的特征向量依次为 $\boldsymbol{p}_1=(3,-3,1)^{\mathrm{T}}$，$\boldsymbol{p}_2=(1,-2,1)^{\mathrm{T}}$，$\boldsymbol{p}_3=(5,-8,3)^{\mathrm{T}}$，求 $\boldsymbol{A}^{\mathrm{T}}$ 的特征向量.

3. 设矩阵 $\boldsymbol{A}=\begin{bmatrix}a&-1&c\\5&b&3\\1-c&0&-a\end{bmatrix}$，$|\boldsymbol{A}|=-1$，又 $\boldsymbol{A}^*$ 有一个特征值 λ_0，$\boldsymbol{A}^*$ 对应于特征值 λ_0 的一个特征向量为 $\boldsymbol{\xi}=(-1,-1,1)^{\mathrm{T}}$. 求 a,b,c 及 λ_0 的值.

4. 设矩阵 $\boldsymbol{A}=\boldsymbol{P\Lambda P}^{-1}$，求证 $\boldsymbol{A}^m=\boldsymbol{P\Lambda}^m\boldsymbol{P}^{-1}$（其中 m 为正整数）. 如果 $\boldsymbol{A}=\begin{pmatrix}1&4\\2&3\end{pmatrix}$，试计算 $\boldsymbol{A}^m$ 和 $(\boldsymbol{A}-\boldsymbol{A}^{-1})^m$.

5. 已知 3 阶矩阵 $\boldsymbol{A}$ 的 3 个特征值为 $\lambda_1=1,\lambda_2=2,\lambda_3=3$，以及分别属于它们的特征向量 $\boldsymbol{p}_1=(1,1,1)^{\mathrm{T}},\boldsymbol{p}_2=(1,2,3)^{\mathrm{T}},\boldsymbol{p}_3=(1,3,6)^{\mathrm{T}}$. 求(1)矩阵 $\boldsymbol{A}$；(2) $\boldsymbol{A}^{\mathrm{T}}$ 的特征值及相应的特征向量.

6. 设 $\boldsymbol{A}$ 为 n 阶可逆矩阵，且各行元素之和为 a.

(1) 证明 a 为 $\boldsymbol{A}^{\mathrm{T}}$ 的一个特征值；

(2) 试求矩阵 $2\boldsymbol{A}^{-1}-\boldsymbol{A}^2$ 的各行元素之和.

7. 设 $\boldsymbol{A}=(a_{ij})_{n\times n}$. 试证明 $\sum\limits_{i=1}^{n}\sum\limits_{j=1}^{n}a_{ij}a_{ji}=\sum\limits_{i=1}^{n}\lambda_i^2$，其中 $\lambda_1,\lambda_2,\cdots,\lambda_n$ 为 $\boldsymbol{A}$ 的 n 个特征值.

8. 设 λ 是可逆矩阵 $\boldsymbol{A}$ 的一个特征值. 证明 $\lambda\neq0$，且 $\dfrac{1}{\lambda}$ 是 $\boldsymbol{A}^{-1}$ 的一个特征值，$\dfrac{|\boldsymbol{A}|}{\lambda}$ 是 $\boldsymbol{A}^*$ 的一个特征值.

9. 设 n 阶矩阵 $\boldsymbol{A}$ 满足条件 $\boldsymbol{AA}^{\mathrm{T}}=4\boldsymbol{E}$，且 $|\boldsymbol{A}|<0$，$|2\boldsymbol{E}+\boldsymbol{A}|=0$. 求证 2^{n-1} 是 $\boldsymbol{A}^*$ 的一个特征值.

10. 设 $\boldsymbol{A}$ 是 n 阶非零矩阵，若存在正整数 k，使得 $\boldsymbol{A}^k=\boldsymbol{O}$ 为零矩阵，求证 $\boldsymbol{A}$ 不能相似于对角矩阵.

四、练习题答案与提示

（一）填空题

1. a.　　2. 24,10.　　3. $\lambda=1$.

4. 1 或 -2.

分析：$\boldsymbol{\xi}$ 也是 $\boldsymbol{A}$ 的特征向量，设 $\boldsymbol{A\xi}=\lambda\boldsymbol{\xi}$（由 $\boldsymbol{A}$ 可逆可知 $\lambda\neq0$），即 $\begin{pmatrix}2&1&1\\1&2&1\\1&1&2\end{pmatrix}\begin{pmatrix}1\\k\\1\end{pmatrix}=\lambda\begin{pmatrix}1\\k\\1\end{pmatrix}$，得 $\begin{pmatrix}k+3\\2k+2\\k+3\end{pmatrix}=\begin{pmatrix}\lambda\\k\lambda\\\lambda\end{pmatrix}$，由此 $\lambda=k+3,k(k+3)=2k+2$，得 $(k+2)(k-1)=0$.

5. $\lambda=3,x=4,y=-1$.

分析：由 $\begin{pmatrix}1&0&2\\2&5&0\\0&1&x\end{pmatrix}\begin{pmatrix}1\\y\\1\end{pmatrix}=\lambda\begin{pmatrix}1\\y\\1\end{pmatrix}$，得 $\begin{pmatrix}3\\5y+2\\x+y\end{pmatrix}=\begin{pmatrix}\lambda\\y\lambda\\\lambda\end{pmatrix}$，因此 $\lambda=3,3y=5y+2,x+y=3$，即 $\lambda=3,x=4,y=-1$.

6. 2.

分析：$\boldsymbol{A}-\boldsymbol{E}$ 与 $\begin{pmatrix}1&0&0\\0&3&0\\0&0&2\end{pmatrix}-\boldsymbol{E}=\begin{pmatrix}0&0&0\\0&2&0\\0&0&1\end{pmatrix}$ 相似，故 $r(\boldsymbol{A}-\boldsymbol{E})=2$（注意：相似的矩阵秩相

同).

7. 36.

分析:$|\boldsymbol{A}|=1\times2\times3=6$,故 $\boldsymbol{A}^*=|\boldsymbol{A}|\boldsymbol{A}^{-1}=6\boldsymbol{A}^{-1}$ 的特征值为 6,3,2,于是 $|\boldsymbol{A}^*|=6\times3\times2=36$.

8. $-(2n-3)!!$.

分析:$\boldsymbol{A}-3\boldsymbol{E}$ 的特征值为 $-1,1,3,5,\cdots,2n-3$,故 $|\boldsymbol{A}-3\boldsymbol{E}|=-(2n-3)!!$.

9. 4 200.

分析:$\boldsymbol{A}$ 的特征值为 4,3,6,故 $\boldsymbol{A}^2-\boldsymbol{E}$ 的特征值为 15,8,35,$|\boldsymbol{A}^2-\boldsymbol{E}|=15\times8\times35=4\,200$.

(二) 选择题

1. (D).

分析:$\boldsymbol{A}$ 的属于不同特征值的特征向量是线性无关的,故当 $\lambda_1\neq\lambda_2$ 时,$\boldsymbol{\alpha}_1$ 与 $\boldsymbol{\alpha}_2$ 线性无关,因此 $\boldsymbol{\alpha}_1$ 与 $\boldsymbol{\alpha}_2$ 不成比例.

2. (D).

分析:$|\lambda\boldsymbol{E}-\boldsymbol{A}|=\begin{vmatrix}\lambda & 0 & -1\\ -a & \lambda-1 & -b\\ -1 & 0 & \lambda\end{vmatrix}\xlongequal{\text{按 }c_2\text{ 展开}}(\lambda-1)^2(\lambda+1)$,已知对应 2 重特征值 $\lambda=1$,$\boldsymbol{A}$ 有 2 个线性无关的特征向量,故 $r(\boldsymbol{E}-\boldsymbol{A})=1$,$\boldsymbol{E}-\boldsymbol{A}=\begin{pmatrix}1 & 0 & -1\\ -a & 0 & -b\\ -1 & 0 & 1\end{pmatrix}\to$(行变换)$\begin{pmatrix}1 & 0 & -1\\ 0 & 0 & a+b\\ 0 & 0 & 0\end{pmatrix}$,所以 $a+b=0$.

3. (D).

4. (A).

分析:已知 $\boldsymbol{A\alpha}=\lambda\boldsymbol{\alpha}\ (\lambda\neq0)$,所以 $\boldsymbol{A}^{-1}\boldsymbol{\alpha}=\dfrac{1}{\lambda}\boldsymbol{\alpha}$,于是 $(\boldsymbol{P}^{-1}\boldsymbol{A}^{-1}\boldsymbol{P})(\boldsymbol{P}^{-1}\boldsymbol{\alpha})=\boldsymbol{P}^{-1}\boldsymbol{A}^{-1}\boldsymbol{\alpha}=\dfrac{1}{\lambda}\boldsymbol{P}^{-1}\boldsymbol{\alpha}$.

5. (B).

分析:由 $\boldsymbol{A}$ 非奇异,即 $|\boldsymbol{A}|\neq0$,可知 $\lambda\neq0$,$\boldsymbol{A}^{-1}+\boldsymbol{A}^*=(1+|\boldsymbol{A}|)\boldsymbol{A}^{-1}$,故 $\boldsymbol{A}^{-1}+\boldsymbol{A}^*$ 有特征值 $\dfrac{|\boldsymbol{A}|+1}{\lambda}$.

6. (C).

分析:$\boldsymbol{A}$ 的属于不同特征值的特征向量是线性无关的,故当 $\boldsymbol{\alpha}$ 与 $\boldsymbol{\beta}$ 线性相关时,必有 $\lambda=\mu$.

7. (B).

分析:由相似矩阵的性质可知(B)是正确的.

已知存在可逆的 $\boldsymbol{P}$,使 $\boldsymbol{B}=\boldsymbol{P}^{-1}\boldsymbol{AP}$,故 $\lambda\boldsymbol{E}-\boldsymbol{B}=\boldsymbol{P}^{-1}(\lambda\boldsymbol{E}-\boldsymbol{A})\boldsymbol{P}$. (A)中等式不一定成立,(A)不正确;$\boldsymbol{A},\boldsymbol{B}$ 有可能都无法对角化,故(D)也不正确;设 $\boldsymbol{A\alpha}=\lambda\boldsymbol{\alpha}$,则 $\boldsymbol{B}(\boldsymbol{P}^{-1}\boldsymbol{\alpha})=(\boldsymbol{P}^{-1}\boldsymbol{AP})(\boldsymbol{P}^{-1}\boldsymbol{\alpha})=\lambda(\boldsymbol{P}^{-1}\boldsymbol{\alpha})$,即对于相同的特征值 λ,若 $\boldsymbol{\alpha}$ 是 $\boldsymbol{A}$ 的特征向量,则 $\boldsymbol{P}^{-1}\boldsymbol{\alpha}$ 是 $\boldsymbol{B}$ 的特征向量,

这说明(C)不正确.

8. (D).

分析：$\boldsymbol{A}$ 可以对角化的充分必要条件是有 n 个线性无关的特征向量. 所有特征值的重数之和为 n，而不同特征值对应的特征向量线性无关，所以 $\boldsymbol{A}$ 有 n 个线性无关的特征向量，于是可以对角化.

(三) 解答与证明题

1. (1) 273； (2) $\frac{343}{6}$； (3) $\frac{400}{3}$

2. $\boldsymbol{A}^{\mathrm{T}}$ 的对应于特征值 $\lambda_1=-1,\lambda_2=1,\lambda_3=2$ 的特征向量分别为 $k_1(1,1,1)^{\mathrm{T}}(k_1\neq 0)$，$k_2(1,4,9)^{\mathrm{T}}(k_2\neq 0)$ 和 $k_3(1,2,3)^{\mathrm{T}}(k_3\neq 0)$.

分析：令 $\boldsymbol{P}=(\boldsymbol{p}_1,\boldsymbol{p}_2,\boldsymbol{p}_3)=\begin{pmatrix}3&1&5\\-3&-2&-8\\1&1&3\end{pmatrix}$，则 $\boldsymbol{P}^{-1}\boldsymbol{A}\boldsymbol{P}=\begin{pmatrix}-1&0&0\\0&1&0\\0&0&2\end{pmatrix}$，等式两端取转置，得 $\boldsymbol{P}^{\mathrm{T}}\boldsymbol{A}^{\mathrm{T}}(\boldsymbol{P}^{-1})^{\mathrm{T}}=\begin{pmatrix}-1&0&0\\0&1&0\\0&0&2\end{pmatrix}$，令 $\boldsymbol{Q}=(\boldsymbol{P}^{-1})^{\mathrm{T}}$，则 $\boldsymbol{Q}^{-1}\boldsymbol{A}^{\mathrm{T}}\boldsymbol{Q}=\begin{pmatrix}-1&0&0\\0&1&0\\0&0&2\end{pmatrix}$，$\boldsymbol{Q}=(\boldsymbol{P}^{-1})^{\mathrm{T}}=(\boldsymbol{P}^{\mathrm{T}})^{-1}=\begin{pmatrix}3&-3&1\\1&-2&1\\5&-8&3\end{pmatrix}^{-1}=\begin{pmatrix}1&\frac{1}{2}&-\frac{1}{2}\\1&2&-1\\1&\frac{9}{2}&-\frac{3}{2}\end{pmatrix}$，$\boldsymbol{Q}$ 的第 1,2,3 列分别为 $\boldsymbol{A}^{\mathrm{T}}$ 的对应 $\lambda_1,\lambda_2,\lambda_3$ 的特征向量.

3. $a=c=2,b=-3,\lambda_0=1$.

分析：由 $\boldsymbol{A}\boldsymbol{A}^*=|\boldsymbol{A}|\boldsymbol{E}=-\boldsymbol{E}$ 可得 $\boldsymbol{A}^*=-\boldsymbol{A}^{-1}$. 已知 $\boldsymbol{A}^*\boldsymbol{\xi}=\lambda_0\boldsymbol{\xi}$，即 $-\boldsymbol{A}^{-1}\boldsymbol{\xi}=\lambda_0\boldsymbol{\xi}$，于是 $-\boldsymbol{\xi}=\lambda_0\boldsymbol{A}\boldsymbol{\xi}$，因为 $|\boldsymbol{A}^*|=|-\boldsymbol{A}^{-1}|=(-1)^3|\boldsymbol{A}^{-1}|=(-1)^3\frac{1}{|\boldsymbol{A}|}=1\neq 0$，所以 $\lambda_0\neq 0$，$\boldsymbol{A}\boldsymbol{\xi}=-\frac{1}{\lambda_0}\boldsymbol{\xi}$，即得

$$\begin{pmatrix}a&-1&c\\5&b&3\\1-c&0&-a\end{pmatrix}\begin{pmatrix}-1\\-1\\1\end{pmatrix}=\begin{pmatrix}c+1-a\\-2-b\\c-1-a\end{pmatrix}=-\frac{1}{\lambda_0}\begin{pmatrix}-1\\-1\\1\end{pmatrix}.$$

由 $c+1-a=-(c-1-a)=\frac{1}{\lambda_0}$，得 $a=c,\lambda_0=1$；

由 $c+1-a=1=-2-b$，得 $b=-3$；

再由 $|A|=\begin{vmatrix}a&-1&a\\5&-3&3\\1-a&0&-a\end{vmatrix}=a-3=-1$，得 $a=c=2$.

4. $\boldsymbol{A}^m=\frac{1}{3}\begin{pmatrix}5^m+2(-1)^m&2\times5^m-2(-1)^m\\5^m-(-1)^m&2\times5^m+(-1)^m\end{pmatrix}(m=1,2,3,\cdots)$.

$(\boldsymbol{A}-\boldsymbol{A}^{-1})^m=\frac{1}{3}\left(\frac{24}{5}\right)^m\begin{bmatrix}1 & 2\\1 & 2\end{bmatrix}(m=1,2,3,\cdots)$.

提示：首先求出 $\boldsymbol{A}$ 和 $\boldsymbol{A}-\boldsymbol{A}^{-1}$ 的相似对角矩阵.

5. (1) $\boldsymbol{A}=\begin{bmatrix}0 & 1 & 0\\0 & -1 & 2\\3 & -9 & 7\end{bmatrix}$.

(2) $\boldsymbol{A}^{\mathrm{T}}$ 与 $\boldsymbol{A}$ 有相同的特征值，也为 $\lambda_1=1,\lambda_2=2,\lambda_3=3$.

$\boldsymbol{A}^{\mathrm{T}}$ 的属于 3 个特征值的特征向量分别为 $k_1(3,-3,1)^{\mathrm{T}}$，$k_2(-3,5,-2)^{\mathrm{T}}$，$k_3(1,-2,1)^{\mathrm{T}}$，$(k_1k_2k_3\neq 0)$.

6. 分析：(1) 由于 $\boldsymbol{A\alpha}=a\boldsymbol{\alpha}$，其中 $\boldsymbol{\alpha}=(1,1,\cdots,1)^{\mathrm{T}}$，所以 a 是 $\boldsymbol{A}$ 的一个特征值，由于 $\boldsymbol{A}^{\mathrm{T}}$ 和 $\boldsymbol{A}$ 有相同的特征值，所以 a 也是 $\boldsymbol{A}^{\mathrm{T}}$ 的一个特征值.

(2) $(2\boldsymbol{A}^{-1}-\boldsymbol{A}^2)\boldsymbol{\alpha}=2\boldsymbol{A}^{-1}\boldsymbol{\alpha}-\boldsymbol{A}^2\boldsymbol{\alpha}=\left(\frac{2}{a}-a^2\right)\boldsymbol{\alpha}$，即 $2\boldsymbol{A}^{-1}-\boldsymbol{A}^2$ 的各行元素之和为 $\left(\frac{2}{a}-a^2\right)$.

7. 提示：$\lambda_1^2,\lambda_2^2,\cdots,\lambda_n^2$ 为 $\boldsymbol{A}^2$ 的 n 个特征值，而 $\sum\limits_{i=1}^{n}\sum\limits_{j=1}^{n}a_{ij}a_{ji}$ 为 $\boldsymbol{A}^2$ 的对角线元素之和.

8. 分析：因为 $\boldsymbol{A}$ 可逆，所以 $|\boldsymbol{A}|\neq 0$，而 $|\boldsymbol{A}|$ 等于 $\boldsymbol{A}$ 的全体特征值的乘积，所以 $\lambda\neq 0$.

设 $\boldsymbol{\alpha}$ 是 $\boldsymbol{A}$ 的对应 λ 的特征向量，则 $\boldsymbol{A\alpha}=\lambda\boldsymbol{\alpha}$，等式两边同时左乘 $\boldsymbol{A}^{-1}$，得 $\boldsymbol{A}^{-1}(\boldsymbol{A\alpha})=\boldsymbol{A}^{-1}(\lambda\boldsymbol{\alpha})$，即 $\boldsymbol{\alpha}=\lambda\boldsymbol{A}^{-1}\boldsymbol{\alpha}$，$\boldsymbol{A}^{-1}\boldsymbol{\alpha}=\frac{1}{\lambda}\boldsymbol{\alpha}$，故 $\frac{1}{\lambda}$ 是 $\boldsymbol{A}^{-1}$ 的一个特征值.

由 $\boldsymbol{AA}^*=|\boldsymbol{A}|\boldsymbol{E}$ 得 $\boldsymbol{A}^*=|\boldsymbol{A}|\boldsymbol{A}^{-1}$，于是 $\boldsymbol{A}^*\boldsymbol{\alpha}=|\boldsymbol{A}|\boldsymbol{A}^{-1}\boldsymbol{\alpha}=\frac{|\boldsymbol{A}|}{\lambda}\boldsymbol{\alpha}$，故 $\frac{|\boldsymbol{A}|}{\lambda}$ 是 $\boldsymbol{A}^*$ 的一个特征值.

9. 分析：因为 $\boldsymbol{AA}^{\mathrm{T}}=4\boldsymbol{E}$，所以 $|\boldsymbol{AA}^{\mathrm{T}}|=|4\boldsymbol{E}|=4^n$，即 $|\boldsymbol{A}|^2=4^n$，又 $|\boldsymbol{A}|<0$，所以 $|\boldsymbol{A}|=-2^n$. 由 $|2\boldsymbol{E}+\boldsymbol{A}|=0$ 可得 $|-2\boldsymbol{E}-\boldsymbol{A}|=0$，所以 $\lambda=-2$ 是 $\boldsymbol{A}$ 的特征值，从而 $\frac{1}{\lambda}=-\frac{1}{2}$ 是 $\boldsymbol{A}^{-1}$ 的特征值，而 $\boldsymbol{A}^*=|\boldsymbol{A}|\boldsymbol{A}^{-1}$，所以 $\frac{|\boldsymbol{A}|}{\lambda}=(-\frac{1}{2})\times(-2^n)=2^{n-1}$ 是 $\boldsymbol{A}^*$ 的特征值.

10. 分析：用反证法. 如果 $\boldsymbol{A}$ 相似于对角矩阵，即存在可逆矩阵 $\boldsymbol{P}$，使得 $\boldsymbol{P}^{-1}\boldsymbol{AP}=\mathrm{diag}(\lambda_1,\lambda_2,\cdots,\lambda_n)$，其中 $\lambda_1,\lambda_2,\cdots,\lambda_n$ 为 $\boldsymbol{A}$ 的特征值，则

$$\boldsymbol{P}^{-1}\boldsymbol{A}^k\boldsymbol{P}=(\boldsymbol{P}^{-1}\boldsymbol{AP})^k=\mathrm{diag}(\lambda_1^k,\lambda_2^k,\cdots,\lambda_n^k)=\boldsymbol{O},$$

于是 $\lambda_1^k=\lambda_2^k=\cdots=\lambda_n^k=0$，从而 $\lambda_1=\lambda_2=\cdots=\lambda_n=0$，故 $\boldsymbol{P}^{-1}\boldsymbol{AP}=\boldsymbol{O}$，$\boldsymbol{A}=\boldsymbol{O}$，与已知矛盾.

第七章　二次型

一、内容提要

（一）概念

1. 标准正交基

两两正交的非零向量组称为正交向量组；两两正交的单位向量组称为标准正交向量组（或规范正交向量组）；$\mathbf{R}^n$ 中的 n 个两两正交的单位向量 $\boldsymbol{e}_1,\boldsymbol{e}_2,\cdots,\boldsymbol{e}_n$ 称为 $\mathbf{R}^n$ 的一组标准正交基（或规范正交基）.

2. 正交矩阵

如果实方阵 $\boldsymbol{A}$ 满足 $\boldsymbol{A}^{\mathrm{T}}\boldsymbol{A}=\boldsymbol{E}$，则称 $\boldsymbol{A}$ 是正交矩阵，若 $\boldsymbol{A}$ 是正交矩阵，则称线性变换 $\boldsymbol{y}=\boldsymbol{A}\boldsymbol{x}$ 为正交变换.

3. 二次型及其矩阵

含有 n 个变量 $x_1,x_2,\cdots,x_n$ 的实系数二次齐次式 $f=a_{11}x_1^2+a_{22}x_2^2+\cdots+a_{nn}x_n^2+2\sum\limits_{1\leqslant i<j\leqslant n}a_{ij}x_ix_j$ 称为实二次型，令 $a_{ji}=a_{ij}$，$1\leqslant i<j\leqslant n$，可将其表为矩阵形式 $f=\boldsymbol{x}^{\mathrm{T}}\boldsymbol{A}\boldsymbol{x}$，其中

$$\boldsymbol{x}=(x_1,x_2,\cdots,x_n)^{\mathrm{T}},\boldsymbol{A}=\begin{pmatrix}a_{11}&a_{12}&\cdots&a_{1n}\\a_{21}&a_{22}&\cdots&a_{2n}\\\vdots&\vdots&&\vdots\\a_{n1}&a_{n2}&\cdots&a_{nn}\end{pmatrix}$$

为实对称矩阵. $\boldsymbol{A}$ 称为二次型 f 的矩阵，$\boldsymbol{A}$ 的秩 $r(\boldsymbol{A})$ 称为二次型 f 的秩.

只含平方项的二次型称为二次型的标准形；只含平方项，且平方项系数为 1，0，−1 的二次型称为二次型的规范形.

4. 合同矩阵

设 $\boldsymbol{A},\boldsymbol{B}$ 为 n 阶矩阵，如果存在 n 阶可逆矩阵 $\boldsymbol{P}$，满足 $\boldsymbol{B}=\boldsymbol{P}^{\mathrm{T}}\boldsymbol{A}\boldsymbol{P}$，则称矩阵 $\boldsymbol{A}$ 与矩阵 $\boldsymbol{B}$ 合同. 矩阵的合同是一种等价关系，即矩阵的合同关系具有反身性、对称性与传递性.

5. 二次型的正、负惯性指数与符号差

设 n 元实二次型 $f=\boldsymbol{x}^{\mathrm{T}}\boldsymbol{A}\boldsymbol{x}$ 的规范形为

$$f=z_1^2+\cdots+z_p^2-z_{p+1}^2-\cdots-z_r^2\ (r(\boldsymbol{A})=r),$$

称 p 为二次型 f（或矩阵 $\boldsymbol{A}$）的正惯性指数，称 $r-p$ 为 f（或矩阵 $\boldsymbol{A}$）的负惯性指数，$p-(r-p)=$

$2p-r$ 称为 f(或矩阵 $\boldsymbol{A}$)的符号差.

6. 实对称阵的合同规范形

给定 n 元实二次型 $f=\boldsymbol{x}^{\mathrm{T}}\boldsymbol{A}\boldsymbol{x}$,设 $\boldsymbol{A}$ 的秩为 r,$\boldsymbol{A}$ 的正惯性指数为 p,则 $f=\boldsymbol{x}^{\mathrm{T}}\boldsymbol{A}\boldsymbol{x}$ 的规范形为 $f=z_1^2+\cdots+z_p^2-z_{p+1}^2-\cdots-z_r^2$,在变量 $z_1,z_2,\cdots,z_n$ 的表示下 f 的矩阵为 $\widetilde{\boldsymbol{A}}=\mathrm{diag}(1,\cdots,1,-1,\cdots,-1,0,\cdots,0)$(其中 $1,-1,0$ 的个数分别为 $p,r-p,n-r$),称 $\widetilde{\boldsymbol{A}}$ 为矩阵 $\boldsymbol{A}$ 的合同规范形.

7. 有定二次型

设实二次型 $f=\boldsymbol{x}^{\mathrm{T}}\boldsymbol{A}\boldsymbol{x}$.

如果对任意 $\boldsymbol{x}\neq\boldsymbol{0}$,都有 $\boldsymbol{x}^{\mathrm{T}}\boldsymbol{A}\boldsymbol{x}>0$,则称 f 为正定二次型,称 $\boldsymbol{A}$ 为正定矩阵;如果对任意 $\boldsymbol{x}\neq\boldsymbol{0}$,都有 $\boldsymbol{x}^{\mathrm{T}}\boldsymbol{A}\boldsymbol{x}\geqslant 0$,则称 f 为半正定二次型,称 $\boldsymbol{A}$ 为半正定矩阵;如果对任意 $\boldsymbol{x}\neq\boldsymbol{0}$,都有 $\boldsymbol{x}^{\mathrm{T}}\boldsymbol{A}\boldsymbol{x}<0$,则称 f 为负定二次型,称 $\boldsymbol{A}$ 为负定矩阵($\boldsymbol{A}$ 为负定矩阵等价于$(-\boldsymbol{A})$为正定矩阵);如果对任意 $\boldsymbol{x}\neq\boldsymbol{0}$,都有 $\boldsymbol{x}^{\mathrm{T}}\boldsymbol{A}\boldsymbol{x}\leqslant 0$,则称 f 为半负定二次型,称 $\boldsymbol{A}$ 为半负定矩阵($\boldsymbol{A}$ 为半负定矩阵等价于$(-\boldsymbol{A})$为半正定矩阵).

(二) 性质

1. Cauchy-schwarz 不等式

设 $\boldsymbol{\alpha},\boldsymbol{\beta}\in\mathbf{R}^n$,则 $(\boldsymbol{\alpha},\boldsymbol{\beta})^2\leqslant(\boldsymbol{\alpha},\boldsymbol{\alpha})(\boldsymbol{\beta},\boldsymbol{\beta})$,等号当且仅当 $\boldsymbol{\alpha}$ 与 $\boldsymbol{\beta}$ 线性相关时成立.

2. 正交矩阵的性质

(1) 如果 $\boldsymbol{A}$ 是正交矩阵,则 $|\boldsymbol{A}|=1$ 或 $|\boldsymbol{A}|=-1$;

(2) $\boldsymbol{A}$ 是正交矩阵$\Leftrightarrow\boldsymbol{A}^{\mathrm{T}}$ 是正交矩阵$\Leftrightarrow\boldsymbol{A}^{\mathrm{T}}=\boldsymbol{A}^{-1}$;

(3) 如果 $\boldsymbol{A},\boldsymbol{B}$ 都是正交矩阵,则 $\boldsymbol{AB}$ 也是正交矩阵;

(4) n 阶矩阵 $\boldsymbol{A}$ 是正交矩阵$\Leftrightarrow\boldsymbol{A}$ 的行向量组是 $\mathbf{R}^n$ 的标准正交基$\Leftrightarrow\boldsymbol{A}$ 的列向量组是 $\mathbf{R}^n$ 的标准正交基.

3. 实对称矩阵的性质

(1) 若 $\boldsymbol{A}$ 为实对称矩阵,则 $\boldsymbol{A}$ 的特征值都为实数;

(2) 若 $\boldsymbol{A}$ 为实对称矩阵,则 $\boldsymbol{A}$ 的属于不同特征值的特征向量是正交的;

(3) 若 $\boldsymbol{A}$ 为实对称矩阵,则存在正交矩阵 $\boldsymbol{O}$,使 $\boldsymbol{O}^{-1}\boldsymbol{A}\boldsymbol{O}=\boldsymbol{O}^{\mathrm{T}}\boldsymbol{A}\boldsymbol{O}$ 为对角矩阵.

4. 惯性定理

设 n 元实二次型 $f=\boldsymbol{x}^{\mathrm{T}}\boldsymbol{A}\boldsymbol{x}$ 的秩为 r(即 $r(\boldsymbol{A})=r$),若有两个可逆线性变换 $\boldsymbol{x}=\boldsymbol{C}\boldsymbol{y}$ 与 $\boldsymbol{x}=\boldsymbol{P}\boldsymbol{z}$ 分别将 f 化为规范形

$$f=y_1^2+\cdots+y_p^2-y_{p+1}^2-\cdots-y_r^2 \text{ 与 } f=z_1^2+\cdots+z_q^2-z_{q+1}^2-\cdots-z_r^2,$$

则 $p=q$.

惯性定理表明实对称 $\boldsymbol{A}$ 的正惯性指数是唯一确定的,从而二次型 $f=\boldsymbol{x}^{\mathrm{T}}\boldsymbol{A}\boldsymbol{x}$ 的规范形也是唯一确定的,完全由 $\boldsymbol{A}$ 的秩与 $\boldsymbol{A}$ 的正惯性指数确定.

5. 矩阵合同的充要条件

实对称阵 $\boldsymbol{A}$ 与 $\boldsymbol{B}$ 合同的充要条件是 $\boldsymbol{A}$ 与 $\boldsymbol{B}$ 有相同的秩与正惯性指数.

6. 实二次型(或实对称矩阵)正定的充要条件

(1) 实二次型 $f=\boldsymbol{x}^{\mathrm{T}}\boldsymbol{A}\boldsymbol{x}$ 正定的充要条件是 f 的标准形中的系数全为正数;

(2) 实对称矩阵 $\boldsymbol{A}$ 正定的充要条件是 $\boldsymbol{A}$ 的特征值全为正数;

(3) 实对称矩阵 $\boldsymbol{A}$ 正定的充要条件是 $\boldsymbol{A}$ 的合同规范形为单位矩阵;

(4) 实对称矩阵 $\boldsymbol{A}$ 正定的充要条件是 $\boldsymbol{A}$ 的所有顺序主子式全为正数.

7. 实二次型(或实对称矩阵)半正定的充要条件

(1) 实二次型 $f=\boldsymbol{x}^{\mathrm{T}}\boldsymbol{A}\boldsymbol{x}$ 半正定的充要条件是 f 的标准形中的系数全为非负数;

(2) 实对称矩阵 $\boldsymbol{A}$ 半正定的充要条件是 $\boldsymbol{A}$ 的特征值全为非负数;

(3) 实对称矩阵 $\boldsymbol{A}$ 半正定的充要条件是 $\boldsymbol{A}$ 的所有主子式全为非负数.

(三) 方法

1. 向量组的正交规范化

已知线性无关的向量组 $\boldsymbol{\alpha}_1,\boldsymbol{\alpha}_2,\cdots,\boldsymbol{\alpha}_m$,求与之等价的标准正交向量组 $\boldsymbol{e}_1,\boldsymbol{e}_2,\cdots,\boldsymbol{e}_m$,这个过程称为向量组 $\boldsymbol{\alpha}_1,\boldsymbol{\alpha}_2,\cdots,\boldsymbol{\alpha}_m$ 的正交规范化,分以下两步来完成.

第 1 步:令 $\boldsymbol{\beta}_1=\boldsymbol{\alpha}_1$;$\boldsymbol{\beta}_2=\boldsymbol{\alpha}_2-\dfrac{(\boldsymbol{\alpha}_2,\boldsymbol{\beta}_1)}{(\boldsymbol{\beta}_1,\boldsymbol{\beta}_1)}\boldsymbol{\beta}_1$;$\boldsymbol{\beta}_3=\boldsymbol{\alpha}_3-\dfrac{(\boldsymbol{\alpha}_3,\boldsymbol{\beta}_1)}{(\boldsymbol{\beta}_1,\boldsymbol{\beta}_1)}\boldsymbol{\beta}_1-\dfrac{(\boldsymbol{\alpha}_3,\boldsymbol{\beta}_2)}{(\boldsymbol{\beta}_2,\boldsymbol{\beta}_2)}\boldsymbol{\beta}_2$;$\cdots$,

$\boldsymbol{\beta}_m=\boldsymbol{\alpha}_m-\dfrac{(\boldsymbol{\alpha}_m,\boldsymbol{\beta}_1)}{(\boldsymbol{\beta}_1,\boldsymbol{\beta}_1)}\boldsymbol{\beta}_1-\dfrac{(\boldsymbol{\alpha}_m,\boldsymbol{\beta}_2)}{(\boldsymbol{\beta}_2,\boldsymbol{\beta}_2)}\boldsymbol{\beta}_2-\cdots-\dfrac{(\boldsymbol{\alpha}_m,\boldsymbol{\beta}_{m-1})}{(\boldsymbol{\beta}_{m-1},\boldsymbol{\beta}_{m-1})}\boldsymbol{\beta}_{m-1}$,则 $\boldsymbol{\beta}_1,\boldsymbol{\beta}_2,\cdots,\boldsymbol{\beta}_m$ 是正交向量组且与 $\boldsymbol{\alpha}_1,\boldsymbol{\alpha}_2,\cdots,\boldsymbol{\alpha}_m$ 等价(这个过程称为 Schimidt 正交化).

第 2 步:令 $\boldsymbol{e}_i=\dfrac{\boldsymbol{\beta}_i}{\|\boldsymbol{\beta}\|_i}$,$i=1,2,\cdots,m$,则 $\boldsymbol{e}_1,\boldsymbol{e}_2,\cdots,\boldsymbol{e}_m$ 是标准正交向量组且与 $\boldsymbol{\alpha}_1,\boldsymbol{\alpha}_2,\cdots,\boldsymbol{\alpha}_m$ 等价(这个过程称为单位化).

2. 将实对称矩阵正交相似于对角形

设 $\boldsymbol{A}$ 为 n 阶实对称矩阵,可按如下步骤求正交矩阵 $\boldsymbol{O}$,使 $\boldsymbol{O}^{-1}\boldsymbol{A}\boldsymbol{O}=\boldsymbol{O}^{\mathrm{T}}\boldsymbol{A}\boldsymbol{O}$ 为对角矩阵.

第 1 步:求出 $\boldsymbol{A}$ 的所有两两不同的特征值 $\lambda_1,\lambda_2,\cdots,\lambda_r$,设 λ_i 的重数为 $k_i(i=1,2,\cdots,r)$,(注意:$k_1+k_2+\cdots+k_r=n$).

第 2 步:求出方程组 $(\lambda_i\boldsymbol{E}-\boldsymbol{A})\boldsymbol{x}=\boldsymbol{0}$ 的基础解系 $\boldsymbol{\xi}_{i1},\boldsymbol{\xi}_{i2},\cdots,\boldsymbol{\xi}_{ik_i}$,并将 $\boldsymbol{\xi}_{i1},\boldsymbol{\xi}_{i2},\cdots,\boldsymbol{\xi}_{ik_i}$ 正交规范化,得 $\boldsymbol{p}_{i1},\boldsymbol{p}_{i2},\cdots,\boldsymbol{p}_{ik_i}$,$i=1,2,\cdots,r$.

第 3 步:令 $\boldsymbol{O}=(\boldsymbol{p}_{11},\cdots,\boldsymbol{p}_{1k_1},\boldsymbol{p}_{21},\cdots,\boldsymbol{p}_{2k_2},\cdots,\boldsymbol{p}_{r1},\cdots\boldsymbol{p}_{rk_r})$,则 $\boldsymbol{O}^{-1}\boldsymbol{A}\boldsymbol{O}=\boldsymbol{O}^{\mathrm{T}}\boldsymbol{A}\boldsymbol{O}=\boldsymbol{\Lambda}$,$\boldsymbol{\Lambda}$ 的第 k 个对角元素为 $\boldsymbol{O}$ 的第 k 列所对应的特征值$(k=1,2,\cdots,n)$.

3. 用正交变换化实二次型为标准形

设实二次型 $f=\boldsymbol{x}^{\mathrm{T}}\boldsymbol{A}\boldsymbol{x}$,$\boldsymbol{A}$ 为 n 阶实对称矩阵,可按如下步骤化 f 为标准形.

第 1 步:先求出正交矩阵 $\boldsymbol{O}$,使 $\boldsymbol{O}^{-1}\boldsymbol{A}\boldsymbol{O}=\boldsymbol{O}^{\mathrm{T}}\boldsymbol{A}\boldsymbol{O}=\mathrm{diag}(\lambda_1,\lambda_2,\cdots,\lambda_n)$ 为对角矩阵,其中 $\lambda_1,\lambda_2,\cdots,\lambda_n$ 为 $\boldsymbol{A}$ 的 n 个特征值.

第 2 步:作正交变换 $\boldsymbol{x}=\boldsymbol{O}\boldsymbol{y}$,其中 $\boldsymbol{y}=(y_1,y_2,\cdots,y_n)^{\mathrm{T}}$,则在变量 $y_1,y_2,\cdots,y_n$ 的表示下

$$f=\boldsymbol{x}^{\mathrm{T}}\boldsymbol{A}\boldsymbol{x}=(\boldsymbol{O}\boldsymbol{y})^{\mathrm{T}}\boldsymbol{A}(\boldsymbol{O}\boldsymbol{y})=\boldsymbol{y}^{\mathrm{T}}(\boldsymbol{O}^{\mathrm{T}}\boldsymbol{A}\boldsymbol{O})\boldsymbol{y}=\lambda_1y_1^2+\lambda_2y_2^2+\cdots+\lambda_ny_n^2$$

为标准形.

4. 用配方法化实二次型为标准形

设实二次型 $f=\boldsymbol{x}^{\mathrm{T}}\boldsymbol{A}\boldsymbol{x}$,$\boldsymbol{A}=(a_{ij})$ 为 n 阶实对称矩阵,可按如下步骤化 f 为标准形.

第 1 步：观察 f，若 f 中不出现平方项，即 $a_{11}=a_{22}=\cdots=a_{nn}=0$. 此时必有某个 $a_{ij}\neq 0(i\neq j)$，即 f 中会出现交叉乘积项 x_ix_j. 令 $x_i=y_i+y_j$，$x_j=y_i-y_j$，其余 $x_k=y_k(k\neq i,k\neq j)$，则在变量 $y_1,y_2,\cdots,y_n$ 下，f 中会出现平方项.

第 2 步：观察 f，若 f 中含有平方项，则依次看 f 中是否出现 $x_1^2,x_2^2,\cdots,x_n^2$. 假设第一个出现的平方项为 x_k^2，即 $a_{11}=a_{22}=\cdots=a_{k-1,k-1}=0$，$a_{kk}\neq 0$. 此时将 f 中所有含 x_k 的项归并到一起进行配方后可得

$$f=a_{kk}\left(x_k+\sum_{j\neq k}\frac{a_{kj}x_j}{a_{kk}}\right)^2+g,$$

其中 g 是不含 x_k 的 $(n-1)$ 元二次型，对 g 继续实施第 1 步和第 2 步，如此操作若干次之后，可将 f 化为标准形.

二、典型例题

【例 1】 二次型 $f(x_1,x_2,x_3)=(x_1,x_2,x_3)\begin{pmatrix}1&2&3\\4&5&6\\7&8&9\end{pmatrix}\begin{pmatrix}x_1\\x_2\\x_3\end{pmatrix}$ 的矩阵是__________.

答 应填 $\begin{pmatrix}1&3&5\\3&5&7\\5&7&9\end{pmatrix}$.

分析：表示式中的矩阵不是二次型的矩阵，二次型的矩阵是与 f 对应的对称矩阵. 由于

$$\begin{aligned}f(x_1,x_2,x_3)&=x_1^2+5x_2^2+9x_3^2+6x_1x_2+10x_1x_3+14x_2x_3\\&=(x_1,x_2,x_3)\begin{pmatrix}1&3&5\\3&5&7\\5&7&9\end{pmatrix}\begin{pmatrix}x_1\\x_2\\x_3\end{pmatrix},\end{aligned}$$

因此所给二次型的矩阵为 $\begin{pmatrix}1&3&5\\3&5&7\\5&7&9\end{pmatrix}$.

【例 2】 二次型 $f(x_1,x_2,x_3)=x_1^2-2x_2^2+x_3^2-5x_4^2+2x_2x_3$ 的秩是__________.

答 应填 4.

分析：二次型的矩阵的秩即为二次型的秩. 二次型的矩阵为

$$\begin{pmatrix}1&0&0&0\\0&-2&1&0\\0&1&1&0\\0&0&0&-5\end{pmatrix}\to\begin{pmatrix}1&0&0&0\\0&1&1&0\\0&-2&1&0\\0&0&0&-5\end{pmatrix}\to\begin{pmatrix}1&0&0&0\\0&1&1&0\\0&0&3&0\\0&0&0&-5\end{pmatrix},$$

因此二次型的秩为 4.

【例 3】 设二次型 $f(x_1,x_2,\cdots,x_n)=\boldsymbol{x}^{\mathrm{T}}\boldsymbol{A}\boldsymbol{x}(n\geqslant 3)$ 经正交变换化为标准形 $2y_1^2+9y_2^2$，则 $\boldsymbol{A}$ 的最小特征值为__________.

答 应填 0.

分析：二次型经正交变换化成标准形后，标准形中各项的系数即为二次型的矩阵的特征

值,又因为 $n\geqslant 3$,可知 $\boldsymbol{A}$ 的最小特征值为 0.

【例 4】 以 $\boldsymbol{\alpha}=\frac{1}{3}(2,-1,2)$ 为第 1 行的正交矩阵 $\boldsymbol{O}=$__________.

答　应填 $\boldsymbol{O}=\begin{pmatrix}\frac{2}{3} & -\frac{1}{3} & \frac{2}{3}\\ \frac{1}{\sqrt{5}} & \frac{2}{\sqrt{5}} & 0\\ -\frac{4}{\sqrt{45}} & \frac{2}{\sqrt{45}} & \frac{5}{\sqrt{45}}\end{pmatrix}$(答案不唯一).

分析:由方程 $2x_1-x_2+2x_3=0$ 得 $x_2=2x_1+2x_3$,故方程 $2x_1-x_2+2x_3=0$ 的通解为 $\begin{pmatrix}x_1\\x_2\\x_3\end{pmatrix}=\begin{pmatrix}x_1\\2x_1+2x_3\\x_3\end{pmatrix}=x_1\begin{pmatrix}1\\2\\0\end{pmatrix}+x_3\begin{pmatrix}0\\2\\1\end{pmatrix}$,方程 $2x_1-x_2+2x_3=0$ 的基础解系为 $\boldsymbol{\xi}_1=(1,2,0)^{\mathrm{T}}$, $\boldsymbol{\xi}_2=(0,2,1)^{\mathrm{T}}$.

将 $\boldsymbol{\xi}_1,\boldsymbol{\xi}_2$ 正交规范化,令 $\boldsymbol{\beta}_1=\boldsymbol{\xi}_1=(1,2,0)^{\mathrm{T}}$, $\boldsymbol{\beta}_2=\boldsymbol{\xi}_2-\frac{(\boldsymbol{\xi}_2,\boldsymbol{\beta}_1)}{(\boldsymbol{\beta}_1,\boldsymbol{\beta}_1)}\boldsymbol{\beta}_1=\begin{pmatrix}0\\2\\1\end{pmatrix}-\frac{4}{5}\begin{pmatrix}1\\2\\0\end{pmatrix}=\frac{1}{5}\begin{pmatrix}-4\\2\\5\end{pmatrix}$.

取 $\boldsymbol{e}_1=\frac{\boldsymbol{\beta}_1}{\|\boldsymbol{\beta}\|_1}=\frac{1}{\sqrt{5}}(1,2,0)^{\mathrm{T}}$, $\boldsymbol{e}_2=\frac{\boldsymbol{\beta}_2}{\|\boldsymbol{\beta}_2\|}=\frac{1}{\sqrt{45}}(-4,2,5)^{\mathrm{T}}$, $\boldsymbol{e}_1,\boldsymbol{e}_2$ 即为 $\boldsymbol{O}$ 的第 2、3 行行向量.

【例 5】 已知实二次型 f 的矩阵为 $\boldsymbol{A}=\begin{pmatrix}2 & 1 & 0\\ 1 & 1 & -2\\ 0 & -2 & k\end{pmatrix}$,该二次型的规范形为 $f=z_1^2+z_2^2+z_3^2$,则 k 的取值范围是__________.

答　应填 $k>8$.

分析:由 f 的规范形可知 $\boldsymbol{A}$ 正定,故 $\boldsymbol{A}$ 的顺序主子式都大于零,由 $|\boldsymbol{A}|=\begin{vmatrix}2 & 1 & 0\\ 1 & 1 & -2\\ 0 & -2 & k\end{vmatrix}=k-8>0$,得 $k>8$.

【例 6】 二次型 $f(x_1,x_2,x_3)=-4x_1x_2+2x_1x_3+2x_2x_3$ 的符号差为____________.

答　应填 1.

分析:f 中无平方项,令 $x_1=y_1+y_2$, $x_2=y_1-y_2$, $x_3=y_3$,得 $f=-4y_1^2+4y_2^2+4y_1y_3$, f 中有平方项 y_1^2,再将 f 中所有含 y_1 的项合在一起配方,得 $f=-(2y_1-y_3)^2+4y_2^2+y_3^3$,可见 f 的正惯性指数为 2,负惯性指数为 1,符号差为 1.

【例 7】 设 $\boldsymbol{A},\boldsymbol{B}$ 都是 n 阶矩阵,且 $\boldsymbol{A}$ 与 $\boldsymbol{B}$ 相似, $\boldsymbol{E}$ 是 n 阶单位矩阵,则(　　).

(A) 存在正交矩阵 $\boldsymbol{Q}$,使得 $\boldsymbol{Q}^{-1}\boldsymbol{A}\boldsymbol{Q}=\boldsymbol{B}$

(B) $\boldsymbol{A}$ 与 $\boldsymbol{B}$ 有相同的特征值和特征向量

(C) $\boldsymbol{A}$ 与 $\boldsymbol{B}$ 都相似于一个对角矩阵

(D) 对任意常数 t,$\boldsymbol{A}-t\boldsymbol{E}$ 与 $\boldsymbol{B}-t\boldsymbol{E}$ 相似

答 应选(D).

分析:已知 $\boldsymbol{A}$ 与 $\boldsymbol{B}$ 相似,即存在可逆的 $\boldsymbol{P}$,使 $\boldsymbol{B}=\boldsymbol{P}^{-1}\boldsymbol{AP}$,则 $\boldsymbol{B}-t\boldsymbol{E}=\boldsymbol{P}^{-1}(\boldsymbol{A}-t\boldsymbol{E})\boldsymbol{P}$,(D)是正确的;$\boldsymbol{B}=\boldsymbol{P}^{-1}\boldsymbol{AP}$,$\boldsymbol{P}$ 只是可逆,未必是正交矩阵,(A)不正确;$\boldsymbol{A}$ 与 $\boldsymbol{B}$ 的特征值相同,但对同一特征值,$\boldsymbol{A}$ 与 $\boldsymbol{B}$ 的特征向量未必相同,(B)不正确;$\boldsymbol{A}$,$\boldsymbol{B}$ 可能都不相似于对角阵,(C)不正确.

【例 8】 下列矩阵中,与 3 阶单位矩阵合同的是(　　).

(A) $\begin{pmatrix}3&0&1\\0&2&1\\1&1&1\end{pmatrix}$　　(B) $\begin{pmatrix}3&2&0\\2&4&0\\0&0&0\end{pmatrix}$

(C) $\begin{pmatrix}2&0&0\\0&1&-2\\0&-2&4\end{pmatrix}$　　(D) $\begin{pmatrix}1&3&1\\0&2&0\\3&1&-1\end{pmatrix}$

答 应选(A).

分析:(A)、(B)、(C)都是实对称矩阵,实对称矩阵 $\boldsymbol{A}$ 与单位矩阵 $\boldsymbol{E}$ 合同的充分必要条件是 $\boldsymbol{A}$ 正定,即 $\boldsymbol{A}$ 的顺序主子式全为正,经验证,(A)是正确的;(D)中的矩阵不是对称阵,经计算可知其行列式为负,所以它不可能与单位矩阵合同(若 $\boldsymbol{A}$ 与单位矩阵合同,即有可逆的 $\boldsymbol{P}$,使 $\boldsymbol{A}=\boldsymbol{P}^{\mathrm{T}}\boldsymbol{P}$,于是 $|\boldsymbol{A}|=|\boldsymbol{P}|^2>0$),(D)不正确.

【例 9】 设 3 阶对角矩阵

$$\boldsymbol{A}=\begin{pmatrix}a_1^2&&\\&a_2^2&\\&&-a_3^2\end{pmatrix},\ \boldsymbol{B}=\begin{pmatrix}1&&\\&1&\\&&-1\end{pmatrix},$$

其中 a_1,a_2,a_3 都不等于零,问是否有 $\boldsymbol{A}\simeq\boldsymbol{B}$?

【解】 设

$$\boldsymbol{C}=\begin{pmatrix}\frac{1}{a_1}&&\\&\frac{1}{a_2}&\\&&\frac{1}{a_3}\end{pmatrix},$$

则有

$$\boldsymbol{C}^{\mathrm{T}}\boldsymbol{AC}=\begin{pmatrix}\frac{1}{a_1}&&\\&\frac{1}{a_2}&\\&&\frac{1}{a_3}\end{pmatrix}\begin{pmatrix}a_1^2&&\\&a_2^2&\\&&-a_3^2\end{pmatrix}\begin{pmatrix}\frac{1}{a_1}&&\\&\frac{1}{a_2}&\\&&\frac{1}{a_3}\end{pmatrix}$$

$$=\begin{pmatrix}1&&\\&1&\\&&-1\end{pmatrix}=\boldsymbol{B},$$

于是有 $\boldsymbol{A}\simeq\boldsymbol{B}$.

【例 10】 设 $\boldsymbol{A}=\begin{pmatrix}2&-2&0\\-2&1&-2\\0&-2&0\end{pmatrix}$,求正交矩阵 $\boldsymbol{O}$,使得 $\boldsymbol{O}^{\mathrm{T}}\boldsymbol{AO}$ 为对角矩阵.

【解】

$$|\lambda\boldsymbol{E}-\boldsymbol{A}|=\begin{vmatrix}\lambda-2&2&0\\2&\lambda-1&2\\0&2&\lambda\end{vmatrix}=\lambda^3-3\lambda^2-6\lambda+8=(\lambda-1)(\lambda-4)(\lambda+2),$$

$\boldsymbol{A}$ 的相异特征值为 $\lambda_1=1,\lambda_2=4,\lambda_3=-2$.

对应于 $\lambda_1=1$,求解齐次线性方程组 $(\boldsymbol{E}-\boldsymbol{A})\boldsymbol{x}=\boldsymbol{0}$,即

$$\begin{pmatrix}-1&2&0\\2&0&2\\0&2&1\end{pmatrix}\begin{pmatrix}x_1\\x_2\\x_3\end{pmatrix}=\begin{pmatrix}0\\0\\0\end{pmatrix},$$

得基础解系为 $\boldsymbol{\xi}_1=(2,1,-2)^{\mathrm{T}}$.

对应于 $\lambda_2=4$,求解齐次线性方程组 $(4\boldsymbol{E}-\boldsymbol{A})\boldsymbol{x}=\boldsymbol{0}$,即

$$\begin{pmatrix}2&2&0\\2&3&2\\0&2&4\end{pmatrix}\begin{pmatrix}x_1\\x_2\\x_3\end{pmatrix}=\begin{pmatrix}0\\0\\0\end{pmatrix},$$

得基础解系为 $\boldsymbol{\xi}_2=(2,-2,1)^{\mathrm{T}}$.

对应于 $\lambda_3=-2$,求解齐次线性方程组 $(-2\boldsymbol{E}-\boldsymbol{A})\boldsymbol{x}=\boldsymbol{0}$,即

$$\begin{pmatrix}-4&2&0\\2&-3&2\\0&2&-2\end{pmatrix}\begin{pmatrix}x_1\\x_2\\x_3\end{pmatrix}=\begin{pmatrix}0\\0\\0\end{pmatrix},$$

得基础解系为 $\boldsymbol{\xi}_3=(1,2,2)^{\mathrm{T}}$.

取 $\boldsymbol{p}_1=\dfrac{\boldsymbol{\xi}_1}{\|\boldsymbol{\xi}_1\|}=\dfrac{1}{3}(2,1,-2)^{\mathrm{T}}$,$\boldsymbol{p}_2=\dfrac{\boldsymbol{\xi}_2}{\|\boldsymbol{\xi}_2\|}=\dfrac{1}{3}(2,-2,1)^{\mathrm{T}}$,$\boldsymbol{p}_3=\dfrac{\boldsymbol{\xi}_3}{\|\boldsymbol{\xi}_3\|}=\dfrac{1}{3}(1,2,2)^{\mathrm{T}}$.

令 $\boldsymbol{O}=(\boldsymbol{p}_1,\boldsymbol{p}_2,\boldsymbol{p}_3)=\dfrac{1}{3}\begin{pmatrix}2&2&1\\1&-2&2\\-2&1&2\end{pmatrix}$,则 $\boldsymbol{O}^{\mathrm{T}}\boldsymbol{AO}=\begin{pmatrix}1&0&0\\0&4&0\\0&0&-2\end{pmatrix}$.

【例 11】 已知二次型

$$f(x_1,x_2,x_3)=2x_1^2+3x_2^2+3x_3^2+2ax_2x_3\ (a>0)$$

通过正交变换化成标准形

$$f=y_1^2+2y_2^2+5y_3^2,$$

求参数 a 及所用的正交变换矩阵.

【解】 二次型 $f(x_1,x_2,x_3)$ 的矩阵为

$$\boldsymbol{A}=\begin{pmatrix}2&0&0\\0&3&a\\0&a&3\end{pmatrix}.$$

已知 $f(x_1,x_2,x_3)$ 通过正交变换 $\boldsymbol{x}=\boldsymbol{Ty}$ 化成标准形 $f=y_1^2+2y_2^2+5y_3^2$,则 $\boldsymbol{T}$ 为正交矩阵,即有

$$T^{-1}AT=T^{\mathrm{T}}AT=\Lambda=\begin{pmatrix}1&&\\&2&\\&&5\end{pmatrix},\ A\sim\Lambda,$$

因而$|A|=|\Lambda|$,即

$$\begin{vmatrix}2&0&0\\0&3&a\\0&a&3\end{vmatrix}=\begin{vmatrix}1&0&0\\0&2&0\\0&0&5\end{vmatrix}\Rightarrow 18-2a^2=10,$$

解得 $a=\pm2$,已知 $a>0$,所以 $a=2$,于是 $A=\begin{pmatrix}2&0&0\\0&3&2\\0&2&3\end{pmatrix}$.

易知 A 的特征值为 $\lambda_1=1,\lambda_2=2,\lambda_3=5$. 分别解齐次线性方程组,可得 A 的分别与 3 个特征值对应的特征向量为

$$p_1=(0,-1,1)^{\mathrm{T}},\ p_2=(1,0,0)^{\mathrm{T}},\ p_3=(0,1,1)^{\mathrm{T}}.$$

因为实对称矩阵 A 的不同特征值对应的特征向量必相互正交,所以只需将 3 个特征向量单位化,即

$$\eta_1=\frac{p_1}{\|p\|_1}=\frac{1}{\sqrt{2}}(0,-1,1)^{\mathrm{T}},$$

$$\eta_2=\frac{p_2}{\|p\|_2}=(1,0,0)^{\mathrm{T}},$$

$$\eta_3=\frac{p_3}{\|p\|_3}=\frac{1}{\sqrt{2}}(0,1,1)^{\mathrm{T}},$$

则所求的正交变换矩阵为

$$T=(\eta_1,\eta_2,\eta_3)=\begin{pmatrix}0&1&0\\-\frac{1}{\sqrt{2}}&0&\frac{1}{\sqrt{2}}\\\frac{1}{\sqrt{2}}&0&\frac{1}{\sqrt{2}}\end{pmatrix}.$$

【例 12】 已知 3 阶实对称矩阵 A 的特征值为 $\lambda_1=8,\lambda_2=\lambda_3=2$. A 的对应于 $\lambda_1=8$ 的特征向量为 $\alpha_1=(1,k,1)^{\mathrm{T}}$,对应于 $\lambda_2=\lambda_3=2$ 的一个特征向量为 $\alpha_2=(-1,1,0)^{\mathrm{T}}$.

(1) 求 k;

(2) 求正交矩阵 O,使 $O^{\mathrm{T}}AO$ 为对角矩阵;

(3) 求矩阵 A.

【解】 (1) 因为属于对称矩阵的不同特征值的特征向量必互相正交,所以 α_2 与 α_1 正交,即$(\alpha_1,\alpha_2)=k-1=0,k=1$.

(2) A 的属于 $\lambda_2=\lambda_3=2$ 的另一特征向量 $\alpha_3=(x_1,x_2,x_3)^{\mathrm{T}}$ 必定与 $\alpha_1=(1,1,1)^{\mathrm{T}}$ 正交,即 $x_1+x_2+x_3=0$,为了使 α_2,α_3 正交,可取 α_3 为方程组$\begin{cases}x_1+x_2+x_3=0,\\x_2-x_1=0\end{cases}$的解,取 $\alpha_3=(1,1,-2)^{\mathrm{T}}$.

令 $O=\left(\frac{\alpha_1}{\|\alpha_1\|},\frac{\alpha_2}{\|\alpha_2\|},\frac{\alpha_3}{\|\alpha_3\|}\right)=\begin{pmatrix}\frac{1}{\sqrt{3}} & -\frac{1}{\sqrt{2}} & \frac{1}{\sqrt{6}}\\ \frac{1}{\sqrt{3}} & \frac{1}{\sqrt{2}} & \frac{1}{\sqrt{6}}\\ \frac{1}{\sqrt{3}} & 0 & -\frac{2}{\sqrt{6}}\end{pmatrix}$，则

$$O^{\mathrm{T}}AO=\begin{pmatrix}8&0&0\\0&2&0\\0&0&2\end{pmatrix}.$$

(3)

$$A=\begin{pmatrix}\frac{1}{\sqrt{3}} & -\frac{1}{\sqrt{2}} & \frac{1}{\sqrt{6}}\\ \frac{1}{\sqrt{3}} & \frac{1}{\sqrt{2}} & \frac{1}{\sqrt{6}}\\ \frac{1}{\sqrt{3}} & 0 & -\frac{2}{\sqrt{6}}\end{pmatrix}\begin{pmatrix}8&0&0\\0&2&0\\0&0&2\end{pmatrix}\begin{pmatrix}\frac{1}{\sqrt{3}} & \frac{1}{\sqrt{3}} & \frac{1}{\sqrt{3}}\\ -\frac{1}{\sqrt{2}} & \frac{1}{\sqrt{2}} & 0\\ \frac{1}{\sqrt{6}} & \frac{1}{\sqrt{6}} & -\frac{2}{\sqrt{6}}\end{pmatrix}$$

$$=\begin{pmatrix}\frac{8}{\sqrt{3}} & -\frac{2}{\sqrt{2}} & \frac{2}{\sqrt{6}}\\ \frac{8}{\sqrt{3}} & \frac{2}{\sqrt{2}} & \frac{2}{\sqrt{6}}\\ \frac{8}{\sqrt{3}} & 0 & -\frac{4}{\sqrt{6}}\end{pmatrix}\begin{pmatrix}\frac{1}{\sqrt{3}} & \frac{1}{\sqrt{3}} & \frac{1}{\sqrt{3}}\\ -\frac{1}{\sqrt{2}} & \frac{1}{\sqrt{2}} & 0\\ \frac{1}{\sqrt{6}} & \frac{1}{\sqrt{6}} & -\frac{2}{\sqrt{6}}\end{pmatrix}=\begin{pmatrix}4&2&2\\2&4&2\\2&2&4\end{pmatrix}.$$

【例 13】 用配方法将下列二次型化为标准形，并写出所用的可逆线性变换.

(1) $f(x_1,x_2,x_3)=x_1^2+2x_2^2+2x_3^2-4x_1x_2-4x_2x_3$；

(2) $f(x_1,x_2,x_3)=(x_1-x_2)^2+(x_2-x_3)^2+(x_3-x_1)^2$.

【解】 (1) f 中有平方项 x_1^2. 将所有含 x_1 的项归并到一起进行配方得

$$\begin{aligned}f&=(x_1^2-4x_1x_2)+2x_2^2+2x_3^2-4x_2x_3\\&=(x_1-2x_2)^2-2x_2^2+2x_3^2-4x_2x_3.\end{aligned}$$

进一步配方，得 $f=(x_1-2x_2)^2-2(x_2+x_3)^2+4x_3^2$.

令 $\begin{cases}y_1=x_1-2x_2,\\y_2=x_2+x_3,\\y_3=x_3,\end{cases}$ 即 $\begin{cases}x_1=y_1+2y_2-2y_3,\\x_2=y_2-y_3,\\x_3=y_3,\end{cases}$ 则 f 的标准形为 $f=y_1^2-2y_2^2+4y_3^2$. 所作的可逆线性变换为 $\begin{pmatrix}x_1\\x_2\\x_3\end{pmatrix}=\begin{pmatrix}1&2&-2\\0&1&-1\\0&0&1\end{pmatrix}\begin{pmatrix}y_1\\y_2\\y_3\end{pmatrix}$.

(2) $f(x_1,x_2,x_3)=(x_1-x_2)^2+(x_2-x_3)^2+(x_3-x_1)^2=2x_1^2+2x_2^2+2x_3^2-2x_1x_2-2x_1x_3-2x_2x_3$，$f$ 中有平方项 x_1^2. 将所有含 x_1 的项归并到一起进行配方，得

$$\begin{aligned}f&=2(x_1^2-x_1x_2-x_1x_3)+2x_2^2+2x_3^2-2x_2x_3\\&=2(x_1-\frac{1}{2}x_2-\frac{1}{2}x_3)^2+\frac{3}{2}x_2^2+\frac{3}{2}x_3^2-3x_2x_3.\end{aligned}$$

进一步配方,得 $f=2\left(x_1-\frac{1}{2}x_2-\frac{1}{2}x_3\right)^2+\frac{3}{2}(x_2-x_3)^2$.

令 $\begin{cases} y_1=x_1-\frac{1}{2}x_2-\frac{1}{2}x_3, \\ y_2=x_2-x_3, \\ y_3=x_3, \end{cases}$ 即 $\begin{cases} x_1=y_1+\frac{1}{2}y_2+y_3, \\ x_2=y_2+y_3, \\ x_3=y_3, \end{cases}$ 则 f 的标准形为 $f=2y_1^2+\frac{3}{2}y_2^2$. 所作的可逆线性变换为 $\begin{pmatrix} x_1 \\ x_2 \\ x_3 \end{pmatrix}=\begin{pmatrix} 1 & \frac{1}{2} & 1 \\ 0 & 1 & 1 \\ 0 & 0 & 1 \end{pmatrix}\begin{pmatrix} y_1 \\ y_2 \\ y_3 \end{pmatrix}$.

注:本题若直接令 $y_1=x_1-x_2, y_2=x_2-x_3, y_3=x_3-x_1$,将 f 化为 $f=y_1^2+y_2^2+y_3^2$,这种做法是错误的,因为所作的线性变换不是可逆的.

【例 14】 设 $\boldsymbol{A}=\begin{pmatrix} 0 & 1 & 0 & 0 \\ 1 & 0 & 0 & 0 \\ 0 & 0 & x & 1 \\ 0 & 0 & 1 & 2 \end{pmatrix}$.

(1) 已知 $\boldsymbol{A}$ 有特征值 3,求 $\boldsymbol{x}$;

(2) 求可逆矩阵 $\boldsymbol{P}$,使得 $(\boldsymbol{AP})^{\mathrm{T}}\boldsymbol{AP}$ 为对角矩阵.

【解】 (1) 由

$$|3\boldsymbol{E}-\boldsymbol{A}|=\begin{vmatrix} 3 & -1 & 0 & 0 \\ -1 & 3 & 0 & 0 \\ 0 & 0 & 3-x & -1 \\ 0 & 0 & -1 & 1 \end{vmatrix}=\begin{vmatrix} 3 & -1 \\ -1 & 3 \end{vmatrix}\begin{vmatrix} 3-x & -1 \\ -1 & 1 \end{vmatrix}=8(2-x)=0,$$

求得 $x=2$.

(2) $(\boldsymbol{AP})^{\mathrm{T}}\boldsymbol{AP}=\boldsymbol{P}^{\mathrm{T}}\boldsymbol{A}^{\mathrm{T}}\boldsymbol{AP}=\boldsymbol{P}^{\mathrm{T}}\boldsymbol{A}^2\boldsymbol{P}$. $\boldsymbol{A}^2=\begin{pmatrix} 1 & 0 & 0 & 0 \\ 0 & 1 & 0 & 0 \\ 0 & 0 & 5 & 4 \\ 0 & 0 & 4 & 5 \end{pmatrix}$,以 $\boldsymbol{A}^2$ 为矩阵的二次型为

$$f(x_1,x_2,x_3,x_4)=x_1^2+x_2^2+5x_3^2+5x_4^2+8x_3x_4=x_1^2+x_2^2+5(x_3+\frac{4}{5}x_4)^2+\frac{9}{5}x_4^2.$$

令 $\begin{cases} y_1=x_1, \\ y_2=x_2, \\ y_3=x_3+\frac{4}{5}x_4, \\ y_4=x_4, \end{cases}$ 即 $\begin{cases} x_1=y_1, \\ x_2=y_2, \\ x_3=y_3-\frac{4}{5}y_4, \\ x_4=y_4, \end{cases}$ 则 f 的标准形为 $f=y_1^2+y_2^2+5y_3^2+\frac{9}{5}y_4^2$. 所作的可逆线性变换为

$$\begin{pmatrix} x_1 \\ x_2 \\ x_3 \\ x_4 \end{pmatrix}=\begin{pmatrix} 1 & 0 & 0 & 0 \\ 0 & 1 & 0 & 0 \\ 0 & 0 & 1 & -\frac{4}{5} \\ 0 & 0 & 0 & 1 \end{pmatrix}\begin{pmatrix} y_1 \\ y_2 \\ y_3 \\ y_4 \end{pmatrix}.$$

令 $\boldsymbol{P}=\begin{pmatrix}1&0&0&0\\0&1&0&0\\0&0&1&-\frac{4}{5}\\0&0&0&1\end{pmatrix}$，则在可逆线性变换 $\boldsymbol{x}=\boldsymbol{P}\boldsymbol{y}$ 下，

$$f=\boldsymbol{x}^{\mathrm{T}}\boldsymbol{A}^2\boldsymbol{x}=(\boldsymbol{P}\boldsymbol{y})^{\mathrm{T}}\boldsymbol{A}^2(\boldsymbol{P}\boldsymbol{y})=\boldsymbol{y}^{\mathrm{T}}(\boldsymbol{P}^{\mathrm{T}}\boldsymbol{A}^2\boldsymbol{P})\boldsymbol{y}=y_1^2+y_2^2+5y_3^2+\frac{9}{5}y_4^2,$$

即 $\boldsymbol{P}^{\mathrm{T}}\boldsymbol{A}^2\boldsymbol{P}=\begin{pmatrix}1&0&0&0\\0&1&0&0\\0&0&5&0\\0&0&0&\frac{9}{5}\end{pmatrix}$.

【例 15】 求实对称阵 $\boldsymbol{A}=\begin{pmatrix}1&-1&2&0\\-1&-1&0&-2\\2&0&2&0\\0&-2&0&-1\end{pmatrix}$ 的合同规范形.

【解】 只需求出 $\boldsymbol{A}$ 的正、负惯性指数．以 $\boldsymbol{A}$ 为矩阵的二次型为

$$f(x_1,x_2,x_3,x_4)=x_1^2-x_2^2+2x_3^2-x_4^2-2x_1x_2+4x_1x_3-4x_2x_4.$$

下面用配方法化 f 为标准形.

f 中有平方项 x_1^2．将所有含 x_1 的项归并到一起进行配方，得

$$\begin{aligned}f&=(x_1^2-2x_1x_2+4x_1x_3)-x_2^2+2x_3^2-x_4^2-4x_2x_4\\&=(x_1-x_2+2x_3)^2-2x_2^2-2x_3^2-x_4^2+4x_2x_3-4x_2x_4.\end{aligned}$$

进一步配方，得

$$\begin{aligned}f&=(x_1-x_2+2x_3)^2-2(x_2-x_3+x_4)^2+x_4^2-4x_3x_4\\&=(x_1-x_2+2x_3)^2-2(x_2-x_3+x_4)^2+(2x_3-x_4)^2-4x_3^2.\end{aligned}$$

f 的正负惯性指数都为 2，所以 $\boldsymbol{A}$ 的合同规范形为 $\mathrm{diag}(1,1,-1,-1)$.

【例 16】 设 $\boldsymbol{A}$ 为 n 阶实对称矩阵，二次型

$$f(x_1,x_2,\cdots,x_n)=\sum_{i=1}^{n}\sum_{j=1}^{n}\frac{\boldsymbol{A}_{ji}}{|\boldsymbol{A}|}x_ix_j,$$

其中 $\boldsymbol{A}_{ij}$ 为 $\boldsymbol{A}$ 中元素 a_{ij} 的代数余子式.

(1) 记 $\boldsymbol{x}=(x_1,x_2,\cdots,x_n)^{\mathrm{T}}$，把 f 表示成矩阵形式，并证明 f 的矩阵为 $\boldsymbol{A}^{-1}$；

(2) 二次型 $g=\boldsymbol{x}^{\mathrm{T}}\boldsymbol{A}\boldsymbol{x}$ 与 f 的规范形是否相同？说明理由.

【解】 (1) 根据二次型的矩阵表示法

$$f(x_1,x_2,\cdots,x_n)=\boldsymbol{x}^{\mathrm{T}}\frac{1}{|\boldsymbol{A}|}\begin{pmatrix}A_{11}&A_{21}&\cdots&A_{n1}\\A_{12}&A_{22}&\cdots&A_{n2}\\\vdots&\vdots&&\vdots\\A_{1n}&A_{2n}&\cdots&A_{nn}\end{pmatrix}\boldsymbol{x}=\boldsymbol{x}^{\mathrm{T}}\frac{\boldsymbol{A}^*}{|\boldsymbol{A}|}\boldsymbol{x}=\boldsymbol{x}^{\mathrm{T}}\boldsymbol{A}^{-1}\boldsymbol{x},$$

于是 f 的矩阵是 $\boldsymbol{A}^{-1}$.

(2) 由于 $\boldsymbol{A}$ 是对称矩阵，故

$$(\boldsymbol{A}^{-1})^{\mathrm{T}}\boldsymbol{A}\boldsymbol{A}^{-1}=(\boldsymbol{A}^{\mathrm{T}})^{-1}\boldsymbol{A}\boldsymbol{A}^{-1}=\boldsymbol{A}^{-1}\boldsymbol{A}\boldsymbol{A}^{-1}=\boldsymbol{A}^{-1},$$

所以 $\boldsymbol{A}$ 与 $\boldsymbol{A}^{-1}$ 合同，因此 g 与 f 有相同的规范形.

【例 17】 设实二次型 $f=\boldsymbol{x}^{\mathrm{T}}\boldsymbol{A}\boldsymbol{x}$，$\lambda_{\max}$ 和 $\lambda_{\min}$ 分别为矩阵 $\boldsymbol{A}$ 的最大特征值和最小特征值. 证明：若 $\|\boldsymbol{x}\|=1$，则 $\lambda_{\min}\leqslant\boldsymbol{x}^{\mathrm{T}}\boldsymbol{A}\boldsymbol{x}\leqslant\lambda_{\max}$.

【证明】 存在正交变换 $\boldsymbol{x}=\boldsymbol{O}\boldsymbol{y}$，使得实二次型 $f=\boldsymbol{x}^{\mathrm{T}}\boldsymbol{A}\boldsymbol{x}$ 为标准形，即

$$\begin{aligned}f&=\boldsymbol{x}^{\mathrm{T}}\boldsymbol{A}\boldsymbol{x}=(\boldsymbol{O}\boldsymbol{y})^{\mathrm{T}}\boldsymbol{A}(\boldsymbol{O}\boldsymbol{y})=\boldsymbol{y}^{\mathrm{T}}(\boldsymbol{O}^{\mathrm{T}}\boldsymbol{A}\boldsymbol{O})\boldsymbol{y}\\&=\lambda_1y_1^2+\lambda_2y_2^2+\cdots+\lambda_ny_n^2,\end{aligned}$$

其中 $\lambda_1,\lambda_2,\cdots,\lambda_n$ 是 $\boldsymbol{A}$ 的特征值. 由于 $(\boldsymbol{x},\boldsymbol{x})=1$，$\boldsymbol{y}=\boldsymbol{O}^{-1}\boldsymbol{x}=\boldsymbol{O}^{\mathrm{T}}\boldsymbol{x}$，故有

$$(\boldsymbol{y},\boldsymbol{y})=(\boldsymbol{O}^{\mathrm{T}}\boldsymbol{x},\boldsymbol{O}^{\mathrm{T}}\boldsymbol{x})=(\boldsymbol{O}^{\mathrm{T}}\boldsymbol{x})^{\mathrm{T}}\boldsymbol{O}^{\mathrm{T}}\boldsymbol{x}=\boldsymbol{x}^{\mathrm{T}}\boldsymbol{O}\boldsymbol{O}^{\mathrm{T}}\boldsymbol{x}=\boldsymbol{x}^{\mathrm{T}}\boldsymbol{x}=1,$$

从而有

$$\lambda_1y_1^2+\lambda_2y_2^2+\cdots+\lambda_ny_n^2\leqslant\lambda_{\max}(y_1^2+y_2^2+\cdots+y_n^2)=\lambda_{\max}(\boldsymbol{y},\boldsymbol{y})=\lambda_{\max}.$$

同理可证 $\lambda_1y_1^2+\lambda_2y_2^2+\cdots+\lambda_ny_n^2\geqslant\lambda_{\min}$.

因此，对于任意的 $\|\boldsymbol{x}\|=1$，有 $\lambda_{\min}\leqslant\boldsymbol{x}^{\mathrm{T}}\boldsymbol{A}\boldsymbol{x}\leqslant\lambda_{\max}$.

下面证明最大值和最小值总可达到. 不妨假设 $\lambda_1=\lambda_{\min}$，$\lambda_n=\lambda_{\max}$，取

$$\boldsymbol{e}_1=(1,0,\cdots,0,0)^{\mathrm{T}},\ \boldsymbol{e}_n=(0,0,\cdots,0,1)^{\mathrm{T}},$$

则当 $\boldsymbol{x}=\boldsymbol{O}\boldsymbol{e}_1$ 时，

$$\boldsymbol{x}^{\mathrm{T}}\boldsymbol{A}\boldsymbol{x}=\lambda_1\cdot1^2+\lambda_2\cdot0^2+\cdots+\lambda_n\cdot0^2=\lambda_1=\lambda_{\min};$$

当 $\boldsymbol{x}=\boldsymbol{O}\boldsymbol{e}_n$ 时，

$$\boldsymbol{x}^{\mathrm{T}}\boldsymbol{A}\boldsymbol{x}=\lambda_1\cdot0^2+\lambda_2\cdot0^2+\cdots+\lambda_n\cdot1^2=\lambda_n=\lambda_{\max}.$$

【例 18】 判定二次型

$$f(x_1,x_2,x_3)=x_1^2+x_2^2+x_3^2+4x_1x_2+4x_1x_3+4x_2x_3$$

是否为正定二次型.

【解】 方法 1 二次型 f 的矩阵为 $\boldsymbol{A}=\begin{pmatrix}1&2&2\\2&1&2\\2&2&1\end{pmatrix}$.

$$\begin{vmatrix}1&2\\2&1\end{vmatrix}=-3<0,\text{所以 } f \text{ 不是正定二次型.}$$

方法 2 先用配方法化 f 为标准形.

f 中有平方项 x_1^2，将所有含 x_1 的项归并到一起进行配方，得

$$\begin{aligned}f&=(x_1^2+4x_1x_2+4x_1x_3)+x_2^2+x_3^2+4x_2x_3\\&=(x_1+2x_2+2x_3)^2-3x_2^2-3x_3^2-4x_2x_3\\&=(x_1+2x_2+2x_3)^2-3(x_2+\frac{2}{3}x_3)^2-\frac{5}{3}x_3^2.\end{aligned}$$

f 的正惯性指数为 1，所以 f 不是正定二次型.

【例 19】 设有 n 元二次型

$$f(x_1,x_2,\cdots,x_n)=(x_1+a_1x_2)^2+(x_2+a_2x_3)^2+\cdots+(x_{n-1}+a_{n-1}x_n)^2+(x_n+a_nx_1)^2,$$

其中 $a_i(i=1,2,\cdots,n)$ 为实数，试问：当 $a_1,a_2,\cdots,a_n$ 满足何种条件时，二次型 $f(x_1,x_2,\cdots,x_n)$ 为正定二次型？

【解】 由于对于任意 $\boldsymbol{x}=(x_1,x_2,\cdots,x_n)^{\mathrm{T}}\neq\boldsymbol{0}$，二次型 $f(x_1,x_2,\cdots,x_n)\geqslant0$，所以二次型 $f(x_1,x_2,\cdots,x_n)$ 是正定的充分必要条件是齐次线性方程组

$$\begin{cases} x_1+a_1x_2=0, \\ x_2+a_2x_3=0, \\ \quad\vdots \\ x_n+a_nx_1=0 \end{cases}$$

只有零解,而该方程组只有零解的充分必要条件是其系数行列式

$$D_n=\begin{vmatrix} 1 & a_1 & 0 & \cdots & 0 & 0 \\ 0 & 1 & a_2 & \cdots & 0 & 0 \\ \vdots & \vdots & \vdots & & \vdots & \vdots \\ 0 & 0 & 0 & \cdots & 1 & a_{n-1} \\ a_n & 0 & 0 & \cdots & 0 & 1 \end{vmatrix}\neq 0,$$

将 D_n 按第 1 列展开，得

$$D_n=1+(-1)^{n+1}a_1a_2\cdots a_n\neq 0,$$

所以,当 $1+(-1)^{n+1}a_1a_2\cdots a_n\neq 0$ 时,二次型 $f(x_1,x_2,\cdots,x_n)$是正定二次型.

【例 20】 已知 $\boldsymbol{A}$ 为 3 阶实对称矩阵,且满足 $\boldsymbol{A}^3-\boldsymbol{A}^2-\boldsymbol{A}=2\boldsymbol{E}$，二次型 $f=\boldsymbol{x}^{\mathrm{T}}\boldsymbol{A}\boldsymbol{x}$ 经正交变换后化为标准形,求此标准形的表达式.

【解】 只要求出 $\boldsymbol{A}$ 的 3 个特征值即可.设 λ 为 $\boldsymbol{A}$ 的特征值,由 $\boldsymbol{A}^3-\boldsymbol{A}^2-\boldsymbol{A}=2\boldsymbol{E}$,知 λ 满足下列方程

$$\lambda^3-\lambda^2-\lambda-2=0,$$

即

$$(\lambda-2)(\lambda^2+\lambda+1)=0.$$

由于 $\boldsymbol{A}$ 是 3 阶实对称矩阵,其所有特征值必为实数,且必满足上述方程,所以 $\boldsymbol{A}$ 的 3 个特征值为 $\lambda_1=\lambda_2=\lambda_3=2$,故二次型 $f=\boldsymbol{x}^{\mathrm{T}}\boldsymbol{A}\boldsymbol{x}$ 的标准形为

$$f=2y_1^2+2y_2^2+2y_3^2.$$

【例 21】 设矩阵 $\boldsymbol{A}=\begin{pmatrix} 1 & 0 & 1 \\ 0 & 2 & 0 \\ 1 & 0 & 1 \end{pmatrix}$,矩阵 $\boldsymbol{B}=(k\boldsymbol{E}+\boldsymbol{A})^2$,其中 k 为实数,求 k 为何值时,$\boldsymbol{B}$ 为正定矩阵.

【解】 由 $\boldsymbol{A}$ 的特征多项式

$$|\lambda\boldsymbol{E}-\boldsymbol{A}|=\begin{vmatrix} \lambda-1 & 0 & -1 \\ 0 & \lambda-2 & 0 \\ -1 & 0 & \lambda-1 \end{vmatrix}=\lambda(\lambda-2)^2,$$

可知 $\boldsymbol{A}$ 的特征值为 0,2,2,所以 $\boldsymbol{B}$ 的特征值为 $k^2,(k+2)^2,(k+2)^2$. 因此当 $k\neq 0$ 且 $k\neq -2$ 时，$\boldsymbol{B}$ 为正定矩阵.

【例 22】 已知 n 阶方阵 $\boldsymbol{A}$ 的列向量组是 $\mathbf{R}^n$ 的一组标准正交基,且 $|\boldsymbol{A}-\lambda\boldsymbol{E}|=a_n\lambda^n+a_{n-1}\lambda^{n-1}+\cdots+a_1\lambda-1$.

求证 $r(\boldsymbol{A}^2-\boldsymbol{E})<r(\boldsymbol{A})$,其中 $r(\boldsymbol{A}^2-\boldsymbol{E}),r(\boldsymbol{A})$分别为 $\boldsymbol{A}^2-\boldsymbol{E},\boldsymbol{A}$ 的秩.

【证明】 由已知条件可知 $\boldsymbol{A}$ 为正交矩阵,即 $\boldsymbol{A}^{\mathrm{T}}\boldsymbol{A}=\boldsymbol{E}$,故 $r(\boldsymbol{A})=n$.

在 $|\boldsymbol{A}-\lambda\boldsymbol{E}|=a_n\lambda^n+a_{n-1}\lambda^{n-1}+\cdots+a_1\lambda-1$ 中取 $\lambda=0$，得 $|\boldsymbol{A}|=-1$，于是 $|\boldsymbol{A}+\boldsymbol{E}|=|\boldsymbol{A}+\boldsymbol{A}^{\mathrm{T}}\boldsymbol{A}|=|(\boldsymbol{E}+\boldsymbol{A})^{\mathrm{T}}\boldsymbol{A}|=|(\boldsymbol{E}+\boldsymbol{A})^{\mathrm{T}}||\boldsymbol{A}|=-|\boldsymbol{E}+\boldsymbol{A}|$，即 $|\boldsymbol{E}+\boldsymbol{A}|=0$，所以 $|\boldsymbol{A}^2-\boldsymbol{E}|=$

$|\boldsymbol{A}+\boldsymbol{E}||\boldsymbol{A}-\boldsymbol{E}|=0, r(\boldsymbol{A}^2-\boldsymbol{E})<n=r(\boldsymbol{A})$.

【例 23】 设 $\boldsymbol{A}$ 为 n 阶实对称矩阵，$\lambda_1,\lambda_2,\cdots,\lambda_n$ 是 $\boldsymbol{A}$ 的特征值，$\boldsymbol{p}_1,\boldsymbol{p}_2,\cdots,\boldsymbol{p}_n$ 分别是 $\boldsymbol{A}$ 的对应于 $\lambda_1,\lambda_2,\cdots,\lambda_n$ 的标准正交特征向量. 求证 $\boldsymbol{A}=\lambda_1\boldsymbol{p}_1\boldsymbol{p}_1^{\mathrm{T}}+\lambda_2\boldsymbol{p}_2\boldsymbol{p}_2^{\mathrm{T}}+\cdots+\lambda_n\boldsymbol{p}_n\boldsymbol{p}_n^{\mathrm{T}}$.

【证明】 令 $\boldsymbol{P}=(\boldsymbol{p}_1,\boldsymbol{p}_2,\cdots,\boldsymbol{p}_n)$，因为 $\boldsymbol{p}_1,\boldsymbol{p}_2,\cdots,\boldsymbol{p}_n$ 是标准正交向量组，所以 $\boldsymbol{P}$ 是正交矩阵，即 $\boldsymbol{P}^{-1}=\boldsymbol{P}^{\mathrm{T}}$. 已知 $\boldsymbol{A}\boldsymbol{p}_i=\lambda_i\boldsymbol{p}_i, i=1,2,\cdots,n$，即

$$\boldsymbol{AP}=\boldsymbol{P}\mathrm{diag}(\lambda_1,\lambda_2,\cdots,\lambda_n),$$

所以

$$\begin{aligned}\boldsymbol{A}&=\boldsymbol{P}\mathrm{diag}(\lambda_1,\lambda_2,\cdots,\lambda_n)\boldsymbol{P}^{\mathrm{T}}\\&=(\boldsymbol{p}_1,\boldsymbol{p}_2,\cdots,\boldsymbol{p}_n)\begin{pmatrix}\lambda_1&0&\cdots&0\\0&\lambda_2&\cdots&0\\\vdots&\vdots&\vdots&\vdots\\0&0&0&\lambda_n\end{pmatrix}\begin{pmatrix}\boldsymbol{p}_1^{\mathrm{T}}\\\boldsymbol{p}_2^{\mathrm{T}}\\\vdots\\\boldsymbol{p}_n^{\mathrm{T}}\end{pmatrix}\\&=\lambda_1\boldsymbol{p}_1\boldsymbol{p}_1^{\mathrm{T}}+\lambda_2\boldsymbol{p}_2\boldsymbol{p}_2^{\mathrm{T}}+\cdots+\lambda_n\boldsymbol{p}_n\boldsymbol{p}_n^{\mathrm{T}}.\end{aligned}$$

【例 24】 设 $\boldsymbol{A}$ 为 n 阶实对称矩阵，如果对任意 $\boldsymbol{x}\in\mathbf{R}^n$，都有 $\boldsymbol{x}^{\mathrm{T}}\boldsymbol{Ax}=\boldsymbol{0}$，求证：$\boldsymbol{A}$ 为零矩阵.

【证明】 因为 $\boldsymbol{A}$ 为实对称矩阵，所以存在正交矩阵 $\boldsymbol{O}$，使得

$$\boldsymbol{O}^{\mathrm{T}}\boldsymbol{AO}=\mathrm{diag}(\lambda_1,\lambda_2,\cdots,\lambda_n),$$

其中 $\lambda_1,\lambda_2,\cdots,\lambda_n$ 为 $\boldsymbol{A}$ 的特征值.

对任意 $\boldsymbol{y}=(y_1,y_2,\cdots,y_n)^{\mathrm{T}}\in\mathbf{R}^n$，令 $\boldsymbol{x}=\boldsymbol{Oy}$，则

$$\boldsymbol{x}^{\mathrm{T}}\boldsymbol{Ax}=\boldsymbol{y}^{\mathrm{T}}(\boldsymbol{O}^{\mathrm{T}}\boldsymbol{AO})\boldsymbol{y}=\lambda_1y_1^2+\lambda_2y_2^2+\cdots+\lambda_ny_n^2=0.$$

取 $y_1=1, y_j=0\ (j=2,3,\cdots,n)$，得 $\lambda_1=0$，类似可证

$$\lambda_2=\lambda_3=\cdots=\lambda_n=0,$$

即 $\boldsymbol{O}^{\mathrm{T}}\boldsymbol{AO}$ 为零矩阵，所以 $\boldsymbol{A}$ 为零矩阵.

【例 25】 设 $\boldsymbol{A},\boldsymbol{B}$ 为 n 阶实对称矩阵，如果 $\boldsymbol{A}$ 的所有特征值都小于 a，$\boldsymbol{B}$ 的所有特征值都小于 b，求证：$\boldsymbol{A}+\boldsymbol{B}$ 的所有特征值都小于 $a+b$.

【证明】 设 λ 为 $\boldsymbol{A}$ 的特征值，则 $a-\lambda$ 为 $a\boldsymbol{E}-\boldsymbol{A}$ 的特征值，已知 $\lambda<a$，故 $a-\lambda>0$，因此 $a\boldsymbol{E}-\boldsymbol{A}$ 的所有特征值都大于零，$a\boldsymbol{E}-\boldsymbol{A}$ 为正定矩阵. 类似可知 $a\boldsymbol{E}-\boldsymbol{B}$ 也为正定矩阵，易知

$$a\boldsymbol{E}-\boldsymbol{A}+b\boldsymbol{E}-\boldsymbol{B}=(a+b)\boldsymbol{E}-(\boldsymbol{A}+\boldsymbol{B})$$

为正定矩阵，故其所有特征值都大于零. 设 μ 为 $\boldsymbol{A}+\boldsymbol{B}$ 的特征值，则 $a+b-\mu$ 为 $(a+b)\boldsymbol{E}-(\boldsymbol{A}+\boldsymbol{B})$ 的特征值，因为 $a+b-\mu>0$，故 $\mu<a+b$.

【例 26】 设 n 元实二次型 $f=\boldsymbol{x}^{\mathrm{T}}\boldsymbol{Ax}$，如果存在 $\boldsymbol{\alpha},\boldsymbol{\beta}\in\mathbf{R}^n$，使得 $\boldsymbol{\alpha}^{\mathrm{T}}\boldsymbol{A\alpha}>0$，$\boldsymbol{\beta}^{\mathrm{T}}\boldsymbol{A\beta}<0$. 求证：存在 $\boldsymbol{\gamma}\in\mathbf{R}^n$，使 $\boldsymbol{\gamma}^{\mathrm{T}}\boldsymbol{A\gamma}=0$.

【证明】 $\boldsymbol{A}$ 为实对称矩阵，所以存在正交矩阵 $\boldsymbol{O}$，使得

$$\boldsymbol{O}^{\mathrm{T}}\boldsymbol{AO}=\mathrm{diag}(\lambda_1,\lambda_2,\cdots,\lambda_n),$$

其中 $\lambda_1,\lambda_2,\cdots,\lambda_n$ 为 $\boldsymbol{A}$ 的特征值.

令 $\boldsymbol{x}=\boldsymbol{Oy}$，其中 $\boldsymbol{y}=(y_1,y_2,\cdots,y_n)^{\mathrm{T}}$，则

$$f=\boldsymbol{x}^{\mathrm{T}}\boldsymbol{Ax}=\boldsymbol{y}^{\mathrm{T}}(\boldsymbol{O}^{\mathrm{T}}\boldsymbol{AO})\boldsymbol{y}=\lambda_1y_1^2+\lambda_2y_2^2+\cdots+\lambda_ny_n^2.$$

因为存在 $\boldsymbol{\alpha}\in\mathbf{R}^n$，使得 $\boldsymbol{\alpha}^{\mathrm{T}}\boldsymbol{A\alpha}>0$，所以 $\lambda_1,\lambda_2,\cdots,\lambda_n$ 中至少有一个大于零（否则对所有 $\boldsymbol{\alpha}\in\mathbf{R}^n$，都有 $\boldsymbol{\alpha}^{\mathrm{T}}\boldsymbol{A\alpha}\leqslant0$），设 $\lambda_k>0$；同理，因为存在 $\boldsymbol{\beta}\in\mathbf{R}^n$，使得 $\boldsymbol{\beta}^{\mathrm{T}}\boldsymbol{A\beta}<0$，所以 $\lambda_1,\lambda_2,\cdots,\lambda_n$ 中至少有一个小于零（否则对所有 $\boldsymbol{\beta}\in\mathbf{R}^n$，都有 $\boldsymbol{\beta}^{\mathrm{T}}\boldsymbol{A\beta}\geqslant0$），设 $\lambda_l<0$.

取 $\tilde{\gamma}$ 为第 k 个坐标为 $\frac{1}{\sqrt{\lambda_k}}$，第 t 个坐标为 $\frac{1}{\sqrt{-\lambda_t}}$，其余坐标为零的向量，并令 $\boldsymbol{\gamma}=\boldsymbol{O}\tilde{\boldsymbol{\gamma}}$，则

$$\boldsymbol{\gamma}^{\mathrm{T}}\boldsymbol{A}\boldsymbol{\gamma}=(\boldsymbol{O}\tilde{\boldsymbol{\gamma}})^{\mathrm{T}}\boldsymbol{A}(\boldsymbol{O}\tilde{\boldsymbol{\gamma}})=\lambda_k\left(\frac{1}{\sqrt{\lambda_k}}\right)^2+\lambda_t\left(\frac{1}{\sqrt{-\lambda_t}}\right)^2=0.$$

【例 27】 设 $\boldsymbol{\alpha},\boldsymbol{\beta}$ 为三维实单位列向量，且 $(\boldsymbol{\alpha},\boldsymbol{\beta})=0$. 令 $\boldsymbol{A}=\boldsymbol{\alpha}\boldsymbol{\beta}^{\mathrm{T}}+\boldsymbol{\beta}\boldsymbol{\alpha}^{\mathrm{T}}$，求证：$A$ 与对角矩阵 $\boldsymbol{\Lambda}=\mathrm{diag}(1,-1,0)$ 相似.

【证明】 $\boldsymbol{A}^{\mathrm{T}}=\boldsymbol{\beta}\boldsymbol{\alpha}^{\mathrm{T}}+\boldsymbol{\alpha}\boldsymbol{\beta}^{\mathrm{T}}=\boldsymbol{A}$，即 $\boldsymbol{A}$ 为对称矩阵.

已知 $\boldsymbol{\alpha}^{\mathrm{T}}\boldsymbol{\alpha}=\boldsymbol{\beta}^{\mathrm{T}}\boldsymbol{\beta}=1,(\boldsymbol{\alpha},\boldsymbol{\beta})=\boldsymbol{\alpha}^{\mathrm{T}}\boldsymbol{\beta}=\boldsymbol{\beta}^{\mathrm{T}}\boldsymbol{\alpha}=0$，于是有

$$\boldsymbol{A}\boldsymbol{\alpha}=(\boldsymbol{\alpha}\boldsymbol{\beta}^{\mathrm{T}}+\boldsymbol{\beta}\boldsymbol{\alpha}^{\mathrm{T}})\boldsymbol{\alpha}=\boldsymbol{\beta},\ \boldsymbol{A}\boldsymbol{\beta}=(\boldsymbol{\alpha}\boldsymbol{\beta}^{\mathrm{T}}+\boldsymbol{\beta}\boldsymbol{\alpha}^{\mathrm{T}})\boldsymbol{\beta}=\boldsymbol{\alpha},$$

所以

$$\boldsymbol{A}(\boldsymbol{\alpha}+\boldsymbol{\beta})=\boldsymbol{A}\boldsymbol{\alpha}+\boldsymbol{A}\boldsymbol{\beta}=\boldsymbol{\beta}+\boldsymbol{\alpha},\boldsymbol{A}(\boldsymbol{\alpha}-\boldsymbol{\beta})=\boldsymbol{A}\boldsymbol{\alpha}-\boldsymbol{A}\boldsymbol{\beta}=\boldsymbol{\beta}-\boldsymbol{\alpha},$$

这说明 $\boldsymbol{A}$ 有特征值 1 与 -1.

又 $r(\boldsymbol{A})\leqslant r(\boldsymbol{\alpha}\boldsymbol{\beta}^{\mathrm{T}})+r(\boldsymbol{\beta}\boldsymbol{\alpha}^{\mathrm{T}})\leqslant 2$，所以 $|\boldsymbol{A}|=0$，$\boldsymbol{A}$ 有特征值 0，即对称阵 $\boldsymbol{A}$ 的 3 个特征值为 $0,1$ 与 -1，因此 $\boldsymbol{A}$ 与 $\boldsymbol{\Lambda}=\mathrm{diag}(1,-1,0)$ 相似.

【例 28】 设 $\boldsymbol{A}$ 为 m 阶实对称矩阵且正定，$\boldsymbol{B}$ 为 $m\times n$ 实矩阵，$\boldsymbol{B}^{\mathrm{T}}$ 为 $\boldsymbol{B}$ 的转置矩阵，试证：$\boldsymbol{B}^{\mathrm{T}}\boldsymbol{A}\boldsymbol{B}$ 为正定矩阵的充分必要条件是 $\boldsymbol{B}$ 的秩 $r(\boldsymbol{B})=n$.

分析：矩阵 $\boldsymbol{B}^{\mathrm{T}}\boldsymbol{A}\boldsymbol{B}$ 正定当且仅当二次型 $\boldsymbol{x}^{\mathrm{T}}(\boldsymbol{B}^{\mathrm{T}}\boldsymbol{A}\boldsymbol{B})\boldsymbol{x}$ 正定，即对任意的 $\boldsymbol{x}\neq\boldsymbol{0}$，$\boldsymbol{x}^{\mathrm{T}}(\boldsymbol{B}^{\mathrm{T}}\boldsymbol{A}\boldsymbol{B})\boldsymbol{x}>0$，并注意到 $r(\boldsymbol{B})=n$ 当且仅当 $\boldsymbol{B}\boldsymbol{x}=\boldsymbol{0}$ 只有零解.

【证明】 必要性：设 $\boldsymbol{B}^{\mathrm{T}}\boldsymbol{A}\boldsymbol{B}$ 正定，则对任意的实 n 维列向量 $\boldsymbol{x}\neq\boldsymbol{0}$，有 $\boldsymbol{x}^{\mathrm{T}}(\boldsymbol{B}^{\mathrm{T}}\boldsymbol{A}\boldsymbol{B})\boldsymbol{x}>0$，即 $(\boldsymbol{B}\boldsymbol{x})^{\mathrm{T}}\boldsymbol{A}(\boldsymbol{B}\boldsymbol{x})>0$，从而 $\boldsymbol{B}\boldsymbol{x}\neq\boldsymbol{0}$. 由于对任意的 $\boldsymbol{x}\neq\boldsymbol{0}$，都有 $\boldsymbol{B}\boldsymbol{x}\neq\boldsymbol{0}$，因此方程组 $\boldsymbol{B}\boldsymbol{x}=\boldsymbol{0}$ 只有零解，从而 $r(\boldsymbol{B})=n$.

充分性：因 $(\boldsymbol{B}^{\mathrm{T}}\boldsymbol{A}\boldsymbol{B})^{T}=\boldsymbol{B}^{\mathrm{T}}\boldsymbol{A}^{\mathrm{T}}\boldsymbol{B}=\boldsymbol{B}^{\mathrm{T}}\boldsymbol{A}\boldsymbol{B}$，故 $\boldsymbol{B}^{\mathrm{T}}\boldsymbol{A}\boldsymbol{B}$ 为实对称矩阵.

若 $r(\boldsymbol{B})=n$，则线性方程组 $\boldsymbol{B}\boldsymbol{x}=\boldsymbol{0}$ 只有零解，从而对任意实 n 维列向量 $\boldsymbol{x}\neq\boldsymbol{0}$，有 $\boldsymbol{B}\boldsymbol{x}\neq\boldsymbol{0}$.

又 $\boldsymbol{A}$ 为正定矩阵，所以对于 $\boldsymbol{B}\boldsymbol{x}\neq\boldsymbol{0}$ 有 $(\boldsymbol{B}\boldsymbol{x})^{\mathrm{T}}\boldsymbol{A}(\boldsymbol{B}\boldsymbol{x})>0$.

于是当 $\boldsymbol{x}\neq\boldsymbol{0}$ 时，$\boldsymbol{x}^{\mathrm{T}}(\boldsymbol{B}^{\mathrm{T}}\boldsymbol{A}\boldsymbol{B})\boldsymbol{x}>0$，故 $\boldsymbol{B}^{\mathrm{T}}\boldsymbol{A}\boldsymbol{B}$ 为正定矩阵.

三、练习题

（一）填空题

1. 已知 $\mathbf{R}^3$ 中单位向量 $\boldsymbol{\alpha}$ 与 $\boldsymbol{\alpha}_1=(1,1,1)^{\mathrm{T}}$ 和 $\boldsymbol{\alpha}_2=(1,-1,2)^{\mathrm{T}}$ 都正交，则 $\boldsymbol{\alpha}=$________.

2. 已知 $\boldsymbol{\alpha}_1=(1,1,3)^{\mathrm{T}}$ 与 $\boldsymbol{\alpha}_2=(4,5,a)^{\mathrm{T}}$ 分别是实对称矩阵 $\boldsymbol{A}$ 的属于不同特征值的特征向量，则 $a=$________.

3. 已知实对称矩阵 $\boldsymbol{A}=\begin{pmatrix}1&a&1\\a&1&b\\1&b&1\end{pmatrix}$ 与对角矩阵 $\boldsymbol{B}=\begin{pmatrix}0&0&0\\0&1&0\\0&0&2\end{pmatrix}$ 相似，则 $a=$________，$b=$________.

4. 设 $\boldsymbol{A}=(a_{ij})$ 为 3 阶正交矩阵，且 $a_{11}=1$，则线性方程组 $\boldsymbol{A}\boldsymbol{x}=\boldsymbol{b}$ 的解为 $\boldsymbol{x}=$________，

其中 $\boldsymbol{b}=(1,0,0)^{\mathrm{T}}$.

5. 已知实二次型 $f(x_1,x_2,x_3)=-4x_1x_2+2x_1x_3+2tx_2x_3$ 的秩为 2,则 $t=$__________.

6. 已知矩阵 $\boldsymbol{A}=\begin{pmatrix}1&1&0\\1&k&0\\0&0&k^2\end{pmatrix}$ 正定,则 k 的取值范围是__________.

7. 已知实二次型

$$f(x_1,x_2,x_3)=a(x_1^2+x_2^2+x_3^2)+4x_1x_2+4x_1x_3+4x_2x_3$$

经正交变换 $\boldsymbol{x}=\boldsymbol{P}\boldsymbol{y}$ 可化成标准形 $f=6y_1^2$,则 $a=$__________.

8. 实对称矩阵 $\boldsymbol{A}=\begin{pmatrix}1&1&0\\1&2&-2\\0&-2&-1\end{pmatrix}$ 的合同规范形为 $\widetilde{\boldsymbol{\Lambda}}=$__________.

9. 设 n 阶实对称矩阵 $\boldsymbol{A}$ 的 n 个特征值为 $\lambda_1\leqslant\lambda_2\leqslant\cdots\leqslant\lambda_n$,则当__________时,$k\boldsymbol{E}-\boldsymbol{A}$ 为正定矩阵.

10. 已知 n 元实二次型 $f(x_1,x_2,\cdots,x_n)=\boldsymbol{x}^{\mathrm{T}}\boldsymbol{A}\boldsymbol{x}$ 正定,它的正惯性指数 p,秩 r 与 n 之间的关系是__________.

(二) 选择题

1. 下列结论中正确的是(　　).

(A) 若 n 阶实矩阵 $\boldsymbol{A}$ 与 $\boldsymbol{B}$ 等价,则 $\boldsymbol{A}$ 与 $\boldsymbol{B}$ 合同.

(B) 若 n 阶实矩阵 $\boldsymbol{A}$ 与 $\boldsymbol{B}$ 合同,则 $\boldsymbol{A}$ 与 $\boldsymbol{B}$ 等价.

(C) 若 n 阶实矩阵 $\boldsymbol{A}$ 与 $\boldsymbol{B}$ 相似,则 $\boldsymbol{A}$ 与 $\boldsymbol{B}$ 合同.

(D) 若 n 阶实矩阵 $\boldsymbol{A}$ 与 $\boldsymbol{B}$ 合同,则 $\boldsymbol{A}$ 与 $\boldsymbol{B}$ 相似.

2. 下列结论中正确的是(　　).

(A) 若 n 阶实矩阵 $\boldsymbol{A}$ 与 $\boldsymbol{B}$ 等价,则 $|\boldsymbol{A}|=|\boldsymbol{B}|$.

(B) 若 n 阶实矩阵 $\boldsymbol{A}$ 与 $\boldsymbol{B}$ 合同,则 $|\boldsymbol{A}|=|\boldsymbol{B}|$.

(C) 设 $\boldsymbol{A},\boldsymbol{B}$ 为 n 阶实对称矩阵,若 $\boldsymbol{A}$ 与 $\boldsymbol{B}$ 相似,则 $\boldsymbol{A}$ 与 $\boldsymbol{B}$ 合同.

(D) 设 $\boldsymbol{A},\boldsymbol{B}$ 为 n 阶实对称矩阵,若 $\boldsymbol{A}$ 与 $\boldsymbol{B}$ 合同,则 $\boldsymbol{A}$ 与 $\boldsymbol{B}$ 相似.

3. 设 $\boldsymbol{A},\boldsymbol{B}$ 为 n 阶实方阵,且对任意 $\boldsymbol{x}\in\mathbf{R}^n$,都有 $\boldsymbol{x}^{\mathrm{T}}\boldsymbol{A}\boldsymbol{x}=\boldsymbol{x}^{\mathrm{T}}\boldsymbol{B}\boldsymbol{x}$,则当(　　)时,必有 $\boldsymbol{A}=\boldsymbol{B}$.

(A) $r(\boldsymbol{A})=r(\boldsymbol{B})$　　　　(B) $\boldsymbol{A}^{\mathrm{T}}=\boldsymbol{A}$

(C) $\boldsymbol{B}^{\mathrm{T}}=\boldsymbol{B}$　　　　(D) $\boldsymbol{A}^{\mathrm{T}}=\boldsymbol{A}$ 且 $\boldsymbol{B}^{\mathrm{T}}=\boldsymbol{B}$

4. 设 $\boldsymbol{A}=\begin{pmatrix}1&1&1&1\\1&1&1&1\\1&1&1&1\\1&1&1&1\end{pmatrix}$, $\boldsymbol{B}=\begin{pmatrix}4&0&0&0\\0&0&0&0\\0&0&0&0\\0&0&0&0\end{pmatrix}$,则 $\boldsymbol{A}$ 与 $\boldsymbol{B}$(　　).

(A) 合同且相似　　　　(B) 合同但不相似

(C) 不合同但相似　　　　(D) 不合同且不相似

5. 设 $\boldsymbol{A},\boldsymbol{B}$ 均为 n 阶实对称矩阵,则 $\boldsymbol{A}\simeq\boldsymbol{B}$ 的充分必要条件是(　　).

(A) $\boldsymbol{A}$ 和 $\boldsymbol{B}$ 有相同的秩

(B) $\boldsymbol{A}$ 和 $\boldsymbol{B}$ 相似

(C) $\boldsymbol{A}$ 和 $\boldsymbol{B}$ 都合同于对角矩阵

(D) $\boldsymbol{A}$ 和 $\boldsymbol{B}$ 有相同的正、负惯性指数

(三) 解答与证明题

1. 已知 3 阶实对称矩阵 $\boldsymbol{A}$ 的特征值为 $\lambda_1=2,\lambda_2=\lambda_3=-1$. $\boldsymbol{A}$ 的对应于 $\lambda_1=2$ 的特征向量为 $\boldsymbol{\alpha}_1=(1,0,1)^{\mathrm{T}}$,求矩阵 $\boldsymbol{A}$.

2. 已知实二次型 $f(x_1,x_2,x_3)=x_1^2+2x_2^2-2x_3^2+4x_1x_3$,用正交变换将该二次型化为标准形,并写出所用的正交变换.

3. 用正交变换化下列二次型为标准形:$f=2x_1^2+3x_2^2+3x_3^2+4x_2x_3$.

4. 设 $\boldsymbol{A}=\begin{pmatrix}2&-2&0\\-2&1&-2\\0&-2&0\end{pmatrix}$,求可逆矩阵 $\boldsymbol{P}$,使得 $\boldsymbol{P}^{\mathrm{T}}\boldsymbol{AP}$ 为对角矩阵.

5. 设 $f(x_1,x_2,x_3)=x_1^2+x_2^2+5x_3^2+2ax_1x_2-2x_1x_3+4x_2x_3$ 为正定二次型,求 a.

6. 设 λ 是 n 阶正交矩阵 $\boldsymbol{A}$ 的特征值,证明 $\lambda\neq0$,且 $\dfrac{1}{\lambda}$ 也是 $\boldsymbol{A}$ 的特征值.

7. 设 $\boldsymbol{A},\boldsymbol{B}$ 为 n 阶实对称矩阵. 求证:存在 n 阶正交矩阵 $\boldsymbol{O}$,使得 $\boldsymbol{B}=\boldsymbol{O}^{\mathrm{T}}\boldsymbol{AO}$ 的充要条件是 $\boldsymbol{A},\boldsymbol{B}$ 有相同的特征值.

8. 设 $\boldsymbol{A}$ 为特征值非负的 n 阶实对称矩阵,求证:存在特征值非负的 n 阶实对称矩阵 $\boldsymbol{B}$,使 $\boldsymbol{A}=\boldsymbol{B}^2$.

9. 设 $\boldsymbol{A}$ 为 n 阶实矩阵(n 为奇数),如果对任意 $\boldsymbol{x}\in\mathbf{R}^n$,都有 $\boldsymbol{x}^{\mathrm{T}}\boldsymbol{Ax}=\boldsymbol{0}$, 求证:$|\boldsymbol{A}|=0$.

10. 设实对称矩阵 $\boldsymbol{A}$ 满足 $\boldsymbol{A}^2-\boldsymbol{A}-6\boldsymbol{E}=\boldsymbol{O}$,试证明 $t\boldsymbol{E}+\boldsymbol{A}$(其中 $t>2$)为正定矩阵.

11. 设 $\boldsymbol{A},\boldsymbol{B}$ 均为 n 阶正定矩阵,求证:$\boldsymbol{A}+\boldsymbol{B}$ 也为正定矩阵.

12. 设 $\boldsymbol{A}$ 是 n 阶正定矩阵. 试证:对于任意正整数 m,存在正定矩阵 $\boldsymbol{B}$,使得 $\boldsymbol{A}=\boldsymbol{B}^m$.

四、练习题答案与提示

(一) 填空题

1. $\pm\dfrac{1}{\sqrt{14}}(3,-1,-2)^{\mathrm{T}}$

分析:

$$\boldsymbol{\alpha}_1\times\boldsymbol{\alpha}_2=\begin{vmatrix}\boldsymbol{i}&\boldsymbol{j}&\boldsymbol{k}\\1&1&1\\1&-1&2\end{vmatrix}=(3,-1,-2)^{\mathrm{T}},\boldsymbol{\alpha}=\pm\frac{\boldsymbol{\alpha}_1\times\boldsymbol{\alpha}_2}{\|\boldsymbol{\alpha}_1\times\boldsymbol{\alpha}_2\|}=\pm\frac{1}{\sqrt{14}}(3,-1,-2)^{\mathrm{T}}.$$

2. -3.

3. $a=b=0$.

分析:因为 $\boldsymbol{A}$ 与 $\boldsymbol{B}$ 相似,所以 $\boldsymbol{A}$ 与 $\boldsymbol{B}$ 的特征值相同,即 $\boldsymbol{A}$ 的特征值为 0,1,2,于是 $|\boldsymbol{A}|=$

$0\times1\times2=0$，即 $\begin{vmatrix}1&a&1\\a&1&b\\1&b&1\end{vmatrix}=-(b-a)^2=0$，得 $a=b$，又 $|E-A|=\begin{vmatrix}0&-a&-1\\-a&0&-a\\-1&-a&0\end{vmatrix}=-2a^2=0$，故 $a=b=0$.

4. $(1,0,0)^T$.

分析：因为 $\boldsymbol{A}$ 是正交矩阵，所以 $\boldsymbol{A}$ 的行、列向量组都是标准正交向量组，又 $a_{11}=1$，所以 $\boldsymbol{A}=\begin{pmatrix}1&0&0\\0&a_{22}&a_{23}\\0&a_{32}&a_{33}\end{pmatrix}$，线性方程组 $\boldsymbol{Ax}=\boldsymbol{b}$ 的解为

$$\boldsymbol{x}=\boldsymbol{A}^{-1}\boldsymbol{b}=\begin{pmatrix}1&0&0\\0&*&*\\0&*&*\end{pmatrix}\begin{pmatrix}1\\0\\0\end{pmatrix}=\begin{pmatrix}1\\0\\0\end{pmatrix}.$$

5. 0.

分析：f 的矩阵为 $\boldsymbol{A}=\begin{pmatrix}0&-2&1\\-2&0&t\\1&t&0\end{pmatrix}$，对 $\boldsymbol{A}$ 作行初等变换，可得

$$\boldsymbol{A}=\begin{pmatrix}0&-2&1\\-2&0&t\\1&t&0\end{pmatrix}\to\begin{pmatrix}1&t&0\\0&-2&1\\0&0&2t\end{pmatrix}，因为 r(\boldsymbol{A})=2，故 t=0.$$

6. $k>1$.

7. 2.

分析：二次型 $f(x_1,x_2,x_3)$ 的矩阵为 $\boldsymbol{A}=\begin{pmatrix}a&2&2\\2&a&2\\2&2&a\end{pmatrix}$，由于二次型经正交变换 $\boldsymbol{x}=\boldsymbol{Py}$ 可化成标准形 $f=6y_1^2$，可见 $\boldsymbol{A}$ 的特征值为 6,0,0. 由矩阵的特征值的性质 $\sum\limits_{i=1}^n a_{ii}=\sum\limits_{i=1}^n\lambda_i$，得 $3a=6\Rightarrow a=2$.

8. $\begin{pmatrix}1&0&0\\0&1&0\\0&0&-1\end{pmatrix}$.

分析：以 $\boldsymbol{A}$ 为矩阵的二次型为 $f=x_1^2+2x_2^2-x_3^2+2x_1x_2-4x_2x_3$，$f$ 中有平方项 x_1^2，将 f 中所有含 x_1 的项合在一起配方，得

$$f=(x_1^2+2x_1x_2)+2x_2^2-x_3^2-4x_2x_3=(x_1+x_2)^2+x_2^2-x_3^2-4x_2x_3,$$

进一步对余下的项配方，得

$$f=(x_1+x_2)^2+(x_2-2x_3)^2-5x_3^2,$$

可见 f 的正惯性指数为 2，负惯性指数为 1，故 $\widetilde{\boldsymbol{A}}=\mathrm{diag}(1,1,-1)$.

9. $k>\lambda_n$.

分析：$k\boldsymbol{E}-\boldsymbol{A}$ 的特征值为 $k-\lambda_1,k-\lambda_2,\cdots,k-\lambda_n$，$k\boldsymbol{E}-\boldsymbol{A}$ 为正定矩阵的充要条件是这 n 个特征值全为正，即 $k-\lambda_1>0,k-\lambda_2>0,\cdots,k-\lambda_n>0$，已知 $\lambda_1\leqslant\lambda_2\leqslant\cdots\leqslant\lambda_n$，所以 $k>\lambda_n$.

10. $p=r=n$

（二）选择题

1. (B).

分析：$\boldsymbol{A}$ 与 $\boldsymbol{B}$ 等价，即存在可逆的 $\boldsymbol{P},\boldsymbol{Q}$，使 $\boldsymbol{B}=\boldsymbol{PAQ}$；$\boldsymbol{A}$ 与 $\boldsymbol{B}$ 合同，即存在可逆的 $\boldsymbol{P}$，使 $\boldsymbol{B}=\boldsymbol{P}^{\mathrm{T}}\boldsymbol{AP}$；$\boldsymbol{A}$ 与 $\boldsymbol{B}$ 相似，即存在可逆的 $\boldsymbol{P}$，使 $\boldsymbol{B}=\boldsymbol{P}^{-1}\boldsymbol{AP}$. 由等价、合同、相似的定义可知(B)是正确的.

2. (C).

分析：由等价、合同的定义可知(A)、(B)都不正确；若 $\boldsymbol{A}$ 与 $\boldsymbol{B}$ 相似，则 $\boldsymbol{A}$ 与 $\boldsymbol{B}$ 有完全相同的特征值，所以 $\boldsymbol{A}$ 与 $\boldsymbol{B}$ 的正、负惯性指数相同，因此 $\boldsymbol{A}$ 与 $\boldsymbol{B}$ 合同，(C)是正确的；根据定义可知(D)不正确.

3. (D).

分析：取 $\boldsymbol{A}=\begin{pmatrix}0&1\\-1&0\end{pmatrix}$，$\boldsymbol{B}=\begin{pmatrix}0&2\\-2&0\end{pmatrix}$，可知(A)不正确；取 $\boldsymbol{A}=\begin{pmatrix}0&0\\0&0\end{pmatrix}$，$\boldsymbol{B}=\begin{pmatrix}0&2\\-2&0\end{pmatrix}$，可知(B)不正确；取 $\boldsymbol{A}=\begin{pmatrix}0&1\\-1&0\end{pmatrix}$，$\boldsymbol{B}=\begin{pmatrix}0&0\\0&0\end{pmatrix}$，可知(C)不正确；用排除法可知，(D)是正确的。

4. (A).

分析：因 $\boldsymbol{A}$ 是实对称矩阵且 $r(\boldsymbol{A})=1$，因此 $\boldsymbol{A}$ 只有一个非零特征向量，令 $\boldsymbol{x}=(1,1,1,1)^{\mathrm{T}}$，则 $\boldsymbol{Ax}=4\boldsymbol{x}$，从而 4 是 $\boldsymbol{A}$ 的一个特征值，因此 $\boldsymbol{A}$ 的特征值为 $\lambda_1=4,\lambda_2=\lambda_3=\lambda_4=0$. 从而 $\boldsymbol{A}$ 与 $\boldsymbol{B}$ 有相同的特征值. 由于存在正交矩阵 $\boldsymbol{O}$，使得 $\boldsymbol{O}^{\mathrm{T}}\boldsymbol{AO}=\boldsymbol{O}^{-1}\boldsymbol{AO}=\boldsymbol{B}$，所以 $\boldsymbol{A}$ 与 $\boldsymbol{B}$ 既合同又相似. 故(A)正确.

5. (D).

分析：$\boldsymbol{A}$ 和 $\boldsymbol{B}$ 合同的一个必要条件是 $|\boldsymbol{AB}|\geqslant 0$，但 $\boldsymbol{A}$ 和 $\boldsymbol{B}$ 有相同的秩时，可以有 $|\boldsymbol{A}|>0$ 而 $|\boldsymbol{B}|<0$，可见 $\boldsymbol{A}$ 和 $\boldsymbol{B}$ 这时不合同，所以(A)不正确；$\boldsymbol{A}$ 和 $\boldsymbol{B}$ 相似必有 $\boldsymbol{A}$ 和 $\boldsymbol{B}$ 合同，但 $\boldsymbol{A}$ 和 $\boldsymbol{B}$ 合同，推不出 $\boldsymbol{A}$ 和 $\boldsymbol{B}$ 相似，所以(B)不正确；类似于(A)的分析，可知(C)不正确，用排除法知，只有(D)正确.

（三）解答与证明题

1. $\boldsymbol{A}=\dfrac{1}{2}\begin{pmatrix}1&0&3\\0&-2&0\\3&0&1\end{pmatrix}$.

分析：因为属于实对称矩阵的不同特征值的特征向量必互相正交，所以，属于 $\lambda_2=\lambda_3=-1$ 的特征向量 $\boldsymbol{x}=(x_1,x_2,x_3)^{\mathrm{T}}$ 必定与 $\boldsymbol{\alpha}_1$ 正交，即它们一定满足 $x_1+x_3=0$，x_2 可以取任何值. 取方程组 $x_1+x_3=0$ 的线性无关解 $\boldsymbol{\alpha}_2=(0,1,0)^{\mathrm{T}}$，$\boldsymbol{\alpha}_3=(1,0,-1)^{\mathrm{T}}$.

令 $\boldsymbol{P}=(\boldsymbol{\alpha}_1,\boldsymbol{\alpha}_2,\boldsymbol{\alpha}_3)=\begin{pmatrix}1&0&1\\0&1&0\\1&0&-1\end{pmatrix}$，则 $\boldsymbol{P}^{-1}\boldsymbol{AP}=\begin{pmatrix}2&0&0\\0&-1&0\\0&0&-1\end{pmatrix}$. 求出 $\boldsymbol{P}^{-1}=\dfrac{1}{2}\begin{pmatrix}1&0&1\\0&2&0\\1&0&-1\end{pmatrix}$. 于是 $\boldsymbol{A}=\boldsymbol{P}\begin{pmatrix}2&0&0\\0&-1&0\\0&0&-1\end{pmatrix}\boldsymbol{P}^{-1}=\dfrac{1}{2}\begin{pmatrix}1&0&3\\0&-2&0\\3&0&1\end{pmatrix}$.

2. f 的标准形为 $f=2y_1^2+2y_2^2-3y_3^2$.

正交变换为 $\begin{pmatrix}x_1\\x_2\\x_3\end{pmatrix}=\begin{pmatrix}\frac{2}{\sqrt{5}} & 0 & \frac{1}{\sqrt{5}}\\ 0 & 1 & 0\\ \frac{1}{\sqrt{5}} & 0 & -\frac{2}{\sqrt{5}}\end{pmatrix}\begin{pmatrix}y_1\\y_2\\y_3\end{pmatrix}$.

3. $\begin{pmatrix}x_1\\x_2\\x_3\end{pmatrix}=\begin{pmatrix}0 & 1 & 0\\ -\frac{1}{\sqrt{2}} & 0 & \frac{1}{\sqrt{2}}\\ \frac{1}{\sqrt{2}} & 0 & \frac{1}{\sqrt{2}}\end{pmatrix}\begin{pmatrix}y_1\\y_2\\y_3\end{pmatrix}$, $f=y_1^2+2y_2^2+5y_3^2$.

4. $\boldsymbol{P}=\begin{pmatrix}1 & 1 & -2\\ 0 & 1 & -2\\ 0 & 0 & 1\end{pmatrix}$, $\boldsymbol{P}^{\mathrm{T}}\boldsymbol{A}\boldsymbol{P}=\begin{pmatrix}2 & 0 & 0\\ 0 & -1 & 0\\ 0 & 0 & 4\end{pmatrix}$.

分析：以 $\boldsymbol{A}$ 为矩阵的二次型为

$$f(x_1,x_2,x_3)=2x_1^2+x_2^2-4x_1x_2-4x_2x_3.$$

用配方法化 f 为标准形. f 中有平方项 x_1^2，将所有含 x_1 的项归并到一起进行配方，得

$$f=(2x_1^2-4x_1x_2)+x_2^2-4x_2x_3=2(x_1-x_2)^2-x_2^2-4x_2x_3.$$

进一步配方，得 $f=2(x_1-x_2)^2-(x_2+2x_3)^2+4x_3^2$.

令 $\begin{cases}y_1=x_1-x_2,\\ y_2=x_2+2x_3,\\ y_3=x_3,\end{cases}$ 即 $\begin{cases}x_1=y_1+y_2-2y_3,\\ x_2=y_2-2y_3,\\ x_3=y_3,\end{cases}$ 则 f 的标准形为 $f=2y_1^2-y_2^2+4y_3^2$. 所作的可逆线性变换为 $\begin{pmatrix}x_1\\x_2\\x_3\end{pmatrix}=\begin{pmatrix}1 & 1 & -2\\ 0 & 1 & -2\\ 0 & 0 & 1\end{pmatrix}\begin{pmatrix}y_1\\y_2\\y_3\end{pmatrix}$.

令 $\boldsymbol{P}=\begin{pmatrix}1 & 1 & -2\\ 0 & 1 & -2\\ 0 & 0 & 1\end{pmatrix}$，则在可逆线性变换 $\boldsymbol{x}=\boldsymbol{P}\boldsymbol{y}$ 下，

$$f=\boldsymbol{x}^{\mathrm{T}}\boldsymbol{A}\boldsymbol{x}=(\boldsymbol{P}\boldsymbol{y})^{\mathrm{T}}\boldsymbol{A}(\boldsymbol{P}\boldsymbol{y})=\boldsymbol{y}^{\mathrm{T}}(\boldsymbol{P}^{\mathrm{T}}\boldsymbol{A}\boldsymbol{P})\boldsymbol{y}=2y_1^2-y_2^2+4y_3^2,$$

即 $\boldsymbol{P}^{\mathrm{T}}\boldsymbol{A}\boldsymbol{P}=\begin{pmatrix}2 & 0 & 0\\ 0 & -1 & 0\\ 0 & 0 & 4\end{pmatrix}$.

5. $-\frac{4}{5}<a<0$

分析：二次型 $f(x_1,x_2,x_3)$ 的矩阵 $\boldsymbol{A}=\begin{pmatrix}1 & a & -1\\ a & 1 & 2\\ -1 & 2 & 5\end{pmatrix}$，令其顺序主子式 $a_{11}=1>0$，

$\begin{vmatrix}1 & a\\ a & 1\end{vmatrix}=1-a^2>0$，$\begin{vmatrix}1 & a & -1\\ a & 1 & 2\\ -1 & 2 & 5\end{vmatrix}=-5a\left(a+\frac{4}{5}\right)>0$，解得 $-\frac{4}{5}<a<0$.

6. 分析：已知 $A^{T}A=E$，故 $|A^{T}A|=1$，$|A|^{2}=1$，$|A|\neq 0$，所以 $\lambda\neq 0$.

由 $A^{T}A=E$，可得 $A^{T}=A^{-1}$，因为 λ 是 A 的特征值，所以 $\frac{1}{\lambda}$ 是 A^{-1} 的特征值，于是 $\frac{1}{\lambda}$ 也是 A^{T} 的特征值，而 A^{T} 与 A 的特征值相同，所以 $\frac{1}{\lambda}$ 也是 A 的特征值.

7. 提示：必要性显然. 关于充分性：如果 A,B 有相同的特征值，设特征值为 $\lambda_1,\lambda_2,\cdots,\lambda_n$. 因为 A,B 为实对称矩阵，所以存在正交矩阵 O_1,O_2，使得 $O_1^{T}AO_1=O_2^{T}BO_2=\mathrm{diag}(\lambda_1,\lambda_2,\cdots,\lambda_n)$，即 $B=O_2O_1^{T}AO_1O_2^{T}$，令 $O=O_1O_2^{T}$，则 O 为正交矩阵，且 $B=O^{T}AO$.

8. 提示：因为 A 为特征值非负的实对称矩阵，所以存在正交矩阵 O，使得

$$O^{T}AO=\mathrm{diag}(\lambda_1,\lambda_2,\cdots,\lambda_n)\text{，其中 }\lambda_1,\lambda_2,\cdots,\lambda_n\text{ 非负，}$$

即 $A=O\mathrm{diag}(\lambda_1,\lambda_2,\cdots,\lambda_n)O^{T}$，取 $B=O\mathrm{diag}(\sqrt{\lambda_1},\sqrt{\lambda_2},\cdots,\sqrt{\lambda_n})O^{T}$ 即可.

9. 分析：因为 $\forall x\in\mathbf{R}^n$，有 $x^{T}Ax=0$，所以 $(x^{T}Ax)^{T}=x^{T}A^{T}x=0$.
令 $B=A+A^{T}$，则 B 为对称阵，且对任意 $x\in\mathbf{R}^n$，$x^{T}Bx=x^{T}Ax+x^{T}A^{T}x=0$，易知 B 为零矩阵. 于是 $A^{T}=-A$，$|A|=|A^{T}|=|-A|=(-1)^{n}|A|=-|A|$，$|A|=0$.

10. 提示：证明 $tE+A$ 的特征值都大于 0.

11. 提示：判断二次型 $f=x^{T}(A+B)x$ 的正定性.

12. 分析：因 A 是 n 阶正定矩阵，所以存在正交矩阵 O，使得

$$O^{T}AO=\mathrm{diag}(\lambda_1,\lambda_2,\cdots,\lambda_n)(\lambda_i>0,i=1,2,\cdots,n).$$

令 $B=O\mathrm{diag}(\sqrt[m]{\lambda_1},\sqrt[m]{\lambda_2},\cdots,\sqrt[m]{\lambda_n})O^{T}$，则 B 为正定矩阵，且满足 $A=B^{m}$.

第八章 空间曲面与曲线

一、内容提要

（一）空间曲面

1. 球面

球面的一般方程为 $x^2+y^2+z^2+2ax+2by+2cz+d=0$.

2. 旋转曲面

yoz 坐标面上的曲线 $\begin{cases} f(y,z)=0, \\ x=0 \end{cases}$ 绕 z 轴旋转，形成的旋转面方程为 $f(\pm\sqrt{x^2+y^2},z)=0$（$y\geqslant 0$ 时取＋号，$y\leqslant 0$ 时取－号）.

3. 柱面

以 xoy 坐标面上的曲线 $\begin{cases} F(x,y)=0, \\ z=0 \end{cases}$ 为准线，母线平行于 z 轴的柱面方程为 $F(x,y)=0$，反之，任何一个不含变量 z 的方程，其图形为母线平行于 z 轴的柱面.

4. 二次曲面

三元二次方程 $F(x,y,z)=0$ 的图形称为二次曲面，二次曲面方程可经过化简，化为 9 种标准方程之一. 因此二次曲面共有 9 种，包括椭球面、单叶双曲面、双叶双曲面、椭圆锥面、椭圆抛物面、双曲抛物面、椭圆柱面、双曲柱面、抛物柱面.

（二）空间曲线

1. 空间曲线的方程

（1）空间曲线的一般方程形如 $\begin{cases} F(x,y,z)=0, \\ G(x,y,z)=0, \end{cases}$ 其图形为曲面 $F(x,y,z)=0$ 与曲面 $G(x,y,z)=0$ 的交线；

（2）空间曲线的参数方程形如 $\begin{cases} x=x(t), \\ y=y(t), t\in I. \\ z=z(t), \end{cases}$

2. 空间曲线在坐标面上的投影

设空间曲线 C: $\begin{cases}F(x,y,z)=0,\\G(x,y,z)=0,\end{cases}$ 从 C 的方程中消去 z，得 $H(x,y)=0$，则曲线 $\begin{cases}H(x,y)=0,\\z=0\end{cases}$ 包含了曲线 C 在 xoy 坐标面上的投影.

二、典型例题

【例 1】 曲面 $z=\sqrt{3(x^2+y^2)}$ 是由 xoz 平面上的曲线__________绕 z 轴旋转而成的.

答 应填 $\begin{cases}z=\sqrt{3}x(x\geqslant 0),\\y=0.\end{cases}$

分析：xoz 坐标面上的曲线 $\begin{cases}f(x,z)=0,\\y=0\end{cases}$ 绕 z 轴旋转，形成的旋转面方程为 $f(\pm\sqrt{x^2+y^2},z)=0$（$x\geqslant 0$ 时取＋号，$x\leqslant 0$ 时取－号），由 $z=\sqrt{3(x^2+y^2)}=\sqrt{3}\sqrt{x^2+y^2}$ 可得正确答案.

【例 2】 曲面 $y=x^2+z^2$ 是由 yoz 平面上的曲线__________绕 y 轴旋转而成的.

答 应填 $\begin{cases}y=z^2,\\x=0.\end{cases}$

分析：yoz 坐标面上的曲线 $\begin{cases}f(y,z)=0,\\x=0\end{cases}$ 绕 y 轴旋转，形成的旋转面方程为 $f(y,\pm\sqrt{x^2+z^2})=0$（$z\geqslant 0$ 时取＋号，$z\leqslant 0$ 时取－号），由 $y=x^2+z^2=(\pm\sqrt{x^2+z^2})^2$ 可得正确答案.

【例 3】 曲线 $\begin{cases}x=2y^2+z^2,\\x=4-(y^2+z^2)\end{cases}$ 在 yoz 平面上的投影曲线为__________.

答 应填 $\begin{cases}3y^2+2z^2=4,\\x=0.\end{cases}$

分析：从曲线的方程中消去 x，得 $2y^2+z^2=4-(y^2+z^2)$，即 $3y^2+2z^2=4$，故所求投影为 $\begin{cases}3y^2+2z^2=4,\\x=0.\end{cases}$

【例 4】 以曲线 $\begin{cases}x^2+y^2+z^2=4,\\x+y+z=0\end{cases}$ 为准线，母线平行于 x 轴的柱面方程为__________.

答 应填 $y^2+yz+z^2=2$.

分析：从曲线的方程中消去 x，得 $(y+z)^2+y^2+z^2=4$，即 $y^2+yz+z^2=2$，故所求柱面方程为 $y^2+yz+z^2=2$.

【例 5】 已知动点 M 与 xoz 平面的距离为 5，与定点 $A(2,7,-2)$ 的距离为 4，则点 M 的轨迹是（　　）.

(A) 圆柱面　　(B) 平面 $y=5$ 上的圆

(C) 椭圆柱面　　(D) 平面 $y=5$ 上的椭圆

答 应选 (B).

分析：设动点 $M(x,y,z)$，由已知条件，M 的坐标满足

$$\begin{cases}(x-2)^2+(y-7)^2+(z+2)^2=16,\\ y=5,\end{cases}$$ 即

$$\begin{cases}(x-2)^2+(z+2)^2=12,\\ y=5,\end{cases}$$

此即 M 点的轨迹. 所以选(B).

【例 6】 二次曲面 $a^2x^2-b^2y^2+c^2=0$ 的准线是(　　).

(A)圆　　(B) 椭圆　　(C) 抛物线　　(D) 双曲线

答　应选　(D)

分析：二次曲面 $a^2x^2-b^2y^2+c^2=0$ 是平行于 z 轴且与曲线

$$\begin{cases}a^2x^2-b^2y^2+c^2=0,\\ z=0\end{cases}$$

相交的直线形成的,因此上述曲线就是所给曲面的准线,即是双曲线.

【例 7】 求球面方程,使球心在直线$\dfrac{x+1}{2}=\dfrac{y}{0}=\dfrac{z}{-1}$上,且球面过点 $A(3,-3,5)$和 $B(4,-6,-3)$.

【解】 设球心为 $M(a,b,c)$,则 M 在直线上,且$|AM|=|BM|$,于是有方程组

$$\begin{cases}\dfrac{a+1}{2}=\dfrac{b}{0}=\dfrac{c}{-1},\\ \sqrt{(a-3)^2+(b+3)^2+(c-5)^2}=\sqrt{(a-4)^2+(b+6)^2+(c+3)^2},\end{cases}$$

解得 $a=1,b=0,c=-1$,故球心为 $M(1,0,-1)$,半径为 $R=|AM|=7$. 球面方程为

$$(x-1)^2+y^2+(z+1)^2=49.$$

【例 8】 设柱面的准线为$\begin{cases}x=y^2+z^2,\\ x=2z,\end{cases}$母线方向垂直于准线所在的平面,求此柱面的方程.

【解】 准线所在平面为 $x-2z=0$,故母线方向为 $\boldsymbol{v}=(1,0,-2)$. 设 $M(x,y,z)$为柱面上任意一点，且 M 所在的母线与准线的交点为 $N(x_1,y_1,z_1)$. 则有方程组

$$\begin{cases}\dfrac{x-x_1}{1}=\dfrac{y-y_1}{0}=\dfrac{z-z_1}{-2},\\ x_1=y_1^2+z_1^2,\\ x_1=2z_1.\end{cases}$$

令 $x_1=x-t,y_1=y,z_1=z+2t$,代入上面方程中的第 2 和第 3 个方程,得

$$\begin{cases}x-t=y^2+(z+2t)^2,\\ x-t=2(z+2t),\end{cases}$$

消去 t,并整理得柱面方程

$$4x^2+25y^2+z^2+4xz-20x-10z=0.$$

【例 9】 求以直线 L:$\dfrac{x-1}{2}=\dfrac{y-1}{3}=\dfrac{z-3}{4}$为对称轴,底圆半径为 2 的圆柱面的方程.

【解】 设圆柱面上任一点 $M(x,y,z)$，由题意 M 到 L 的距离为 2, $M_0(1,1,3)$是 L 上的一点. L 的方向向量为 $\boldsymbol{s}=(2,3,4)$，从而

$$d=\frac{|s\times\overrightarrow{MM_0}|}{|s|}=\frac{1}{\sqrt{2^2+3^2+4^2}}\left\|\begin{matrix} i & j & k \\ 2 & 3 & 4 \\ 1-x & 1-y & 3-z\end{matrix}\right\|$$

$$=\frac{1}{\sqrt{29}}\sqrt{(5-3z+4y)^2+(-2-4x+2z)^2+(-1-2y+3x)^2}=2,$$

两边平方,并整理得

$$25(x-1)^2+20(y-1)^2+13(z-3)^2-24(y-1)(z-3)-16(x-1)(z-3)-12(x-1)(y-1)=116,$$

即为所求圆柱面的方程.

【例 10】 试求通过 3 条平行直线

$$L_1:\frac{x}{0}=\frac{y-1}{1}=\frac{z+1}{1},L_2:\frac{x}{0}=\frac{y}{1}=\frac{z-2}{1},L_3:\frac{x-\sqrt{2}}{0}=\frac{y-1}{1}=\frac{z-1}{1}$$

的圆柱面的方程.

【解】 在圆柱面的对称轴上取任一点 $P(x,y,z)$,则 P 到 3 条已知直线距离相等,由点到直线的距离公式可得方程组

$$\frac{|(x,y-1,z+1)\times(0,1,1)|}{|(0,1,1)|}=\frac{|(x,y,z-2)\times(0,1,1)|}{|(0,1,1)|}=\frac{|(x-\sqrt{2},y-1,z-1)\times(0,1,1)|}{|(0,1,1)|},$$

整理得 $\begin{cases} y-z=0, \\ x=0\end{cases}$ 即对称轴的方程,将其化为标准方程,得 $L:\frac{x}{0}=\frac{y}{1}=\frac{z}{1}$, L_1 上点 $M_1(0,1,-1)$ 到 L 的距离就是圆柱面的半径 r,即

$$r=\frac{|(0,1,-1)\times(0,1,1)|}{|(0,1,1)|}=\sqrt{2}.$$

再设圆柱面上任一点 $M(x,y,z)$,则 M 到对称轴 L 的距离为$\sqrt{2}$,即

$$\frac{|(x,y,z)\times(0,1,1)|}{|(0,1,1)|}=\sqrt{2},$$

整理得圆柱面的方程为

$$2x^2+y^2+z^2-2yz-4=0.$$

【例 11】* 过 x 轴和 y 轴分别作动平面,使它们的交角为定角 α. 求它们的交线产生的曲面方程,并指出它是什么曲面.

【解】 由于动平面都过原点,故它们的交线必过原点,所求曲面必为以原点为顶点的锥面. 设交线上任一点 $M(x,y,z)$,则两个动平面的法向量分别是

$$\boldsymbol{n}_1=\overrightarrow{OM}\times\boldsymbol{i}=(0,z,-y),\ \boldsymbol{n}_2=\overrightarrow{OM}\times\boldsymbol{j}=(-z,0,x),$$

由题设有

$$\frac{|\boldsymbol{n}_1\cdot\boldsymbol{n}_2|}{|\boldsymbol{n}_1||\boldsymbol{n}_2|}=\frac{|-xy|}{\sqrt{y^2+z^2}\sqrt{x^2+z^2}}=\cos\alpha,$$

化简得锥面方程

$$(x^2+y^2+z^2)z^2=x^2y^2\tan^2\alpha.$$

【例 12】 已知单叶双曲面的一个平面截痕为 $\begin{cases}\frac{x^2}{45}+\frac{y^2}{80}=1, \\ z=4,\end{cases}$ 且过点$(-3,4,-2)$,求它的标准方程.

【解】 设方程为 $\frac{x^2}{a^2}+\frac{y^2}{b^2}-\frac{z^2}{c^2}=1$，它与 $z=4$ 的交线为 $\begin{cases}\frac{x^2}{a^2}+\frac{y^2}{b^2}-\frac{16}{c^2}=1,\\ z=4,\end{cases}$ 即

$\begin{cases}\frac{x^2}{a^2\left(1+\frac{16}{c^2}\right)}+\frac{y^2}{b^2\left(1+\frac{16}{c^2}\right)}=1,\\ z=4,\end{cases}$ 与已知截痕比较，以及曲面过点(−3,4,−2)，得

$$a^2\left(1+\frac{16}{c^2}\right)=45,\ b^2\left(1+\frac{16}{c^2}\right)=80,\ \frac{9}{a^2}+\frac{16}{b^2}-\frac{4}{c^2}=1,$$

于是得 $a^2=9$，$b^2=16$，$c^2=4$，故此单叶双曲面的标准方程为

$$\frac{x^2}{9}+\frac{y^2}{16}-\frac{z^2}{4}=1.$$

【例 13】 已知二次型

$$f(x_1,x_2,x_3)=5x_1^2+5x_2^2+ax_3^2-2x_1x_2+6x_1x_3-6x_2x_3$$

的秩为 2.

(1) 求 a 的值；

(2) 指出方程 $f(x_1,x_2,x_3)=1$ 表示何种二次曲面.

【解】 (1) 二次型 f 的矩阵为 $\boldsymbol{A}=\begin{pmatrix}5&-1&3\\-1&5&-3\\3&-3&a\end{pmatrix}$，对 $\boldsymbol{A}$ 作行初等变换，得

$$\boldsymbol{A}=\begin{pmatrix}5&-1&3\\-1&5&-3\\3&-3&a\end{pmatrix}\to\begin{pmatrix}-1&5&-3\\0&2&-1\\0&0&a-3\end{pmatrix}.$$

由 $r(A)=2$，求得 $a=3$.

(2) 二次型 f 的矩阵为 $\boldsymbol{A}=\begin{pmatrix}5&-1&3\\-1&5&-3\\3&-3&3\end{pmatrix}$.

$$|\lambda\boldsymbol{E}-\boldsymbol{A}|=\begin{vmatrix}\lambda-5&1&-3\\1&\lambda-5&3\\-3&3&\lambda-3\end{vmatrix}\xlongequal{r_2+1r_1}\begin{vmatrix}\lambda-5&1&-3\\\lambda-4&\lambda-4&0\\-3&3&\lambda-3\end{vmatrix}$$

$$=(\lambda-4)\begin{vmatrix}\lambda-5&1&-3\\1&1&0\\-3&3&\lambda-3\end{vmatrix}=\lambda(\lambda-4)(\lambda-9).$$

$\boldsymbol{A}$ 的特征值为：$\lambda_1=0,\lambda_2=4,\lambda_3=9$.

通过正交变换，方程 $f(x_1,x_2,x_3)=1$ 可化为 $4y_1^2+9y_2^2=1$. 因此方程 $f(x_1,x_2,x_3)=1$ 表示的是椭圆柱面.

【例 14】* 将下列二次曲面的方程化简为标准方程，并说明方程表示怎样的曲面：

(1) $2x^2+3y^2+3z^2+4yz=1$；

(2) $z=xy$；

(3) $x^2-2y^2+z^2+4xy+8xz+4yz=3$.

【解】 (1) 先用正交变换将二次型 $f(x,y,z)=2x^2+3y^2+3z^2+4yz$ 化为标准形

$$f(x,y,z)=(x,y,z)\begin{pmatrix}2&0&0\\0&3&2\\0&2&3\end{pmatrix}\begin{pmatrix}x\\y\\z\end{pmatrix}.$$

令 $\boldsymbol{X}=\begin{pmatrix}x\\y\\z\end{pmatrix}$，$\boldsymbol{A}=\begin{pmatrix}2&0&0\\0&3&2\\0&2&3\end{pmatrix}$，则 $f(x,y,z)=\boldsymbol{X}^{\mathrm{T}}\boldsymbol{A}\boldsymbol{X}$.

求 $\boldsymbol{A}$ 的特征值及相应的特征向量，得到

$$\lambda_1=2,\quad \boldsymbol{p}_1=(1,0,0)^{\mathrm{T}};$$
$$\lambda_2=1,\quad \boldsymbol{p}_2=(0,1,-1)^{\mathrm{T}};$$
$$\lambda_3=5,\quad \boldsymbol{p}_3=(0,1,1)^{\mathrm{T}}.$$

因为 $\boldsymbol{A}$ 的特征值两两不相等，所以 $\boldsymbol{p}_1,\boldsymbol{p}_2,\boldsymbol{p}_3$ 两两正交.

取 $\boldsymbol{O}=\left(\frac{\boldsymbol{p}_1}{\|\boldsymbol{p}_1\|},\frac{\boldsymbol{p}_2}{\|\boldsymbol{p}_2\|},\frac{\boldsymbol{p}_3}{\|\boldsymbol{p}_3\|}\right)=\begin{pmatrix}1&0&0\\0&\frac{1}{\sqrt{2}}&\frac{1}{\sqrt{2}}\\0&-\frac{1}{\sqrt{2}}&\frac{1}{\sqrt{2}}\end{pmatrix}$，则

$$\boldsymbol{O}^{\mathrm{T}}\boldsymbol{A}\boldsymbol{O}=\begin{pmatrix}2&0&0\\0&1&0\\0&0&5\end{pmatrix}.$$

作正交变换 $\boldsymbol{X}=\boldsymbol{O}\boldsymbol{Y}$，其中 $\boldsymbol{Y}=(x_1,y_1,z_1)^{\mathrm{T}}$，即

$$\begin{cases}x=x_1,\\ y=\frac{1}{\sqrt{2}}(y_1+z_1),\\ z=\frac{1}{\sqrt{2}}(z_1-y_1).\end{cases}$$

则 $f=2x_1^2+y_1^2+5z_1^2$. 原方程化为 $2x_1^2+y_1^2+5z_1^2=1$. 因此原方程代表一个椭球面.

（注：上面的正交变换，相当于是将原来的直角坐标系变成了以 x_1,y_1,z_1 为坐标变量的新坐标系. 原坐标系中的向量 $(1,0,0)^{\mathrm{T}}$，$\left(0,\frac{1}{\sqrt{2}},-\frac{1}{\sqrt{2}}\right)^{\mathrm{T}}$，$\left(0,\frac{1}{\sqrt{2}},\frac{1}{\sqrt{2}}\right)^{\mathrm{T}}$ 分别变成了新坐标系下的 x_1 轴，y_1 轴，z_1 轴的正向单位向量.）

（2）作正交变换

$$\begin{cases}x=\frac{1}{\sqrt{2}}(x_1+y_1),\\ y=\frac{1}{\sqrt{2}}(x_1-y_1),\\ z=z_1,\end{cases}$$

则原方程化为 $z_1=\frac{1}{2}(x_1^2-y_1^2)$. 因此原方程代表一个双曲抛物面（即马鞍面）.

（注：上面的正交变换，相当于是将原来的直角坐标系变成了以 x_1,y_1,z_1 为坐标变量的新坐标系. 原坐标系中的向量 $\left(\frac{1}{\sqrt{2}},\frac{1}{\sqrt{2}},0\right)^{\mathrm{T}}$，$\left(\frac{1}{\sqrt{2}},-\frac{1}{\sqrt{2}},0\right)^{\mathrm{T}}$，$(0,0,1)^{\mathrm{T}}$ 分别变成了新坐标系下

的 x_1 轴，y_1 轴，z_1 轴的正向单位向量.）

（3）先用正交变换将二次型 $f(x,y,z)=x^2-2y^2+z^2+4xy+8xz+4yz$ 化为标准形:

$$f(x,y,z)=(x,y,z)\begin{bmatrix} 1 & 2 & 4 \\ 2 & -2 & 2 \\ 4 & 2 & 1 \end{bmatrix}\begin{bmatrix} x \\ y \\ z \end{bmatrix},$$

令 $\boldsymbol{X}=\begin{bmatrix} x \\ y \\ z \end{bmatrix}$，$\boldsymbol{A}=\begin{bmatrix} 1 & 2 & 4 \\ 2 & -2 & 2 \\ 4 & 2 & 1 \end{bmatrix}$，则 $f(x,y,z)=\boldsymbol{X}^{\mathrm{T}}\boldsymbol{A}\boldsymbol{X}$.

下面求 $\boldsymbol{A}$ 的特征值及相应的特征向量.

$$|\lambda\boldsymbol{E}-\boldsymbol{A}|=\begin{vmatrix} \lambda-1 & -2 & -4 \\ -2 & \lambda+2 & -2 \\ -4 & -2 & \lambda-1 \end{vmatrix}\xlongequal{(-1)c_1+c_3}\begin{vmatrix} \lambda-1 & -2 & -3-\lambda \\ -2 & \lambda+2 & 0 \\ -4 & -2 & \lambda+3 \end{vmatrix}$$

$$=(\lambda+3)\begin{vmatrix} \lambda-1 & -2 & -1 \\ -2 & \lambda+2 & 0 \\ -4 & -2 & 1 \end{vmatrix}=(\lambda+3)^2(\lambda-6),$$

经计算，求得对应 $\lambda_1=\lambda_2=-3$ 的相互正交的特征向量为 $\boldsymbol{p}_1=(1,-2,0)^{\mathrm{T}}$，$\boldsymbol{p}_2=(-4,-2,5)^{\mathrm{T}}$；对应 $\lambda_3=6$ 的特征向量为 $\boldsymbol{p}_3=(2,1,2)^{\mathrm{T}}$.

取 $\boldsymbol{O}=\left(\dfrac{\boldsymbol{p}_1}{\|\boldsymbol{p}_1\|},\dfrac{\boldsymbol{p}_2}{\|\boldsymbol{p}_2\|},\dfrac{\boldsymbol{p}_3}{\|\boldsymbol{p}_3\|}\right)=\begin{bmatrix} \dfrac{1}{\sqrt{5}} & -\dfrac{4}{\sqrt{45}} & \dfrac{2}{3} \\ -\dfrac{2}{\sqrt{5}} & -\dfrac{2}{\sqrt{45}} & \dfrac{1}{3} \\ 0 & \dfrac{5}{\sqrt{45}} & \dfrac{2}{3} \end{bmatrix}$，则

$$\boldsymbol{O}^{\mathrm{T}}\boldsymbol{A}\boldsymbol{O}=\begin{bmatrix} -3 & 0 & 0 \\ 0 & -3 & 0 \\ 0 & 0 & 6 \end{bmatrix}.$$

作正交变换 $\boldsymbol{X}=\boldsymbol{O}\boldsymbol{Y}$，其中 $\boldsymbol{Y}=(x_1,y_1,z_1)^{\mathrm{T}}$，则 $f=-3x_1^2-3y_1^2+6z_1^2$. 原方程化为 $x_1^2+y_1^2-2z_1^2=-1$. 因此原方程代表一个双叶双曲面.

（注：上面的正交变换，相当于是将原来的直角坐标系变成了以 x_1,y_1,z_1 为坐标变量的新坐标系. 原来的向量 $\dfrac{1}{\sqrt{5}}(1,-2,0)^{\mathrm{T}}$，$\dfrac{1}{\sqrt{45}}(-4,-2,5)^{\mathrm{T}}$，$\dfrac{1}{3}(2,1,2)^{\mathrm{T}}$ 分别变成了新坐标系下的 x_1 轴，y_1 轴，z_1 轴的正向单位向量.）

【例 15】 求直线 $L:\begin{cases} x-y+2z-1=0, \\ x-3y-2z+1=0 \end{cases}$ 绕 z 轴旋转一周所成曲面的方程.

【解】 设 $P(x_0,y_0,z_0)$ 为旋转面上的任意一点，且 P 不在 L 上. 过 P 作垂直于 z 轴的平面（即 $z=z_0$），该平面与 L 交于一点 $Q(x,y,z_0)$，于是有 $\begin{cases} x-y+2z_0-1=0, \\ x-3y-2z_0+1=0, \end{cases}$ 求得 $\begin{cases} x=2-4z_0, \\ y=1-2z_0. \end{cases}$ 因为 P 与 Q 到 z 轴的距离相等，所以 $x^2+y^2=x_0^2+y_0^2$，即 $x_0^2+y_0^2=(2-4z_0)^2+(1-2z_0)^2$，所求旋转曲面方程为 $x^2+y^2=(2-4z)^2+(1-2z)^2$，即 $x^2+y^2-20z^2+20z-5=0$.

【例 16】 求曲线 $C:\begin{cases}x^2+y^2+z^2=4,\\ z=x^2+y^2\end{cases}$ 在 3 个坐标面上的投影曲线方程.

【解】 从曲线方程中消去 z，得 $x^2+y^2=\dfrac{\sqrt{17}-1}{2}$，故曲线 C 在 xy 平面上的投影为 $C_{xy}:\begin{cases}x^2+y^2=\dfrac{\sqrt{17}-1}{2},\\ z=0.\end{cases}$

从曲线方程中消去 x，得 $z=\dfrac{\sqrt{17}-1}{2}$，又从曲线 C 在 xy 平面上的投影 C_{xy} 看出 $y^2\leqslant\dfrac{\sqrt{17}-1}{2}$，故曲线 C 在 yz 平面上的投影为 $C_{yz}:\begin{cases}z=\dfrac{\sqrt{17}-1}{2},\\ x=0\end{cases}\left(y^2\leqslant\dfrac{\sqrt{17}-1}{2}\right)$.

从曲线方程中消去 y，得 $z=\dfrac{\sqrt{17}-1}{2}$，又从曲线 C 在 xy 平面上的投影 C_{xy} 看出 $x^2\leqslant\dfrac{\sqrt{17}-1}{2}$，故曲线 C 在 xz 平面上的投影为 $C_{xz}:\begin{cases}z=\dfrac{\sqrt{17}-1}{2},\\ y=0\end{cases}\left(x^2\leqslant\dfrac{\sqrt{17}-1}{2}\right)$.

【例 17】 设 L_1 与 L_2 是空间两条异面且不互相垂直的直线. 求证：L_1 绕 L_2 旋转而成的曲面是单叶双曲面.

【证明】 设 L_1 与 L_2 的公垂线段长度为 a. 以 L_2 为 z 轴，以公垂线为 x 轴建立坐标系(如图)，则 L_1 过点 $(a,0,0)$，且 L_1 与 x 轴垂直. 设 L_1 的方向向量为 $\overrightarrow{s_1}=(m,n,p)$，因为 L_1 垂直于 x 轴，故 $\overrightarrow{s_1}\cdot\overrightarrow{i}=0$，即 $m=0$. L_1 与 L_2 不垂直，故 $\overrightarrow{s_1}\cdot\overrightarrow{k}\neq0$，即 $p\neq0$. 又 L_1 与 L_2 异面，故 L_1 不垂直于 y 轴，即 $\overrightarrow{s_1}\cdot\overrightarrow{j}\neq0$，即 $n\neq0$. L_1 的参数方程为 $\begin{cases}x=a,\\ y=nt\\ z=pt,\end{cases}(n\neq0,p\neq0)$，设 $P(x,y,z)$ 为旋转面上的一点，则过 P 且垂直于 z 轴的平面与 L_1 的交点为 $Q\left(a,\dfrac{nz}{p},z\right)$，因为 P,Q 到 z 轴的距离相等，所以 $x^2+y^2=a^2+\dfrac{n^2z^2}{p^2}$，即 $p^2(x^2+y^2)-n^2z^2=a^2p^2$. 这是一个单叶双曲面方程，故旋转曲面是一个单叶双曲面.

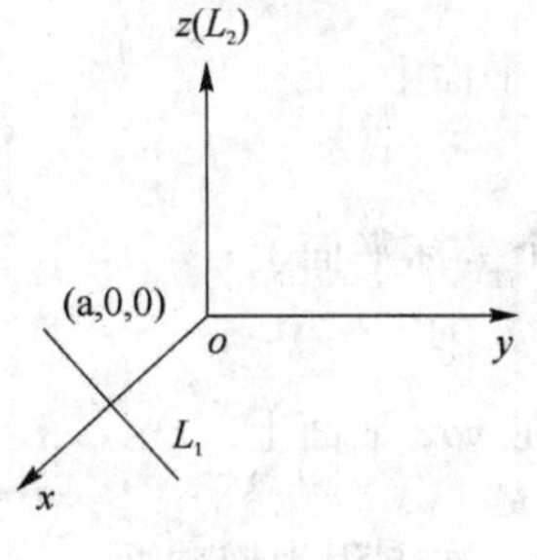

三、练习题

(一) 填空题

1. xoz 平面上的曲线 $z^2=2x$ 绕 x 轴旋转所形成的旋转面方程为__________.

2. yoz 平面上的曲线$\frac{y^2}{2}-z^2=1$绕 y 轴旋转所形成的旋转面方程为________.

3. 曲线$\begin{cases}y=x^2+z^2,\\x=z\end{cases}$在 xoz 平面上的投影曲线为________.

4. 方程 $2x^2+4y^2-z^2+1=0$ 所表示的曲面是________.

5. 顶点在原点,准线为$\begin{cases}x^2+y^2=r^2(r\neq 0),\\z=r\end{cases}$的圆锥面方程是________.

(二) 选择题

1. 方程 $x^2+2y^2-z+4=0$ 表示的曲面是(　　).

(A) 单叶双曲面　(B) 双叶双曲面　(C) 锥面　(D) 抛物面

2. 方程 $4x^2-z^2=9$ 表示的曲面是(　　).

(A) 柱面　(B) 两条相交直线　(C) 旋转曲面　(D) 锥面

3. 方程 $4x^2-y^2+9z^2=-1$ 表示的曲面是(　　).

(A) 双曲抛物面　(B) 单叶双曲面　(C) 双叶双曲面　(D) 椭圆抛物面

(三) 解答题

1. 已知 $A(2,0,4)$,$B(-1,-2,3)$,$C(3,0,1)$,$D(0,-3,1)$,求过 A,B,C,D 四点的球面方程.

2. 已知某动点到点 $A(-2,3,1)$与点 $B(0,1,-1)$的距离之比为 $2:1$,求动点的轨迹方程,它表示怎样的曲面?

3. 若点 $A(2,-3,5)$和点 $B(4,1,-3)$是球面的直径的两点端点,求球面方程.

4. 设柱面的母线平行于直线 $x=y=z$,其准线是曲线$\begin{cases}x^2+y^2+z^2=1,\\x+y+z=0,\end{cases}$求柱面的方程.

5. 求下列曲线在指定平面上的投影曲线的方程:

(1) $\begin{cases}x^2+y^2+z^2=64,\\x^2+y^2=4y,\end{cases}$在 yoz 平面上;

(2) $\begin{cases}x^2+y^2+2z^2=12,\\x-y+z=1,\end{cases}$在 3 个坐标平面上;

(3) $\begin{cases}x^2+y^2+z^2=16,\\(x-1)^2+y^2+z^2=16,\end{cases}$在 yoz 平面上.

6. 求 k 为何值时,使下列三元二次方程为椭球面:

$$f(x_1,x_2,x_3)=x_1^2+x_2^2+x_3^2+kx_1x_3+kx_2x_3=1.$$

7*. 将下列方程化为最简形式,并判断曲面的类型.

(1) $x_1^2+x_2^2+5x_3^2-6x_1x_2-2x_1x_3+2x_2x_3+2\sqrt{6}x_1+6\sqrt{6}x_2+4\sqrt{6}x_3=24$;

(2) $3x_1^2+6x_2^2+3x_3^2-4x_1x_2-8x_1x_3-4x_2x_3+14x_2+14x_3-\frac{35}{2}=0$.

四、练习题答案与提示

（一）填空题

1. $2x=y^2+z^2$.

2. $\frac{y^2}{2}-x^2-z^2=1$.

分析：所求旋转面方程为$\frac{y^2}{2}-(\pm\sqrt{x^2+z^2})^2=1$，即$\frac{y^2}{2}-x^2-z^2=1$.

3. $\begin{cases}x=z,\\y=0.\end{cases}$

分析：从曲线的方程中消去 y，得 $x=z$，故所求投影为$\begin{cases}x=z,\\y=0.\end{cases}$

4. 双叶双曲面.

5. $z^2=x^2+y^2$

（二）选择题

1.（D）． 2.（A）． 3.（C）．

（三）解答题

1. $(x-1)^2+(y+1)^2+(z-2)^2=6$.

分析：设所求球面方程为 $x^2+y^2+z^2+2ax+2by+2cz+d=0$，分别将点 $A(2,0,4)$，$B(-1,-2,3)$，$C(3,0,1)$，$D(0,-3,1)$的坐标代入方程，得

$$\begin{cases}4a+8c+d=-20,\\2a+4b-6c-d=14,\\6a+2c+d=-10,\\6b-2c-d=10,\end{cases}$$

求得$\begin{cases}a=-1,\\b=1,\\c=-2,\\d=0,\end{cases}$ 故所求球面方程为 $x^2+y^2+z^2-2x+2y-4z=0$，即 $(x-1)^2+(y+1)^2+(z-2)^2=6$.

2. 球心在$\left(\frac{2}{3},\frac{1}{3},-1\right)$，半径为$\frac{4\sqrt{2}}{3}$的球面.

3. $(x-3)^2+(y+1)^2+(z-1)^2=21$.

4. $x^2+y^2+z^2-xy-xz-yz-\frac{3}{2}=0$.

分析：因为直线的方向向量为 $\boldsymbol{s}=(1,1,1)$，设柱面上的动点 $P(x,y,z)$所在的母线与准

线的交点为 $P_0(x_0,y_0,z_0)$. 则$\overrightarrow{P_0P}\parallel \boldsymbol{s}$. 又 P_0 在准线上，所以

$$\begin{cases}\dfrac{x-x_0}{1}=\dfrac{y-y_0}{1}=\dfrac{z-z_0}{1},\\ x_0^2+y_0^2+z_0^2=1,\\ x_0+y_0+z_0=0,\end{cases}$$

消去 x_0,y_0,z_0 即得所求的柱面方程.

5. (1) $\begin{cases}z^2=64-4y,\\ x=0.\end{cases}\quad |y-2|\leqslant 2$

(2) $\begin{cases}2y^2+3z^2-2yz+2y-2z=11,\\ x=0;\end{cases}$

$\begin{cases}2x^2+3z^2+2xz-2x-2z=11,\\ y=0;\end{cases}\qquad \begin{cases}3x^2+3y^2-4xy-4x+4y=10,\\ z=0.\end{cases}$

(3) $\begin{cases}y^2+z^2=\dfrac{63}{4},\\ x=0.\end{cases}$

6. $-\sqrt{2}<k<\sqrt{2}$.

分析：$f(x_1,x_2,x_3)$的矩阵为 $\boldsymbol{A}=\begin{pmatrix}1&0&\frac{k}{2}\\ 0&1&\frac{k}{2}\\ \frac{k}{2}&\frac{k}{2}&1\end{pmatrix}$，方程表示椭球面的充要条件是 $f(x_1,x_2,x_3)$的标准形中的系数全大于0，这等价于 $\boldsymbol{A}$ 是一个正定矩阵，因此其顺序主子式必须全大于零，即

$$|A_1|=1>0,|A_2|=\begin{vmatrix}1&0\\0&1\end{vmatrix}=1>0,|A_3|=\begin{vmatrix}1&0&\frac{k}{2}\\ 0&1&\frac{k}{2}\\ \frac{k}{2}&\frac{k}{2}&1\end{vmatrix}=1-\frac{k^2}{2}>0,$$

解得$-\sqrt{2}<k<\sqrt{2}$,即当$-\sqrt{2}<k<\sqrt{2}$时，$f(x_1,x_2,x_3)=1$ 表示椭球面.

7*. (1) $-2y_1^2+3y_2^2+6y_3^2=24$，单叶双曲面；

(2) $-2y_1^2+7y_2^2+7y_3^2=0$,椭圆锥面.

第九章 线性空间与线性变换

一、内容提要

（一）线性空间

1. 线性空间

设 V 是非空集合，$\mathbf{R}$ 为全体实数. 如果对于任意的元素 $\boldsymbol{\alpha},\boldsymbol{\beta}\in V$，总有唯一的 $\boldsymbol{\gamma}\in V$ 与之对应，称 $\boldsymbol{\gamma}$ 为 $\boldsymbol{\alpha}$ 与 $\boldsymbol{\beta}$ 的和，记作 $\boldsymbol{\gamma}=\boldsymbol{\alpha}+\boldsymbol{\beta}$（这种运算称为加法）；且对于任意的 $\boldsymbol{\alpha}\in V$ 及任意的 $\lambda\in\mathbf{R}$，有唯一的 $\boldsymbol{\delta}\in V$ 与之对应，称 $\boldsymbol{\delta}$ 为 λ 与 $\boldsymbol{\alpha}$ 的数量乘积，记作 $\boldsymbol{\delta}=\lambda\boldsymbol{\alpha}$（这种运算称为数乘）.

同时上述加法与数乘运算满足如下 8 条运算规律：

(1) 对任意 $\boldsymbol{\alpha},\boldsymbol{\beta}\in V$，$\boldsymbol{\alpha}+\boldsymbol{\beta}=\boldsymbol{\beta}+\boldsymbol{\alpha}$；

(2) 对任意 $\boldsymbol{\alpha},\boldsymbol{\beta},\boldsymbol{\gamma}\in V$，$(\boldsymbol{\alpha}+\boldsymbol{\beta})+\boldsymbol{\gamma}=\boldsymbol{\alpha}+(\boldsymbol{\beta}+\boldsymbol{\gamma})$；

(3) 存在元素 $\boldsymbol{o}\in V$，使得对任意 $\boldsymbol{\alpha}\in V$，$\boldsymbol{\alpha}+\boldsymbol{o}=\boldsymbol{\alpha}$（称 $\boldsymbol{o}$ 为 V 的零元素）；

(4) 对任意 $\boldsymbol{\alpha}\in V$，存在元素 $\boldsymbol{\beta}\in V$，使得 $\boldsymbol{\alpha}+\boldsymbol{\beta}=\boldsymbol{o}$（称 $\boldsymbol{\beta}$ 为 $\boldsymbol{\alpha}$ 的负元素，记为 $-\boldsymbol{\alpha}$）；

(5) 对任意 $\boldsymbol{\alpha}\in V$，$1\boldsymbol{\alpha}=\boldsymbol{\alpha}$；

(6) 对任意 $\boldsymbol{\alpha}\in V$ 及任意 $\lambda,\mu\in\mathbf{R}$，$\lambda(\mu\boldsymbol{\alpha})=(\lambda\mu)\boldsymbol{\alpha}$；

(7) 对任意 $\boldsymbol{\alpha}\in V$ 及任意 $\lambda,\mu\in\mathbf{R}$，$(\lambda+\mu)\boldsymbol{\alpha}=\lambda\boldsymbol{\alpha}+\mu\boldsymbol{\alpha}$；

(8) 对任意 $\boldsymbol{\alpha},\boldsymbol{\beta}\in V$ 及任意 $\lambda\in\mathbf{R}$，$\lambda(\boldsymbol{\alpha}+\boldsymbol{\beta})=\lambda\boldsymbol{\alpha}+\lambda\boldsymbol{\beta}$.

则称 V 为实线性空间，类似可定义复线性空间（即将上述的 $\mathbf{R}$ 改为全体复数 $\mathbf{C}$）.

2. 子空间

设 V 是线性空间，W 是 V 的非空子集. 如果 W 对于 V 中的加法与数乘这两种运算也构成线性空间，则称 W 为 V 的子空间.

设 W 是实线性空间 V 的非空子集. 则 W 是 V 的子空间 $\Leftrightarrow$ W 对于 V 中的加法及数乘运算封闭，即对任意的 $\boldsymbol{\alpha},\boldsymbol{\beta}\in W$ 及 $\lambda\in\mathbf{R}$，有 $\boldsymbol{\alpha}+\boldsymbol{\beta}\in W$ 且 $\lambda\boldsymbol{\alpha}\in W$.

3. 线性空间的基

设 V 为实线性空间. 如果 V 中存在元素 $\boldsymbol{\alpha}_1,\boldsymbol{\alpha}_2,\cdots,\boldsymbol{\alpha}_n$ 满足(1) $\boldsymbol{\alpha}_1,\boldsymbol{\alpha}_2,\cdots,\boldsymbol{\alpha}_n$ 线性无关；(2) V 中任意元素 $\boldsymbol{\alpha}$ 都可由 $\boldsymbol{\alpha}_1,\boldsymbol{\alpha}_2,\cdots,\boldsymbol{\alpha}_n$ 线性表示，即存在实数 $x_1,x_2,\cdots,x_n$，使得 $\boldsymbol{\alpha}=x_1\boldsymbol{\alpha}_1+x_2\boldsymbol{\alpha}_2+\cdots+x_n\boldsymbol{\alpha}_n$. 则称 $\boldsymbol{\alpha}_1,\boldsymbol{\alpha}_2,\cdots,\boldsymbol{\alpha}_n$ 为实线性空间 V 的一组基，n 称为线性空间 V 的维数，记为 $\dim V=n$.

4. 线性空间中向量的坐标

设 $\boldsymbol{\alpha}_1,\boldsymbol{\alpha}_2,\cdots,\boldsymbol{\alpha}_n$ 是 n 维实线性空间 V 的一组基. 对于 V 中的任意元素 $\boldsymbol{\alpha}$,存在唯一的有序实数组$(x_1,x_2,\cdots,x_n)$,使 $\boldsymbol{\alpha}=x_1\boldsymbol{\alpha}_1+x_2\boldsymbol{\alpha}_2+\cdots+x_n\boldsymbol{\alpha}_n$, 称向量 $\boldsymbol{x}=(x_1,x_2,\cdots,x_n)^{\mathrm{T}}$ 为元素 $\boldsymbol{\alpha}$ 在基 $\boldsymbol{\alpha}_1,\boldsymbol{\alpha}_2,\cdots,\boldsymbol{\alpha}_n$ 下的坐标.

5. 过渡矩阵

设 $\boldsymbol{\alpha}_1,\boldsymbol{\alpha}_2,\cdots,\boldsymbol{\alpha}_n$ 与 $\boldsymbol{\beta}_1,\boldsymbol{\beta}_2,\cdots,\boldsymbol{\beta}_n$ 是 n 维实线性空间 V 的两组基. 设

$$(\boldsymbol{\beta}_1,\boldsymbol{\beta}_2,\cdots,\boldsymbol{\beta}_n)=(\boldsymbol{\alpha}_1,\boldsymbol{\alpha}_2,\cdots,\boldsymbol{\alpha}_n)\begin{pmatrix} p_{11} & p_{12} & \cdots & p_{1n} \\ p_{21} & p_{22} & \cdots & p_{2n} \\ \vdots & \vdots & \vdots & \vdots \\ p_{n1} & p_{n2} & \cdots & p_{nn} \end{pmatrix},$$

称矩阵 $\boldsymbol{P}=(p_{ij})$为从基 $\boldsymbol{\alpha}_1,\boldsymbol{\alpha}_2,\cdots,\boldsymbol{\alpha}_n$ 到基 $\boldsymbol{\beta}_1,\boldsymbol{\beta}_2,\cdots,\boldsymbol{\beta}_n$ 的过渡矩阵. 过渡矩阵是可逆的.

6. 坐标变换公式

设 n 维实线性空间 V 中元素 $\boldsymbol{\alpha}$ 在基 $\boldsymbol{\alpha}_1,\boldsymbol{\alpha}_2,\cdots,\boldsymbol{\alpha}_n$ 与基 $\boldsymbol{\beta}_1,\boldsymbol{\beta}_2,\cdots,\boldsymbol{\beta}_n$ 下的坐标分别为 $x=(x_1,x_2,\cdots,x_n)^{\mathrm{T}}$ 与 $y=(y_1,y_2,\cdots,y_n)^{\mathrm{T}}$. 如果从基 $\boldsymbol{\alpha}_1,\boldsymbol{\alpha}_2,\cdots,\boldsymbol{\alpha}_n$ 到基 $\boldsymbol{\beta}_1,\boldsymbol{\beta}_2,\cdots,\boldsymbol{\beta}_n$ 的过渡矩阵为 $\boldsymbol{P}$,则 $\boldsymbol{x}=\boldsymbol{P}\boldsymbol{y}$.

（二）线性变换

1. 线性变换

设 V 为实线性空间. 如果存在一个从 V 到 V 自身的对应法则 σ,使得对任意 $\boldsymbol{\alpha}\in V$,有唯一的 V 中的元素(记为 $\sigma(\boldsymbol{\alpha})$)与之对应,而且 σ 满足:

(1) 对任意 $\boldsymbol{\alpha},\boldsymbol{\beta}\in V$,有 $\sigma(\boldsymbol{\alpha}+\boldsymbol{\beta})=\sigma(\boldsymbol{\alpha})+\sigma(\boldsymbol{\beta})$;

(2) 对任意 $\boldsymbol{\alpha}\in V$ 及任意 $\lambda\in\mathbf{R}$,有 $\sigma(\lambda\boldsymbol{\alpha})=\lambda\sigma(\boldsymbol{\alpha})$,

则称 σ 为线性空间 V 的一个线性变换.

2. 线性变换在基下的矩阵

设 σ 是 n 维实线性空间 V 的一个线性变换,$\boldsymbol{\alpha}_1,\boldsymbol{\alpha}_2,\cdots,\boldsymbol{\alpha}_n$ 是 V 的一组基. 如果$(\sigma(\boldsymbol{\alpha}_1),\sigma(\boldsymbol{\alpha}_2),\cdots,\sigma(\boldsymbol{\alpha}_n))=(\boldsymbol{\alpha}_1,\boldsymbol{\alpha}_2,\cdots,\boldsymbol{\alpha}_n)\boldsymbol{A}$,则称 $\boldsymbol{A}$ 为线性变换 σ 在基 $\boldsymbol{\alpha}_1,\boldsymbol{\alpha}_2,\cdots,\boldsymbol{\alpha}_n$ 下的矩阵.

3. 线性变换的矩阵表示

设 $\boldsymbol{\alpha}_1,\boldsymbol{\alpha}_2,\cdots,\boldsymbol{\alpha}_n$ 是 n 维实线性空间 V 的一组基,V 的线性变换 σ 在基 $\boldsymbol{\alpha}_1,\boldsymbol{\alpha}_2,\cdots,\boldsymbol{\alpha}_n$ 下的矩阵为 $\boldsymbol{A}$. 对任意 $\boldsymbol{\alpha}\in V$,设 $\boldsymbol{\alpha}$ 与 $\sigma(\boldsymbol{\alpha})$在基 $\boldsymbol{\alpha}_1,\boldsymbol{\alpha}_2,\cdots,\boldsymbol{\alpha}_n$ 下的坐标分别为 $\boldsymbol{x}=(x_1,x_2,\cdots,x_n)^{\mathrm{T}}$ 与 $\boldsymbol{y}=(y_1,y_2,\cdots,y_n)^{\mathrm{T}}$,则 $\boldsymbol{y}=\boldsymbol{A}\boldsymbol{x}$.

4. 线性变换在不同基下的矩阵是相似的

设 $\boldsymbol{\alpha}_1,\boldsymbol{\alpha}_2,\cdots,\boldsymbol{\alpha}_n$ 与 $\boldsymbol{\beta}_1,\boldsymbol{\beta}_2,\cdots,\boldsymbol{\beta}_n$ 是 n 维实线性空间 V 的两组基,σ 为 V 的线性变换. 如果 σ 在基 $\boldsymbol{\alpha}_1,\boldsymbol{\alpha}_2,\cdots,\boldsymbol{\alpha}_n$ 与 $\boldsymbol{\beta}_1,\boldsymbol{\beta}_2,\cdots,\boldsymbol{\beta}_n$ 下的矩阵分别为 $\boldsymbol{A}$ 与 $\boldsymbol{B}$,从基 $\boldsymbol{\alpha}_1,\boldsymbol{\alpha}_2,\cdots,\boldsymbol{\alpha}_n$ 到基 $\boldsymbol{\beta}_1,\boldsymbol{\beta}_2,\cdots,\boldsymbol{\beta}_n$ 的过渡矩阵为 $\boldsymbol{P}$,则 $\boldsymbol{B}=\boldsymbol{P}^{-1}\boldsymbol{A}\boldsymbol{P}$.

(三)* 欧氏空间

1. 欧氏空间

设 V 是 n 维实线性空间. 如果对 V 中任意两个向量 $\boldsymbol{\alpha},\boldsymbol{\beta}$,都有唯一确定的实数(记作 $(\boldsymbol{\alpha},\boldsymbol{\beta})$)与之对应,且满足下面的 3 条性质,则称实数 $(\boldsymbol{\alpha},\boldsymbol{\beta})$ 为向量 $\boldsymbol{\alpha}$ 与 $\boldsymbol{\beta}$ 的内积.

(1) 对称性:对于任意的 $\boldsymbol{\alpha},\boldsymbol{\beta}\in\mathbf{R}^n$, $(\boldsymbol{\alpha},\boldsymbol{\beta})=(\boldsymbol{\beta},\boldsymbol{\alpha})$;

(2) 线性性:对于任意的 $\boldsymbol{\alpha},\boldsymbol{\beta},\boldsymbol{\gamma}\in\mathbf{R}^n$, $(\boldsymbol{\alpha}+\boldsymbol{\beta},\boldsymbol{\gamma})=(\boldsymbol{\alpha},\boldsymbol{\gamma})+(\boldsymbol{\beta},\boldsymbol{\gamma})$;而且对于任意的 $\boldsymbol{\alpha},\boldsymbol{\beta}\in\mathbf{R}^n$ 及任意 $\lambda\in\mathbf{R}$, $(k\boldsymbol{\alpha},\boldsymbol{\beta})=k(\boldsymbol{\alpha},\boldsymbol{\beta})$;

(3) 正定性:对于任意的 $\boldsymbol{\alpha}\in\mathbf{R}^n$, $(\boldsymbol{\alpha},\boldsymbol{\alpha})\geqslant 0$,而且 $(\boldsymbol{\alpha},\boldsymbol{\alpha})=0\Leftrightarrow\boldsymbol{\alpha}=\mathbf{0}$.

定义了内积运算的 n 维实线性空间 V 称为 n 维欧氏空间. $\mathbf{R}^n$ 中的标准正交基等概念及施密特(Schimidt)正交化方法对欧氏空间也适用.

2. 度量矩阵

设 V 为 n 维欧氏空间, $\boldsymbol{\alpha}_1,\boldsymbol{\alpha}_2,\cdots,\boldsymbol{\alpha}_n$ 为 V 的一组基. 称

$$\boldsymbol{A}=\begin{pmatrix}(\boldsymbol{\alpha}_1,\boldsymbol{\alpha}_1) & (\boldsymbol{\alpha}_1,\boldsymbol{\alpha}_2) & \cdots & (\boldsymbol{\alpha}_1,\boldsymbol{\alpha}_n)\\ (\boldsymbol{\alpha}_2,\boldsymbol{\alpha}_1) & (\boldsymbol{\alpha}_2,\boldsymbol{\alpha}_2) & \cdots & (\boldsymbol{\alpha}_2,\boldsymbol{\alpha}_n)\\ \vdots & \vdots & & \vdots\\ (\boldsymbol{\alpha}_n,\boldsymbol{\alpha}_1) & (\boldsymbol{\alpha}_n,\boldsymbol{\alpha}_2) & \cdots & (\boldsymbol{\alpha}_n,\boldsymbol{\alpha}_n)\end{pmatrix}$$

为 V 在基 $\boldsymbol{\alpha}_1,\boldsymbol{\alpha}_2,\cdots,\boldsymbol{\alpha}_n$ 下的度量矩阵. 度量矩阵是正定的.

3. 内积的矩阵表示

设 V 为 n 维欧氏空间, $\boldsymbol{\alpha}_1,\boldsymbol{\alpha}_2,\cdots,\boldsymbol{\alpha}_n$ 为 V 的一组基, $\boldsymbol{A}$ 为 V 在基 $\boldsymbol{\alpha}_1,\boldsymbol{\alpha}_2,\cdots,\boldsymbol{\alpha}_n$ 下的度量矩阵. 任取 $\boldsymbol{\alpha},\boldsymbol{\beta}\in V$,分别设 $\boldsymbol{\alpha},\boldsymbol{\beta}$ 在基 $\boldsymbol{\alpha}_1,\boldsymbol{\alpha}_2,\cdots,\boldsymbol{\alpha}_n$ 下的坐标为 $\boldsymbol{x}=(x_1,x_2,\cdots,x_n)^{\mathrm{T}}$ 与 $\boldsymbol{y}=(y_1,y_2,\cdots,y_n)^{\mathrm{T}}$, 则 $(\boldsymbol{\alpha},\boldsymbol{\beta})=\boldsymbol{x}^{\mathrm{T}}\boldsymbol{A}\boldsymbol{y}$.

4. 不同基下的度量矩阵是合同的

设 V 为 n 维欧氏空间, $\boldsymbol{\alpha}_1,\boldsymbol{\alpha}_2,\cdots,\boldsymbol{\alpha}_n$ 与 $\boldsymbol{\beta}_1,\boldsymbol{\beta}_2,\cdots,\boldsymbol{\beta}_n$ 为 V 的两组基, V 在基 $\boldsymbol{\alpha}_1,\boldsymbol{\alpha}_2,\cdots,\boldsymbol{\alpha}_n$ 与 $\boldsymbol{\beta}_1,\boldsymbol{\beta}_2,\cdots,\boldsymbol{\beta}_n$ 下的度量矩阵分别为 $\boldsymbol{A},\boldsymbol{B}$,从 $\boldsymbol{\alpha}_1,\boldsymbol{\alpha}_2,\cdots,\boldsymbol{\alpha}_n$ 到 $\boldsymbol{\beta}_1,\boldsymbol{\beta}_2,\cdots,\boldsymbol{\beta}_n$ 的过渡矩阵为 $\boldsymbol{P}$,则 $\boldsymbol{B}=\boldsymbol{P}^{\mathrm{T}}\boldsymbol{A}\boldsymbol{P}$.

(四)* 线性空间的同构

1. 线性空间的同构

设 V_1,V_2 为实线性空间. 如果存在一个从 V_1 到 V_2 的对应法则 f,使得对任意 $\boldsymbol{\alpha}\in V_1$,有唯一的 V_2 中的元素(记为 $f(\boldsymbol{\alpha})$)与之对应,而且 f 满足:

(1) 对任意 $\boldsymbol{\alpha},\boldsymbol{\beta}\in V_1$,有 $f(\boldsymbol{\alpha}+\boldsymbol{\beta})=f(\boldsymbol{\alpha})+f(\boldsymbol{\beta})$;

(2) 对任意 $\boldsymbol{\alpha}\in V_1$ 及任意 $\lambda\in\mathbf{R}$,有 $f(\lambda\boldsymbol{\alpha})=\lambda f(\boldsymbol{\alpha})$,

则称 f 为实线性空间 V_1 到 V_2 的一个线性映射. 若 f 为一一对应,则称 f 为实线性空间 V_1 到 V_2 的一个同构映射,此时也称 V_1 与 V_2 同构. 若 $V_1=V_2$,则称 f 为 V_1 的一个自同构.

2. 线性空间同构的充要条件

线性空间 V_1 与 V_2 同构的充要条件为 $\dim V_1=\dim V_2$.

二、典型例题

【例 1】 设 $\mathbf{C}$ 表示全体复数集，

$$V=\left\{\begin{pmatrix} a_{11} & a_{12} \\ a_{21} & a_{22} \end{pmatrix} \middle| a_{11},a_{12},a_{21},a_{22}\in\mathbf{C}, a_{12}+a_{21}=0\right\}.$$

试说明 V 关于矩阵的加法与数乘运算构成实线性空间，并求出 V 的维数与一组基.

【解】 对任意的 $\boldsymbol{A},\boldsymbol{B}\in V$ 及任意 $\lambda\in\mathbf{R}$，设 $\boldsymbol{A}=(a_{ij})$，$\boldsymbol{B}=(b_{ij})$，因为 $a_{12}+a_{21}=0$，$b_{12}+b_{21}=0$，所以 $(a_{12}+b_{12})+(a_{21}+b_{21})=0$，$\lambda a_{12}+\lambda a_{21}=0$，即 $\boldsymbol{A}+\boldsymbol{B}\in V$，$\lambda\boldsymbol{A}\in V$，这表明 V 关于矩阵的加法与数乘运算是封闭的.

很明显矩阵的加法与数乘运算满足定义 1 中的 8 条运算规律，所以 V 关于矩阵的加法与数乘运算构成实线性空间. 下面求 V 的维数与一组基.

任取 $\boldsymbol{A}\in V$，设 $\boldsymbol{A}=\begin{pmatrix} a_1+b_1 i & a_2+b_2 i \\ -a_2-b_2 i & a_3+b_3 i \end{pmatrix}$，$a_i,b_i\in\mathbf{R}$，$i=1,2,3$，则

$$\boldsymbol{A}=a_1\begin{pmatrix} 1 & 0 \\ 0 & 0 \end{pmatrix}+a_2\begin{pmatrix} 0 & 1 \\ -1 & 0 \end{pmatrix}+a_3\begin{pmatrix} 0 & 0 \\ 0 & 1 \end{pmatrix}+b_1\begin{pmatrix} i & 0 \\ 0 & 0 \end{pmatrix}+b_2\begin{pmatrix} 0 & i \\ -i & 0 \end{pmatrix}+b_3\begin{pmatrix} 0 & 0 \\ 0 & i \end{pmatrix},$$

即 $\boldsymbol{A}$ 可由 V 中的向量组 $\begin{pmatrix} 1 & 0 \\ 0 & 0 \end{pmatrix}$，$\begin{pmatrix} 0 & 1 \\ -1 & 0 \end{pmatrix}$，$\begin{pmatrix} 0 & 0 \\ 0 & 1 \end{pmatrix}$，$\begin{pmatrix} i & 0 \\ 0 & 0 \end{pmatrix}$，$\begin{pmatrix} 0 & i \\ -i & 0 \end{pmatrix}$，$\begin{pmatrix} 0 & 0 \\ 0 & i \end{pmatrix}$ 线性表示；

若有实数 $\lambda_1,\lambda_2,\cdots,\lambda_6$ 满足

$$\lambda_1\begin{pmatrix} 1 & 0 \\ 0 & 0 \end{pmatrix}+\lambda_2\begin{pmatrix} 0 & 1 \\ -1 & 0 \end{pmatrix}+\lambda_3\begin{pmatrix} 0 & 0 \\ 0 & 1 \end{pmatrix}+\lambda_4\begin{pmatrix} i & 0 \\ 0 & 0 \end{pmatrix}+\lambda_5\begin{pmatrix} 0 & i \\ -i & 0 \end{pmatrix}+\lambda_6\begin{pmatrix} 0 & 0 \\ 0 & i \end{pmatrix}=\begin{pmatrix} 0 & 0 \\ 0 & 0 \end{pmatrix},$$

则 $\begin{pmatrix} \lambda_1+\lambda_4 i & \lambda_2+\lambda_5 i \\ -\lambda_2-\lambda_5 i & \lambda_3+\lambda_6 i \end{pmatrix}=\begin{pmatrix} 0 & 0 \\ 0 & 0 \end{pmatrix}$，即 $\lambda_1=\lambda_2=\cdots=\lambda_6=0$，这表明上述向量组线性无关，因此是 V 的一组基，$\dim V=6$.

【例 2】 已知 V 为全体 2 阶实矩阵的集合，按矩阵的加法与数乘运算，V 构成一个实线性空间. 设 $W=\{\boldsymbol{B}\mid\boldsymbol{B}\in V,\boldsymbol{AB}=\boldsymbol{BA}\}$，其中 $\boldsymbol{A}=\begin{pmatrix} 1 & 0 \\ -1 & 1 \end{pmatrix}$，试说明 W 是实线性空间 V 的子空间，并求出 W 的维数与一组基.

【解】 对任意的 $\boldsymbol{B}_1,\boldsymbol{B}_2\in W$ 及任意 $\lambda\in\mathbf{R}$，因为 $\boldsymbol{AB}_1=\boldsymbol{B}_1\boldsymbol{A}$，$\boldsymbol{AB}_2=\boldsymbol{B}_2\boldsymbol{A}$，所以 $\boldsymbol{A}(\boldsymbol{B}_1+\boldsymbol{B}_2)=(\boldsymbol{B}_1+\boldsymbol{B}_2)\boldsymbol{A}$，$\boldsymbol{A}(\lambda\boldsymbol{B}_1)=(\lambda\boldsymbol{B}_1)\boldsymbol{A}$，即 $\boldsymbol{B}_1+\boldsymbol{B}_2\in W$，$\lambda\boldsymbol{B}_1\in W$，这表明 W 关于 V 中的加法与数乘运算是封闭的，因此 W 是实线性空间 V 的子空间.

下面求 W 的维数与一组基.

任取 $\boldsymbol{B}\in W$，设 $\boldsymbol{B}=\begin{pmatrix} b_{11} & b_{12} \\ b_{21} & b_{22} \end{pmatrix}$，由 $\boldsymbol{AB}=\boldsymbol{BA}$ 得

$$\begin{pmatrix} b_{11} & b_{12} \\ b_{21}-b_{11} & b_{22}-b_{12} \end{pmatrix}=\begin{pmatrix} b_{11}-b_{12} & b_{12} \\ b_{21}-b_{22} & b_{22} \end{pmatrix},$$

即 $b_{11}=b_{22}$，$b_{12}=0$，于是 $\boldsymbol{B}=\begin{pmatrix} b_{11} & 0 \\ b_{21} & b_{11} \end{pmatrix}=b_{11}\begin{pmatrix} 1 & 0 \\ 0 & 1 \end{pmatrix}+b_{21}\begin{pmatrix} 0 & 0 \\ 1 & 0 \end{pmatrix}$ 可由 W 中的向量组 $\begin{pmatrix} 1 & 0 \\ 0 & 1 \end{pmatrix}$，$\begin{pmatrix} 0 & 0 \\ 1 & 0 \end{pmatrix}$ 线性表示.

若有实数 λ_1,λ_2 满足 $\lambda_1\begin{pmatrix}1&0\\0&1\end{pmatrix}+\lambda_2\begin{pmatrix}0&0\\1&0\end{pmatrix}=\begin{pmatrix}0&0\\0&0\end{pmatrix}$,则

$$\begin{pmatrix}\lambda_1&0\\\lambda_2&\lambda_1\end{pmatrix}=\begin{pmatrix}0&0\\0&0\end{pmatrix},$$

即 $\lambda_1=\lambda_2=0$,这表明上述向量组线性无关,因此是 W 的一组基,$\dim W=2$.

【例 3】 设 $\mathbf{R}^{2\times2}$ 为全体 2 阶实矩阵的集合,$V=\{\boldsymbol{B}\mid\boldsymbol{B}\in\mathbf{R}^{2\times2},\boldsymbol{AB}=\boldsymbol{BA}\}$,其中 $\boldsymbol{A}=\begin{pmatrix}1&1\\0&1\end{pmatrix}$.按矩阵的加法与数乘运算,$V$ 构成一个实线性空间.

(1) 验证 $\boldsymbol{B}_1=\begin{pmatrix}1&1\\0&1\end{pmatrix}$, $\boldsymbol{B}_2=\begin{pmatrix}0&1\\0&0\end{pmatrix}$为 V 的一组基;

(2) 求 $\dim V$ 及 $\boldsymbol{B}=\begin{pmatrix}2&1\\0&2\end{pmatrix}$在基 $\boldsymbol{B}_1,\boldsymbol{B}_2$ 下的坐标.

【解】 (1)任取 $\boldsymbol{B}\in V$,设 $\boldsymbol{B}=\begin{pmatrix}b_{11}&b_{12}\\b_{21}&b_{22}\end{pmatrix}$,由 $\boldsymbol{AB}=\boldsymbol{BA}$ 得

$$\begin{pmatrix}b_{11}+b_{21}&b_{12}+b_{22}\\b_{21}&b_{22}\end{pmatrix}=\begin{pmatrix}b_{11}&b_{11}+b_{12}\\b_{21}&b_{21}+b_{22}\end{pmatrix},$$

即 $b_{11}=b_{22},b_{21}=0$,于是 $\boldsymbol{B}=\begin{pmatrix}b_{11}&b_{12}\\0&b_{11}\end{pmatrix}$,易见 $\boldsymbol{B}_1,\boldsymbol{B}_2\in V$,且 $\boldsymbol{B}=\begin{pmatrix}b_{11}&b_{12}\\0&b_{11}\end{pmatrix}=b_{11}\boldsymbol{B}_1+(b_{12}-b_{11})\boldsymbol{B}_2$可由 V 中的向量组 $\boldsymbol{B}_1,\boldsymbol{B}_2$ 线性表示.

若有实数 λ_1,λ_2 满足 $\lambda_1\boldsymbol{B}_1+\lambda_2\boldsymbol{B}_2=\begin{pmatrix}0&0\\0&0\end{pmatrix}$,则

$$\begin{pmatrix}\lambda_1&\lambda_1+\lambda_2\\0&\lambda_1\end{pmatrix}=\begin{pmatrix}0&0\\0&0\end{pmatrix},$$

即 $\lambda_1=\lambda_2=0$,这表明向量组 $\boldsymbol{B}_1,\boldsymbol{B}_2$ 线性无关,因此是 V 的一组基.

(2) $\dim V=2$.

因为 $\boldsymbol{B}=\begin{pmatrix}2&1\\0&2\end{pmatrix}=2\boldsymbol{B}_1-\boldsymbol{B}_2$,所以 $\boldsymbol{B}=\begin{pmatrix}2&1\\0&2\end{pmatrix}$在基 $\boldsymbol{B}_1,\boldsymbol{B}_2$ 下的坐标为$(2,-1)^{\mathrm{T}}$.

【例 4】 设 $\mathbf{C}$ 表示全体复数集,$V=\left\{\begin{pmatrix}a_1&0\\0&a_2\end{pmatrix}\middle|\, a_1,a_2\in\mathbf{C},a_1+a_2=0\right\}$,按矩阵的加法与数乘运算,$V$ 构成一个实线性空间.

(1) 验证 $\boldsymbol{A}_1=\begin{pmatrix}1&0\\0&-1\end{pmatrix}$,$\boldsymbol{A}_2=\begin{pmatrix}i&0\\0&-i\end{pmatrix}$为 V 的一组基;

(2) 求 $\dim V$ 及 $\boldsymbol{A}=\begin{pmatrix}-1+3i&0\\0&1-3i\end{pmatrix}$在基 $\boldsymbol{A}_1,\boldsymbol{A}_2$ 下的坐标.

【解】 (1)任取 $\boldsymbol{B}\in V$,设 $\boldsymbol{B}=\begin{pmatrix}a+bi&0\\0&-a-bi\end{pmatrix}$,$a,b\in\mathbf{R}$,则

$$\boldsymbol{B}=a\begin{pmatrix}1&0\\0&-1\end{pmatrix}+b\begin{pmatrix}i&0\\0&-i\end{pmatrix}=a\boldsymbol{A}_1+b\boldsymbol{A}_2,$$

即 $\boldsymbol{B}$ 可由 V 中的向量组 $\boldsymbol{A}_1,\boldsymbol{A}_2$ 线性表示.

若有实数 λ_1,λ_2 满足 $\lambda_1\boldsymbol{A}_1+\lambda_2\boldsymbol{A}_2=\begin{pmatrix}0&0\\0&0\end{pmatrix}$,则

$$\begin{pmatrix}\lambda_1+\lambda_2 i&0\\0&-\lambda_1-\lambda_2 i\end{pmatrix}=\begin{pmatrix}0&0\\0&0\end{pmatrix},$$

即 $\lambda_1=\lambda_2=0$,这表明向量组 $\boldsymbol{A}_1,\boldsymbol{A}_2$ 线性无关,因此是 V 的一组基.

(2) $\dim V=2$.

因为 $\boldsymbol{A}=\begin{pmatrix}-1+3i&0\\0&1-3i\end{pmatrix}=-\boldsymbol{A}_1+3\boldsymbol{A}_2$,所以 $\boldsymbol{A}$ 在基 $\boldsymbol{A}_1,\boldsymbol{A}_2$ 下的坐标为 $(-1,3)^{\mathrm{T}}$.

【例 5】 设 $\mathbf{R}^{2\times 2}$ 为全体 2 阶实矩阵的集合,$V=\{\boldsymbol{A}\mid\boldsymbol{A}\in R^{2\times 2},\mathrm{tr}(\boldsymbol{A})=0\}$,按矩阵的加法与数乘运算,$V$ 构成一个实线性空间.

(1) 验证 $\boldsymbol{A}_1=\begin{pmatrix}1&0\\0&-1\end{pmatrix},\boldsymbol{A}_2=\begin{pmatrix}0&1\\0&0\end{pmatrix},\boldsymbol{A}_3=\begin{pmatrix}0&0\\1&0\end{pmatrix}$ 为 V 的一组基;

(2) 求 $\dim V$ 及 $\boldsymbol{A}=\begin{pmatrix}-2&1\\-3&2\end{pmatrix}$ 在基 $\boldsymbol{A}_1,\boldsymbol{A}_2,\boldsymbol{A}_3$ 下的坐标.

【解】 (1) 任取 $\boldsymbol{A}\in V$,设 $\boldsymbol{A}=\begin{pmatrix}a_{11}&a_{12}\\a_{21}&-a_{11}\end{pmatrix},a_{11},a_{12},a_{21}\in\mathbf{R}$,则

$$\boldsymbol{A}=a_{11}\begin{pmatrix}1&0\\0&-1\end{pmatrix}+a_{12}\begin{pmatrix}0&1\\0&0\end{pmatrix}+a_{21}\begin{pmatrix}0&0\\1&0\end{pmatrix}=a_{11}\boldsymbol{A}_1+a_{12}\boldsymbol{A}_2+a_{21}\boldsymbol{A}_3,$$

即 $\boldsymbol{A}$ 可由 V 中的向量组 $\boldsymbol{A}_1,\boldsymbol{A}_2,\boldsymbol{A}_3$ 线性表示.

若有实数 $\lambda_1,\lambda_2,\lambda_3$ 满足 $\lambda_1\boldsymbol{A}_1+\lambda_2\boldsymbol{A}_2+\lambda_3\boldsymbol{A}_3=\begin{pmatrix}0&0\\0&0\end{pmatrix}$,则

$$\begin{pmatrix}\lambda_1&\lambda_2\\\lambda_3&-\lambda_1\end{pmatrix}=\begin{pmatrix}0&0\\0&0\end{pmatrix},$$

即 $\lambda_1=\lambda_2=\lambda_3=0$,这表明向量组 $\boldsymbol{A}_1,\boldsymbol{A}_2,\boldsymbol{A}_3$ 线性无关,因此是 V 的一组基.

(2) $\dim V=3$.

因为 $\boldsymbol{A}=\begin{pmatrix}-2&1\\-3&2\end{pmatrix}=-2\boldsymbol{A}_1+\boldsymbol{A}_2-3\boldsymbol{A}_2$,所以 $\boldsymbol{A}$ 在基 $\boldsymbol{A}_1,\boldsymbol{A}_2,\boldsymbol{A}_3$ 下的坐标为 $(-2,1,-3)^{\mathrm{T}}$.

【例 6】 设 $V=\mathbf{R}[x]_3$ 为全体次数小于 3 的实系数多项式的集合,按多项式的加法与数乘运算,V 构成一个实线性空间.

(1) 验证 $1,x,x^2$ 与 $1,x-1,(x-1)(x-2)$ 分别为 V 的一组基;

(2) 求从基 $1,x,x^2$ 到基 $1,x-1,(x-1)(x-2)$ 的过渡矩阵 $\boldsymbol{P}$;

(3) 求 $f(x)=2x^2-x+9$ 在基 $1,x-1,(x-1)(x-2)$ 下的坐标 $\boldsymbol{y}$.

【解】 (1) 略去验证 $1,x,x^2$ 是 V 的一组基的过程.

下面验证 $1,x-1,(x-1)(x-2)$ 为 V 的一组基.

任取 $f(x)\in V$,设 $f(x)=a_0+a_1x+a_2x^2,a_0,a_1,a_2\in\mathbf{R}$,则

$$f(x)=(a_2+a_1+a_0)+(3a_2+a_1)(x-1)+a_2(x-1)(x-2),$$

即 $f(x)$ 可由 V 中的向量组 $1,x-1,(x-1)(x-2)$ 线性表示.

若有实数 $\lambda_1,\lambda_2,\lambda_3$ 满足 $\lambda_1+\lambda_2(x-1)+\lambda_3(x-1)(x-2)=0$,则

$$\lambda_3x^2+(\lambda_2-3\lambda_3)x+(2\lambda_3-\lambda_2+\lambda_1)=0,$$

求得 $\lambda_1=\lambda_2=\lambda_3=0$，这表明向量组 $1,x-1,(x-1)(x-2)$ 线性无关，因此是 V 的一组基.

(2) 因为 $(1,x-1,(x-1)(x-2))=(1,x,x^2)\begin{pmatrix}1&-1&2\\0&1&-3\\0&0&1\end{pmatrix}$，所以 $\boldsymbol{P}=\begin{pmatrix}1&-1&2\\0&1&-3\\0&0&1\end{pmatrix}$.

(3) 因为 $f(x)=2x^2-x+9=2(x-1)(x-2)+5(x-1)+10$，所以 $f(x)$ 在基 $1,x-1,(x-1)(x-2)$ 下的坐标为 $y=(10,5,2)^{\mathrm{T}}$. 或 $\left(\boldsymbol{y}=\boldsymbol{P}^{-1}\begin{pmatrix}9\\-1\\2\end{pmatrix}=\begin{pmatrix}1&1&1\\0&1&3\\0&0&1\end{pmatrix}\begin{pmatrix}9\\-1\\2\end{pmatrix}=\begin{pmatrix}10\\5\\2\end{pmatrix}\right)$.

【例 7】 设 V 为全体 2 阶实对称矩阵的集合，按矩阵的加法与数乘运算，V 构成一个实线性空间.

(1) 验证 $\boldsymbol{A}_1=\begin{pmatrix}1&0\\0&0\end{pmatrix}$，$\boldsymbol{A}_2=\begin{pmatrix}0&1\\1&0\end{pmatrix}$，$\boldsymbol{A}_3=\begin{pmatrix}0&0\\0&1\end{pmatrix}$ 与 $\boldsymbol{B}_1=\begin{pmatrix}1&0\\0&-1\end{pmatrix}$，$\boldsymbol{B}_2=\begin{pmatrix}1&1\\1&0\end{pmatrix}$，$\boldsymbol{B}_3=\begin{pmatrix}1&1\\1&1\end{pmatrix}$ 分别为 V 的一组基；

(2) 求从基 $\boldsymbol{A}_1,\boldsymbol{A}_2,\boldsymbol{A}_3$ 到基 $\boldsymbol{B}_1,\boldsymbol{B}_2,\boldsymbol{B}_3$ 的过渡矩阵 $\boldsymbol{P}$；

(3) 求 $\boldsymbol{A}=\begin{pmatrix}4&2\\2&-3\end{pmatrix}$ 在基 $\boldsymbol{B}_1,\boldsymbol{B}_2,\boldsymbol{B}_3$ 下的坐标 $\boldsymbol{y}$.

【解】 (1) 略去验证 $\boldsymbol{A}_1,\boldsymbol{A}_2,\boldsymbol{A}_3$ 是 V 的一组基的过程.

下面验证 $\boldsymbol{B}_1,\boldsymbol{B}_2,\boldsymbol{B}_3$ 为 V 的一组基.

由 $\boldsymbol{B}_1=\boldsymbol{A}_1-\boldsymbol{A}_3$，$\boldsymbol{B}_2=\boldsymbol{A}_1+\boldsymbol{A}_2$，$\boldsymbol{B}_3=\boldsymbol{A}_1+\boldsymbol{A}_2+\boldsymbol{A}_3$ 可得 $\boldsymbol{A}_1=\boldsymbol{B}_1-\boldsymbol{B}_2+\boldsymbol{B}_3$，$\boldsymbol{A}_2=-\boldsymbol{B}_1+2\boldsymbol{B}_2-\boldsymbol{B}_3$，$\boldsymbol{A}_3=-\boldsymbol{B}_2+\boldsymbol{B}_3$.

任取 $\boldsymbol{A}\in V$，设 $\boldsymbol{A}=\begin{pmatrix}a_{11}&a_{12}\\a_{12}&a_{22}\end{pmatrix}$，$a_{11},a_{12},a_{22}\in\mathbf{R}$，则

$$\begin{aligned}\boldsymbol{A}&=a_{11}\boldsymbol{A}_1+a_{12}\boldsymbol{A}_2+a_{22}\boldsymbol{A}_3\\&=a_{11}(\boldsymbol{B}_1-\boldsymbol{B}_2+\boldsymbol{B}_3)+a_{12}(-\boldsymbol{B}_1+2\boldsymbol{B}_2-\boldsymbol{B}_3)+a_{22}(-\boldsymbol{B}_2+\boldsymbol{B}_3)\\&=(a_{11}-a_{12})\boldsymbol{B}_1+(-a_{11}+2a_{12}-a_{22})\boldsymbol{B}_2+(a_{11}-a_{12}+a_{22})\boldsymbol{B}_3,\end{aligned}$$

即 $\boldsymbol{A}$ 可由 V 中的向量组 $\boldsymbol{B}_1,\boldsymbol{B}_2,\boldsymbol{B}_3$ 线性表示.

若有实数 $\lambda_1,\lambda_2,\lambda_3$ 满足 $\lambda_1\boldsymbol{B}_1+\lambda_2\boldsymbol{B}_2+\lambda_3\boldsymbol{B}_3=\begin{pmatrix}0&0\\0&0\end{pmatrix}$，则

$$\begin{pmatrix}\lambda_1+\lambda_2+\lambda_3&\lambda_2+\lambda_3\\\lambda_2+\lambda_3&\lambda_3-\lambda_1\end{pmatrix}\begin{pmatrix}0&0\\0&0\end{pmatrix},$$

求得 $\lambda_1=\lambda_2=\lambda_3=0$，这表明向量组 $\boldsymbol{B}_1,\boldsymbol{B}_2,\boldsymbol{B}_3$ 线性无关，因此是 V 的一组基.

(2) 因为 $(\boldsymbol{B}_1,\boldsymbol{B}_2,\boldsymbol{B}_3)=(\boldsymbol{A}_1,\boldsymbol{A}_2,\boldsymbol{A}_3)\begin{pmatrix}1&1&1\\0&1&1\\-1&0&1\end{pmatrix}$，所以

$$\boldsymbol{P}=\begin{pmatrix}1&1&1\\0&1&1\\-1&0&1\end{pmatrix}.$$

(3) 因为 $\boldsymbol{A}=2\boldsymbol{B}_1+3\boldsymbol{B}_2-\boldsymbol{B}_3$，所以 $\boldsymbol{A}$ 在基 $\boldsymbol{B}_1,\boldsymbol{B}_2,\boldsymbol{B}_3$ 下的坐标为 $y=(2,3,-1)^{\mathrm{T}}$ 或($\boldsymbol{y}=$

$$\boldsymbol{P}^{-1}\begin{pmatrix}4\\2\\-3\end{pmatrix}=\begin{pmatrix}1&-1&0\\-1&2&-1\\1&-1&1\end{pmatrix}\begin{pmatrix}4\\2\\-3\end{pmatrix}=\begin{pmatrix}2\\3\\-1\end{pmatrix}).$$

【例 8】 设 V 为全体 3 阶实对称矩阵的集合,按矩阵的加法与数乘运算,V 构成 一个实线性空间. 求 V 的维数与一组基.

【解】 任取 $\boldsymbol{A}\in V$,设 $\boldsymbol{A}=\begin{pmatrix}a_{11}&a_{12}&a_{13}\\a_{12}&a_{22}&a_{23}\\a_{13}&a_{23}&a_{33}\end{pmatrix}$,$a_{11},a_{12},a_{13},a_{22},a_{23},a_{33}\in\mathbf{R}$,则

$$\boldsymbol{A}=a_{11}\boldsymbol{E}_{11}+a_{12}(\boldsymbol{E}_{12}+\boldsymbol{E}_{21})+a_{13}(\boldsymbol{E}_{13}+\boldsymbol{E}_{31})+a_{22}\boldsymbol{E}_{22}+a_{23}(\boldsymbol{E}_{23}+\boldsymbol{E}_{32})+a_{33}\boldsymbol{E}_{33},$$

即 $\boldsymbol{A}$ 可由 V 中的向量组 $\boldsymbol{E}_{11},\boldsymbol{E}_{12}+\boldsymbol{E}_{21},\boldsymbol{E}_{13}+\boldsymbol{E}_{31},\boldsymbol{E}_{22},\boldsymbol{E}_{23}+\boldsymbol{E}_{32},\boldsymbol{E}_{33}$ 线性表示,其中 $\boldsymbol{E}_{ij}$ 为第 i 行第 j 列元素为 1,其余元素为零的 3 阶矩阵.

设有实数 $\lambda_1,\lambda_2,\lambda_3,\lambda_4,\lambda_5,\lambda_6$,使得

$$\lambda_1\boldsymbol{E}_{11}+\lambda_2(\boldsymbol{E}_{12}+\boldsymbol{E}_{21})+\lambda_3(\boldsymbol{E}_{13}+\boldsymbol{E}_{31})+\lambda_4\boldsymbol{E}_{22}+\lambda_5(\boldsymbol{E}_{23}+\boldsymbol{E}_{32})+\lambda_6\boldsymbol{E}_{33}=\boldsymbol{O},$$

其中 $\boldsymbol{O}$ 为零矩阵,即

$$\begin{pmatrix}\lambda_1&\lambda_2&\lambda_3\\\lambda_2&\lambda_4&\lambda_5\\\lambda_3&\lambda_5&\lambda_6\end{pmatrix}=\begin{pmatrix}0&0&0\\0&0&0\\0&0&0\end{pmatrix},$$

求得 $\lambda_1=\lambda_2=\lambda_3=\lambda_4=\lambda_5=\lambda_6=0$. 这说明 $\boldsymbol{E}_{11},\boldsymbol{E}_{12}+\boldsymbol{E}_{21},\boldsymbol{E}_{13}+\boldsymbol{E}_{31},\boldsymbol{E}_{22},\boldsymbol{E}_{23}+\boldsymbol{E}_{32},\boldsymbol{E}_{33}$ 线性无关.

因此 $\boldsymbol{E}_{11},\boldsymbol{E}_{12}+\boldsymbol{E}_{21},\boldsymbol{E}_{13}+\boldsymbol{E}_{31},\boldsymbol{E}_{22},\boldsymbol{E}_{23}+\boldsymbol{E}_{32},\boldsymbol{E}_{33}$ 为 V 的一组基,$\dim V=6$.

【例 9】 设 V 为全体 3 阶实上三角矩阵的集合,按矩阵的加法与数乘运算,V 构成一个实线性空间. 求 V 的维数与一组基.

【解】 任取 $\boldsymbol{A}\in V$,设 $\boldsymbol{A}=\begin{pmatrix}a_{11}&a_{12}&a_{13}\\0&a_{22}&a_{23}\\0&0&a_{33}\end{pmatrix}$,$a_{11},a_{12},a_{13},a_{22},a_{23},a_{33}\in\mathbf{R}$,则

$$\boldsymbol{A}=a_{11}\boldsymbol{E}_{11}+a_{12}\boldsymbol{E}_{12}+a_{13}\boldsymbol{E}_{13}+a_{22}\boldsymbol{E}_{22}+a_{23}\boldsymbol{E}_{23}+a_{33}\boldsymbol{E}_{33},$$

即 $\boldsymbol{A}$ 可由 V 中的向量组 $\boldsymbol{E}_{11},\boldsymbol{E}_{12},\boldsymbol{E}_{13},\boldsymbol{E}_{22},\boldsymbol{E}_{23},\boldsymbol{E}_{33}$ 线性表示,其中 $\boldsymbol{E}_{ij}$ 为第 i 行第 j 列元素为 1,其余元素为零的 3 阶矩阵.

设有实数 $\lambda_1,\lambda_2,\lambda_3,\lambda_4,\lambda_5,\lambda_6$,使得

$$\lambda_1\boldsymbol{E}_{11}+\lambda_2\boldsymbol{E}_{12}+\lambda_3\boldsymbol{E}_{13}+\lambda_4\boldsymbol{E}_{22}+\lambda_5\boldsymbol{E}_{23}+\lambda_6\boldsymbol{E}_{33}=\boldsymbol{O},$$

其中 $\boldsymbol{O}$ 为零矩阵,即 $\begin{pmatrix}\lambda_1&\lambda_2&\lambda_3\\0&\lambda_4&\lambda_5\\0&0&\lambda_6\end{pmatrix}=\begin{pmatrix}0&0&0\\0&0&0\\0&0&0\end{pmatrix}$,求得 $\lambda_1=\lambda_2=\lambda_3=\lambda_4=\lambda_5=\lambda_6=0$. 这说明 $\boldsymbol{E}_{11},\boldsymbol{E}_{12},\boldsymbol{E}_{13},\boldsymbol{E}_{22},\boldsymbol{E}_{23},\boldsymbol{E}_{33}$ 线性无关. 因此 $\boldsymbol{E}_{11},\boldsymbol{E}_{12},\boldsymbol{E}_{13},\boldsymbol{E}_{22},\boldsymbol{E}_{23},\boldsymbol{E}_{33}$ 为 V 的一组基,$\dim V=6$.

【例 10】 设 $\mathbf{R}^4$ 为全体四维实向量的集合,按向量的加法与数乘运算,$\mathbf{R}^4$ 构成一个实线性空间. 设 $\boldsymbol{\alpha}_1=(1,-1,2,3)^{\mathrm{T}}$,$\boldsymbol{\alpha}_2=(2,1,0,-1)^{\mathrm{T}}$,$\boldsymbol{\alpha}_3=(4,-1,4,5)^{\mathrm{T}}$,$\boldsymbol{\alpha}_4=(7,-1,6,7)^{\mathrm{T}}$.

(1) 求 $L(\boldsymbol{\alpha}_1,\boldsymbol{\alpha}_2,\boldsymbol{\alpha}_3,\boldsymbol{\alpha}_4)$的维数与一组基;

(2) 求 $\boldsymbol{\alpha}_1,\boldsymbol{\alpha}_2,\boldsymbol{\alpha}_3,\boldsymbol{\alpha}_4$ 在题(1)中基下的坐标.

【解】 (1) $\boldsymbol{\alpha}_1,\boldsymbol{\alpha}_2,\boldsymbol{\alpha}_3,\boldsymbol{\alpha}_4$ 的极大无关组即为 $L(\boldsymbol{\alpha}_1,\boldsymbol{\alpha}_2,\boldsymbol{\alpha}_3,\boldsymbol{\alpha}_4)$的一组基. 对$(\boldsymbol{\alpha}_1,\boldsymbol{\alpha}_2,\boldsymbol{\alpha}_3,\boldsymbol{\alpha}_4)$作初等行变换,得

$$(\boldsymbol{\alpha}_1,\boldsymbol{\alpha}_2,\boldsymbol{\alpha}_3,\boldsymbol{\alpha}_4)=\begin{pmatrix}1&2&4&7\\-1&1&-1&-1\\2&0&4&6\\3&-1&5&7\end{pmatrix}\to\begin{pmatrix}1&0&2&3\\0&1&1&2\\0&0&0&0\\0&0&0&0\end{pmatrix}\text{(注:只能作行变换)}.$$

于是 $\boldsymbol{\alpha}_1,\boldsymbol{\alpha}_2$ 是 $\boldsymbol{\alpha}_1,\boldsymbol{\alpha}_2,\boldsymbol{\alpha}_3,\boldsymbol{\alpha}_4$ 的一个极大无关组，$\boldsymbol{\alpha}_3=2\boldsymbol{\alpha}_1+\boldsymbol{\alpha}_2$，$\boldsymbol{\alpha}_4=3\boldsymbol{\alpha}_1+2\boldsymbol{\alpha}_2$.

故 $L(\boldsymbol{\alpha}_1,\boldsymbol{\alpha}_2,\boldsymbol{\alpha}_3,\boldsymbol{\alpha}_4)$维数是 2，$\boldsymbol{\alpha}_1,\boldsymbol{\alpha}_2$ 为一组基.

(2) $\boldsymbol{\alpha}_1,\boldsymbol{\alpha}_2,\boldsymbol{\alpha}_3,\boldsymbol{\alpha}_4$ 在基 $\boldsymbol{\alpha}_1,\boldsymbol{\alpha}_2$ 下的坐标分别为 $\boldsymbol{x}_1=(1,0)^{\mathrm{T}}$，$\boldsymbol{x}_2=(0,1)^{\mathrm{T}}$，$\boldsymbol{x}_3=(2,1)^{\mathrm{T}}$，$\boldsymbol{x}_4=(3,2)^{\mathrm{T}}$.

【例 11】 设 $\mathbf{R}^3$ 为全体三维实向量的集合，按向量的加法与数乘运算，$\mathbf{R}^3$ 构成一个实线性空间. 在 $\mathbf{R}^3$ 中定义 σ 为：

$$\sigma(x_1,x_2,x_3)^{\mathrm{T}}=(x_1+x_2,x_2+x_3,x_3+x_1)^{\mathrm{T}},\ \forall x_1,x_2,x_3\in\mathbf{R}.$$

(1) 验证 σ 为 $\mathbf{R}^3$ 的一个线性变换；

(2) 求 σ 在基 $\boldsymbol{\varepsilon}_1,\boldsymbol{\varepsilon}_2,\boldsymbol{\varepsilon}_3$ 下的矩阵 $\boldsymbol{A}$.（$\boldsymbol{\varepsilon}_i$ 为第 i 个分量为 1，其余分量为零的向量）

【解】 (1) 对任意 $\boldsymbol{\alpha}=(x_1,x_2,x_3)^{\mathrm{T}}\in\mathbf{R}^3$，有唯一的

$$\sigma(\boldsymbol{\alpha})=(x_1+x_2,x_2+x_3,x_3+x_1)^{\mathrm{T}}\in\mathbf{R}^3$$

与之对应.

且对任意 $\boldsymbol{\alpha},\boldsymbol{\beta}\in\mathbf{R}^3$，设 $\boldsymbol{\alpha}=(x_1,x_2,x_3)^{\mathrm{T}}$，$\boldsymbol{\beta}=(y_1,y_2,y_3)^{\mathrm{T}}$，则

$$\boldsymbol{\alpha}+\boldsymbol{\beta}=(x_1+y_1,x_2+y_2,x_3+y_3)^{\mathrm{T}},$$

$$\sigma(\boldsymbol{\alpha})=(x_1+x_2,x_2+x_3,x_3+x_1)^{\mathrm{T}},$$

$$\sigma(\boldsymbol{\beta})=(y_1+y_2,y_2+y_3,y_3+y_1)^{\mathrm{T}},$$

$$\sigma(\boldsymbol{\alpha}+\boldsymbol{\beta})=(x_1+y_1+x_2+y_2,x_2+y_2+x_3+y_3,x_3+y_3+x_1+y_1)^{\mathrm{T}}=\sigma(\boldsymbol{\alpha})+\sigma(\boldsymbol{\beta});$$

对任意 $\lambda\in\mathbf{R}$，有

$$\sigma(\lambda\boldsymbol{\alpha})=(\lambda x_1+\lambda x_2,\lambda x_2+\lambda x_3,\lambda x_3+\lambda x_1)^{\mathrm{T}}=\lambda\sigma(\boldsymbol{\alpha}).$$

所以 σ 是 $\mathbf{R}^3$ 的一个线性变换.

(2)

$$\sigma(\boldsymbol{\varepsilon}_1)=(1,0,1)^{\mathrm{T}}=\boldsymbol{\varepsilon}_1+\boldsymbol{\varepsilon}_3,$$

$$\sigma(\boldsymbol{\varepsilon}_2)=(1,1,0)^{\mathrm{T}}=\boldsymbol{\varepsilon}_1+\boldsymbol{\varepsilon}_2,\sigma(\boldsymbol{\varepsilon}_3)=(0,1,1)^{\mathrm{T}}=\boldsymbol{\varepsilon}_2+\boldsymbol{\varepsilon}_3,$$

因为$(\sigma(\boldsymbol{\varepsilon}_1),\sigma(\boldsymbol{\varepsilon}_2),\sigma(\boldsymbol{\varepsilon}_3))=(\boldsymbol{\varepsilon}_1,\boldsymbol{\varepsilon}_2,\boldsymbol{\varepsilon}_3)\begin{pmatrix}1&1&0\\0&1&1\\1&0&1\end{pmatrix}$，所以 $\boldsymbol{A}=\begin{pmatrix}1&1&0\\0&1&1\\1&0&1\end{pmatrix}$.

【例 12】 设 V 为全体 2 阶实矩阵的集合，按矩阵的加法与数乘运算，V 构成一个实线性空间. 在 V 中定义 σ 为：$\sigma(\boldsymbol{X})=\boldsymbol{X}\begin{pmatrix}1&-2\\3&1\end{pmatrix}$，$\forall\boldsymbol{X}\in V$.

(1) 验证 σ 为 V 的一个线性变换；

(2) 求 σ 在基 $\boldsymbol{E}_{11},\boldsymbol{E}_{12},\boldsymbol{E}_{21},\boldsymbol{E}_{22}$ 下的矩阵 $\boldsymbol{A}$.（$\boldsymbol{E}_{ij}$ 为第 i 行第 j 列元素为 1，其余元素为零的矩阵）

【解】 (1) 对任意 $\boldsymbol{X}\in V$，有唯一的 $\sigma(\boldsymbol{X})=\boldsymbol{X}\begin{pmatrix}1&-2\\3&1\end{pmatrix}$与之对应. 且对任意 $\boldsymbol{X},\boldsymbol{Y}\in V$，

$$\sigma(\boldsymbol{X}+\boldsymbol{Y})=(\boldsymbol{X}+\boldsymbol{Y})\begin{pmatrix}1&-2\\3&1\end{pmatrix}$$

$$=\boldsymbol{X}\begin{pmatrix}1&-2\\3&1\end{pmatrix}+\boldsymbol{Y}\begin{pmatrix}1&-2\\3&1\end{pmatrix}=\sigma(\boldsymbol{X})+\sigma(\boldsymbol{Y});$$

对任意 $\lambda\in\mathbf{R}$,有

$$\sigma(\lambda\boldsymbol{X})=(\lambda\boldsymbol{X})\begin{pmatrix}1&-2\\3&1\end{pmatrix}=\lambda\sigma(\boldsymbol{X}).$$

所以 σ 是 V 的一个线性变换.

(2)
$$\sigma(\boldsymbol{E}_{11})=\begin{pmatrix}1&0\\0&0\end{pmatrix}\begin{pmatrix}1&-2\\3&1\end{pmatrix}=\begin{pmatrix}1&-2\\0&0\end{pmatrix}=\boldsymbol{E}_{11}-2\boldsymbol{E}_{12},$$
$$\sigma(\boldsymbol{E}_{12})=\begin{pmatrix}0&1\\0&0\end{pmatrix}\begin{pmatrix}1&-2\\3&1\end{pmatrix}=\begin{pmatrix}3&1\\0&0\end{pmatrix}=3\boldsymbol{E}_{11}+\boldsymbol{E}_{12},$$
$$\sigma(\boldsymbol{E}_{21})=\begin{pmatrix}0&0\\1&0\end{pmatrix}\begin{pmatrix}1&-2\\3&1\end{pmatrix}=\begin{pmatrix}0&0\\1&-2\end{pmatrix}=\boldsymbol{E}_{21}-2\boldsymbol{E}_{22},$$
$$\sigma(\boldsymbol{E}_{22})=\begin{pmatrix}0&0\\0&1\end{pmatrix}\begin{pmatrix}1&-2\\3&1\end{pmatrix}=\begin{pmatrix}0&0\\3&1\end{pmatrix}=3\boldsymbol{E}_{21}+\boldsymbol{E}_{22}.$$

因为

$$(\sigma(\boldsymbol{E}_{11}),\sigma(\boldsymbol{E}_{12}),\sigma(\boldsymbol{E}_{21}),\sigma(\boldsymbol{E}_{22}))=(\boldsymbol{E}_{11},\boldsymbol{E}_{12},\boldsymbol{E}_{21},\boldsymbol{E}_{22})\begin{pmatrix}1&3&0&0\\-2&1&0&0\\0&0&1&3\\0&0&-2&1\end{pmatrix},\text{所以 }\boldsymbol{A}=\begin{pmatrix}1&3&0&0\\-2&1&0&0\\0&0&1&3\\0&0&-2&1\end{pmatrix}.$$

【例 13】 设 $V=\mathbf{R}[x]_n$ 为全体次数小于 n 的实系数多项式的集合,按多项式的加法与数乘运算,V 构成一个实线性空间. 在 V 中定义 σ 为:$\sigma[f(x)]=f(x+1)-f(x)$, $\forall f(x)\in V$.

(1) 验证 σ 为 V 的一个线性变换;

(2) 求 σ 在基 $1,x,\frac{x(x-1)}{2!},\frac{x(x-1)(x-2)}{3!},\cdots,\frac{x(x-1)\cdots(x-n+2)}{(n-1)!}$ 下的矩阵 $\boldsymbol{A}$.

【解】 (1) 对任意 $f(x)\in V$,有唯一的 $\sigma[f(x)]=f(x+1)-f(x)$ 与之对应.

且对任意 $f(x),g(x)\in V$,

$$\begin{aligned}\sigma[f(x)+g(x)]&=f(x+1)+g(x+1)-f(x)-g(x)\\&=\sigma[f(x)]+\sigma[g(x)];\end{aligned}$$

对任意 $\lambda\in\mathbf{R}$,有

$$\sigma[\lambda f(x)]=\lambda f(x+1)-\lambda f(x)=\lambda\sigma[f(x)].$$

所以 σ 是 V 的一个线性变换.

(2)

$$\sigma(1)=0,\sigma(x)=x+1-x=1,$$
$$\sigma\left[\frac{x(x-1)}{2!}\right]=\frac{(x+1)x}{2!}-\frac{x(x-1)}{2!}=x,$$
$$\begin{aligned}\sigma\left[\frac{x(x-1)\cdots(x-k+1)}{k!}\right]&=\frac{(x+1)x\cdots(x-k+2)}{k!}-\frac{x(x-1)\cdots(x-k+1)}{k!}\\&=\frac{x(x-1)\cdots(x-k+2)}{(k-1)!},k=3,4,\cdots,n-1.\end{aligned}$$

$$\left(\sigma(1),\sigma(x),\sigma\left(\frac{x(x-1)}{2!}\right),\cdots,\sigma\left(\frac{x(x-1)\cdots(x-n+2)}{(n-1)!}\right)\right)=$$

$$\left(1,x,\frac{x(x-1)}{2!},\cdots,\frac{x(x-1)\cdots(x-n+2)}{(n-1)!}\right)\boldsymbol{A},\boldsymbol{A}=\begin{pmatrix}0&1&0&\cdots&0\\0&0&1&\cdots&0\\\vdots&\vdots&\vdots&\vdots&\vdots\\0&0&0&\cdots&1\\0&0&0&\cdots&0\end{pmatrix}.$$

【例 14】 设 V 为三维实线性空间，$\boldsymbol{\alpha}_1,\boldsymbol{\alpha}_2,\boldsymbol{\alpha}_3$ 为 V 的一组基.

(1) 在 V 中定义 σ 为：$\sigma(x_1\boldsymbol{\alpha}_1+x_2\boldsymbol{\alpha}_2+x_3\boldsymbol{\alpha}_3)=(x_1+x_3)\boldsymbol{\alpha}_1+x_2\boldsymbol{\alpha}_2+(x_1-x_3)\boldsymbol{\alpha}_3$，$\forall x_1,x_2,x_3\in\mathbf{R}$，验证 σ 为 V 的一个线性变换；

(2) 求 σ 在基 $\boldsymbol{\alpha}_1,\boldsymbol{\alpha}_2,\boldsymbol{\alpha}_3$ 下的矩阵 $\boldsymbol{A}$；

(3) 若 $\boldsymbol{\beta}_1=\boldsymbol{\alpha}_1+\boldsymbol{\alpha}_2-\boldsymbol{\alpha}_3$，$\boldsymbol{\beta}_2=\boldsymbol{\alpha}_2-2\boldsymbol{\alpha}_3$，$\boldsymbol{\beta}_3=2\boldsymbol{\alpha}_1+\boldsymbol{\alpha}_2-2\boldsymbol{\alpha}_3$，证明 $\boldsymbol{\beta}_1,\boldsymbol{\beta}_2,\boldsymbol{\beta}_3$ 也是 V 的一组基，并求从基 $\boldsymbol{\alpha}_1,\boldsymbol{\alpha}_2,\boldsymbol{\alpha}_3$ 到基 $\boldsymbol{\beta}_1,\boldsymbol{\beta}_2,\boldsymbol{\beta}_3$ 的过渡矩阵 $\boldsymbol{P}$；

(4) 求 σ 在基 $\boldsymbol{\beta}_1,\boldsymbol{\beta}_2,\boldsymbol{\beta}_3$ 下的矩阵 $\boldsymbol{B}$.

【解】 (1) 对任意 $\boldsymbol{\alpha}\in V$，设 $\boldsymbol{\alpha}=x_1\boldsymbol{\alpha}_1+x_2\boldsymbol{\alpha}_2+x_3\boldsymbol{\alpha}_3$，有唯一的 $\sigma(\boldsymbol{\alpha})=(x_1+x_3)\boldsymbol{\alpha}_1+x_2\boldsymbol{\alpha}_2+(x_1-x_3)\boldsymbol{\alpha}_3$ 与之对应.

对任意 $\boldsymbol{\alpha},\boldsymbol{\beta}\in V$，设 $\boldsymbol{\alpha}=x_1\boldsymbol{\alpha}_1+x_2\boldsymbol{\alpha}_2+x_3\boldsymbol{\alpha}_3$，$\boldsymbol{\beta}=y_1\boldsymbol{\alpha}_1+y_2\boldsymbol{\alpha}_2+y_3\boldsymbol{\alpha}_3$，则

$$\boldsymbol{\alpha}+\boldsymbol{\beta}=(x_1+y_1)\boldsymbol{\alpha}_1+(x_2+y_2)\boldsymbol{\alpha}_2+(x_3+y_3)\boldsymbol{\alpha}_3,$$
$$\sigma(\boldsymbol{\alpha})=(x_1+x_3)\boldsymbol{\alpha}_1+x_2\boldsymbol{\alpha}_2+(x_1-x_3)\boldsymbol{\alpha}_3,$$
$$\sigma(\boldsymbol{\beta})=(y_1+y_3)\boldsymbol{\alpha}_1+y_2\boldsymbol{\alpha}_2+(y_1-y_3)\boldsymbol{\alpha}_3,$$
$$\begin{aligned}\sigma(\boldsymbol{\alpha}+\boldsymbol{\beta})&=(x_1+y_1+x_3+y_3)\boldsymbol{\alpha}_1+(x_2+y_2)\boldsymbol{\alpha}_2+(x_1+y_1-x_3-y_3)\boldsymbol{\alpha}_3\\&=\sigma(\boldsymbol{\alpha})+\sigma(\boldsymbol{\beta});\end{aligned}$$

对任意 $\lambda\in\mathbf{R}$，有

$$\sigma(\lambda\boldsymbol{\alpha})=(\lambda x_1+\lambda x_3)\boldsymbol{\alpha}_1+\lambda x_2\boldsymbol{\alpha}_2+(\lambda x_1-\lambda x_3)\boldsymbol{\alpha}_3=\lambda\sigma(\boldsymbol{\alpha}).$$

所以 σ 是 V 的一个线性变换.

(2)

$$\sigma(\boldsymbol{\alpha}_1)=\boldsymbol{\alpha}_1+\boldsymbol{\alpha}_3,\sigma(\boldsymbol{\alpha}_2)=\boldsymbol{\alpha}_2,\sigma(\boldsymbol{\alpha}_3)=\boldsymbol{\alpha}_1-\boldsymbol{\alpha}_3.$$

因为 $(\sigma(\boldsymbol{\alpha}_1),\sigma(\boldsymbol{\alpha}_2),\sigma(\boldsymbol{\alpha}_3))=(\boldsymbol{\alpha}_1,\boldsymbol{\alpha}_2,\boldsymbol{\alpha}_3)\begin{pmatrix}1&0&1\\0&1&0\\1&0&-1\end{pmatrix}$，所以 $\boldsymbol{A}=\begin{pmatrix}1&0&1\\0&1&0\\1&0&-1\end{pmatrix}$.

(3) 因为 $(\boldsymbol{\beta}_1,\boldsymbol{\beta}_2,\boldsymbol{\beta}_3)=(\boldsymbol{\alpha}_1,\boldsymbol{\alpha}_2,\boldsymbol{\alpha}_3)\begin{pmatrix}1&0&2\\1&1&1\\-1&-2&-2\end{pmatrix}$，而且

$$\begin{vmatrix}1&0&2\\1&1&1\\-1&-2&-2\end{vmatrix}=-2\neq0,$$

所以 $\boldsymbol{\beta}_1,\boldsymbol{\beta}_2,\boldsymbol{\beta}_3$ 也是 V 的一组基，从基 $\boldsymbol{\alpha}_1,\boldsymbol{\alpha}_2,\boldsymbol{\alpha}_3$ 到基 $\boldsymbol{\beta}_1,\boldsymbol{\beta}_2,\boldsymbol{\beta}_3$ 的过渡矩阵为

$$\boldsymbol{P}=\begin{pmatrix}1&0&2\\1&1&1\\-1&-2&-2\end{pmatrix}.$$

(4) 求得 $P^{-1}=\begin{pmatrix}0 & 2 & 1\\ -\frac{1}{2} & 0 & -\frac{1}{2}\\ \frac{1}{2} & -1 & -\frac{1}{2}\end{pmatrix}$，于是 $B=P^{-1}AP=\begin{pmatrix}4 & 4 & 6\\ -1 & 0 & -2\\ -2 & -3 & -3\end{pmatrix}$.

【例 15】 设 V 为三维实线性空间，$\boldsymbol{\alpha}_1,\boldsymbol{\alpha}_2,\boldsymbol{\alpha}_3$ 为 V 的一组基. 已知 V 的线性变换 σ 在基 $\boldsymbol{\alpha}_1,\boldsymbol{\alpha}_2,\boldsymbol{\alpha}_3$ 下的矩阵为 $\boldsymbol{A}=(a_{ij})$.

(1) 求 σ 在基 $\boldsymbol{\alpha}_3,\boldsymbol{\alpha}_1,\boldsymbol{\alpha}_2$ 下的矩阵 $\boldsymbol{B}_1$；

(2) 求 σ 在基 $\boldsymbol{\alpha}_1,\boldsymbol{\alpha}_2,2\boldsymbol{\alpha}_3$ 下的矩阵 $\boldsymbol{B}_2$.

【解】 (1) 因为从基 $\boldsymbol{\alpha}_1,\boldsymbol{\alpha}_2,\boldsymbol{\alpha}_3$ 到基 $\boldsymbol{\alpha}_3,\boldsymbol{\alpha}_1,\boldsymbol{\alpha}_2$ 的过渡矩阵为 $\boldsymbol{P}=\begin{pmatrix}0 & 1 & 0\\ 0 & 0 & 1\\ 1 & 0 & 0\end{pmatrix}$，

所以

$$\boldsymbol{B}_1=\boldsymbol{P}^{-1}\boldsymbol{A}\boldsymbol{P}=\begin{pmatrix}0 & 1 & 0\\ 0 & 0 & 1\\ 1 & 0 & 0\end{pmatrix}^{-1}\boldsymbol{A}\begin{pmatrix}0 & 1 & 0\\ 0 & 0 & 1\\ 1 & 0 & 0\end{pmatrix}=\begin{pmatrix}a_{33} & a_{31} & a_{32}\\ a_{13} & a_{11} & a_{12}\\ a_{23} & a_{21} & a_{22}\end{pmatrix}.$$

(2) 因为从基 $\boldsymbol{\alpha}_1,\boldsymbol{\alpha}_2,\boldsymbol{\alpha}_3$ 到基 $\boldsymbol{\alpha}_1,\boldsymbol{\alpha}_2,2\boldsymbol{\alpha}_3$ 的过渡矩阵为 $\boldsymbol{Q}=\begin{pmatrix}1 & 0 & 0\\ 0 & 1 & 0\\ 0 & 0 & 2\end{pmatrix}$，

所以

$$\boldsymbol{B}_2=\boldsymbol{Q}^{-1}\boldsymbol{A}\boldsymbol{Q}=\begin{pmatrix}1 & 0 & 0\\ 0 & 1 & 0\\ 0 & 0 & 2\end{pmatrix}^{-1}\boldsymbol{A}\begin{pmatrix}1 & 0 & 0\\ 0 & 1 & 0\\ 0 & 0 & 2\end{pmatrix}=\begin{pmatrix}a_{11} & a_{12} & 2a_{13}\\ a_{21} & a_{22} & 2a_{23}\\ \frac{1}{2}a_{31} & \frac{1}{2}a_{32} & a_{33}\end{pmatrix}.$$

【例 16*】 设 V 为三维欧氏空间，$\boldsymbol{\alpha}_1,\boldsymbol{\alpha}_2,\boldsymbol{\alpha}_3$ 为 V 的一组基，V 在基 $\boldsymbol{\alpha}_1,\boldsymbol{\alpha}_2,\boldsymbol{\alpha}_3$ 下的度量矩阵为 $\boldsymbol{A}=\begin{pmatrix}1 & 1 & 0\\ 1 & 3 & 2\\ 0 & 2 & 5\end{pmatrix}$. $\boldsymbol{\beta}_1=2\boldsymbol{\alpha}_1-\boldsymbol{\alpha}_2$，$\boldsymbol{\beta}_2=\boldsymbol{\alpha}_2+\boldsymbol{\alpha}_3$，求$(\boldsymbol{\beta}_1,\boldsymbol{\beta}_2)$.

【解】

$$\begin{aligned}(\boldsymbol{\beta}_1,\boldsymbol{\beta}_2)&=(2\boldsymbol{\alpha}_1-\boldsymbol{\alpha}_2,\boldsymbol{\alpha}_2+\boldsymbol{\alpha}_3)\\&=2(\boldsymbol{\alpha}_1,\boldsymbol{\alpha}_2)+2(\boldsymbol{\alpha}_1,\boldsymbol{\alpha}_3)-(\boldsymbol{\alpha}_2,\boldsymbol{\alpha}_2)-(\boldsymbol{\alpha}_2,\boldsymbol{\alpha}_3)\\&=2\times1+2\times0-3-2=-3.\end{aligned}$$

【例 17*】 设 V 为全体 2 阶实对称矩阵. 对于矩阵的加法与数乘运算，V 构成一个三维实线性空间. 在 V 中定义内积：$(\boldsymbol{A},\boldsymbol{B})=\mathrm{tr}(\boldsymbol{A}^{\mathrm{T}}\boldsymbol{B})$，$\forall\boldsymbol{A},\boldsymbol{B}\in V$. 求 V 的一组标准正交基.

【解】 在 V 中取基 $\boldsymbol{\alpha}_1=\boldsymbol{E}_{11}$，$\boldsymbol{\alpha}_2=\boldsymbol{E}_{12}+\boldsymbol{E}_{21}$，$\boldsymbol{\alpha}_3=\boldsymbol{E}_{22}$，其中 $\boldsymbol{E}_{ij}$ 为第 i 行第 j 列元素为 1，其余元素为零的 2 阶矩阵.

将 $\boldsymbol{\alpha}_1,\boldsymbol{\alpha}_2,\boldsymbol{\alpha}_3$ 标准正交化，即可得到 $\boldsymbol{V}$ 的一组标准正交基 $\boldsymbol{A}_1,\boldsymbol{A}_2,\boldsymbol{A}_3$.

令 $\boldsymbol{\beta}_1=\boldsymbol{\alpha}_1=\boldsymbol{E}_{11}$，

$$\boldsymbol{\beta}_2=\boldsymbol{\alpha}_2-\frac{(\boldsymbol{\alpha}_2,\boldsymbol{\beta}_1)}{(\boldsymbol{\beta}_1,\boldsymbol{\beta}_1)}\boldsymbol{\beta}_1$$

$$=\boldsymbol{E}_{12}+\boldsymbol{E}_{21}-\frac{\operatorname{tr}(\boldsymbol{E}_{12}\boldsymbol{E}_{11}+\boldsymbol{E}_{21}\boldsymbol{E}_{11})}{\operatorname{tr}(\boldsymbol{E}_{11}^{2})}\boldsymbol{E}_{11}=\boldsymbol{E}_{12}+\boldsymbol{E}_{21},$$

$$\begin{aligned}\boldsymbol{\beta}_3&=\boldsymbol{\alpha}_3-\frac{(\boldsymbol{\alpha}_3,\boldsymbol{\beta}_1)}{(\boldsymbol{\beta}_1,\boldsymbol{\beta}_1)}\boldsymbol{\beta}_1-\frac{(\boldsymbol{\alpha}_3,\boldsymbol{\beta}_2)}{(\boldsymbol{\beta}_2,\boldsymbol{\beta}_2)}\boldsymbol{\beta}_2\\&=\boldsymbol{E}_{22}-\frac{\operatorname{tr}(\boldsymbol{E}_{11}\boldsymbol{E}_{22})}{\operatorname{tr}(\boldsymbol{E}_{11}^{2})}\boldsymbol{E}_{11}-\frac{\operatorname{tr}(\boldsymbol{E}_{12}\boldsymbol{E}_{22}+\boldsymbol{E}_{21}\boldsymbol{E}_{22})}{\operatorname{tr}[(\boldsymbol{E}_{12}+\boldsymbol{E}_{21})^{2}]}(\boldsymbol{E}_{12}+\boldsymbol{E}_{21})\\&=\boldsymbol{E}_{22}.\end{aligned}$$

取

$$\boldsymbol{A}_1=\frac{\boldsymbol{\beta}_1}{\|\boldsymbol{\beta}_1\|}=\frac{\boldsymbol{E}_{11}}{\sqrt{\operatorname{tr}(\boldsymbol{E}_{11}^{2})}}=\boldsymbol{E}_{11},$$

$$\boldsymbol{A}_2=\frac{\boldsymbol{\beta}_2}{\|\boldsymbol{\beta}_2\|}=\frac{\boldsymbol{E}_{12}+\boldsymbol{E}_{21}}{\sqrt{\operatorname{tr}[(\boldsymbol{E}_{12}+\boldsymbol{E}_{21})^{2}]}}=\frac{1}{\sqrt{2}}(\boldsymbol{E}_{12}+\boldsymbol{E}_{21}),$$

$$\boldsymbol{A}_3=\frac{\boldsymbol{\beta}_3}{\|\boldsymbol{\beta}_3\|}=\frac{\boldsymbol{E}_{22}}{\sqrt{\operatorname{tr}(\boldsymbol{E}_{22}^{2})}}=\boldsymbol{E}_{22}.$$

$\boldsymbol{A}_1,\boldsymbol{A}_2,\boldsymbol{A}_3$ 即为 V 的一组标准正交基.

【例 18】 设 V 为实线性空间，V_1,V_2 为 V 的子空间.

$$W=\{\boldsymbol{\alpha}_1+\boldsymbol{\alpha}_2\mid\boldsymbol{\alpha}_1\in V_1,\boldsymbol{\alpha}_2\in V_2\}(\text{记为 }W=V_1+V_2),$$

证明 W 是 V 的子空间.

【证明】 显然 W 是 V 的非空子集，所以只需证 W 关于 V 中的加法和数乘运算封闭.

任取 $\boldsymbol{\gamma}_1,\boldsymbol{\gamma}_2\in W$，设 $\boldsymbol{\gamma}_1=\boldsymbol{\alpha}_1+\boldsymbol{\beta}_1,\boldsymbol{\gamma}_2=\boldsymbol{\alpha}_2+\boldsymbol{\beta}_2$，其中 $\boldsymbol{\alpha}_1,\boldsymbol{\alpha}_2\in V_1,\boldsymbol{\beta}_1,\boldsymbol{\beta}_2\in V_2$. 则

$$\boldsymbol{\gamma}_1+\boldsymbol{\gamma}_2=(\boldsymbol{\alpha}_1+\boldsymbol{\beta}_1)+(\boldsymbol{\alpha}_2+\boldsymbol{\beta}_2)=(\boldsymbol{\alpha}_1+\boldsymbol{\alpha}_2)+(\boldsymbol{\beta}_1+\boldsymbol{\beta}_2),$$

因为 V_1,V_2 为 V 的子空间，所以 $\boldsymbol{\alpha}_1+\boldsymbol{\alpha}_2\in V_1,\boldsymbol{\beta}_1+\boldsymbol{\beta}_2\in V_2$，于是 $\boldsymbol{\gamma}_1+\boldsymbol{\gamma}_2\in W$.

又对任意实数 λ，$\lambda\boldsymbol{\gamma}_1=\lambda\boldsymbol{\alpha}_1+\lambda\boldsymbol{\beta}_1$，因为 V_1,V_2 为 V 的子空间，所以 $\lambda\boldsymbol{\alpha}_1\in V_1,\lambda\boldsymbol{\beta}_1\in V_2$，于是 $\lambda\boldsymbol{\gamma}_1\in W$. W 关于 V 中的加法和数乘运算封闭，所以 W 是 V 的子空间.

【例 19】 设 V 为实线性空间，V_1,V_2 为 V 的子空间. $W=V_1\cap V_2$，证明 W 是 V 的子空间.

【证明】 显然 W 是 V 的非空子集，所以只需证 W 关于 V 中的加法和数乘运算封闭.

任取 $\boldsymbol{\alpha},\boldsymbol{\beta}\in W$，则 $\boldsymbol{\alpha},\boldsymbol{\beta}\in V_1$ 且 $\boldsymbol{\alpha},\boldsymbol{\beta}\in V_2$. 因为 V_1,V_2 为 V 的子空间，所以 $\boldsymbol{\alpha}+\boldsymbol{\beta}\in V_1$，且 $\boldsymbol{\alpha}+\boldsymbol{\beta}\in V_2$，于是 $\boldsymbol{\alpha}+\boldsymbol{\beta}\in W$；又对任意实数 λ，因为 V_1,V_2 为 V 的子空间，所以 $\lambda\boldsymbol{\alpha}\in V_1$ 且 $\lambda\boldsymbol{\alpha}\in V_2$，于是 $\lambda\boldsymbol{\alpha}\in W$. W 关于 V 中的加法和数乘运算封闭，所以 W 是 V 的子空间.

【例 20】 设 V 为全体 2 阶实矩阵的集合，按矩阵的加法与数乘运算，V 构成一个实线性空间. 记 $\boldsymbol{E}_{ij}$ 为第 i 行第 j 列元素为 1，其余元素为零的 2 阶矩阵，求证：$\boldsymbol{E}_{11},\boldsymbol{E}_{12},\boldsymbol{E}_{21},\boldsymbol{E}_{22}$ 与 $\boldsymbol{E}_{11},\boldsymbol{E}_{22},\boldsymbol{E}_{12}+\boldsymbol{E}_{21},\boldsymbol{E}_{12}-\boldsymbol{E}_{21}$ 等价.

【证明】 显然 $\boldsymbol{E}_{11},\boldsymbol{E}_{22},\boldsymbol{E}_{12}+\boldsymbol{E}_{21},\boldsymbol{E}_{12}-\boldsymbol{E}_{21}$ 可由 $\boldsymbol{E}_{11},\boldsymbol{E}_{12},\boldsymbol{E}_{21},\boldsymbol{E}_{22}$ 线性表示，反过来，

$$\boldsymbol{E}_{12}=\frac{1}{2}(\boldsymbol{E}_{12}+\boldsymbol{E}_{21})+\frac{1}{2}(\boldsymbol{E}_{12}-\boldsymbol{E}_{21}),$$

$$\boldsymbol{E}_{21}=\frac{1}{2}(\boldsymbol{E}_{12}+\boldsymbol{E}_{21})-\frac{1}{2}(\boldsymbol{E}_{12}-\boldsymbol{E}_{21}),$$

即 $\boldsymbol{E}_{11},\boldsymbol{E}_{12},\boldsymbol{E}_{21},\boldsymbol{E}_{22}$ 也可由 $\boldsymbol{E}_{11},\boldsymbol{E}_{22},\boldsymbol{E}_{12}+\boldsymbol{E}_{21},\boldsymbol{E}_{12}-\boldsymbol{E}_{21}$ 线性表示，所以 $\boldsymbol{E}_{11},\boldsymbol{E}_{12},\boldsymbol{E}_{21},\boldsymbol{E}_{22}$ 与 $\boldsymbol{E}_{11},\boldsymbol{E}_{22},\boldsymbol{E}_{12}+\boldsymbol{E}_{21},\boldsymbol{E}_{12}-\boldsymbol{E}_{21}$ 等价.